U0382225

潘春见 ◎ 著

稻与家屋

瓯骆与东南亚区域
文 化 研 究

中国社会科学出版社

图书在版编目（CIP）数据

稻与家屋：瓯骆与东南亚区域文化研究／潘春见著 . —北京：
中国社会科学出版社，2018.1

ISBN 978 - 7 - 5203 - 1179 - 3

I. ①稻… Ⅱ. ①潘… Ⅲ. ①稻—文化—研究—东南亚②稻—
文化—研究—广西 Ⅳ. ①S511 - 05

中国版本图书馆 CIP 数据核字（2017）第 250085 号

出 版 人	赵剑英
责任编辑	喻 苗
责任校对	胡新芳
责任印制	王 超

出 版	中国社会科学出版社
社 址	北京鼓楼西大街甲 158 号
邮 编	100720
网 址	http://www.csspw.cn
发 行 部	010 - 84083685
门 市 部	010 - 84029450
经 销	新华书店及其他书店

印 刷	北京君升印刷有限公司
装 订	廊坊市广阳区广增装订厂
版 次	2018 年 1 月第 1 版
印 次	2018 年 1 月第 1 次印刷

开 本	710×1000 1/16
印 张	28
插 页	2
字 数	459 千字
定 价	108.00 元

凡购买中国社会科学出版社图书，如有质量问题请与本社营销中心联系调换
电话:010 - 84083683
版权所有 侵权必究

自　序

目前，全世界约有 1 亿人口操壮侗语，主要分布于中国与东南亚之间约 230 万平方公里的土地上。其中约 2000 万主要分布于中国的广西及云南、贵州、湖南、广东、海南，含壮、布依、傣、侗、水、仫佬、毛南、黎 8 个民族。约 7000 万分布于东南亚的泰国、老挝、越南、缅甸等国，包括越南的岱族、侬族，老挝的老族，泰国的泰族，缅甸的掸族，印度阿萨母邦的阿含人。史学界、语言学界认为，这些操壮侗语的民族渊源于汉武帝之前的秦汉时期中国南方百越族群的重要支系西瓯、骆越，并由此称他们为瓯骆族裔。

瓯骆族裔自古擅长种植水稻，擅长建造木构聚落形干栏家屋。目前学界基本确认中国的长江流域、珠江流域、华南—东南亚为重要的稻作起源区，确认"浙江河姆渡那样的给人以深刻印象的木构村寨的居民，从公元前 5000 年时就在当地生活"[1]。确认"到距今 8000 年的时候，中国北方以小米为基础的社会制度和中国南方以水稻为基础的社会制度都已确立起来了"[2]。这意味着水稻基因型社会制度和木构基因型聚落形态，为距今 8000 年前南方文明的主要景

---

[1]　[澳大利亚] 彼得·贝尔伍德等：《史前亚洲水稻的新年代》，陈星灿译，《农业考古》1994 年第 3 期。

[2]　中国国家博物馆编：《文物史前史》，中华书局 2009 年版，第 120 页。

观基因图谱，瓯骆文明也不例外，由此形成的瓯骆与东南亚共有的文化质点，使稻与家屋的互动进化史，同时也成为中国—东南亚史学人类学互动进化的重要组成部分。

瓯骆族裔壮侗语民族称家、房子为"兰"（ra：n¹³），称稻田为"那"（na³¹），称村落为"板""版""畈""蛮"（ba：n³³）。在他们言语与象征的思维结构中，人们在生活世界中持续进行的"那"的开垦、灌溉、耕耘及其稻米产品的加工、饮食、交换是稳定的居所"兰"获取生计来源及保持其延续性的前提。而人们持续进行的"兰"的建造及在此基础上形成的"板""版""畈""蛮"的聚落形态，是"那"得以向垌—勐—家国—天下演化的本土化途径。在这一过程中，社会权力与资本的运行体系，在很大程度上是围绕着"那"与"兰"的物质文明与精神文明的创造而展开的，而"那"与"兰"的互为"捆绑"或"二元对立"及其不断进行的隐喻和换喻的社会文化创造，不仅使瓯骆关于世界体系的本土化表达既表现为传统生产生活方式上的"垦那而食，依那而居"，同时表现为社会结构层面上的以"那"为本，以"兰"为组织模式的稳固的社会体系。

半个多世纪以前，著名民族学家徐松石先生注意到广东广西的大量"那"地名文化现象，并在其著述的《泰族僮族粤族考》一书中发出"广东台山有那扶墟，中山有那州村，番禺有都那，新会有那伏，清远有那落村，高要有那落墟，恩平有那吉墟，开平有那波朗，阳江有那兵，合浦有那浪，琼山有那环，防城有那良，广西柳江有那六，来宾有那研，武鸣有那白，宾阳有那村，百色有那崇，岂宁有那关，昭平有那更，平南有那历，天保有那吞，镇边有那坡，这那字地名，在两广汗牛充栋"的感慨。另外，他还研究发现："据泰国史书所载，小泰人的一部分自滇边十二版那（版即村意，那即田意，版那即田村意），到了泰北，他们创立一个兰那省，不久又创立一个兰那朝（'兰'即'屋'，'那'即'田'），兰那即田屋意。田屋和田村这两个名称是何等的一贯！当时的小泰人必有异常高尚的农作文化。……现在，泰国那字地名多至不能尽举，尤其是沿小泰人入境的路线，那字地名更多，例如那利 Na-li，那波 Na-poue，那当 Na-then，那地 Na-di，那何 Na-ho，那沈 Na-sane 等，这都表明泰国地名与两广地名的联系，泰语倒装，那何即是何田，那坡即是坡田，并提出那的最早开拓者骆越人曾祖居并建都中国郁江平原和越南红河平原，即'骆越国，一说都今广西贵县，一说都今越南东京河内'的见解。"①

可见，泰国北部曾在历史上建立过一个强大的以"那"（稻田）和"兰"（家屋）为政治学深意的"兰那"王国。结合中国云南的"西双版纳"本义为"十二村田"，壮族的《布洛陀经诗》几乎每一篇章都反复出现造兰造那的诗句，壮族经典情歌《嘹歌》有著名的《建房歌》，壮族花山壁画实是瓯骆最大的"那"文化符号"蛙神"图像，等等，我们不难发现，"那·兰"自古就是瓯骆及其后裔壮侗语民族政治经济文化的命脉之所在，自古就是南方壮侗语民族及其东南亚的同根生民族所共同拥有的物质家园和精神家园。

长期以来，学者们多关注"那"而少关注"兰"，多从地名学、语言学、遗传学、体质人类学、考古学角度考察"那"的文明起源和文明传播路线，却很少从"那"的文化表达角度考察其文明的特质与结构，很少从其特定的社会政治学意象或文化符号意义的角度考察其社会政治学概念下的规则或逻辑。而事实上，"那"和"兰"或"那兰"都不仅是特定的物质文化现象和精神文化现象，同时也是一个不可分割的族群自识的标志和历史认同的符号，是一

①《徐松石民族学文集》，广西师范大学出版社 2005 年版，第 256—257、346 页。

个以"兰"为居，以"那"为食的民族文化集团的社会身份与文化身份的重要载体，同时也是他们共同的价值观、历史记忆和最新梦想，是凝聚他们的情感和心灵，发出他们历史与时代声音的言语和象征。

本书认为，瓯骆文明中的水稻基因型和木构聚落型的"社会—空间"表达，很大程度上是通过具有地理景观学特征的"那"和"兰"的相互转换而实现的。"那·兰"为瓯骆族裔壮侗语民族生活世界与世界观体系的本土化表达，"兰"的聚落形态及其体系与"那"的聚落形态及其体系密切相关，由此构成的"兰"和"那"的结构性关系，从某种意义上来说也是瓯骆社会结构的社会—空间表达，或瓯骆社会结构及其演变进化的时空表现。其中，作为社会—空间的表达形式，"峒""勐"的社会结构形态及体系最初是通过"那"的生产与经营而延伸发展出来的社会政治学概念，基本含义是家—家业—家园—家国。而在这些社会政治学概念中，"稻田""房子"即"那"和"兰"既是其中最基本的语素和文化单元，同时也是"垦那而食，依那而居"的生计手段和社会文化创造的经济基础和上层建筑。

由于才疏学浅，笔者的研究还有许多有待商榷的地方，但抛砖引玉，以期更多的关注和批评。

目　录

第 一 章

"广谱革命"："那·兰"文明的
最早演化场

西方学界认为，人类文明起源于距今约 1 万年前的"农业革命"，其标志之一是人类学会驯化、栽培农作物和饲养家畜；标志之二是人类开始由狩猎采集的动荡不安生活走向早期农业村落的定居生活。前者为人类由野蛮走向文明奠定物质基石，后者为文明实体城市、国家的兴起提供前提。在这一文明进程中，远古生活在中国珠江流域的古越人，是世界上最早掌握水稻栽培技术的族群之一，他们中的重要支系西瓯骆越人"垦那而食""依那而居"创造的稻作文明，惠及今日全球 113 个国家一半以上人口，创造的"干栏"系房子，历史上广泛分布于中国长江以南直至东南亚的广大地区，至今在中国—东南亚的瓯骆遗裔壮侗语民族中继续得到延续和使用。

由于水稻种植为瓯骆人提供了生存与发展的物质前提，干栏建筑又因适应稻作农耕经济对自然地理环境和亚热带气候特点的要求而经久不衰，因此，随着稻与干栏家屋的文明演进，一种既溯源于"那"又先导于"兰"的文明特质被注入了西瓯骆越的民族原型和国家雏形，并自成一体地成长为与其他区域或族群迥然不同的文化因子或文化大树。这一文化因子或文化大树因扎根中华文明的土壤而成为中华文明乃至世界文明宝库的耀眼明珠，同时又由于文明的传播和人口的迁徙而惠及东南亚。

第一节　广谱革命·贝丘文化·那的文明共生

"广谱革命"，是 20 世纪 60 年代由西方考古学家弗兰那利（Flannery）提出的关于史前人类与动植物关系发生显著变化且这种变化有可能导致食物生产的开始，农业的起源的一种假说。该假说认为，约 2.3 万年前的末次冰期最盛期来临之前，即旧石器时代晚期至新石器时代早期，古人类为缓解环境和人口的双重压力而主动拓宽取食资源的范围和途径，许多以前未被注意或重视的动植物资源，如野生谷物、水生软体动物等被人们用于日常生活——即人类食谱的广谱化，同时伴随的现象还有狩猎、食物加工、食物储藏等技术的进步和人类对所居住空间利用的日益复杂化等。①

而考古学、文化学的研究表明，曾在全球广泛兴起的"广谱革命"在中国长江流域及其以南取得了两个方面的主要显著成就：一是从旧石器时代向新石器时代过渡过程中出现的以采集螺蛳、蚌类等水生软体动物和捕鱼狩猎为主要食物来源的贝丘文化的繁荣；二是由广谱采集而催生的野生稻的被食用、被驯化和被栽培，成为后来被柴尔德定义的"食物生产革命"（Childe，1936），怀特定义的"最初的，伟大的文化革命"（White，1959），布雷德·伍德定义的"农业革命"（Braid Wood，1960）等的重要前奏。而不管是前者还是后者，它们都与水生动物多样性的生态型经济和广谱采集于"水"的生计手段密切相关，并很可能是后来该区域具有文化类型

---

① 柯济：《我古生物学家揭秘广谱革命》，《光明日报》2012 年 2 月 14 日第 12 版。

学意义的巢居干栏这一建筑类型得以产生、延续和发展的原型动力。与此同时，考古学、古人类学研究发现，农业引入前的冰后期中石器时代，中国南方和东南亚的古人类发生了食谱上的大型动物灭绝、水生动植物资源生长繁茂的适应性变化，由此带来的对水生广谱资源的强化开发使该地区的贝丘文化蓬勃发展，并很可能导致了野生稻的被发现、被驯化和水稻栽培技术的出现。

一 广谱水生资源的强化开发与中国南方和东南亚古人类的适应性变化

环境考古学界的研究成果表明，由于全新世以来全球气温升高，冰川融解，海平面上升，距今 14000 年左右出现海水大量涌入内陆的"海进"，在海进的同时，大量贝类、鱼类等海洋生物伴随不断上升的海平面进入内陆的江河湖泊，为人类以捕捞水生软体动物为主要食物来源的广谱采集的生业变革提供了前提。在这一过程中，一部分敢为人先的中国南方与东南亚古人类，纷纷从洞穴林野走向附近的溪流湖泊捞食蚌螺、鱼虾等贝类水生生物为生，他们很可能是世界上最早率先变革"陆事"生计为"水事"生计，变革"洞穴人"为"贝丘人"的人群，并在"水事"生计风生水起中推动贝丘文化的大发展、大繁荣，推动原来的洞穴林野文化场向江河水滨文化场的变革与发展。

（一）中国南方和东南亚古人类在中石器时代创造的贝丘文化

贝丘文化是古代人类居住遗址的一种，以包含大量古代人类食余抛弃的贝壳堆积为特征，考古学专用名词"贝丘遗址"，日本学者称"贝冢"，西方学者称"庖厨"，广西壮话叫"dingzsae""pyozsae""diegsae"，汉译叫"螺蛳山""螺蛳地"，这些称谓虽不尽相同，但指的都是原始人类以采集螺蛳、蚌类等水生软体动物和捕鱼狩猎为主要生活来源所遗留下来的一种文化遗存。

　　这类文化遗存在我国长江以南到东南亚等亚热带地区的分布以江河畔及附近山洞、海滨为主要分布区。比较著名的有广西邕宁顶蛳山、江西岸、敢造、豹子头、长塘、西津、桂林甑皮岩、柳州鲤鱼嘴、柳州白莲洞、平果城关、芭勋、桂平牛尾岩、防城亚菩山、马兰嘴等；广东高要蚬壳洲、增城金兰寺下层、佛山河宕、南海灶岗、南海西樵山等；福建黄瓜山、昙石山、庄边山、溪头等；云南洱海银梭岛以及东南亚越南的芒康、达昂、崩洞、保卓、琼文；老挝的坦邦；柬埔寨的拉昂斯边、三隆森；泰国的仙人洞、翁巴洞；马来西亚的瓜克帕、武吉朱平、瓜扎、瓜克奇尔；等等。

　　从目前的考古资料看，中国南方至东南亚的古人类早在旧石器时代晚期便已懂得食用蚌螺类水生资源，如广西白莲洞西 4 层下部距今 26680 ±625 年的钙华板地层已出现螺壳，表明中国南方和东南亚的古人类早在距今 2.6 万年前就已经开始捕捞蚌螺食用，而广谱强化开发蚌螺类水生资源，则到距今 15000—10000 年的中石器时代，如中国南方和东南亚考古发现的距今 15000—10000 年的中石器时代文化遗址均富含丰厚的介质堆积，主要遗址有：广西武鸣苞桥 A 洞、芭勋 B 洞、腾翔 C 洞、桂林 D 洞、东岩洞、来宾盖头洞，柳州市白莲洞中层（第二期文化）、柳江思多岩、陈家岩、崇左矮洞、鲤鱼嘴下层文化、广东阳春独石仔、封开黄岩洞、罗髻岩、南海西樵山及东南亚和平文化早期的泰国西北仙人洞一期文化、北碧翁巴洞穴 B 层文化、越南北部柯姆岩洞二期文化、马来西亚沙涝越尼阿洞穴遗址，等等。

　　这些遗址不仅出现的年代早，且持续时间长。如柳州大龙潭鲤鱼嘴贝丘遗址下层下部螺壳 BK82091，距今 23330 ±250 年，下层 PV379 - 1，距今 21020 ±420 年，下层 PV379 - 2，距今 18560 ±350 年，下层上部螺壳 BK82090，距今 12880 ± 220 年（李松生，1991）。即使减去用贝壳进行的碳 14 测定所出现的偏早率年限，鲤鱼嘴下层下部 BK82091 的绝对年代为距今 19805 ± 250 年;下层上部 BK82090,距今 10850 ± 220 年;[①] 广东独石仔遗址下文化层烧骨 BK83018,距今 16680 ± 570 年,中文化层上部烧骨 BK83016,距今 14260 ± 130 年,上文化层螺壳 BK83009,距今 13320 ± 130 年(邱立诚等,1988);湖南朱家岩遗址,贝壳 BK83019,距今 17140 ± 260 年(广东省博物馆,1990)。属于中石器时代的泰国甲米府摩桥洞遗址第三层文化碳 14 年代为距今 11020 ± 150 年、10530 ± 100 年、10470 ± 80 年;[②] 属于中石器时代的越南"和平文化"早期遗址越南省海洞的碳 14 年代距今 10870 ± 175 年,被认为是和平文化变种的北山文化出现的磨刃砾石工具,距今 10000 年。这些数据表明,中国南方与东南亚中石器时代的洞穴贝丘文化均出现在绝对年代距今 1 万年甚至 2 万年,延续时间长达万年左右。

除此以外,这些遗址中的古人类还同时具有喜居洞穴,喜食蚌螺鱼等水生生物,曾普遍使用大石器,但已出现石器工业技术的钻磨变革,狩猎对象基本为现生种,无陶等极为相同相近的文明特征。如何乃汉、覃圣敏总结的岭南中石器时代遗址具备的五个方面的共同特征是:(1) 均分布于石灰岩洞穴中,相对高程都在 20 米以下;(2) 文化堆积均属"含介壳的文化堆积";(3) 文化遗物绝大部分为石片和简单的打制石器,部分遗址还有少量仅刃部磨光的切割器和凿打加磨的穿孔砾石等,但无陶片共存;(4) 动物化石均为现生种,人类化石均属新人类型;(5) 经济生活均是渔猎和采集,绝对年代距今 10000 年左右,属地质年代的全新世早期。黄春征总结的越南中石器时代"和平文化"的共同特征是:(1) 遗址均分布于石灰岩洞之中;(2) 文化层堆积含大量螺壳,实属洞穴中

---

① 何乃汉:《广西贝丘遗址初探》,《试论岭南中石器时代》,《考古》1984 年第 11 期。
② 覃圣敏:《壮泰民族传统文化比较研究》第 1 卷,广西人民出版社 2003 年版,第 517 页。

的贝丘堆积，它们和灰黄色不甚胶结的旧石器晚期堆积不一样；
（3）在文化堆积层中的动物群都是现生动物，没有达到化石程度，
在那儿没有发现猩猩、熊猫和剑齿象的化石；（4）文化遗物，大部
分为单面打击的砾石石器，器形比较稳定，主要类型有长型斧、短
型斧、杏仁型斧、圆形器和磨盘、臼杵，另外还有一部分磨刃斧和
磨光骨器。两相比较发现，两者大同小异，对此，学界早已形成共
识，如有学者把两者看作"实属同一文化区域"① 或"广阔地域内
分布的同一系统同一类型的文化"②。

　　当然也有学者根据石器文化的细微差别如中国南方钻、磨石器
出现的年代早于东南亚钻磨石器出现的年代，如柳州白莲洞二期文
化、鲤鱼嘴和独石仔的下层文化出土了距今 17000 年左右的钻磨石
器，而东南亚较早出现的缅甸巴登林遗址出现的磨刃石器和穿孔石
器距今只有 13000 年左右；马来西亚沙涝越出现的磨刃石器距今也
只有 12000 年左右，均晚于中国南方的同类石器。与此同时，中国
南方中石器文化中存在西樵山文化类的典型中石器时代的细石器，
而东南亚目前还没有发现此类细石器，东南亚中石器时代文化中的
骨角器、蚌器数量较少，而中国南方中石器文化中则大量出现骨角
器、蚌器等，认为中国南方与东南亚的中石器文化应各有各的自身
发展序列，并构成一种非平行的发展关系所致。③

　　然而，不管中国南方与东南亚中石器时代文化的共性有多大，
差异性又如何细微难辨，但基于山水相连、气候相近等自然因素及
为觅食而不得不迁徙流转而产生的文化交融等，中国南方和东南亚

---

① 张光直：《中国南部的史前文化》，载台湾《"中央研究院"历史语言研究所集刊》，
1970 年，第 42 本第 1 分册。

② 戴国华：《论东南亚"和平文化"及其与华南文化的关系》，《东南亚南亚研究》1988
年第 1 期。

③ 谢崇安：《岭南和中印半岛中石器文化的比较研究》，《广西民族学院学报》1990 年第
3 期。

考古学上的历史关系，事实就如尼古拉斯·塔林在《剑桥东南亚史》（Ⅰ）①第二章《史前东南亚》的注解①中指出的一样："不提到中国南部，就不可能理解东南亚史前的后来进程。"或我国著名考古学家苏秉奇先生关于中国考古文明的区域划分一样："中国考古学文化所划分的六大区系中，广义的北方中的大西北联系着中亚和西亚；大东北联系着东北亚；东南沿海和中、西南地区则与环太平洋和东南亚、印度次大陆有着广泛的联系"②，而中国南方与东南亚在贝丘考古文化上的整体性特征，虽然只是中国南方与东南亚整个考古文化区域性特征的重要组成部分，但由此已充分说明，中国南方和东南亚古人类在中石器时代的广谱经济开发过程中，都曾共同以水生贝类、鱼类等水生资源为主要的食物来源，并由此创造了具有区域性整体特征的贝丘文化。

（二）贝丘文化曾如一支熊熊燃烧的火炬照耀在中国南方和东南亚人类文明的路口

从目前我国对广西旧石器时代遗址的发掘研究情况看，广西东起浔江、郁江两岸，西至那坡、大新，南至北部湾，北至灌阳、全州的大部分地区，发现旧石器时代古人类文化遗址或遗物分布点100多处，古人类化石10多处，分别是甑皮岩人、宝积山人、荔浦人、灵山人、柳江人、鲤鱼嘴人、麒麟山人、白莲洞人、九头山人、都乐人、甘前人、干淹人、九楞山人、隆林人、定模洞人等。这些早期原始洞穴聚落有些生活在距今5万年的旧石器时代晚期至新石器时代早期，有些保留到商周时代，甚至更晚。如广西柳江县新兴农场通天岩发现的柳江人距今5万年，来宾兴宾区麒麟山盖头洞发现的麒麟山人距今2万至3万年，甑皮岩遗址，最早年代距今

---

① ［新西兰］尼古拉斯·塔林主编：《剑桥东南亚史》（Ⅰ），贺圣达等译，云南人民出版社2003年版，第43页。

② 苏秉奇：《中国文明起源新探》，生活·读书·新知三联书店1999年版，第171页。

12000 年以上，晚期距今 7500 年左右，人类在此居住 4500 年；柳州白莲洞遗址，最早年代距今 37000±200 年，最晚年代距今 7080±125 年，人类在此居住 30000 余年。而广西先民"随山洞而居"（《隋书·南蛮传》）、"以岩穴为居止"（宋·乐史《太平寰宇记》）的历史记载曾不绝于唐、宋史册及神话传说，且到了 20 世纪 80 年代，广西忻城县还有部分壮人在村边山脚下的宽大干燥、冬暖夏凉的岩洞里居住。21 世纪的今天，广西上林县塘红乡龙祥村下敢庄，还有一个特别的"岩洞村"，在这个岩洞村内，有一个樊氏家族在这里生活了 160 多年，繁衍了 8 代 100 多人。

研究表明，远古那些依山洞而居的广西古人类，虽然一开始便选择在距当时河口不远的洞穴中生活，但在中石器时代以前他们的生计却主要是"陆事"生计。如桂林宝积岩、田东定模洞、柳州白莲洞 1 期文化、柳州鲤鱼嘴第 4 层文化，均是目前可以确认的岭南地区更新世晚期的文化点，都具有：（1）均是石灰岩溶洞或岩厦，洞口向阳，附近有河水或地下河经过；（2）在绝对年代上，除了鲤鱼嘴的时代稍晚些外，其余均在距今 30000—18000 年之间；[1]（3）与遗物伴出的动物化石均出现更新世晚期的绝灭种属：剑齿象、巨貘、中国犀、巴氏大熊猫、最后斑鬣狗、犀牛、南方猪等化石；（4）除了更新世晚期绝灭种属的动物化石外，还出土猕猴、金丝猴、貂、果子狸、狐、蝙蝠、野猪、水牛、羊、斑鹿、赤鹿、秀丽漓江鹿、豪猪、水鹿等当属人类食后残渣的大量现代动物种群化石；（5）罕见软体类螺蚌等水生动物化石，如碳 14 年代（B. C.）为 19645±200 年的白莲洞西 7 层和介于"柳江人"和"麒麟山人"之间，地质时代为更新世晚期稍早阶段，碳素测定其年代为距今 24760—35600 年的宝积岩甚至没有发现。这些共同点表明，距今

---

① 参见焦天龙《更新世末至全新世初岭南地区的史前文化》，《考古学报》1994 年第 1 期。

30000—18000 年前，广西古人类并没有把蚌螺类水生动物当作食物的主要来源，他们的生计完全维系在捕杀或采集陆生的动物和植物，因此，从某种意义上来说，他们的生计是"陆事"生计，他们的文化场只能在洞穴林野中演绎。

但到了距今 12000 年左右的中石器时代，即由海进带来的海平面上升过程中，原本选择在靠近河水且附近有平原山林可供采集狩猎的洞穴中生活的南方古人类中最具变革精神的那一部分，便开始发生变"陆事"生计为"水事"生计的伟大变革。例如，据研究，柳州白莲洞遗址，是一处从旧石器时代晚期到新石器时代中期的文化连续性遗址，洞内堆积以含螺壳的土状堆积为主，越下的螺壳堆积越少，以大钙板（西 2 层—东 7 层）为界，分上下层，下层代表晚更新世的旧石器时代，上层代表早全新世的中石器时代和新石器时代早期。上层东侧的堆积中出土打制石器、磨制石器和夹砂陶片，碳 14 和铀系年代是距今 7080 ± 125 年和 8000 ± 800 年；上层西侧的堆积出土打制石器、原始穿孔砾石和磨利刃口的石器及有细石器风貌的燧石小石器，碳 14 年代是距今 19910 ± 180 年。[①] 表明白莲洞"含介壳的文化堆积"是在原来旧石器时代遗址基础上形成的，即大钙板的上下层所反映出来的白莲洞人从旧石器时代向中石器时代的过渡实际上也是从"陆事"为主的生计向"水事"为主的生计过渡的生动体现。

在这一过渡过程中，中国南方尤其是广西的洞穴贝丘人，很可能是世界上最早变革"陆事"生计为"水事"生计的族群之一，并很可能是由于这种变革而推动形成了后来屡见于古籍的南方百越"陆事寡而水事众"的区域性生计特色的源头。如长期从事中国南方中石器贝丘文化研究的何乃汉先生在发表的文章中指出："纵观

---

① 将廷瑜：《广西贝丘遗址初探》，《广西民族研究》1997 年第 4 期。

现有用兽骨和贝壳测定的所有岭南中石器时代的碳 14 年代数据，其下限最早是距今近 2 万年（鲤鱼嘴下层），上限最晚则是距今 1 万年左右，延续的时间达 1 万年之久，其存在时间之久和下限时间之早，均出乎人们的意料，而上限的时间恰好与新石器时代早期遗址甑皮岩下层 9000 年以上的绝对年代基本相衔接"，尤其是"洞穴贝丘的时代最早，延续的时间最长，从中石器时代开始，经新石器时代早期至新石器时代中期"[①]。而在洞穴贝丘中，"广西贝丘遗址开始出现的时代，比欧洲的以在其洞穴遗址发现贝丘为特征的文化和被定为新石器时代中期的庙厨垃圾文化或贝丘文化要早一些"[②]。这些事实说明，就人与河水的关系而言，广西贝丘人与河水的关系比欧美、日本等的贝丘人，中国北方区的贝丘人等，都更加密切。

从世界范围来看，中石器时代正是农业引入前的冰后期人类食谱发生重要变化且在采食贝类水生资源方面取得显著成就的时代，这一时代，又正好是考古学家、古人类学家所描述的人类社会跨入文明社会的前夜。如俄国考古学家马叙辛（G. I. Nath'usshin）认为"中石器时代为欧洲历史上的重要时期"，"是文化发展发生根本变化的重要序幕"；中国古人类学家周国兴[③]则认为中石器时代是人类史前文明积累的交汇点和质的飞跃点，原话是："美国哈佛大学的张光直教授在北京大学的一次讲学活动中指出，过去我们对旧石器时代人类祖先的文化水平太低估了。确实如此，实际上我们对中石器时代的认识更肤浅，当我们越了解由中石器时代文化向新石器时代文化演化历程的具体内容时，就越发感到人类很早就拥有非常丰富的文化内涵了。……原始人类发展的三条轨道只在一个交汇点上才进

---

① 何乃汉：《广西贝丘遗址初探》，《考古》1984 年第 11 期。
② ［苏联］柯斯文：《原始文化史纲》，人民出版社 1955 年版，第 50 页。
③ 周国兴：《崛起的文明——人类起源的文化透视》，东北林业大学出版社 1996 年版。

发出人类历史大转折的光辉，这就是由旧石器时代晚期文化向新石器时代文化的转化。它的根基是由攫取性经济形态向生产性经济形态过渡，这是一次非常重要的质的飞跃。这就是'中石器革命'。"陈淳也认为中石器时代"是定居农耕经济出现的序幕"，"完全重塑了人类过去百万年的生活方式"，"不了解中石器时代这一过渡阶段的意义和经济，社会和文化转变的过程，就难以从根本的原因上来了解被伟大的史前考古学家柴尔德所推崇的新石器时代革命的真谛"。[①]

而从中国南方与东南亚的区域范围来看，中国南方与东南亚发现的大量具有中石器时代特征的贝丘文化，不仅意味着主要表现为营养级别较低的食物尤其是鱼贝食物、需要更加复杂加工技术的食物尤其是植食被广泛加入了该地区的人类食谱，同时还意味着人类石器工业技术、生计方式、聚落形态、人口和群体结构等的适应性变化也将迎来文明演化的革命性飞跃。其中，"食螺者"们很早就发生的与水的密切关系，很可能不仅创造了靠水吃水的贝丘文明，同时也是根部适宜被水长期浸泡的野生稻被采集、被驯化、被种植的先决条件之一。如果是这样，我们完全有理由认为，具有中石器时代性质的中国南方与东南亚的贝丘文化，曾如一支熊熊燃烧的火炬照耀在中国南方以至东南亚人类文明的路口。

总之，在中国南方的史前文化发展序列中，广西的贝丘遗址称得上是中国南方广谱经济时代一种以发达的捕捞、狩猎和采集为主的生业模式遗存的代表。其由萌芽到繁荣鼎盛再到衰落的过程，事实上也在推动着原始稻作农业的起源，并在整个过程中起到承前启后的作用。

二 "广谱革命"进程中的稻螺共生

裴安平根据两广、湖南、江西新旧石器时代过渡时期的考古资

---

① 陈淳：《中石器时代的研究与思考》，《农业考古》2000年第1期。

料，尤其是以时代序列与相关特点都比较清晰的广西地区的遗存为主线，对中国长江流域及其以南的史前广谱经济研究后认为，在旧石器时代向新石器时代过渡时期的中国长江流域及其以南的史前广谱经济，可以分为特点不尽一致的前后两段。前一阶段的发展和特点是细小燧石器开始大量使用、大型打制石器基本承袭以往的特点、水生动物及其小粒型资源开始成为食物的重要来源，代表性遗址为距今 3 万—2 万年的广西柳州白莲洞一期、柳州市大龙潭鲤鱼嘴一期，江西万年吊桶环早期；后一阶段的发展和特点是细小燧石器放量使用，大型打制石器新品如穿孔石器与磨刃石器出现，野生稻开始成为人类的利用对象，代表性遗址为柳州白莲洞第二期，鲤鱼嘴第二期，湖南澧县十里岗，江西万年仙人洞早期、吊桶环中期，年代距今 2 万—1.5 万年。而新石器时代广谱经济的发展和特点是开始了水稻的驯化与栽培，开始了陶器的制作、出现石锄、骨铲、角铲等一批与掘土有关的工具，代表性遗址为湖南道县玉蟾岩，广西临桂大岩、桂林庙岩、甑皮岩，广东英德牛栏洞，江西万年仙人洞、吊桶环等年代距今 1.5 万—1 万年的同期遗址。[①]

如果把钻、磨石器技术的出现作为岭南中石器时代文化的主要标志（裴文中，1935），那么，中国南方以至东南亚的古人类大概在中石器时代便已开始了水稻的驯化和栽培，并因此在考古文化上留下大量稻螺共生的文化现象。

（一）古稻文化遗址中的稻螺共生文化现象

研究表明，野生稻开始成为人类利用对象的年代距今 2 万—1.5 万年的柳州白莲洞第二期，鲤鱼嘴第二期，湖南澧县十里岗，江西万年仙人洞早期、吊桶环中期，同时也是考古发现的螺蛳壳和蚌壳大量出现或少量出现的遗址。其中的柳州白莲洞第二期、鲤鱼

---

① 裴安平：《史前广谱经济与稻作农业》，《中国农史》2008 年第 2 期。

嘴第二期有大量螺蛳壳出土,湖南澧县十里岗,江西万年仙人洞早期、吊桶环中期则与石器、骨化石同时伴出少量的螺蛳壳、蚌壳,这一现象说明,这些古遗址中的古人类食谱范围的拓宽具有从以水生贝类生物为主向以植食为主的变化发展趋势,同时说明,野生稻的被发现、被食用的时间与情形与螺蚌类水生软体动物被发现和食用的时间和情形是大体一致的,它们的相互适应过程很可能也是野生稻被发现、驯化的预适应过程。

其中的动因之一,很可能渊源于蚌螺鱼等的水生生物较为腥膜,古人不得不尝试采集一些野生植物诸如紫苏、葱姜等进行伴煮调味,野生稻很可能就是在这种尝试过程中被发现、被采集和被驯化的。如至今的两广人喜食海鲜粥、河鲜粥,这种由稻和水生生物调制出来的美味佳肴,应该不是现代人的创造发明。而至今广西北海、钦州、防城及越南的沿海居民喜用米汤或很稀的米粥煮生蚝等贝类海产品,内陆居民则喜欢以少量的米汤或米粥伴煮有点苦涩的蔬菜如苦麻菜、芥菜等,这一切,是不是延续自古人为避免蚌螺水生食物的腥膜之嫌而特定采集野生稻加以调味品并由此发现野生稻、驯化野生稻而留下的食性?是非常值得研究的。动因之二是,野生稻和蚌螺类水生生物都共同生长于浅水沼泽区,由此形成的水生生物圈必将吸引众多动物前往觅食,而属于小粒型资源的野生稻生境自然成为鼠鸟觅食的天堂,并由此形成食物链的链式反应:就像"春江水暖鸭先知"一样,野生稻的黄熟肯定是被鼠鸟先知,而当先知先觉的鼠鸟们凫趋雀跃地竞相啄食这些与蚌螺类水生生物同时生活在一片水域的情况下,日复一日地在这片水域中采集蚌螺为生的古人类,没有理由不注意到鼠鸟类动物及它们喜欢的野生稻。而按照动物的最佳觅食法则,这些远古人类没有理由不顺便捕捉一些容易捕捉得到的鼠鸟当餐。而这种由食物链自然生发的链式反应,广西柳州白莲洞遗址是一个有说服力的考古实例。考古发现,在白莲洞的西2层—东7层，既发现有蚌螺壳，同时也发现很多种属待定的鸟类、鼠类化石，西2层的碳14年代距今19910±180年，东7层的碳14年代为11670±150年，这就说明，早在2万—1万年前的柳州白莲洞人就既吃蚌螺，同时也捕食鸟鼠禽类动物。

把鼠鸟类动物尊崇为发现或运送稻种的口传文学主题为中国南方和东南亚稻作农耕民族共有的文化现象，如以广西、贵州、云南的壮、傣等民族为流传中心，老挝、泰国、缅甸、印度阿萨姆以及马六甲北部及菲律宾都有流传的飞来型、动物运来型谷种起源神话，很有可能就渊源于古人类因捕杀鼠鸟类动物而发现可食野生稻所创造的神话传说，同时也是分布中国云南、贵州、广西、广东、海南、湖南、重庆、四川等省（直辖市、自治区）及东南亚的许多国家的民族历史文物铜鼓鹭鸟环飞等装饰艺术的原型，当然也是以壮族为代表的百越族系活形态稻种谷物起源神话——布洛陀派出斑鸠、山鸡、老鼠前往案山找谷种，神鸟助人耕田传说及文山壮族人用鸭子祭铜鼓，广西壮族每年农历七月初七、七月十四用鸭子祭祖，广西隆安一带壮族把野生稻称为"糇毕"（意为"鸭稻"，其中"糇"为壮语"稻子"之意，"毕"为壮语的"鸭子"之意）等及其所反映的动植物共生文化现象的原型。这类口传文学的原型应该是古人类在长期观察鼠鸟类动物的食性基础上发现野生稻的可食性，又在捕捉、宰杀这些鼠鸟类动物的过程中，获得野生稻种子如何萌芽，如何长出幼苗，如何结出稻穗的全部知识。因为鼠鸟类动物的胃囊，往往被人类抛弃于居址周围，因此，这些动物胃囊中的野生稻种，很容易在适宜的环境下发芽、生根，并长出稻子，古人类也因此直接或间接地获知这些知识，当古人类获得稻子及发现其生长繁殖的特性以后，他们驯化、栽培野生稻的历程便自然而然地发生了，人类文明的曙光也自然而然地从那一片片集聚着蚌螺、繁茂地生长着野生稻、凫趋雀跃的鼠鸟们的水域中冉冉地升起来了。

而野生稻被驯化、栽培的距今 1.5 万—1 万年的稻文化遗址：湖南道县玉蟾岩，广西临桂大岩、桂林庙岩、甑皮岩，广东英德牛栏洞，江西万年仙人洞、吊桶环等，不仅出土了野生稻、近似栽培稻、栽培稻植硅石，同时还出土了与贝丘文化有关的螺壳、蚌壳、蚌器。基本情况是：

1. 玉蟾岩遗址

玉蟾岩遗址出土大量动物残骸，其中的鸟禽类骨骼个体数量达 30% 以上，种类达 10 种以上，说明捕食鼠鸟禽类动物为食是玉蟾岩人渔猎经济的重要组成部分。而鸟禽类动物多以小粒型资源为食，因此，一般有野生稻生长的地方便自然有它们凫趋雀跃的身影，自然也少不了玉蟾岩人弯弓掷石的身影。而它们的胃囊就是野生稻的最初种子库，因此，能捕食它们的人类就自然会发现和拥有这一种子库，而玉蟾岩遗址发现如此众多的它们的遗骸，说明玉蟾岩人建立在鸟禽类动物胃囊上的野生稻种子库的丰富性和可持续性。而同时发现的 5 粒经专家鉴定为距今 1.2 万—1.4 万年的古稻谷，说明 1 万多年前的玉蟾人是世界上最早掌握水稻栽培技术的人类，同时说明建立在鸟禽类动物胃囊中的野生稻种子库早在 1 万多年前便已发挥其潜在的动因作用。与此同时，玉蟾岩遗址发现大量去掉了尾端的螺壳化石，说明玉蟾人在学会采食野生稻、驯化野生稻、栽培野生稻的同时，还掌握了较为先进的螺蛳肉吸食法，说明稻螺共生、鸟稻共生的文化现象，为玉蟾岩遗址最为显著的文化特征之一。

2. 江西万年仙人洞—吊桶环遗址

仙人洞遗址有上、下两个不同时期的文化堆积，下层为旧石器时代末期，上层为新石器时代早期。上部（年代可能在公元前 7000—8000 年至 1 万年以前）文化堆积中有夹粗砂陶片，有大量螺、蚌之类水生动物残骸，有磨制石器、个体较大的单孔和双孔穿

孔蚌器、烧火堆遗迹等,有近栽培稻和栽培稻的植硅石;下部堆积
有属旧石器时代晚期,其碳14年代数据为距今1.5万—2万年的打
制石器,而且细石器较多,质料多为燧石片,多为单孔穿孔蚌器、
野生稻植硅石等。吊桶环遗址分上、中、下三层,下层为旧石器时
代晚期,中层为旧石器时代末期,上层为新石器时代早期。上部堆
积有局部磨制石器和少量石英质细石器、骨器、穿孔蚌器、夹粗砂
陶片及大量的兽骨,有近栽培稻植硅石;下部堆积发现有大量野生
稻植硅石。在两处的旧石器时代末期地层,都出土了野生稻植硅
石,新石器时代早期地层,都出土了丰富的野生稻植硅石和栽培稻
植硅石。[①] 这些出土表明,稻螺共生也是江西万年仙人洞—吊桶环
遗址最为重要的文化特征之一。

3. 广东英德牛栏洞遗址

文化内涵分为三期:第一期为旧石器时代晚期,仅见打制石器
和骨器,动物群中有少量绝灭种,少见螺壳,碳14测定动物骨骼
标本的年龄为距今12410—10780年,说明广东英德牛栏洞遗址第
一期的稻螺共生文化现象不明显;第二期为中石器时代,打制石器
多,器形较前略规整一些,出现了穿孔石器,还有骨器和蚌器,动
物均属现生种,含大量螺壳,其中的蚌器可能是采食野生稻的工
具,其中的螺壳,当是广东英德人吃螺蛳留下的残骸;第三期为新
石器时代早期,打制石器仍为多数,但已出现磨刃石器,并且开始
使用原始陶器。也有骨器和蚌器。第二、三期还发现了水稻硅质
体,包括有双峰硅质体与扇形硅质体,属非籼非粳类型,首次将岭

---

① 江西省文物管理委员会:《江西万年大源仙人洞洞穴遗址试掘》,《考古学报》1963年第
1期;刘诗中:《江西仙人洞和吊桶环发掘获重要进展》,《中国文物报》1996年1月28日;刘
诗中:《万年县仙人洞——吊桶环旧石器时代晚期至新石器时代早期遗址》,《中国考古学年鉴
(1996)》,文物出版社1998年版,第152、153页;彭适凡:《江西史前考古的重大突破——谈
万年仙人洞与吊桶环发掘的主要收获》,《农业考古》1998年第1期;周广明、陈建平:《赣东北
农业考古获初步成果》,《中国文物报》1994年5月29日。

南地区的水稻遗存前推至距今 1 万年前，说明广东英德牛栏洞遗址第二、三期文化层的稻螺共生文化现象趋于显著。

4. 广西临桂大岩遗址 A 洞

自下而上六个时期的遗物出土情况是：（1）第一期为灰黄色黏土堆积，并夹杂少量碎螺；（2）第二期是以螺壳为主要包含物的堆积，砾石打制石器占较大比重，新出现磨制骨锥、穿孔蚌器以及两件烧制的陶土块等；（3）第三期堆积仍以螺壳为主，出土物包括砾石打制石器、骨器、蚌器及陶器等文化遗物以及较多的水陆动物遗骸；（4）第四期堆积以螺壳为主，出土物包括陶器、石器、骨器、蚌器等；（5）第五期仍为含螺壳的堆积，但地层中螺壳数量较少，出土物包括陶器、石器、骨器和蚌器等；（6）第六期为棕红色黏土堆积，仅分布在洞口一带，出土遗物较少，仅见陶器和石器两种。若以出现蚌器、陶器等作为稻作农业的文化因素，出现蚌壳、螺壳为贝丘文化因素，则广西临桂大岩遗址 A 洞自下而上的第一层，还暂未出现稻螺共生文化现象，但从第二层开始，稻螺共生文化现象渐显。

5. 广西桂林甑皮岩遗址

遗址中以介壳堆积和蚌器最为丰富，并出现与大量螺壳堆积基本同时或略晚的陶器。出土的动物共计 107 种，其中贝类 47 种，螃蟹 1 种，鱼类 1 种，爬行类 1 种，鸟类 20 种，哺乳动物 37 种。其中，出土的贝类螺壳都个体完整，没有经过敲砸，出土的陶器在距今 12000—11000 年的第一期文化堆积中被发现，这些表明，甑皮岩人的经济形态以采食贝类动物为主的广谱采集经济。

6. 广西桂林庙岩

岩洞内有厚达 2—3 米的文化层，发现磨制的骨铲、兽牙、鱼骨和猪的臼齿、龟的腹甲，文化层中还胶结大量螺壳、蚌壳。

从以上可知，目前考古发现的古稻文化遗址，内含贝丘文化内容，两者的关系是你中有我、我中有你的关系，而这种文化共生现象说明，曾在全球广泛兴起的"广谱革命"不仅在中国长江流域及其以南取得了从旧石器时代向新石器时代过渡过程中出现的以采集螺蛳、蚌类等水生软体动物和捕鱼狩猎为主要食物来源的贝丘文化的繁荣，同时还由于稻子与水、贝丘与水的共生关系而开创了生产性稻作农业的开始。

（二）现代野生稻分布与贝丘遗址的稻螺共生文化现象

根据广谱经济学理论，长江及以南地区在距今 2 万—1.5 万年进入广谱经济的第二阶段，其代表性遗址为广西柳州白莲洞第二期、鲤鱼嘴第二期，湖南澧县十里岗，江西万年仙人洞早期、吊桶环中期。在这一阶段，又分前后两个时期，前一个时期，距今 2 万—1.5 万年，这一时期，野生稻开始成为人类利用的对象，依据是湖南澧县十里岗、江西万年吊桶环发现的稻属植硅石；后一个时期，距今 1.5 万—1 万年，这一时期，人类开始了水稻的驯化与栽培。其依据是湖南道县玉蟾岩，广西临桂大岩、桂林庙岩、甑皮岩，广东英德牛栏洞，江西万年仙人洞、吊桶环等发现的稻属植硅石存在着越晚数量越多，越晚栽培种数量越多的现象，与此同时，广西临桂大岩、桂林庙岩、桂林甑皮岩，广东英德牛栏洞，湖南道县玉蟾岩，江西万年仙人洞和吊桶环等发现距今万年以前的陶器，湖南道县玉蟾岩发现与掘土有关的生产性工具：石锄、骨铲、角铲。而在广谱经济的第二期，人类之所以开始对野生稻发生兴趣，并开始食用，原因是由广谱经济而引发的人们对水生资源的开发利用，因为"没有广谱经济就没有人们对水生动植物食物资源有意识地开拓和利用，就不可能有意识地去发现和认识野生稻，更不可能有进一步食用的基础"①。

---

① 裴安平：《史前广谱经济与稻作农业》，《中国农史》2008 年第 2 期。

以上关于中国长江流域及其以南的广谱经济学理论，至少说明，发生在广谱革命的第二阶段的野生稻的被发现、被驯化和被栽培的过程，同时也是水生动植物食物资源被开发利用的过程，这一过程决定了贝丘文化与稻子起源存在相互依存或共生的关系，与此相对应，野生稻与贝丘遗址的时空分布也应存在交叉重叠的关系。

这种交叉重叠关系主要表现在中国野生稻的现代地理分布区，同时也是我国考古发现的贝丘遗址分布最多、最密集的区域。研究表明，世界迄今发现稻属23种，中国境内发现3种，分别是普通野生稻、药用野生稻和疣粒野生稻。我国的这三种野生稻广泛分布在东起台湾省（121°E），西至云南省盈江县（97°56′E），南起海南省崖县（18°09′N），北至江西省东乡（28°14′N）的区域范围内，以下是中国农业科学院等单位绘制的我国三种野生稻区域分布图（如图1–1）。

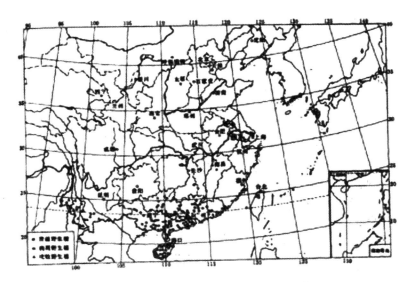

图1–1 中国野生稻分布区域示意图①

---

① 郑晓非：《中国热区种质资源信息经济学研究》，中国农业科学技术出版社2014年版，第30页。

上图显示，中国南方的广东、广西、云南、海南、福建、江西、湖南、台湾 8 个省区为中国野生稻的现代分布区。而在野生稻现代分布区的地理范畴之内，为中国目前发现贝丘遗址最多、最密集的区域，其中广西邕江、左江、右江、郁江、黔江及其支流，广东西江、珠江及其支流北江、潭江、东江、增江，福建闽江、晋江、九龙江、西溪、东溪，湖南征溪、沅江等的江河交汇处或河滨台地，云南滇池周边等，是我国目前考古发现的内陆淡水性贝丘遗址分布最为密集，跨越年代最长，内含文化信息最丰富的地区，尤其是分布广西江河两岸的贝丘遗址被公认为我国内河淡水性贝丘遗址的代表。①

如果说在冰后期进入全新世约距今 11000 年后开始以来，我国的自然条件基本上没有变动，②而农牧业的起源是在不同时地发生的事情，不仅条件不同，又依动植物的不同种类而有所不同，③那么，中国南方与东南亚现当代野生稻广泛分布的地区也应该是全新世以来野生稻广泛分布的地区，同时也是该区域的远古人类在世界上最早开始驯化野生稻的地区。

三　稻螺共生与稻子起源

按照袁靖的分类，目前我国的贝丘遗址大致可依据年代、分布地域、出土的贝壳种类等特征分为北方（辽宁和山东）和南方（福建、广东、广西）两大区。北方区的绝大多数贝丘遗址都分布在现在的沿海地带，其延续的时间较短，出土的贝壳种类以海贝为主。南方区的贝丘遗址，除少数靠近现在的海岸线以外，大多数都

---

① 李珍：《贝丘、大石铲、岩洞葬——南宁及其附近地区史前文化的发展与演变》，《考古学研究》2011 年第 7 期。

② 裴文中：《中国原始人类的生活环境》，《古脊椎动物学报》1960 年第 2 卷第 1 期。

③ ［苏联］柯斯文：《原始文化史纲》，锡彤译，人民出版社 1955 年版，第 84—88 页。

集中在现在的河流附近，延续的时间较长，出土的贝类以生息于河流及河口者为主。① 另外，根据裴安平的研究，长江流域及以南地区直到新石器时代中期，以食用各种水生动物和小粒型植物果实为主的广谱经济，仍是人类食物的主要来源，并为稻作的起源和发展创造了条件。②

而关于稻子的起源，中国学界有"三标准"（卫斯，1994；郭文韬）之说：一是从自然条件上看，发源地必须具备水稻生长的气候和土壤条件，并且有普通野生稻的分布；二是这一地区的考古发现，无论从年代序列上，还是从文化谱系上看都具有连续性；三是这一地区发现的史前稻作遗存，在年代上应是最早的，并且在相近地区有相同类型的遗址不断被发现。而笔者以为，还应再加一条，那就是在居住模式上必须适应水滨环境下洪水的季节性涨落。这既是稻子根部适宜被水长期浸泡的生物学特性使然，同时又是史前广谱革命因水而生，被水滋养的贝丘文化、河旁聚落、巢居干栏文明共生的结果。

（一）稻螺共生与稻子起源的学术之辩

关于稻子起源与贝丘文化的关系，目前学术界存在两种截然相反的观点：

一种观点认为，稻子起源与贝丘文化没有关系，其依据是贝丘文化遗址不见或少见有关植物种类的考古文化学报告，尤其是禾本植物类考古文化学报告。如四川大学博物馆童恩正从古气候学、地理学、土壤学及全新世早期（距今10000—7000年前）中国南方及东南亚中南半岛的贝丘遗址、洞穴遗址和露天遗址系列进行的植物学、动物学的考察分析认为，贝丘遗址不存在稻作农业起源的考察范围，他说："我们在考察农业起源的问题时，可以暂时将这一类型的遗址

---

① 袁靖：《关于中国大陆沿海地区贝丘遗址研究的几个问题》，《考古》1995年第12期。
② 裴安平：《史前广谱经济与稻作农业》，《中国农史》2008年第2期。

排斥在外。"① 笔者认为，贝丘遗址即使在其中期，是否真正有了农业迄今也没有直接的证据。即使有，恐怕也是受了其他文化影响的结果。赵志军等通过植硅石分析认为：虽然顶蛳山遗址所处地区广泛地分布着野生稻资源，但在稻作农业出现之前顶蛳山人与野生稻没有发生任何关系，第四期出现数量可观的栽培稻植硅石，说明栽培稻和稻作生产技术可能都是外来的。② 焦天龙、何乃汉、戴国华等则根据贝丘遗址各文化层的动植物、石器、陶器等的文化遗存研究，认为华南—东南亚地区新石器时代早期的贝丘遗址尚无农业的痕迹，而是以捕捞狩猎作为经济基础。而直到新石器时代晚期的一些考古报告，依然没有在贝丘遗址中找到与稻作农业起源有关的植物学依据。如 2007 年 10 月—2008 年 1 月，广西文物考古研究所对位于广西左江流域崇左市江州区的何村、江边、冲塘三个距今 5000 年左右的河岸贝丘遗址小规模考古发掘的报告认为："经科学测定，冲塘遗址 NT11 探方遗址剖面孢粉分析结果为，乔木植物花粉占总数 76.9%，灌木及草本植物花粉占总数 17.2%，其中禾本科占 2.8%，蕨类植物花粉占总数的 6.1%。何村遗址 T15 探方西壁剖面孢粉分析结果为，乔木植物花粉占总数的 78.7%，灌木及草本植物花粉占总数的 14.7%，其中禾本科占 1.7%，蕨类植物花粉占总数的 6.6%。江边遗址 T2 探方西壁剖面孢粉分析结果为，乔木植物花粉占总数的 74.5%，灌木及草本植物花粉占总数的 17.3%，其中禾本科占 4.6%，蕨类植物花粉占总数的 8.2%。从三个遗址的孢粉分析结果可知，它们所处的植物环境差异不大，基本相同，而且根据禾本科所占比例可知，当时可能并非以农业为主。"③

---

① 童恩正：《中国南方农业的起源及其特征》，《农业考古》1988 年第 2 期。

② 赵志军等：《广西邕宁县顶蛳山遗址出土植硅石的分析与研究》，《考古》2005 年第 11 期。

③ 何安益、杨清平、宁永勤：《广西左江流域贝丘遗址考古新发现及初步认识》，《中国历史文物》2009 年第 5 期。

另一种观点则相反，认为贝丘文化与稻子起源有关系。如早在 1997 年，覃乃昌先生就提出，珠江上游的邕江、左右江流域大量出现的新石器时代早期的贝丘遗址是该区域稻作农业出现的标志，其依据是考古工作者在该区域发现了一大批距今 9000—7500 年的新石器时代早期贝丘遗址，遗址内出土了石斧、有段石锛、石凿、石锤、石磨盘、石磨棒、石杵、蚌刀和釜、罐、鼎等与稻作农业有关的工具。[①] 与此同时，张光直关于"从东南海岸已经出土的最早的农业遗址中的遗物看来，我们可以推测在这个区域的最初的向农业生活推动的试验是发生在居住在富有陆生和水生动植物资源的环境中的狩猎、渔捞和采集文化中的"[②]；裴安平关于长江流域及以南地区直到新石器时代中期，以食用各种水生动物和小粒型植物果实为主的广谱经济，仍是人类食物的主要来源，并为稻作的起源和发展创造了条件[③]，也同时支持了这一观点。

笔者以为，主要由植物学家或农学家的技术鉴定工作而形成的前一种观点，还存在诸多可商榷之处：

一是运用现代科学技术手段对贝丘遗址的植硅石、孢粉等的量化阐释及其得出的与稻作起源无关的结论，是值得商榷的。且不说一系列贝丘遗址发掘过程中是否都已做到对植物遗存的提取并在技术上形成一个科学的逻辑完整的分析体系，能够清晰地告诉我们与贝壳共存的都有哪些植物，这些植物所反映的贝丘人的广谱觅食策略与一般的狩猎采集者又如何不一样，等等，而仅就那些技术本身而言，事实上也还没有哪种技术已经达到判断标准上的通用原则。如由于籼粳长宽比的部分交错重叠，因此，通过测定谷粒的长宽比

---

① 覃乃昌：《壮族稻作农业史》，广西民族出版社 1997 年版，第 84—87 页。
② 张光直：《中国东南海岸的"富裕的食物采集文化"》，载《中国考古学论文集》，生活·读书·新知三联书店 1999 年版。
③ 裴安平：《史前广谱经济与稻作农业》，《中国农史》2008 年第 2 期。

来识别籼粳的现代科学技术手段，后来被发现准确率只有 70% 左右，这意味着误判概率达 30% 左右；再就是虽然谷壳双峰植硅石也可以用来推测驯化型和野生型种群的不同分化趋势，但这种趋势除了栽培条件下人工干预的结果以外，还有可能是因为受到气候或者纬度变化的结果，因此，如果我们不把植硅石放置在较大的自然生态系统中去考察，也很可能在这类技术方法的应用上出现一些混乱。

二是根据布鲁斯·特里格（Bruce Trigger）在《世界考古学展望》一文中所指出的："物质文化也仅有某些方面才能在考古相关背景中正常保存下来，而这种相关性本身也会被地质过程改变或损毁。……许多信息已无可挽回地失去了，考古材料至多只能被看作人类行为不完整的记录。"[1] 这说明人类文化遗址中的物质遗存存在偶然性，依此进行的实证论分析也必然是相对的。另外就是考古发现也充满偶然性，因此，我们有理由相信目前发现的贝丘遗址及其没有出现野生稻被采食、被驯化、被栽培的证据，并不意味着那些没有被发现、被挖掘、被用严格的现代科学技术手段进行实证检验的贝丘遗址也都没有出现野生稻被采食、被驯化、被栽培的证据。

（二）野生稻与淡水性贝丘遗址分布上的交叉重叠现象显现的稻子起源

研究表明，华南地区的气候与生态在一万多年来都没有发生实质性巨大变化。[2] 因此，有现代野生稻分布的地方应该是 1 万多年前野生稻大量繁衍生息的家园。

而野生稻大量繁衍生息的理想家园中大量分布的淡水性贝丘遗

---

① ［加拿大］布鲁斯·特里格：《世界考古学展望》，《南方文物》2008 年第 2 期。
② 刘志一：《从玉蟾岩与牛栏洞对比分析看中国稻作农业的起源》，《农业考古》2003 年第 3 期。

址说明，1 万多年前野生稻的理想生境同样也是软体水生动物蚌螺等喜居的生境，由此形成的稻螺共生的自然生境，自然会对以采集现成食物为生的古人类产生潜在影响。而新石器时代广西左江流域敢造贝丘遗址①发现数量丰富、形制多样的研磨器以及小规模的石制品分布密集区，从出土物的类别及堆积情况看，应为石器加工点。此外，敢造贝丘遗址还出土了一定数量的骨角器、蚌器和陶片。同时，还发现了较多的水生动物和哺乳动物骨骸。出土的工具及动物骨骸表明，当时生活在这一地区的史前人类的渔猎及狩猎采集经济相当发达，广西郁江流域的横县秋江贝丘遗址出土的水生动物遗骸如爬行类的陆龟、中华鳖、鳄；甲壳类的蟹；鱼类的鲤鱼、青鱼和黄颡鱼；贝类的背瘤丽蚌、短褶矛蚌、中华圆田螺、中国圆田螺、方形环棱螺、螺蛳以及皱疤坚螺等；② 柳州大龙潭鲤鱼嘴贝丘遗址出土的野兔、竹鼠、豪猪、猕猴、熊、猪獾、猞猁、虎、豹、犀牛、亚洲象、野猪、水鹿、斑鹿、羚羊、小鹿和牛 17 种兽畜类动物化石；③ 东兴亚菩山和马兰咀遗址出土的贝类文蛤、魁蛤、牡蛎、田螺和乌蛳等；④ 充分说明新石器时代的广西贝丘人曾以水族类和兽畜类为食物的重要来源。

如果我们把野生稻分布图与淡水性贝丘遗址分布图放在一起进行观察，我们会发现，两者同样存在较多的交叉重叠现象，如野生稻最理想的繁殖地为热带、亚热带的江河两岸，大江大河下游三角洲，山间谷地的小溪旁，湖边泉边等受雨的低湿洼地，而贝丘遗址也多位于河流转弯或大河与小河的交汇处；背山（石山或土山）面

---

① 为配合广西郁江老口水利枢纽工程建设而由广西文物保护与考古研究所在 2014 年 4 月抢救性发掘。

② 广西文物工作队：《广西横县秋江贝丘遗址的发掘》，载《广西考古文集》（第二辑），科学出版社 2006 年版。

③ 柳州博物馆：《柳州市大龙潭鲤鱼嘴新石器时代贝丘遗址》，《考古》1983 年第 9 期。

④ 广东省博物馆：《广东东兴新石器时代贝丘遗址》，《考古》1962 年第 12 期。

水；附近有比较开阔的平地；多在现在的村庄附近。① 可见，两者的生态环境要求是大体一致的，这种生态性共生关系，我们还可以从张德慈《水稻的开发和概览》一文的"东南亚、大洋洲和中国的亚洲型水稻卢菲冈型、尼瓦拉型、斯朋达尼亚型（Spontanea）的地理分布图"得到证实，从这张分布图中我们发现，野生稻在中国—东南亚的分布，是按人口越密集分布的区域，野生稻的出现频率就越高，反之就低的规律出现的。如此，东南亚岛屿的无人居住区几乎没有野生稻分布，或野生稻的出现率很低。②

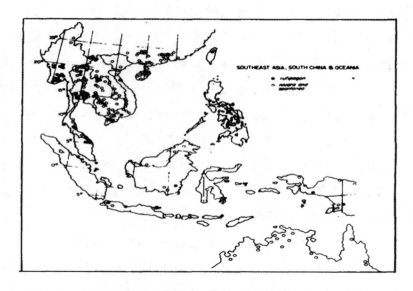

图1－2　东南亚、大洋洲和中国的亚洲型水稻卢菲冈型、尼瓦拉型、
斯朋达尼亚型（Spontanea）的地理分布图

　　虽然至今没有直接的证据说明他们在捕杀这些水生生物和畜兽类动物的时候，也同时采食了野生稻，但这些贝丘遗址中出土的谷

---

① 何乃汉：《广西贝丘遗址初探》，《考古》1984 年第 1 期；蒋廷瑜：《广西贝丘遗址的考察与研究》，《广西民族研究》1997 年第 4 期。

② 张德慈：《水稻的开发和概览》，载《当今和未来的作物遗传资源》，剑桥大学出版社1975 年版，第 159—166 页。

物加工工具石杵、磨棒、石磨盘、石锤及谷物收割工具穿孔蚌器等，可间接说明，小粒型植物果实及其他植物的嫩叶、果实、块根等已事实成为新石器时代的广西贝丘人现成的或潜在的开发资源，并因此形成饮食结构上的稻螺共生现象。该现象说明，贝丘文化和稻子都曾共同胎动于广谱经济，贝丘文化所显现出来的由广谱采集于"水"的生计手段与根部适宜被水长期浸泡的野生稻的被采集、被驯化、被种植之间存在生态性共生关系，这一关系决定了贝丘文化与稻子起源存在相互依存或共生的关系。其过程的大致情形是：当人类由洞穴迁往河旁台地后，由于巢居干栏和水中作业，使南方古人类可近距离观察根部适宜被水长期浸泡的野生稻的生长特性和节律，而这些野生稻很可能就喜与蚌螺共生于河滨水泽，很可能就长在他们巢居干栏的邻近区域，于是，当野生稻的种子自然成熟脱落，自然在水流缓慢的泥沼中搁浅、发芽、生根形成新植株的原始繁殖方式渐渐被他们发现、掌握和操控，于是，原始的稻作农业很可能就出现在那一片片蚌螺类等水生软体动物与野生稻资源都非常富饶的河滨洼地之上。

以上稻螺共生文化现象说明，贝丘文化和稻子都曾共同胎动于广谱经济，其中，贝丘文化所显现出来的由广谱采集于"水"的生计手段与根部适宜被水长期浸泡的野生稻的被采集、被驯化、被种植之间的生态性共生关系，至少说明两者不是相互排斥的，而是相互影响的关系。也就是说，就中国南方而言，贝丘文化、野生稻采集农业无不是广谱经济时代的产物，它们虽分属不同文化范畴，但却同是广谱革命这一文化大树上结下的两颗果实，同时也很可能是后来《淮南子·原道训》所载的古代越人的经济生活方式是"陆事寡而水事众"的重要源头。

综上可知，《淮南子·原道训》所载的古越人"陆事寡而水事众"的经济生活方式，很可能最早渊源于南方古人类的原始聚落都基本上形成于靠近江湖的洞穴之中的生存智慧，紧接着渊源于他们靠水吃水所创造的贝丘文明。而根部适宜被水长期浸泡的野生稻被采集、被驯化、被种植的过程，当是这种生计与居住文化共度机制的产物。

第二节　广谱革命·定居生活·家屋的文明共生

在中国南方的史前文化发展序列中，贝丘文化称得上是中国南方广谱经济时代一种以发达的捕捞、狩猎和采集为主的生业模式遗存的代表。其由萌芽到繁荣鼎盛再到衰落的过程，事实上也是人类居住空间从洞穴到江河两岸或海滨的动态发展的过程。在这一过程中，开发水生动植物资源，变洞穴聚落为河旁台地聚落，发明具有文化类型学意义的巢居干栏，为瓯骆远古居民最具有开拓性意义的伟大创举之一，也是稻作农业的先声。

一　广谱革命·巢居干栏·那

戴裔煊[①]、安志敏[②]等认为，古代遍布于我国南方诸省区的干栏式建筑及所代表的文明类型，都是珠江流域的原始居民西瓯骆越人创造的史前文明的杰出代表。已故百越史专家梁钊韬先生认为，干栏式房屋，连同双肩石斧、有段石锛、几何印纹陶、种植水稻等一起，共同组成古越人最富于特征的物质文化内涵，罗香林、凌纯生则认为巢居干栏、种稻、梯田、铜鼓等与稻作文化有密切联系。而本书认为，这种关系渊源于广谱革命，即由广谱采集进入集中采集而产生的分属不同文化类型或范畴的贝丘文化和采集农业，很可

---

① 戴裔煊：《干栏——西南中国原始住宅的研究》，山西人民出版社 2014 年版。
② 安志敏：《"干栏"式建筑考古研究》，《考古学报》1963 年第 2 期。

能因为都共生于水的生物学特性而有力支撑起具有文化类型学意义的巢居干栏这一建筑类型的产生，并有力推动农业的起源，家畜的饲养，生活的定居，甚至原始宗教、艺术的萌芽。

（一）广谱革命与巢居干栏的创造

地质学、考古学、古生物学和人类学等的研究表明，约 80 万年前，手持百色手斧的南方古人类，是没有可避风挡雨的住所的，但到了约 5 万年前的旧石器时代，南方古人类开始进入主要靠采集狩猎为生，洞穴为居的生活，到约 1 万年前的新石器时代，则懂得"依树积木"建造离地而居的巢居干栏。

在这一过程中，以江河的产出螺蚌鱼虾为主要食物来源的"水事"生计很可能是促使以洞穴为居的南方古人类迁往河岸台地居住，并发明创造与"水事"生计相适应的巢居干栏的动力原型之一，当然也是后来东至吴越，西至滇黔，北至荆楚，南至东南亚，即唐人颜师古注《汉书·地理志》引臣瓒所说的："自交趾至会稽，七八千里，百粤（越）杂处，各有种姓"的"百越民族"巢居干栏文化的重要源头。如从 20 世纪 60 年代起，广西的邕江、左江、右江、郁江和黔江及其支流两岸相继发现的 30 余处贝丘遗址，均属于新石器时代的河旁贝丘遗址，对这些河旁贝丘遗址的研究发现，完全靠狩猎和采集水中软体动物为生的广西古人类，已经能够在村落中长久地定居下来。如这些河旁贝丘遗址的贝壳堆积很庞大，一般厚度达 1 米以上，最厚可达 3 米，一般面积 200 平方米，最大 5000 平方米，如横县西津遗址、邕宁长塘遗址的螺壳堆积厚度均在 3 米以上，横县秋江、南宁子头、扶绥敢造、扶水江西岸的螺壳堆积均在 2 米以上，邕宁顶蛳山、象州山猪笼的遗址面积都在 5000 平方米以上，尤其是从顶蛳山贝丘遗址挖掘的第 1 期文化年代距今约 10000 年和第 4 期距今约 6000 年的文化层均不含或含量很少的贝壳堆积说明，顶蛳山人在距今 10000—6000 年前，曾在这里长期生活达 4000 年之久，说明该区域凭借优越丰富的水生软体动物资源便能够供养起长期在此定居的永久性居民。

而来自考古方面的资料表明，这种以河旁为居住格局的定居生活在整个长江以南具有普遍性和代表性。例如，袁靖的研究发现："目前我国的贝丘遗址大致可依据年代、分布地域、出土的贝壳种类等特征分为北方（辽宁和山东）和南方（福建、广东、广西）两大区。北方区的绝大多数贝丘遗址都分布在现在的沿海地带，其延续的时间较短，出土的贝壳种类以海贝为主。南方区的贝丘遗址，除少数靠近现在的海岸线以外，大多数都集中在现在的河流附近，延续的时间较长，出土的贝类以生息于河流及河口者为主。"① 其中的"广西贝丘遗址是广西新石器时代的一种主要文化遗址类型，特别是分布在江河两岸的贝丘遗址是我国内河淡水性贝丘遗址的代表"②。这些表明，距今 1 万多年前，中国南方的洞穴居民不仅已开始过上主要表现为水中作业的捞贝捕鱼为生的经济生活，同时已开创性地在江河两岸形成以贝丘文化为特征的新的聚落文明。

可令人不解的是，广西的河岸贝丘遗址除了广西邕宁的顶蛳山、资源晓锦、横县江口、钦州独料山等少量遗址发现很可能是干栏的房屋柱洞外，其余均没发现可供居住的房屋痕迹，与此同时，这些遗址所处的河岸台地也没有发现可供人居住的洞穴，这些说明，这些遗址中的古人类，虽已离开洞穴居住，但大多还没有住上完全人工建造的干栏，他们最大的可能是巢居在江河岸边的树上，成为巢居的贝丘人。刚开始的时候，他们很可能只是一小部分的青壮年经常下河捞贝捕鱼，并偶尔在河岸边的树枝上模

---

① 袁靖：《关于中国大陆沿海地区贝丘遗址研究的几个问题》，《考古》1995 年第 12 期。
② 李珍：《贝丘、大石铲、岩洞葬——南宁及其附近地区史前文化的发展与演变》，《考古学研究》2011 年第 7 期。

仿鸟儿筑巢过夜。但随着时间的推移，一方面因为当时南方的气候温暖湿润，雨量充足，河流纵横，水产品资源非常丰富，另一方面，由于人口增长，狭小的洞穴越来越无法容纳不断增长的人口，于是，一部分极具进取和开放精神的洞穴贝丘人，便开始考虑在江河两岸选择一些根深叶茂的大树建造依树积木的巢屋，并由于这些巢屋具备了能抗拒河水定期泛滥的先进性，能防虫防水淹的优越性和安全保障性而为他们提供了整族整族从洞穴迁往河旁台地的物质前提，于是，原来"陆事"和"水事"并举才能获取足够生活资源的洞穴贝丘人，得以仰赖巢居干栏的先进性而得以在生计上渐渐发生以"水事"为主、"陆事"为辅的转型，并在江河两岸开创了新石器时代贝丘文化的繁荣，推动了与江河之水相生相伴的巢居干栏的发展和演变。

也就是说，因水而生，被水滋养的贝丘文化，在中国南方尤其是广西的文明进程中至关重要，并很可能是后来南方古越人"陆事寡而水事众"区域性经济生活特色的重要源头，同时也是与水相生相依的干栏类型建筑得以发明创造的原动力。

（二）巢居干栏的营造概念曾经建立在螺屋共生基础之上

目前广西考古发现的最早干栏遗址为顶蛳山贝丘遗址和钦州独料山遗址，对这两个遗址中的巢居干栏的营造概念的研究发现，两个遗址的干栏营造理念基本上都是建立在螺屋共生或稻螺共生的基础之上。

其中的顶蛳山贝丘遗址距今8000—7000年的第二期文化层发现22个成排的、有分布规律的住房柱洞，这些住房柱洞被认为是一个南北长13米、东西宽6米的长方形干栏式建筑遗址，说明早在距今8000—7000年"择水而栖，择江而居"的广西贝丘人已学会在距离大江大河不远的河旁台地上建造起能够适应河水的季节性涨落的干栏式房子。而"在顶蛳山遗址的一个探方内，发现用数十块天然石块铺成的圆圈，在石圆圈的前面有 4 个完整的大蚌壳堆积在一起。据实地考察，这 4 个大蚌壳是当时活生生埋下去的，显然是由某种宗教意识所支配"①，表明距今 8000—7000 年前的顶蛳山人已经开始有意识地通过仪式活动，求吉避害，或通过仪式的控制或反控制手段，图谋对不可预知的超自然现象的利宅利人的引导，这种宗教行为的观念基础有可能是对蚌所象征的美好生活的企盼，也有可能是对蚌所象征的某种凶恶之事象的回避。但不管如何，住屋的现实图景与螺蚌的象征图景在巢居干栏营造理念上的交融共生，表明广西古人类巢居干栏的营造概念曾经建立在螺屋共生的基础之上。

而位于钦州市那丽乡独料村距今 4000 年左右的文化遗址，据推测，其"人口当在 3000 人以上，若排除墓葬区或祭祀区等无人居住部分，那么估计整个遗址也有 2000 人左右"②。该遗址除了发现住房柱洞外，还发现了一条长达 3.6 米，最宽处 68 厘米，最窄处 20 厘米，深约 58 厘米的排污水沟，发现灰坑、灰沟及大量陶片、石器，说明当时的这一聚落群体已开始有意识地进行环境的营造及配套设施的完善，家居的社区概念逐渐成型，逐渐有了凝聚力，由此判断，独料村人已经建立了较为严密的社会组织，已存在权威、规则和社会秩序。而这些应该就是加拿大考古学家海登（B. Hayden）关于稻作起源的竞争宴享理论所说的农业可能起源于资源丰富且供应较为可靠的地区，且这些地区因经济富裕而能够建立起相对比较复杂的"社会结构"的社会。

可见，"依山、傍水、近田"的广西史前巢居干栏的营造理念，曾经建立在螺屋共生基础之上，并由此建立起较为复杂的社会结构，推动瓯骆地区稻作农业的起源。

---

① 郑超雄：《壮族文明起源研究》，广西人民出版社 2005 年版，第 24 页。

② 同上书，第 133 页。

二 广谱革命·河旁聚落·那

当南方古人类由洞穴迁往河旁台地后，经过无数代人的发明创造才最终成型的离地架空的巢居干栏及其所具有的防水、防虫蛇猛兽、防湿热的功能和作用，经过无数世代人的演化才一代又一代地传递下来的"依山、傍水、近田"的居址选择理念，连同他们的水中生计一起，共同推动河旁聚落的形成与发展，进而推动稻作文明的起源与发展。

（一）"择水而栖，择江而居"的河旁聚落

浙江上山遗址①河姆渡遗址、田螺山遗址，河南舞阳贾湖遗址等的考古发掘及研究表明，非生产性占主导的广谱经济也能支撑起定居社会的生活。② 而依靠自然恩赐的陆生、水生动植物资源，尤其是水生贝类动物和野生谷物资源丰富的条件，广谱经济条件下的珠江三角洲地区的石峡遗址、咸头岭遗址、大黄沙遗址、砚壳洲遗址，珠江中上游地区的邕宁顶蛳山遗址、南宁市豹子头遗址、横县西津遗址、象州山猪笼、南沙湾遗址、桂平大塘湾遗址、柳州兰家村遗址等的史前文明遗址，同样能够依赖广谱经济条件而过上较为安定的定居社会的生活。

这些史前文明遗址虽然在考古学界分含软体动物介壳的贝丘遗址和不含软体动物介壳的一般遗址两种类型，但都因多处大河转弯或干支流交汇处的三角嘴上，均属河旁第一阶地而统属河旁聚落。根据郑超雄先生的研究，从南宁市郊豹子头遗址到横县西津遗址200余公里水程的邕江两岸，平均每10—40公里水程就有这样的一个河旁聚落遗址，200余公里水程就有20余处考古年代属新石器时代早、中期的河旁聚落。这些聚落人口至少1000人，大者当在

---

① 浙江省考古研究所等：《浙江浦江县上山遗址发掘简报》，《考古》2007年第7期。
② 崔天兴：《广谱革命及其研究新进展》，《华夏考古》2011年第1期。

2000 人以上，其中顶蛳山遗址居民估计 2000—3000 人，横县西津遗址居民估计 2000 人以上。[①] 可见，广谱经济条件下的珠江流域远古居民，完全依靠狩猎和采集，依靠水中和陆地自然生长的极为丰富的动植物资源，便能够在江河两岸建立起人数多达 1000 人的永久性村落，过上定居社会的安定生活。

这些"择水而栖，择江而居"的永久性定居村落，不仅能够建构起关系逐渐趋向复杂的社会网络，同时还可以从狩猎采集占相当比重的经济生活方式中发展起农业文明。如从广西邕宁顶蛳山、资源晓锦、横县江口、钦州独料遗址考古发现的房屋柱洞来看，这些河旁聚落的居民已住上稳固安全的住房，从顶蛳山河旁聚落中的居住区、墓葬区和垃圾区三个较为明确的功能区划分来看，顶蛳山人已经形成以氏族为单位的经济文化组织，并有条件进行动植物的驯化或人工栽培；从桂林庙岩遗址、临桂大岩遗址发现的"年代当不晚于在湖南道县玉蟾岩发现的公元前一万年的陶器，其年代应属于新石器时代早期"的陶容器，顶蛳山第一层发现的夹棱角分明的粗石英碎粒灰黄陶，第四期文化层出现的夹植物碎末陶，南宁豹子头出土烧成温度为 800℃ 的夹砂粗陶等来看，居住在这些河旁聚落中的村民已掌握陶器材料的特性和制作技术，可为食物的烹煮，谷物的贮藏、酿造等提供前提；从南宁豹子头、横县西津、扶绥江西岸、敢造、邕宁长塘等出土的磨制石器：斧、锛、穿孔石器及砺石，骨器出现矛、鱼钩及装饰品，蚌器出现铲及以隆安大龙潭遗址为代表的桂南大石铲等来看，这些河旁聚落村民的生产生活内容已相当丰富，并有条件从单纯的狩猎采集经济向生产性原始农业迈进。

可见，以水为原型或动力的南方广谱经济，不仅能够支撑起人

---

① 参见郑超雄《壮族文明起源研究》，广西人民出版社 2005 年版，第 32—34 页。

口众多的"择水而栖，择江而居"的河旁聚落，同时能够发展起趋向复杂的社会关系网络，并有可能推动稻作农业社会的形成。

（二）河旁聚落与稻子的关系

根据张德慈《水稻的开发和概览》一文的"东南亚、大洋洲和中国的亚洲型水稻卢菲冈型、尼瓦拉型、斯朋达尼亚型（Spontanea）的地理分布图"中关于野生稻在中国—东南亚的分布规律是按人口越密集分布的区域，野生稻的出现频率就越高，反之就越低，及关于东南亚岛屿的无人居住区几乎没有野生稻分布，或野生稻的出现率很低的观点①，我们可大胆推测，远古的野生稻分布虽然与热带、亚热带的江河两岸，大江大河下游三角洲，山间谷地的小溪旁，湖边泉边等受雨的低湿洼地生境有关，但人类的活动尤其是居址选择的行为，也很可能曾在某种程度上影响了野生稻的分布，进而影响稻作农业的起源。

这种影响很可能是一个潜在的、漫长的过程，并与南方古人类所选择的择水而栖、择江而穴居及其巢居干栏的居住模式有关。因为只有这种居住模式使人类与水中的鱼虾、蚌螺等水生生物更亲近，便容易就近获取在当时很可能是最高效益回报的鱼虾、蚌螺等水生生物资源。与此同时，水中的鱼虾、蚌螺等水生生物越丰富，就越能够吸引以水域中的鱼虾、蚌螺及水边稠密生长的植物花叶、果实为食的飞禽走兽的光顾，进而给人类带来种类越来越多的食物来源。其中，人类对于以小粒型植物果实为主要食物来源的鼠鸟禽类动物的猎捕活动及其食用过程，很可能就是张德慈关于中国—东南亚人口越密集分布的区域，野生稻的出现频率就越高的重要动因之一，同时也是稻作起源的根本动力之一。

因为人类一般不会食用鼠鸟禽类动物的胃囊，因此，宰杀这些

① 张德慈：《水稻的开发和概览》，载《当今和未来的作物遗传资源》，剑桥大学出版社1975年版，第159—166页。

动物的过程也是随手丢弃这些动物胃囊的过程。而"择水而栖，择江而居"的聚落形式，离地架空的干栏底屋及周边环境，都很适宜野生稻的生长，因此，当鼠鸟禽类动物被一代又一代的古人类带回住地后，这些动物胃囊中的野生稻种子当然也会越来越多地被丢弃，继而越来越稠密地生长在人们的居住地周围，从而形成人口越密集分布的区域，野生稻就越多的人类居址与野生稻相生相伴的共生关系。

在野生稻与人类居址相生相伴的长期共生过程中，河旁聚落中的古人类先是从这些动物的胃囊中发现野生稻，继而凭借河旁聚落和巢居干栏有利条件得以近距离观察到根部适宜被水长期浸泡的野生稻的生长特性和节律，而这些野生稻很可能就喜与蚌螺共生于河滨水泽，很可能就长在他们巢居干栏的邻近区域，于是，当野生稻的种子自然成熟脱落，自然在水流缓慢的泥沼中搁浅、发芽、生根形成新植株的原始繁殖方式渐渐被他们发现、掌握和操控，于是，原始的稻作农业很可能就出现在那一片片蚌螺类等水生软体动物与野生稻资源都非常富饶的河滨洼地之上，出现在巢居干栏的河旁聚落之中。

（三） 两种不同性质的河旁聚落与稻子的关系

考古文化学显示，广西新石器时代那些"择水而栖，择江而居"的定居村落，可以根据其文明性质的不同而分为含软体动物介质的贝丘遗址和不含软体动物介质的非贝丘遗址两种类型，含软体动物介质的贝丘遗址主要分布于邕江、左江、右江、郁江、黔江及其支流两岸的台地上，尤以南宁、邕宁为中心的邕江流域最为集中，另外柳江、象州县石祥河及红水河流域也有分布。而与贝丘遗址文化年代相当的不含软体动物介质的一般河旁台地遗址，主要分布于贵港市以东，藤县以西的郁江、浔江流域地区，尤其以贵港境内的分布最为密集。同时考古显示，一些不含软体动物介质的河旁聚落，往往都比较大，如桂平的大塘遗址、上塔遗址均达1万平方米以上，说明当南方古人类离开洞穴在河旁台地建立起相比洞穴时代来说更为复杂的定居社会后，支撑这种早期定居社会的物质基础，分两种情形：一种是以顶蛳山为代表的以江河生态圈慷慨恩惠的蚌螺为主要食物来源的贝丘遗址，一种是以贵港大塘、上塔遗址为代表的同样以江河生态圈的慷慨恩惠为主要食物来源的一般遗址。

而无论是贝丘遗址还是一般遗址，它们的文明演进都与该区域得天独厚的江河生态圈的慷慨恩惠密切相关，而不是具体的某一种动植物资源。如考古挖掘的一些河旁贝丘遗址的最早文化层，是不含软体动物介质的，最有代表性的是闻名中外的顶蛳山贝丘遗址距今10000年以上的第一期文化层，不含或很少含软体动物介质，表明第一批从洞穴聚集到顶蛳山的古人类，驱使他们弃洞穴而奔河岸平原的根本动力，与水生软体动物的富饶与否关系不大，但与大江大河所养育的动植物的富饶程度关系大；而以螺壳堆积为主的第二、三期文化遗存，说明在大江大河的养育之下，当时顶蛳山流域的蚌螺等水生软体动物资源丰富，古人类对于水生软体动物的寻找、采集和加工的经济效益最为明显；而发现距今6000年不含水生软体动物介质的第四层文化层，说明6000年前的顶蛳山流域的蚌螺资源或许已经枯竭，同时也有可能是当时的顶蛳山人已经找到比采集蚌螺更有开发前景的经济生活方式。

只是我们至今还不十分明了为什么西江上游的邕江两岸考古发现的20多处遗址都富含螺壳蚌壳？而西江下游的浔江两岸发现的5处遗址只有1处富含螺壳蚌壳，其余均不含螺壳蚌壳？而柳江流域则相反，上游发现的近20处新石器时代遗址全部为不含螺壳蚌壳的一般遗址，而下游象州县域内发现的3处新石器时代遗址则全部为富含螺壳蚌壳的贝丘遗址？其中，由江河生态圈的慷慨恩惠而建立起来的不含软体动物介质的一般河旁台地遗址，是因为流域内的贝类生物资源不生长、不丰盛，不方便采集而不含软体动物介质，还是因为流域内的其他动植物资源比贝类生物更易寻找、采集和加工的缘故？如果是后者，那么这种极具开发前景的动植物资源是什么？是不是根部适宜被水长期浸泡的野生稻及与野生稻食物链发生链式关系的各种动物资源？若果真如此，我们就有理由认为与贝丘遗址同时代的一般河旁台地遗址的古人类，更有可能是最早发明水稻栽培技术的古人类。当然，要证明这一点，还需要考古学、古生物学、古农学、分子人类学等的理论与实证分析证据的支持。但有一点是可以肯定的，浔江、郁江流域曾是野生稻的理想家园，1978至1980年间，由广西农业科学院组织188个单位协作完成的广西野生稻普查发现，郁江流域至今仍有大量野生稻分布：全区的野生稻共有758处，覆盖面积约316.7公顷，其中，连片达3公顷以上的有13处，其中最大的一片是贵县新塘乡马柳塘，覆盖面积28公顷。有4个县覆盖面积总数达33.3公顷以上，其中，来宾县53.3公顷，贵县46.7公顷，武宣县40多公顷，桂平县33.4公顷。[①] 这4个县中的贵县、桂平两县属浔江、郁江流域，另外的武宣、来宾与郁江流域北岸的覃塘区连成一片。2002年在玉林市福绵区的石山塘又新发现150多亩连片野生稻，经广西农科院水稻研究所专家考证，石山塘野生稻连片生长面积属广西之最，在全国罕见。而石山塘连片野生稻区，也与郁江流域区连成一片。这些事实说明，该区域曾是野生稻的理想家园，这里的远古居民具有采食野生稻、培育野生稻，进而进入农业文明的得天独厚的条件。因此，可以依此推想，远古的浔郁两岸很可能稠密地生长着大量的野生稻，这些野生稻先是引来了大量直接以野生稻为食的飞禽水禽及各类啮齿动物，

---

① 吴妙燊：《广西野生稻资源考察报告》，载《野生稻资源研究论文选编》，中国科学技术出版社1990年版。

接着聚集以这些飞禽水禽及啮齿动物为食的包括人类在内的各类动物，并由于人类在野生稻食物链中的特殊地位，因此，能够仰赖野生稻的食物链养育起一个个人数多达 2000—3000 人的河旁聚落，并最终通过野生稻食物链的链式反应，学会直接食用野生稻，驯化野生稻，栽培野生稻。

也就是说，就中国南方而言，贝丘文化、野生稻采集农业无不是广谱经济时代的产物，它们虽分属不同文化范畴，但却同是广谱革命这一文化大树上结下的两颗丰硕果实，同时也很可能是后来《淮南子·原道训》所载的古代越人的经济生活方式是"陆事寡而水事众"的重要源头，也是后来绵延不绝的饭稻羹鱼、巢居干栏、喜食蛤贝的生计模式的源头。这就意味着《淮南子·原道训》所载的古越人"陆事寡而水事众"的经济生活方式，很可能最早渊源于南方古人类的原始聚落都基本上形成于靠近江湖的洞穴之中的生存智慧，紧接着渊源于他们靠水吃水所创造的贝丘文明。而根部适宜被水长期浸泡的野生稻被采集、被驯化、被种植的过程，当是这种生计与居住文化共度机制的产物，同时也是那·兰获得 DNA 一样绵延之力的动力源泉。

第三节 "那"：瓯骆大地上冉冉升起的第一缕文明曙光

史前考古文化遗存遗物与早期人类活动的关系研究表明，分布地域广阔，人口众多的中国—东盟壮侗语民族人工栽培水稻的历史长达 12000 年以上，第一缕的文明曙光就出现在气候温暖、雨水充沛、森林繁茂、野生动植物竞相生长的珠江—长江流域。该区域同时也是陆续出土万年以上碳化稻的区域，中国地图上冠以"那"字地名密集分布的区域。

一　现代自然科学技术揭示瓯骆故地为人类稻作起源传播的中心之一

近年来，随着自然科学技术在稻种起源及稻作农业起源研究领域的应用，史前人类由采食野生稻到把野生稻驯化为栽培稻的行为和文化变迁的远古信息正越来越被人们所认识。其中，从古人类遗骨的基因密码中发现的古稻遗存与民族遗裔的关系，从全球稻属植物基因里发现的稻种和稻作农业起源、传播的线索，等等，都为我们提供了以往的考古学、民族学、地理植物学等所无法提供的关于稻种和稻作农业起源的清晰画面。

（一）水稻全基因图谱揭示珠江流域为人类稻米起源与传播的中心，壮族对此做出重要贡献

2012 年 10 月 3 日，英国《自然》杂志在线以 Article 发表中科院上海生科院国家基因研究中心韩斌课题组的一篇题为《水稻全基因组遗传变异图谱的构建及驯化起源》的研究报告，该报告称人类祖先首先在中国华南的珠江流域，经过漫长岁月的人工选择而从野生稻种中培育出粳稻，然后向北向南传播，其中，传入东南亚、南亚的一支，再与当地野生稻种杂交，再经过漫长的人工选择，形成籼稻。随后，《参考消息》科技前沿版 2012 年 10 月 5 日发表题为《栽培稻起源于中国珠江》的消息；《广西日报》2012 年 11 月 29 日发表题为《稻作文明，从广西传向世界》的新闻报道，报道还指出，宋朝时由越南等地引入中国的占城稻，实为"归国华侨"；广西壮族自治区政协原主席、广西大学分子遗传学教授马庆生在接受广西新闻网记者采访时表示："韩斌他们……准确无误地把水稻能够最早驯化的区域定位在广西珠江流域……我们想象力丰富一点，有没有可能是壮族的先人在广西这块土地上，广西的左右江也好，两江流域一带也好，驯化了野生稻变原始的栽培稻。那也就意味着我们壮族人类的进化，人类的文明发展做出了巨大的贡献。"① 马庆生教授关于想象力再丰富一点的启示，事实上已向世人昭示人类栽培稻的起源与壮侗语民族的神秘联系，昭示广西珠江流域很可能是人类栽培稻起源和驯化的原初家园，同时昭示广西珠江流域在使人类免受饥寒之苦的水稻育种方面的全球性潜力。

这种昭示早在人类学、民族学、语言学和地名学界，都得到充分的论证和认可。如民族学的研究表明，至今，在中国—东盟之间的 230 万平方公里土地上，仍有约 1 亿人口操壮侗语，其中约 2000 万主要分布于中国的广西及云南、贵州、湖南、广东、海南五省，含壮、布依、傣、侗、水、仫佬、毛南、黎 8 个民族，7000 万分布于东南亚的泰国、老挝、越南、缅甸等国，含越南的岱族、侬族，老挝的老族，泰国的泰族，缅甸的掸族以及印度阿萨母邦的阿含人。而民族学家范宏贵先生绘制的壮、布依、傣、侗、水、岱、侬、老等各族迁徙示意简图、各族分化发展简意图②则显示，遗传基因学展示的珠江稻米向东南亚的传播之路同时也是珠江流域的壮侗语族迁徙、分化之路。而由壮侗语族迁徙、分化形成的东起我国广东省的中东部、湖南省南部，西至缅甸南部、印度西部的阿萨姆邦，北至云南中部、贵州南部，南至泰国南部、越南中部和我国海南省的"那文化圈"，实为壮侗语族及其先民稻作文明的遗迹。

这种昭示同时与百越先民的重要一支壮泰族群自古从事稻作农业的历史与文化相吻合。如民族学界论证的"那文化圈"及所涵盖的广西、广东、云南、贵州、湖南、海南等省及东南亚的中南半岛5国，就涉及壮侗语族各族人口近 1 亿;③ 考古工作者在湖南道县

① 杨郑宝、刘月、刘洋:《最新研究称广西是人类栽培水稻的起源地》，2011 年 11 月 21 日，广西新闻网（http://www.chinanews.com/cul/2012/11-21/4347704.shtml）。

② 参见范宏贵《同根生的民族——壮泰各族渊源与文化》，光明日报出版社 2000 年版，第 327—328 页。

③ 覃乃昌:《"那"文化圈论》，《广西民族研究》1999 年第 4 期。

玉蟾岩发现 5 粒距今 18000—14000 年的炭化古稻谷，为迄今为止所发现的世界最早的古栽培稻，被证实为壮侗语各族先民百越族的古苍梧部所遗。[①] 考古发现的新石器早期、中期的稻、稻田、陶片、家养牲畜遗存遗物：湖南澧县彭头山遗址发现的距今约 9000 年掺杂在陶片里的稻壳，距今 6000 多年的世界最早古稻田；浙江余姚河姆渡遗址出土的距今 7000 年的炭化稻谷；广东清远英德牛栏洞出土距今 10000 年的水稻硅质体；广西资源县晓锦遗址出土 13000 多粒距今 6000—3000 年的炭化稻；广西邕宁、武鸣等地出土的距今 1 万多年的稻米生产加工工具石磨盘、石磨棒；桂林甑皮岩遗址出土 67 副经鉴定为 9000 年以前的家养猪骨架，出土被确认为距今 12000 年的"素面夹砂"陶器；桂林庙岩出土距今 13610 ± 500 年和 13710 ± 260 年的陶片；广西临桂县大岩遗址出土距今 12000 年左右的原始陶器；湖南道县玉蟾岩遗址出土距今 12540 ± 230 年和 12860 ± 230 年的陶片；等等，全部在唐人颜师古注《汉书·地理志》引臣瓒所说的"自交趾至会稽，七八千里，百粤（越）杂处，各有种姓"的地理范畴之内，表明 12000 多年以前的远古百越人稻作农业、定居生活、牲畜饲养、食品保存的重要反映。这些正如中国科学院自然科学史研究所陈久金研究员指出的："无论是浙江河姆渡、广东英德，还是湖南道县都是古越人的生存地，他们是目前世界上发现的最早进行人工栽培水稻的人，证明岭南越人是世界上最早栽培稻的民族"，都充分说明百越先民是自古从事稻作农业的族群。

可见，一张建立在现代科学技术基础之上的水稻全基因组遗传变异图谱，就如一幅由远及近的画，把一个困惑世人已久的关于人类栽培稻起源的"哥德巴赫猜想"，准确地由原来的印度说、中国

① 梁庭望：《栽培稻起源研究新证》，《广西民族研究》1998 年第 2 期。

说，中国的云贵高原说、长江下游说、长江中游说、黄河下游说、多中心说逐渐向华南的珠江流域，华南的广西，华南的壮侗语各族的先民西瓯骆越推进，水稻全基因组遗传变异图谱所展示的华南—东南亚在稻米基因上的亲缘关系，与该区域的民族亲缘关系相一致，与该区域一个有着悠久历史的土著民族壮侗语各族的历史发展与贡献分不开、相呼应。

目前，水稻种植已遍布亚、非、拉、美、欧等全球各大洲，稻米已成为全球一半以上人口的主食口粮，成为人类免除饥饿，减少贫困，为子孙后代创造更美好生活的经济社会基础，可稻米在哪起源？谁首先学会了驯化和栽培水稻？这一关乎人类生命的宏观命题，200多年来无时不吸引着众多智者的目光，为求索而登入这一知识殿堂的，有农业的考古专家、农史学家、民族学人类学家等，而韩斌课题组的水稻DNA测序技术，分子比对技术研究表明，以南宁周边为中心的广西珠江流域为人类水稻最早驯化的区域，这意味着珠江流域很可能也是世界性的文明圣地之一。

（二）古DNA分析揭示的古稻遗存与西瓯骆越民族遗裔的关系

自从英国牛津大学人类遗传学教授布赖恩·西基斯（Bryan Sykes）开展从年代久远的古代骨骼中提取DNA来分析人类起源、民族演化、古代社会文化结构研究以来，分子人类学就如碳14测年代方法在考古学中的运用一样，被广泛运用到考古遗址的物质遗存方面的研究，并在考古遗存的物质和精神范畴的揭示方面，提供前所未有的越来越多的史前人类的历史文化信息。

目前，中国的分子人类学研究方兴未艾。从复旦大学现代人类学研究中心李辉教授发表的《澳泰族群的遗传结构》、《分子人类学所见历史上闽越族群的消失》（李辉、徐杰舜）、《遗传结构与分子人类学——复旦大学李辉博士访谈录》等来看，携带Y-SNP单倍群O1及线粒体单倍群B4a、B4b、M7b等遗传标记特征的人类祖先为分子人类学所定义的"澳泰族群","澳泰族群"最早孕育形成于北部湾一带，然后从越南、广西进入中国，在距今2万—1万年间的旧石器时代，到达广东、福建，在距今1万—8000年间，到达江西、浙江、台湾，后演化成中国南方的一个古老族群——百越。中国大陆和东南亚各国的侗傣、黎仡族群，中国台湾岛的原住民，分布东南亚、太平洋、印度洋岛屿的马来—波利尼西亚族群等为古代百越族群的后裔。而广泛分布于中国—东南亚各国的壮侗语各族为"澳泰族群"中那一支带有M119位点突变的直系后代，包括今天的黎族、侗族、水族、仫佬族、仡佬族、高山族、壮族、傣族等，在距今2000年间，壮侗语族群陆续迁往东南亚。

与此同时，李辉等通过对江浙一带的良渚文化、河姆渡文化、马桥文化古代遗骸母系线粒体和父系Y染色体SNP单倍型遗传密码的研究发现，保存距今8000—7000年稻谷实物遗存的几个新石器文化遗址的古人类，共同具备了百越族群特有的M119C—M210C和M95T—M88G遗传类型，说明良渚文化、河姆渡文化、马桥文化实为古越人所创造。同时说明，百越族群在北部湾一带孕育形成之后，曾以珠江流域为中心，积蓄起一股能持续向四周扩散的非常强大旺盛的扩张更新之势，而这股非常强大旺盛的扩张更新之势很可能就建立在壮侗语族群的祖先发明创造的先进的水稻栽培技术之上。理由是大致东起我国广东省的中部偏东，江西南部之小部分地区，湖南省南部，延伸至广西壮族自治区全境，北至四川省南部，西至云南省中部、贵州省南部，南至我国海南省，中南半岛的缅甸、泰国南部，印度西部的阿萨姆邦，处在北回归线的北纬17.5度至北纬26度，东经97.5度到东经113.5度之间①的被民族学界

---

① 参见覃乃昌《壮族稻作农业史》第五章："稻作文明起源的鲜明印记"，广西民族出版社1997年版；吕俊彪、兰天术《"那"文化的社会表征及其传承的时代困境》，《广西民族研究》2013年第4期。

所定义的"那文化圈"，是在壮侗语民族的语言命名的"那"字地名的基础上形成的，这既是壮侗语民族自古从事水田稻作农业的见证，同时也是人类稻作文明杰作在地理文化景观上被强烈识别的文明遗迹。

而既然江浙一带的良渚文化、河姆渡文化、马桥文化为古越人所创造，说明古越人在北部湾一带孕育成形之后，曾高高举起他们那正在萌芽发展的稻作文明火炬向北迁徙到达长江中下游的湖南、江西、浙江一带，并在长江中下游推动稻作文明的高度发展。理由是北部湾的珠江流域不仅是分子人类学研究所发现的古代百越族群形成与分化的中心，同时也是目前我国和东南亚考古发现的古稻遗址腹心地带，先后发现的古稻遗址有广东英德牛栏洞遗址（距今1.81万年）；湖南玉蟾岩遗址（距今1.80万年）；广西临桂大岩的古稻遗址（距今1.5万年）；江西仙人洞与吊桶环古稻遗址（距今1万年）；浙西衢州青碓、杉龙岗（澧阳平原，距今0.9万年）；贾湖（距今0.86万年）、八十垱（澧阳平原）、彭头山（澧阳平原，距今0.8万年）；浙江河姆渡（距今0.7万年）、八里岗（丹江口，距今0.68万年）；大溪（巫山，距今0.64万年）；大汶口（泰山）、仰韶村（河洛）、草鞋山（太湖，距今0.6万年）；横断山脉以南山区（中南半岛北部、缅甸云南一带，距今0.5万年）；阿萨姆（东印度，距今0.4万年）。仅从这些古稻遗址的年代数据上看，珠江流域也是目前考古发现的最古老的世界性人类稻作起源与传播的一个中心，而这种起源与传播很可能是伴随着百越族群的分化和迁徙而持续地向南向北推进的过程。

可见，"那"的扩张与分子人类学视野下的百越族群的扩张是惊人一致的，说明"澳泰族群"在北部湾形成之后，推动他们扩张更新的动力源泉，很可能就源自他们所掌握的在当时极为先进的水稻栽培技术，而壮侗语族群则由于发明水稻栽培技术而形成自己独特的"那"文化文明类型，并一直延续到现在。

二　考古发现揭示长江中下游、珠江流域为世界上最早出现的稻作农耕区

史前考古文化遗存遗物与早期人类活动的关系研究表明，分布地域广阔，人口众多的中国—东盟壮侗语民族人工栽培水稻的历史长达 12000 年以上，第一缕的文明曙光就出现在气候温暖、雨水充沛、森林繁茂、野生动植物竞相生长的珠江—长江流域。该区域同时也是陆续出土万年以上碳化稻的区域，梁庭望先生把中国地图上冠以"那"字地名密集分布的区域称为"原创稻作文化带"[①]。

（一）珠江流域出土了世界上年代最为古老的陶片

一般认为，陶器起源于人类煮食、储存食品或酿酒之需，与人类农业的出现和定居生活密切相关。目前，世界上已知的最古老陶片，为江西万年仙人洞遗址出土的距今 2 万年的一个大陶碗碎片，该陶片被美国《考古学》杂志评选为"2012 年全球十大考古发现"。另外，桂林庙岩出土的距今 13610±500 年和 13710±260 年的陶片，桂林甑皮岩遗址出土的被确认为距今 12000 年的"素面夹砂"陶器，湖南道县玉蟾岩遗址出土的距今 12540±230 年和 12860±230 年的陶片，广西临桂县大岩遗址出土两件距今 12000—11000 年的烧制陶土块[②]，这些陆续出土的万年以上原始早期陶片的区域，历史上为古百越人活动的珠江—长江流域，西瓯骆越人活动的珠江流域。

（二）长江、珠江流域出土了年代最为久远的稻谷实物遗存

20 世纪 30 年代，原苏联著名遗传学家瓦维洛夫，在肯定了我

①　梁庭望：《论原创稻作文化带及其展示中心设立》，《百色学院学报》2015 年第 1 期。
②　蒋廷瑜：《广西史前科技考古的最新成果》，《广西民族大学学报》2011 年第 1 期。

国是世界上最早、最大的作物起源中心之一的同时，认为水稻起源于印度，中国的水稻是从印度传入的。日本学者星川清亲也认为水稻栽培起源于印度；另一日本学者加藤将籼稻命名为印度型、粳稻命名为日本型，成为当时国际上流行一时的说法。

到了 20 世纪 70 年代，浙江余姚河姆渡新石器遗址出土了大量距今 7000 年的稻谷遗存，表明中华民族的祖先早已学会了栽培水稻，对此前有关稻作起源于印度、稻作起源于印度阿萨姆至中国云南的说法是一个很大的冲击。于是，国内外学者不得不改变看法，把目光纷纷投向中国的河姆渡。被列为 1989 年中国考古重大发现之一的湖南澧县彭头山早期新石器文化遗址，发掘出土了经文物部门测定为距今 9100±120 年的稻谷遗存，又将中国的稻作历史推前了 2000 多年，比印度当时出土的稻谷遗存早数百年乃至上千年。此外，距今 1 万多年的江西万年县仙人洞和吊桶环遗址水稻的植硅石，以及差不多同一时期的湖南道县玉蟾岩遗址出土的栽培稻谷的果实，都是对中国是世界水稻的原产地之一的一个很好的证明。

专家认为，得出上述结论还有一个重要的理由，那就是现今中国从东南的福建、台湾到西南的云南，向北到江西、南到海南都有普通野生稻的分布。中国广泛分布的这种普通野生稻与中国种植的普通栽培稻的亲缘关系很近，同具 24 条染色体，可杂交和产生可育后代。

目前，全国有 70 多处新石器时代遗址发现了炭化稻米或稻谷痕迹，其中 61 处地处珠江—长江中下游。如 1993 年中美联合考古队在湖南道县玉蟾岩发现的 5 粒已经碳化的古稻谷，距今 18000—14000 年，为迄今为止所发现的世界最早的古栽培稻。后相继在澧县彭头山遗址（1996 年）发现距今约 9000 年掺杂在陶片里的稻壳；在湖南澧县八十垱遗址（1995 年）出土距今约 8000 年的近万粒碳化水稻；在浙江余姚河姆渡遗址（1973 年）出土距今 7000 年的碳化稻谷；广东石峡第三期文化（距今 4700—4300 年）中发现一种正处于籼、粳分化阶段的古稻；在广东清远英德牛栏洞距今 10000 年的文化遗址中发现水稻硅质体；在广西资源县晓锦遗址（1998—2002 年）出土 13000 多粒距今 6000—3000 年的碳化稻。另外，1996 年，在湖南澧县城头山遗址发现距今 6000 多年的世界最早古稻田；2006 年在湖南澧县鸡叫城遗址发现了大量碳化谷糠和完整的灌溉系统。

由于水稻具有喜温湿、根部适宜被水长期浸泡，适宜在泥沼洼地里生长的特性，因此，瓯骆人创造了一种离地而居的干栏建筑。正因为驯化、栽培野生稻带来了充足的食物，发明创造的干栏建筑又经得起水涨水落的影响而推动瓯骆人很早便跨入了文明的门槛。

以上说明，是远古时代的瓯骆人首先在中国的珠江流域高高举起那熊熊燃烧的稻作文明的火炬，然后从中国的珠江—长江流域，照向东南亚、南亚，再向尼罗河平原漫延，使人类的三大文明古国中国、印度、埃及全部因沐浴这光芒而焕发出璀璨夺目的光彩。

三　瓯骆故地的自然生态圈蕴含稻作起源的必然要素

瓯骆故地的西江水系及其支流红水河、柳江、黔江、郁江、浔江、桂江、贺江等构成的树枝状水系，与桂北的九万大山、凤凰山、大苗山、大南山、天平山，桂东北的猫儿山、越城岭、海洋山、都庞岭、萌渚岭，桂东南的云开大山，桂南的十万大山、六万大山、大容山等，相互切割环绕形成较大的桂林盆地、柳州盆地、南宁盆地、龙州盆地、玉林盆地、宾阳平原、右江河谷平原、郁江—浔江平原、合浦平原等，这些较大的平原盆地与由典型的喀斯特岩溶作用而形成的较小的溶蚀盆地一起，构成远古瓯骆大地在地貌、气候、土壤方面和生物群落类型方面的复杂多样性，形成的自然生态圈蕴含稻作起源的必然要素。

（一）自然生态圈中的动物、植物资源丰富，水稻驯化前的生态条件优越

古代植物遗传学研究表明，通过对与远古人类食性有直接或间接关系的动植物考古遗存分析，可复原远古时代的生态环境并探索食物生产的起源与发展，通过关心人类栽培作物如谷物、蔬菜、瓜果以及棉麻等的产生与驯化过程，可揭示人类文化的发展与进程。

广西考古发现的动植物资源丰富，如属晚更新世的柳江土博古人类遗址发现共生哺乳动物化石18种，其中以植食的鹿类、猪类居多；桂林甑皮岩遗址发现共生哺乳类动物群25种，植物遗存30余种；属更新世晚期的"隆林那来洞动物群中有习惯栖息于森林中的猕猴、虎、豺、熊、豪猪、野猪、鹿类和象，有喜水或常在森林沼泽附近运动的犀牛、水牛，也有栖息于高山竹林中生活的大熊猫和喜栖于草丛密林中的鹿子等"①，文化遗物跨越新旧石器时代的广西百色百达遗址，出土大量动植物遗存，"初步鉴定，水生动物包括螺蚌、鱼、龟鳖、螃蟹等；陆生动物种类有猴、熊、鹿、野猪、野牛、竹鼠、鸟类等；植物有橄榄核等多种"②。这些动植物考古发现，说明远古的瓯骆大地自然环境优越，可食性动植物资源丰富。

国外有学者认为："原始改革者向农业的转变不是突然的，它在很大程度上依赖前适应文化的人工制品和特殊的狩猎或采集者实践活动的存在。这种适应发生在定居的狩猎采集者中间，他们的经济活动与当地的植物特别有关，他们能够发展出适当的文化背景来作为接受新生事物的一般条件。"③另外，泰国仙人洞的植物考古暗

---

① 彭书琳、周石保、王文魁：《广西隆林那来洞发现古人类化石及其共生动物群》，《广西文物考古报告集（1950—1990）》，广西人民出版社1993年版，第80页。

② 谢光茂、彭长林、黄鑫、周学斌：《广西百色百达遗址考古发掘获重大发现——出土文化遗物数万件》，《中国文物报》2006年4月7日第1版。

③ ［日］赤泽建：《日本的水稻栽培》，戴国华译，《农业考古》1985年第2期。

示："如橄仁、橄榄代表了山谷中 Dipterocarps 为主的树林，多年生植物（槟榔、胡椒、橄榄、杏）以及所有的一年生植物均于当代栽培的范围，从而成为本地以后栽培稻谷的序幕。"① 这些农业起源理论及其直接或间接的动植物指向启示我们，由狩猎采集的生产生活实践及其积累起来的动植物生殖、生长、繁衍的知识，很可能也是驯化栽培农业起源的动因。

瓯骆族裔壮侗语民族关于谷种来历的传说涉及多种动物，如流传龙州一带的《谷种和谷狗尾巴》传说和流传东兰、巴马、都安一带的《布洛陀和姆六甲》都把人类稻种的起源归功于九尾狗上天偷来的，这很可能是人类驯化狗用于狩猎，狗辅助人类狩猎过程中常穿越森林草地而无意身沾野生稻种并带回古人类居住地的神话反映。《布洛陀经诗译注》第三篇《赎谷魂经》提到，历史上的瓯骆大地曾经经历一次万物灭绝的大洪水，洪水过后，只有"郎老""郎汉"等高山才有残余谷种，为寻回谷种，布洛陀派老鼠、斑鸠、山鸡去找，可鼠鸟们没有把寻找到的谷种给人类，而是偷偷吃了，布洛陀只好张弓捕捉，最后是从鼠鸟胃嗉中找到谷种并送给人类耕种。神话学研究表明，鼠、鸟类动物是中国—东南亚稻作农耕民族共同的稻种起源神话主角，刘付靖在《东南亚民族的稻谷起源神话与稻谷崇》一文中把这类神话归纳为"动物运来型"，其中介绍的印尼巴厘人的《神鸟送稻种》、印尼托拉查人的公鸡神踩着天梯降临人间，带来水牛、公鸡、稻谷和其他农作物等神话故事，以及广泛分布于中国—东南亚的瓯骆冷水冲式铜鼓鼓面上普遍装饰的鹭鸟环飞、羽人舞蹈、击鼓、舂米的图案，实际上也可能是鹭鸟给人类带来谷种，人类为感激鹭鸟而把自己打扮成羽人以敬奉鸟神的反映。

---

① 童恩正：《略述东南亚及中国南部农业起源的若干问题——兼谈农业考古研究方法》，《农业考古》1984 年第 2 期。

以上神话传说、铜鼓纹饰与考古出土的动植物遗存正好相互印证，远古的瓯骆大地具有可诱发稻种起源的自然生态圈，瓯骆先民植物采集及其植物生长的实践和积累，是开启稻作文明的序幕。

（二）山地广，平原小的地形地貌特点理论上是稻作农业起源的理想王国之一

水稻遗传学、考古学、地理学等的研究表明，人类稻作很可能起源于山地、丘陵一带，如"瓦维洛夫、盛家俊太郎等从水稻遗传学角度认为，农业起源于山地或丘陵，因为山地、丘陵富于各种生态条件，往往成为植物基因的变异中心"[①]，考古学家李银根、卢勋认为"农业起源于山地"[②]，地理学家翁齐浩认为："在南岭地区范围内，北纬23°—27°的南岭山地最可能是稻作起源地。"[③] 这些稻作农业起源与山地丘陵相关的理论启示我们，地跨云贵高原与两广丘陵两大地貌带，山地丘陵占全区总面积76%，平原占14.6%，河湖塘库水面占1.5%，总的地理地貌特征为山地广，平原小的广西，理论上是稻作农业起源的理想王国之一。

（三）光热适中，稻作起源的气候条件优越

广西地处祖国南疆，位于北纬20°54′—26°23′，东经104°29′—112°04′之间，北回归线横贯中部，属亚热带湿润季风气候区，受太阳辐射、大气环流和地理环境的共同影响，气候温暖、雨热同季、日照适中、冬短夏长。北部夏季长达4—5个月，冬季只有约两个月；南部夏季长达5—6个月，冬季不足两个月，沿海地区受温暖湿润的海洋气候影响，几乎没有冬季。7月为一年中最热的月份，月均气温23℃—29℃；1月为一年中的最冷月份，月均气温6℃—14℃之间，年均气温21.1℃，各地的年活动积温大于

---

① 翁齐浩：《试论南岭地区稻作起源问题》，《热带地理》1998年第1期。
② 李银根、卢勋：《我国原始农业起源于山地考》，《农业考古》1998年第1期。
③ 翁齐浩：《试论南岭地区稻作起源问题》，《热带地理》1998年第1期。

5300℃，各地的年日照时数 1169—2219 小时，这样的光热条件适宜野生稻自然选择的 14℃以上 35℃以下的生境条件，为栽培稻稻根生长所需 30℃—32℃之间和光合作用所需 25℃—30℃之间的最适宜温度范围，加上第三纪以来没有受到冰川或气候变干的灾难性影响，全新世早期的最冷月——1 月气温保持在 5℃—10℃之间，这些得天独厚的气候条件，有利于野生稻的自然生长和基因保存，可种植双季稻，为稻作起源提供最起码的基础条件之一。

（四）具有野生稻的资源优势

普通野生稻（Oryzarufipogon Griff）是亚洲栽培稻的祖先。野生稻的自然生境是海拔 600 米以下，北纬 18°15′—25°11′，东经 100°47′—121°15′之间的江河流域、池塘、溪沟、水涧、藕塘、稻田、沼泽等低湿地。自 1917 年美国人麦尼尔在广东罗浮山至石龙平原一带发现普通野生稻[①]至今，瓯骆故地已陆续在北起北纬 25°11′的桂林雁山，南到北纬 21°28′的合浦县营盘，东始于东经 111°11′的贺县甫门公社，西达东经 106°22′的百色县那毕公社[②]，相继发现野生稻，目前，全区 42 个县、市均发现有普通野生稻分布。

另外，普通野生稻具有两种生态类型特征：一是多年生匍匐生态型，二是多年生倾斜深水生态型。广西农科院科研人员研究认为："（一）多年生匍匐生态型是我国普通野生稻原始类型，多年生倾斜生态型是多年生匍匐生态型通过深水层的强大动力演变而来，除了水层因素（包括地温因素）所引起的特征的变异外，它还保存了多年生匍匐生态型的基本特征。（二）多年生匍匐生态型的秆型的多型性可能由多基因控制（包括显隐性高秆和矮秆基因，并受基因调节系统控制），由多年生匍匐生态型演化而来的多年生倾

---

① 严文明：《中国稻作农业的起源》（续），《农业考古》1982 年第 2 期。

② 广西野生稻普查、考查协作组：《广西野生稻的地理分布及其特征特性》，载吴妙焱主编《野生稻资源研究论文选编》，中国科学技术出版社 1990 年版，第 26—27 页。

斜生态型在深水因素的长期作用下，可能仅保存显性高秆和隐性矮秆基因。我国从栽培稻发现的隐性矮秆基因可能来源于多年生倾斜生态型。（三）多年生倾斜生态型越冬耐寒性及功能叶耐衰老性较弱，在人工栽培及人工选择的条件下比多年生匍匐生态型更容易演化为一年生。（四）多年生倾斜生态型茎秆中上部分相对较直立，在人工栽培及在密植条件下更容易演化为直立生长习性。（五）多年生倾斜生态型育性基本正常，穗较长，存在弱感光温类型，种子产量较高，从植物驯化的观点比多年生匍匐生态型更容易被人们接受。"[1] 研究表明，原始型多年生匍匐生态型普通野生稻在我国分布范围很广，但进化型的多年生倾斜深水生态型仅在广西崇左县江洲镇，广西贵县新塘镇和湖南茶陵县绕水镇的一些分布点有所发现，国外则未见报道。[2]

以上普通野生稻在广西的广泛分布及珍稀品种多年生倾斜深水生态型的存在，都同时说明广西具有独特的野生稻资源优势，这是驯化稻产生的必然前提。

第四节　自成体系的"水—那—兰—板—{ 峒 / 勐 }—家—国—天下"稻作农耕文明体系

美国学者斯塔夫里阿诺斯在其享誉世界的《全球通史》一书第3章"最初的欧亚大陆文明"的开篇中指出："人类从食物采集转变到食物生产，并不是因为某人偶然设想出农业而引起突变的。同样，从部落文化过渡到古代文明，也不是因为当时有人想象出城市

---

① 李道远、陈成斌：《中国普通野生稻两大生态型植物学特征的探讨》，《广西农业科学》1993 年第 1 期。

② 李道远、卢玉娥、陈成斌：《普通野生稻两大生态型的考察》，载《广西稻种资源论文选集》，广西农业科学编辑部 1990 年版，第 29—33 页。

中心和城市文明就导致过渡的。"瓯骆远古的稻作文明及其从部落文化过渡到古代文明的历史进程当然也不例外。具体而言，瓯骆远古的稻作文明是在"人—水"的长期互动中冉冉升起的，并在这一过程中形成了"人—水—那"的结构性关系。而瓯骆从部落文化过渡到古代文明的历史进程则从"依那而居"的定居和聚落及其所推动的社会复杂化开始，由此形成的"那"和"兰"的结构性关系同时也推动了自成体系的"水—那—兰—板—$\left\{\begin{array}{l}峒\\ 峝\end{array}\right.$—家—国—天下"稻作农耕文明体系的形成和发展。

一　"人—水""那—兰"的结构性关系

贝丘时代的瓯骆先民为了生存，必须选择有水源的区域生活，由此形成的"人—水"关系又被延续至稻作农耕文明时代，在这一时代，为了种植水稻，人们把定居和村落安排在水边、田边，于是，远古的"人—水"结构性关系在生计方式转型过程中继续得到保留和发展。

（一）"人—水"结构

考古学、文化学研究发现，远古壮族先民西瓯骆越人的生活世界为"水"的世界，即《淮南子·原道训》所载："九疑之南，陆事寡而水事众"的世界。

这种曾在全球广泛兴起的"水"的生活世界在远古广西具有起源早、持续时间长的特点。如广西武鸣的苞桥 A 洞、桂林东岩洞、来宾盖头洞、柳州白莲洞、柳江陈家岩、崇左矮洞、阳春独石仔、封开黄岩洞、罗髻岩等中石器时代"含介壳的文化堆积"的洞穴贝丘遗址①，不仅"出现的时代最早，延续的时间最长，

---

① 参见何乃汉、覃圣敏《试论岭南中石器时代》，《人类学学报》1985 年第 11 期。

从中石器时代开始，经新石器时代早期至新石器时代中期"[1]，而且还比"欧洲的以在其洞穴遗址发现贝丘为特征的文化和被定为新石器时代中期的庙厨垃圾文化或贝丘文化要早一些"[2]。其中，"贝丘遗址是广西新石器时代的一种主要文化遗址类型，特别是分布在江河两岸的贝丘遗址是我国内河淡水性贝丘遗址的代表"[3]。这就意味着，就人与水的关系而言，广西的贝丘人与水的关系密切程度比欧美、日本等的贝丘人，中国北方区的贝丘人等，都更早、更密切。

远古广西贝丘人的这种"人·水"结构关系，是一种历史和逻辑的结构性关系。如考古研究表明，瓯骆故地考古发现的古稻文化遗址，大多内含贝丘文化内容，两者长期是你中有我、我中有你的关系。如年代距今2万—1.5万年的柳州白莲洞第二期、鲤鱼嘴第二期、湖南澧县十里岗、江西万年仙人洞早期、吊桶环中期，同时也是考古发现的螺蛳壳和蚌壳大量出现或少量出现的遗址。其中的柳州白莲洞第二期、鲤鱼嘴第二期有大量螺蛳壳出土，而湖南澧县十里岗、江西万年仙人洞早期、吊桶环中期则与石器、骨化石同时伴出少量的螺蛳壳、蚌壳。这种稻螺共生文化现象说明，曾在全球广泛兴起的"广谱革命"不仅在中国长江流域及其以南取得了从旧石器时代向新石器时代过渡过程中出现的以采集螺蛳、蚌类等水生软体动物和捕鱼狩猎为主要食物来源的贝丘文化的繁荣，同时还很可能已从中孕育出当时还处于萌芽状态的稻作文明。

我国著名考古学者夏鼐先生在论及中国文明起源时曾经指出："文明是由野蛮的新石器时代的人创造出来的。现今考古学文献中，多使用'新石器革命'（Neolithic Revolution）这一名词来指人类发

---

① 何乃汉：《广西贝丘遗址初探》，《考古》1984年第11期。
② ［苏联］柯斯文：《原始文化史纲》，人民出版社1955年版，第50页。
③ 李珍：《贝丘、大石铲、岩洞葬——南宁及其附近地区史前文化的发展与演变》，《考古学研究》2011年第7期。

明农业和畜牧业而控制了食物的生产这一过程。经过了这个革命，人类不再象旧石器或中石器时代的人那样，以渔猎经济为主，靠天吃饭。这是人类经济生活中一次大跃进，而为后来的文明的诞生创造了条件。"① 根据这一理论，我们可以断定，早在中石器时代就已经奠定的"水"的"生活世界"的瓯骆人，很可能也是他们成功地从新石器时代的部落文明过渡到古代文明的基础，那就意味着广西贝丘人所创造的具有"水"的原生型特质的整个社会生活以及整个现实历史也"预先被给予"地带到新石器时代和文明时代。

现代水稻 DNA 技术揭示，人类的稻作起源与广西的壮族祖先西瓯骆越人有关系。如 2012 年 10 月 3 日，英国《自然》杂志在线 Article 发表中科院上海生科院国家基因研究中心韩斌课题组的一篇题为《水稻全基因组遗传变异图谱的构建及驯化起源》的研究报告，该报告称人类祖先首先在中国华南的珠江流域，经过漫长岁月的人工选择而从野生稻种中培育出粳稻，然后向北向南传播。虽然该研究报告没有具体阐述野生稻具体在什么时候被驯化为栽培稻，但 2011 年 5 月刊登在美国《国家科学院学报》月刊的一篇题为《驯化水稻单一进化起源的分子证据》（*Molecular Evidence for a Single Evoluiionary Origin of Clomesticated Rice*）的研究报告则认为，第一种水稻是在大约 8200 年前培育出来的。随后，广西壮族自治区政协原主席、广西大学分子遗传学教授马庆生在接受广西新闻网记者采访时表示："韩斌他们……准确无误地把水稻能够最早驯化的区域定位在广西珠江流域……我们想象力丰富一点，有没有可能是壮族的先人在广西这块土地上，广西的左右江也好，两江流域一带也好，驯化了野生稻变原始的栽培稻。那也就意味着我们壮族对人类的文明，人类的进化，人类的文明发展做出了巨大的贡献。"

① 夏鼐：《中国文明的起源》，文物出版社 1985 年版，第 96—97 页。

　　这就意味着，当人类文明的曙光从底格里斯河和幼发拉底河流域、尼罗河流域、印度河流域以及黄河流域等古代的大江大河流域冉冉升起的时候，远古西瓯骆越故地上的那缕灿烂明媚的人文晨曦也同样发出了迷人的光芒。在这个过程中，远古生活在广西这片温润潮湿、河流纵横土地上的壮族祖先，不仅早在中石器时代的贝丘文化中就与水结下不解之缘，同时还自然而然地把这种与水亲近的关系带到后来的稻作农耕社会。由此建立的人·水结构性关系，使远古壮族先民的思维方式往往建立在以水为核心的知识生产与建构之中。如据1985年广西民族出版社出版的《广西左右江流域崖壁画考察报告》显示，左右江流域的崖壁画大多集中在江河两岸，在当时统计的79个崖壁画点中，有70个地点位于江河两岸的临江绝壁上，约占地点总数的88.6%。这一现象除了说明"水"在花山壁画的战略意图中具有"预先被给予"的特性之外，还同时说明花山壁画这一意味深长的史前艺术品，早已在创制之前就被预先设定在以"水"为原型结构的哲学思维之中。这意味着，创作花山壁画的古瓯骆之人，很可能已经从当时"生活世界"中对"水"的渴望、依赖、敬畏或恐惧等的生活方式和心灵体验的领悟上升到一种"水"文化场域下社会巨大能动的心理系统与意识形态系统的独特存在与运作，而选择在临江滨水的悬崖峭壁上进行如此巨大工程的运作，正是这种存在与运作的反映。

　　可见，在瓯骆的文明演进中，"水"是最早的基因和元素，由此形成的人·水的相互构成关系，是"那·兰"获得结构性特征的动力源泉。

　　（二）"那·兰"结构

　　考古学的相关信息表明，距今1万年左右，壮族先民进入新石器时代，开始过上稳定的群体聚居生活，留下桂林甑皮岩遗址、柳州大龙潭遗址、南宁贝丘遗址、钦州独料遗址、防城贝丘遗址、隆安大龙潭遗址等文明遗址。这些遗址的共同特点是或居洞穴、或居河旁、海滨、山坡等，一般附近有充足的水源，有可开垦的田野，可"依树积木"建造"兰"的台地、谷地、山坡等，并由此形成以血缘氏族为单位的壮语叫"板"的聚落团体。

从考古发掘的文化内涵来看，这些聚居在"板"内的人们，已学会建造房子"兰"，过着同一氏族即为同"兰"的大家庭生活，学会使用石铲、石锄、石犁等的生产工具进行稻田的开垦和耕种，发明石杵、石磨棒、石磨盘进行谷物的脱粒去壳加工，发明和使用陶器进行稻米的贮存和煮食。其中，南宁市亭子圩贝丘遗址出土的原始石磨盘、石杵、石磨棒等稻谷脱壳工具，经碳14测定为11000年，年代仅次于湖南道县壮族苍梧部祖先留下的12000—20000年前的炭化稻粒，比江西万年县的一万年稻谷遗址早1000年。[①] 桂林甑皮岩人制造的陶器年代当早在12000年以上；[②] 邕宁顶蛳山贝丘遗址的第二期文化层发掘出距今8000—7000年的住房柱洞，隆安大龙潭大石铲文化遗址出土231把6500年前的稻作文化标志性文物大石铲。

更为重要的是，这些新石器时代遗址中的文化遗物，在精神层面上表现出鲜明的"那·兰"一体的结构性特征。其中的隆安大石铲文化遗址，所出土的"石铲的形制、大小、厚薄、轻重、硬度都存在较大差异。小者仅长数厘米，重数两；大者长达七十余厘米，重几十斤。有不少的石铲扁薄易断，质地脆，刀缘厚钝，甚至有不少为平刃。显然在生产中无实用价值"[③]。这些明显不是用于生产的石铲，却有着各种各样离奇的摆放形式，考古专家们也依此将隆安大石铲遗址推测为"与原始氏族社会进行某种与农业祭祀有关的祭

---

① 梁庭望：《大明山的记忆——骆越古国历史文化研究》序，广西民族出版社2006年版。

② 郑超雄：《壮族文明起源研究》，广西人民出版社2005年版，第54页。

③ 广西壮族自治区文物工作队：《广西隆安大龙潭新石器时代遗址发掘简报》，载《广西文物考古报告集（1950—1990）》，广西人民出版社1993年版，第203页。

祀活动遗存",只是祭祀的对象是什么,至今莫衷一是。

图 1 - 3　大龙潭遗址 TB1 石铲直列式组合排列①

通过对这些大石铲的摆放形式与考古发现远古壮族先民的住房遗迹的比较来看,我们似乎有理由相信,隆安大石铲遗址中那些奇特石铲的摆放造型,事实上是远古壮族先民的"兰"的造型,而祭祀活动则既是对"兰"的祭祀,同时也是对"那"的祭祀。如大龙潭 TCIH3 的石铲排列为圆圈形(如图 1 - 3)。与顶蛳山遗址第二期发掘发现的住房柱洞为用数十块天然石块铺成的圆圈,钦州独料遗址分散在 T1、6、7、9 内(编号为 T1;1、T6:1、T7:1、2、3、T9:1)的圆形屋基都极为相似。另外,大龙潭石铲还有排列为凹字形和 U 字形,也同样让人联想到独料遗址中的三角形、椭圆形

① 蒋廷瑜、彭书琳:《再论桂南大石铲的农业祭祀功能》,载《骆越"那"文化研究论文集·专家眼中的"那"文化》,广西教育出版社 2013 年版,第 42 页。

住房柱洞或灰坑、灰沟。而顶蛳山遗址的石圆圈前面有"4个完整的大蚌壳堆积在一起，据实地考察，这4个大蚌壳是当时活生生埋下去的，显然是由某种宗教意识所支配"①，这种文化现象表明，"兰"的祭祀是古壮族先民祈求平安、福寿等的重要举措，只不过，顶蛳山人还以螺蛳为主要的食物来源，因此，以蚌祭屋便成为他们的主要祭祀形式，而隆安的大龙潭人，则已学会稻作农耕，因此，以稻或稻的象征物石铲祭祀便成为他们的宗教行为的选择。而这一选择形象地说明"兰"和"那"的共生共存关系是深入到壮族先民的思想观念之中的。

这种思想观念至今依然鲜活地存在于现当代壮族人民的生产生活习俗及文化创造之中。如"犁"是稻作农耕最具代表性的田耕工具，因此，也成为壮族"那·兰"一体性文化建构的"那"的象征或代表。至今的郁江流域所依然保留的犁头送亲习俗：新娘子母亲用红布包一块铁犁头，然后放在竹篮中盖好，交给迎亲队伍中走在最前面的女宾。这一仪式叫"谷春"，"谷"为壮语"做"之意，"春"为"春天""春耕"之意，"谷"和"春"合起来指"开耕"或"开春"，寓意男女成亲成家。其中的铁犁头代表"那"，代表女方。当送亲队伍来到男方家，在登堂入室的良吉时刻，习俗规定新郎及其家人要避开到邻居家逗留一个时辰，当晚新郎也不能和新娘同居，新中国成立前新郎新娘还在新婚后的一两年或两三年时间内过着新娘"不落夫家"的生活，新娘只在农耕时节或男方家出现婚、生、寿、丧等重大事情才会来到男方家。这一习俗说明，当地人成亲的第一要义是女方代表"那"和男方代表"兰"的结合，第二要义才是男女的结合。中华人民共和国成立前，富有人家嫁女，一般要陪嫁一两块"那累"（其中的"rei^{24}"为"私有"之意），该田产

---

① 郑超雄：《壮族文明起源研究》，广西人民出版社2005年版，第24页。

陪嫁到男方家后，其经营和产出完全归女方私有，女方改嫁，"那累"跟着改嫁。另外，当地男女青年通过一定交往而发展成为情侣之后，要走向婚姻的殿堂还必须经过看房，当地壮话叫"ŋo：n^{31}ra：n^{13}"，把女方娶回家，当地壮话叫"haeu^{33}ra：n^{13}"，男子上门叫"hwnhran"这两个程序才算完成。这些习俗表明，当地男女成亲即成就的新家具有"那·兰"的相互构成的逻辑和特点，是建立在女方代表"那"，男方代表"兰"的基础之上。

而一旦男女成亲即成立新家，在日后的岁月中出现衰败的迹象，如出现夫妻不和，人丁不旺，身体不适等情况，人们就会想到是不是"兰"缺少了"那"，其逻辑就如人的命粮不足会出现身体不适的想法一样，解决的办法也如命粮不足必须举行补充"添粮"仪式一样，也给"兰"举行补充"那"的仪式。如中越边境的壮族人家，至今还保留这样的一个仪俗：若感到家屋不顺不旺，便请来巫师给家屋举行法事仪式，然后，把一把贴有红纸或符咒的新铁犁，钉扣在干栏房的门柱之上，如图1-4。

图1-4 那坡达文屯干栏上的铁犁头

那坡达文屯干栏上的铁犁头的宗教意义表示给"兰"补充"那"，并以此追求"兰"的兴旺之气。

可见，在壮侗语民族最原初的文明创造中，由食物生产而不断改变的骆越荒原变骆田，而崛起的一栋栋干栏，一个个村落"板""曼""蛮"，都是"那·兰"从骆越大地上升起的第一缕文明之光的标志。

二 "那—兰—板—{峒 / 勐}—家—国—天下"的构成体系

在中国与东南亚之间约 230 万平方公里的土地上，有大量冠以那、兰、板、峒、勐的齐头式地名，这些地名为瓯骆族裔家园景观的主要基因图谱，对地理环境和社会历史文化具有特别的指示作用，并可大致通过"峒"和"勐"的区域分布特征相对分为两个构成体系：一是"那—兰—板—峒—家—国—天下"构成体系；二是"那—兰—板—勐—家—国—天下"构成体系。

（一）"那—兰—板—峒—家—国—天下"的构成体系

该构成体系与瓯骆先民"垦那而食，依那而居"的生产生活模式密切相关，与"那"和"峒"的地名分布直接相关。

1. "那"

"那"为瓯骆先民为种植水稻而在大地上留下的地理人文景观，在今日中国—东南亚的壮侗语中有"稻田""水田"之意。

覃乃昌认为："那"源于水田最初种植的糯稻，糯（古作"秜"）在壮侗语中为奴（nu）或那（na），人们在长期生产实践中，延称种植糯稻的田为那（na），奴"（nu）和那（na）为相互关联和语言对应的同源词，亦即汉语称糯（粳）的底层词[1]，"那"的开垦很可能发端于母系氏族社会，如林河"'糯系统'中的字都比较原始，对人称谓中几乎没有男性的位置，武器系统也只有原始

---

① 覃乃昌：《那文化圈论》，《广西民族研究》1999 年第 4 期。

的弹和丸,有可能是母系氏族社会的产物。而'粳系统'中却出现了'男''雄'二字,还出现了代表权威的'皇''王''圣''尊'等字样,武器系统中出现了较高级的'弓''枪',军事系统中的'兵''将'等字也出现了,有可能是父系氏族社会的产物"[1]。由此我们可大致推断,壮侗语民族的稻作生产很可能始于糯稻,而糯稻的生产则始于母系氏族社会。

研究表明,"那"字地名在瓯骆与东南亚广泛分布,民族学家徐松石先生在他的《泰族僮族粤族考》一书的描述是"广东台山有那扶墟,中山有那州村,番禺有都那,新会有那伏,清远有那落村,高要有那落墟,恩平有那吉墟,开平有那波朗,阳江有那兵,合浦有那浪,琼山有那环,防城有那良,广西柳江有那六,来宾有那研,武鸣有那白,宾阳有那村,百色有那崇,岂宁有那关,昭平有那更,平南有那历,天保有那吞,镇边有那坡,这那字地名,在两广汗牛充"。另外,该书还指出:"据泰国史书所载,小泰人的一部分自滇边十二版那(壮语即村,那即是田),版那即村意,到了泰北,他们创立一个兰那省,不久又创立一个兰那朝(兰即屋,那即田),兰那即田屋意。田屋和田村这两个名称是何等的一贯!当时的小泰人必有异常高尚的农作文化。……现在,泰国那字地名多至不能尽举,尤其是沿小泰人入境的路线,那字地名更多,例如那利 Na-li,那波 Na-poue,那当 Na-then,那地 Na-di,那何 Na-ho,那沈 Na-sane 等。"[2] 周振鹤、游汝杰在《方言与中国文化》中有一张"那"地名分布图(见图1-5)。

从这张地图发现,"在东起我国的广州湾,西到缅甸西南部,南起泰国、老挝中部,北到我国贵州省中部,在这一广大的地域内,都分布含'那'字的地名,其中又以广西数量最多,有1200

---

① 林河:《炎帝出生地的文化考释》,《民族艺术》1997年第2期。
② 《徐松石民族学文集》上卷,广西师范大学出版社2005年版,第257页。

多处"①。另外，张声震主编的1988年出版的《广西壮语地名选集》收入"那""纳"地名872条，占收入壮语地名总数的15.8%。云南省文山壮族苗族自治州以"那"命名的村落有518个②，广西扶绥县在810个村屯名中有125个以"那"字为开头或者结尾。

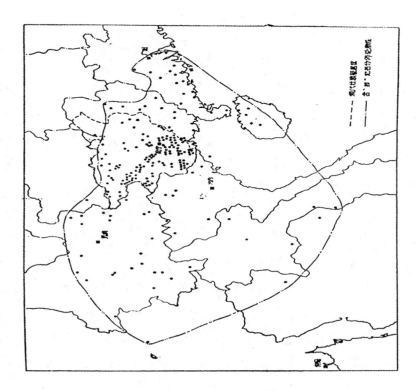

图1-5　"那"字地名分布图

正因为"那"字地名的广泛分布及其所负载的稻文化内涵，覃乃昌、潘其旭等提出"那文化圈"概念。

---

① 覃乃昌：《壮族稻作农业史》，广西民族出版社1997年版，第68页。
② 任勇：《文山州壮族古籍工作的汇报》，参见《全国5省区壮族古籍整理协作会议文件汇编》油印稿，1996年12月。

2. 峒

"峒"在壮侗语中有多种含义：一指连片的稻田；二指四周环山，中有灌溉水源、稻田的小平地；三是与村落"板""曼""蛮"相通；四是指由血缘、地缘组合而成的基本社会组织；五是与僚、僮、蛮等连用，为瓯骆族群的历史称谓之一。

徐松石在《泰族僮族粤族考》中有段话："岭南农作文化大开之后，峒字的称呼遂大批发现。峒是什么？乃古苍梧族田场的称呼。同一水源的一个灌域，便称之为一个峒。唐柳宗元《柳州峒氓》诗：'郡城南下接通津，异服殊音不可亲。青箬裹盐归峒客，绿荷包饭趁圩人。'""在中国古代峒字往往译为都字，这都字地名的分布，就更广阔。以前岭南峒布，亦称岭南都布。有铜鼓的峒老，亦称都老"①，徐松石先生的这段话几乎包含"峒"的全部含义。其中，同一水源灌域的"峒"，概括了有水有田的峒的自然人文属性，其中的"峒氓""归峒客"，与文献记载中的峒丁、峒蛮、峒人等一起，都指生活在四面环山的同一个地理单元中靠种田为生的人，其中的"峒老"与"都老"相通，指生活在同一地理单元中的众人首领，是"峒"作为行政组织单位后的延伸义。

在历史文献中，峒往往写成洞，如《太平寰宇记》卷166记载的"环落洞是诸洞要冲，故以环名州"中的"洞"，《宋会要辑稿》中记载的古勿洞、雷洞、火洞、计洞、贡洞、禄洞、知洞等中的"洞"均与"峒"相通，均指村镇一级地方政权。此外，"峒"还有写成"都"的，如《隋书·地理志》载："欲相攻，则鸣此鼓，到者如云，有鼓者号为'都老'，群情推服"，其中的"都老"，实为"峒老"，指村中首领、长老。隋唐时，中央王朝在岭南推行羁

---

① 徐松石：《泰族僮族粤族考》，载《徐松石民族学研究著作五种》，广东人民出版社1993年版，第453页。

縻制，羁縻制实行州、县、峒三级建制，峒为县的基层组织，即宋范成大《桂海虞衡志》所载："因其疆域，参唐制，分析其种落，大者为州，小者为县，又小者为峒，凡五十余所，推其长雄者为首领，籍其民为壮丁。"那时的"羁縻州峒，隶邕州左右江都为多，旧有四道侬峒，谓安平、武勒、忠浪、七源四州皆为侬姓；又有四道黄氏，谓安德、归乐、露城、田州皆黄姓"①。

"峒"一开始，很可能只是一个血缘群体，即"举峒纯一姓者"②。但随着诸如"有宁氏者，相袭为豪，又有黄氏，居黄橙峒。……天宝初，黄氏强，与韦氏、周氏、侬氏相唇齿。……据十余州。韦氏、周氏都不肯附。黄氏攻之，逐之海淀"③等兼并战争的发生，峒便逐步突破原来的血缘性质而发展成为具有血缘、地缘性质的地方政权。到隋唐时，左江一带有峒百余，右江有侬、黄等大峒，桂西北有"九溪十八峒"，元代时广西境内有 36 个以峒命名的行政区域。1988 年出版的《广西壮语地名集》收录峒字地名133 条。

由上可知，广西历史上长期存在的地方性行政区划"峒"实为"那"与家—国互动演化的结果。

3. "板—峒"一体

瓯骆族裔称村落为板、蛮、曼、畈等，查《康熙字典》《辞海》《现代汉语词典》，其中的畈为方言，意为成片的田，经过开垦能蓄水的稻田。覃彩銮研究认为："壮族称其居住的聚落为板（或畈、曼）是源于其先民所开垦耕种并赖以生存的'田'，这是因为壮族及其先民的聚落的出现缘自人们的定居生活，而其定居生活的前提条件是稻作农业的产生和发展。稻作的主要载体是人

① 范成大：《桂海虞衡志》。
② 《地纪胜》卷一〇三，广西路静江府。
③ 《新唐书》卷二二二，《南蛮传》。

们开垦的水田，为了方便耕种与管理，人们必须依田而居，据田而作，故而形成了有田就有人居住的聚落……并且构成了田即村，村即田的形象性类比思维模式和地名的命名方式。故而傣族聚居的西双版纳（与板、那同音同义）将二者合称为'版纳'，而且称为'布那'（种田的人），泰国的泰族则称村落'布板'（种田人聚居的地方），其义相同，以'板'作为聚落名，与壮族地区常见的以'那'（亦指田）冠村名的来源和含义是相同的，皆来源于其先民开垦耕种并赖以生存的稻田。"① 由此可知，壮族聚落称谓板、蛮、曼、畈等均来自"那"，是那与人互动演化的本土文化表达。

由于只要有几片、几丘的田块便可称"垌"，垌越大，生产出的稻米能养育的人就越多，村落"板"就越大，因此，垌和村落"板"的关系为相互依存的共生关系，两者的相互构成及其相互演化关系体现了人与自然和谐相处的大地伦理思想，因此，是"那"文明演化体系中的重要一环。

（二）"那—兰—板—勐—家—国—天下"的文明构成体系

"勐"在壮泰语中具有水渠、一片地方、城镇、城市、国家之意。德国经济学家嘉娜（Jana Raendehen）从老挝贝叶经《澜沧王国史》中归纳出"勐"有四种含义：第一，勐是一个由众多的"板"组成的自治区域，它是社会政治单位，是政治和仪式的中心。第二，它是一个以水渠灌溉系统维持水稻种植为经济基础的小城邦或小王国。第三，由几个勐组成的、以从前的勐政治传统和印度的"曼荼罗"概念混合而成的更大的政治单位。第四，佛教经典中使用勐这个概念等同于"世界""宇宙"之意。② 另

---

① 覃彩銮：《壮族干栏文化》，广西民族出版社1998年版，第40—43页。

② Jana Raendehen，"The Socio-Polutical and Adminusteatuve Organuxatuon of nuang in the light oflao Historical Manuscripts"，*Tai Culture*，Vol. 17，Berlin，2004，pp. 19－42.

外，黄兴球研究发现："勐无论是作为地名抑或作为行政单位，其分布地域集中在中国西南部傣族地区、越南西北部的泰族地区、老挝泰国和缅甸掸邦、克钦邦地区，可以称这片连接在一起的区域为'立勐地带'，这个地带的东部边界大致从云南省元江往南，进入越南北部后继续以元江的下游河段——红河为界，直至越南的义安省为止，北部边界大致沿着中国云南省西双版纳傣族自治州的北部州界向西延伸到德宏州并进入缅甸北部的萨尔温江向南沿着缅甸、泰国边界直到暹罗湾岸边，南部以老挝柬埔寨边界、泰国柬埔寨边界为界。"① 华思文②、杨妮妮③、戴红亮④则通过对中国云南西双版纳的"勐"地名考察，认为泰—傣语民族中的"勐"表"国家、城邑"之意或"勐"内含"国家""都邑"观念，应该是由最初表"水渠"这个自然环境系统上升到表"行政区域"这个人文环境系统的结果。

杨妮妮则通过对中国云南西双版纳的"勐"地名考察，认为泰—傣语民族中的"勐"表示"国家、城邑"之意⑤，戴红亮认为"勐"内含的"国家""都邑"观念，应该是"由最初表'水渠'这个自然环境系统上升到表'行政区域'这个人文环境系统"的结果。⑥

从"勐"的四种含义可以看出，"勐"和"峒"具有很多方面的相通之处，如其中反映的择水而居，稻田开垦，地方治理等内涵是完全一样的。只不过孕育于中南半岛澜沧江—湄公河流域的"勐"文化，强调以水为中心，建构的是以水为中心的生命共同体，

---

① 黄兴球：《"勐"论》，《广西民族研究》2009 年第 4 期。
② 华思文：《傣泰民族的"勐"文化》，《云南民族大学学报》2003 年第 4 期。
③ 杨妮妮：《论勐》，《钦州学院学报》2011 年第 1 期。
④ 戴红亮：《西双版纳傣语地名研究》，博士学位论文，中央民族大学，2004 年。
⑤ 杨妮妮：《论勐》，《钦州学院学报》2011 年第 1 期。
⑥ 戴红亮：《西双版纳傣语地名研究》，博士学位论文，中央民族大学，2004 年。

并由此延伸出"都邑""国家"之意。考察澜沧江—湄公河流域早期国家的形成,发现:"越南、柬埔寨、泰国和缅甸等地中央集权王国的兴起与红河、湄公河、湄南河、伊洛瓦底江流域农业的发展密切相关。东南亚大陆的缅甸、泰国和越南后来逐步发展成为世界最重要稻米出口国。农业经济的兴衰与这些国家和民族的兴衰演变同步进行构成了大陆东南亚古代国家发展的一大鲜明特色。"① 这就意味着,澜沧江—湄公河流域各国家、民族的形成与该区域以灌溉农业为基础的古代社会结构有关,加上中南半岛的湄公河三角洲、伊洛瓦底江三角洲、红河三角洲、湄南河三角洲提供自然地理优势,因此,他们的社会文明能够在原来的"那"文化基础上发展出早期以"勐"为共同文化质点的文明形式。而"峒"孕育于中国南方的岭南一带,该区域为世界典型的喀斯特岩溶地貌,区域内峰峦起伏,丘陵绵延,山间谷地星罗棋布,各山间谷地之间既相互联系又不相互统属,因此,孕育于其中的"峒"文明具有松散性特征,利于早期国家的形成。

由上可知,勐是水—稻田的生命共同体及其在这一生命共同体基础上而形成的村落、城镇、城市、国家,是那—水互动演化的社会政治学概念。

综上可知,由自然地理、稻作生计互动演化的"家"与"国"概念,实际上是瓯骆与东南亚壮泰各族以"那"的开垦,水稻的种植为主要生计来源的稻作农耕型的政治智慧和文明创造。瓯骆与东南亚壮泰民族的这些区域特征明显的文明创造,从一个侧面说明他们的文明类型为稻作农耕型,他们的祖先很可能就是发明水稻栽培的民族。

---

① 梁志明:《试论古代东南亚历史发展的基本特征和历史地位》,《东南亚研究》2001 年第4 期。

参考文献

1. ［新西兰］尼古拉斯·塔林主编:《剑桥东南亚史》（Ⅰ）（Ⅱ），贺圣达等译，云南人民出版社 2003 年版。

2. ［美］斯塔夫里阿诺斯:《全球通史》，北京大学出版社 2006 年版。

3. ［新西兰］查尔斯·海厄姆:《东南亚大陆的早期文化》，河流丛书，2002 年英文版。

4. 张声震主编:《壮族通史》，民族出版社 1997 年版。

5. 范宏贵:《同根生的民族——壮泰各族的同源文化》，光明日报出版社 2000 年版。

6. 凌纯声:《中国边疆民族与环太平洋文化》，台湾联经出版事业公司 1979 年版。

7. 丁颖:《中国栽培稻种的起源及其演变》，《稻作科学论文选集》，农业出版社 1959 年版。

8. 游修龄:《中国稻作史》，中国农业出版社 1995 年版。

9. 陈文华:《中国古代农业文明史》，江西科学技术出版社 2005 年版。

10. 王明富:《那文化探源》，云南民族出版社 2008 年版。

11. ［美］艾里奇·伊萨克:《驯化地理学》，葛以德译，商务印书馆 1987 年版。

12. ［日本］渡部忠世:《稻米之路》，伊绍亭等译，云南人民出版社 1982 年版。

13. 张光直:《考古学专题六讲》，文物出版社 1986 年版。

14. 广西壮族自治区文物工作队编:《广西文物考古报告集 1950—1990》，广西人民出版社 1993 年版。

15. 《壮学丛书》编委会编:《徐松石民族学文集》（上、下卷），广西师范大学出版社 2005 年版。

16. 周振鹤、游汝杰：《方言与中国文化》，上海人民出版社 1986 年版。

17. 覃圣敏主编：《壮泰民族传统文化比较研究》，广西人民出版社 2003 年版。

18. 周国兴：《崛起的文明——人类起源的文化透视》，东北林业大学出版社 1996 年版。

第 二 章

瓯骆故地一个大型壮族村落稻与
家屋的人类学考察[①]

在广西，属珠江西水系的郁江横贯贵港市中部，横县南部，桂平西部。在贵港市，人们习惯以郁江为界把郁江流域分为北岸和南岸两个区域，北岸主要包括覃塘区的六镇五乡及港北区的三镇五乡，总人口约 105 万人，其中，壮族人口超过一半，一些乡镇如中里、奇石、古樟等的壮族人口达 98% 左右。而南岸主要包括港南区的 12 个乡镇，总人口约 41 万，其中，汉族人口占总人口的 98.36%，壮族人口只占当地人口的 1.64%。

今天的贵港市，为秦汉时期瓯骆的政治、经济、文化中心。在秦、汉、三国、晋、南北朝时期称布山。布山为秦时桂林郡治所在地。汉武帝至隋、唐、五代十国、宋称郁林郡或郁林县，汉武帝时的郁林郡治仍在布山。[②] 元代称贵州，贵州州治设在今贵港。明、清、民国及中华人民共和国成立后，称贵县。1988 年撤贵县建贵港市。

① 本章的人类学前期考察得到台湾地区清华大学《云贵高原的亲属与经济》项目资金的资助，写作过程得到台湾地区清华大学教授魏捷兹及同行张江华、郭立新的指导，在此深表谢意。田野考察过程中，得到当时的闭村村委邓瑞信、陈耀品、黄秋菊、潘启亮等，村民韦德宜、覃寿温、韦寿汉、韦寿发等热情帮助，在此一一感谢。

② 自汉至南北朝、贵港市境内与布山同时并设的还有广郁、郁平、怀安、怀泽等县。

据《贵港市志》记载，贵港市的壮族由秦汉时期的瓯骆发展而来，隋唐宋时代被称为俚人、乌浒人，明清至民国时代被称为壮人、土人或村人，新中国成立后被称为壮族。至今，壮族仍为郁江北岸农村的主体居民，他们聚村而居，世代从事农耕稻作，在他们的语言中，称水田为 na^{31}，称稻谷为 haeu^{21}，称稻米饭为 ŋa：i^{31}，这些称谓在壮语中通用，在泰语、老挝语、掸语中也有使用。

历史上的郁江北岸农民，出于最易开发、最易灌溉、最省劳力的生计考虑，一般把村落设计在就近有土地可以开垦，有水源可以自流灌溉，有柴草可就近砍伐的地方，因此，有溪水不断涌出的山脚，耕作区不断扩大，村落人群也越聚越多，形成大型村落与大片耕作区之间相互生成拓展的一种结构性关系。

而本书的人类学田野考察点就选择了郁江北岸一个大型古老的壮族村落为个案，通过"那"与聚落的"空间—社会"秩序相互构成关系、"那"的近现代变迁、"那"与"兰"的互动规则、女人的婚姻的单向流动与亲属称谓制度，一方面探讨"那兰"社会结构与过程的动因、组合、变迁和分布规律；另一方面探讨以"那"为本，以"兰"为组织模式的社会组织结构及其运行体系。

第一节　稻与家屋的"空间—社会"秩序

聚落是人类生活的据点，也是社会结构的空间性体现。脱胎于聚落考古学的人类空间关系学不仅探寻人类原始聚落的生成与发展，同时关注聚落和住宅所表达的空间意义与社会组织关系。如摩尔根《印第安人的房屋与家室生活》一书认为，同一体系的聚落和住宅代表同一体系的社会结构和组织方式。① 美国学者戈登·威利（Gordon Willey）的《秘鲁维鲁河谷史前聚落形态》的工作计划和目的就是："在描述这些史前遗址的地理位置和年代的顺序的基础上，总结出一个在功能的连续上发展变化的几组聚落群；再以这些聚落群所反映的聚落的构架的范围重现这里的传统文化结构。"② 林奇永久聚落空间形态的宇宙或神的魔法模式理论认为："在建造人类的权力结构、安定宇宙秩序时，城市的宗教仪式性及其物质空间形态是主要的手段。"③ 结构主义建筑学理论认为，社会结构与聚落空间具有直接的对应关系，如荷兰结构主义建筑师阿尔多·范·艾克（Alto Van Eyck）认为，城市与建筑的网络结构关系就是整体和部分的关系，由此形成城市的意义，从而构成了结构主义的建筑语言规则；④ 以比尔·希列尔为代表的空间句法建筑学理论认为，建筑师的建筑与城市设计作品可以适应或引领社会生活。

而人类聚居学、乡村社会学等的研究不仅关注聚落生成、发展与变迁的动因，同时关注聚落、土地与社会的结构性关系。如费孝通《乡土中国》一书认为，中国乡村聚落的形成大致基于以下几个方面：第一，每家所耕的面积小，所谓小农经营，所以聚在一起住，住宅和农场不会距离得过分远。第二，需要水利的地方，他们有合作的需要，在一起住，合作起来比较方便。第三，为了安全，人多了容易保卫。第四，在土地平等继承的原则下，兄弟分别继承祖上的遗业，使人口在一个地方一代一代地积起

---

① ［美］路易斯·H. 摩尔根：《印第安人的房屋建筑与家室生活》，秦学圣等译，文物出版社1992年版，第6页。

② ［美］戈登·威利（Gordon Willey）：《秘鲁维鲁河谷史前聚落形态》，美国种族事务局通报（155），华盛顿区：史密斯索尼亚研究所。

③ ［美］凯文·林奇：《城市形态》，林庆怡等译，华夏出版社2001年版，第53页。

④ 伍端：《空间句法相关理论导读》，《世界建筑》2005年第11期。

来，成为相当大的村落。[①] 法国人文地理学家德芒戎（Albert De-mangeon）1920 年发表的《法国的农村住宅》、1927 年发表的《农村居住形式地理》、1939 年发表的《法国农村聚落的类型》等文章，不仅对乡村聚落进行了形态学上的类型划分，同时肯定了聚落与自然条件、社会条件、农业条件等的关系。莫里斯·弗里德曼的《中国东南的宗族组织》一书则把水利灌溉系统、稻米种植及边陲社会确定为中国广东、福建聚落社会宗族发展的主要三个变量。[②]

可见，无论国内还是国外，聚落尤其是乡村聚落具有人类社会生成器的功能和价值，可调节与控制着社会的结构与过程。而本书所选取的人类学考察点闭村，人们把住宅 $ra：n^{13}$ 的聚合称为 $ba：n^{33}$，[③] 把血缘群体共居的核心空间称为 tin^{24}，把连接 $ba：n^{33}$ 内各 tin^{24} 各 $ra：n^{13}$ 住宅的空间通道称为 $gjo：k^{33}$，于是，由 $ra：n^{13}$、tin^{24}、$gjo：k^{33}$、$ba：n^{33}$ 组合而成的聚落空间秩序，成为闭村"空间—社会"秩序的主要外在表现形式。而其内在的社会结构与关系，则在很大程度上表现为以"那"为中心的自然、经济与社会文化的复合体，具有复杂的多层次结构。

一　闭村的地理位置、历史背景介绍

闭村位于东龙镇北部，它北与武宣县通挽乡相连，西北与来宾县石牙乡相接。东部属于莲花山余脉的龙山山脉，从照镜山、北山、伏猫山、三合山、六里山逶迤而下，至六里山的时候，像伸出的巨掌，一手托起如公鸡站立的闭村村屯。（见图 2-1）

---

① 费孝通：《乡土中国》，北京大学出版社 2012 年版。
② ［英］莫里斯·弗里德曼：《中国东南的宗族组织》，刘晓春译，上海人民出版社 2000 年版。
③ 汉字记音为板、畈、曼等，相当于汉语的"村落""都城"。

图 2−1 闭村地势图（邓怀津根据广西壮族自治区测绘局 1996 年出版的大同村地势图绘制）

站立闭村村后最高山——海拔 610.3 米的北山，可见到一条南北走向的平原谷地，非常壮观地尽显眼底，一脉同样是南北走向排列的孤峰石山，把这壮阔的平原谷地切割成一片片，许多村屯或以石峰为屏障，或以大山为靠背，或不靠不依，星罗棋布地散落在这狭长的、望不到尽头的走廊上。村屯之间稻浪起伏、蔗海翻腾，珍珠般排列在山脚的无数个小水库，如大山凝成的露珠，滋润着一路生灵。翻开广西地势图，可以发现，这一走廊往北延伸，可包括整个桂中盆地。其中，广西柳城县、鹿寨县、柳州市、来宾县、武宣县可大部或全部处在这一平原谷地上；贵港市北部的奇石、中里、东龙、古樟、蒙公五乡镇，则位于这桂中盆地的最南端。（见图 2−2)

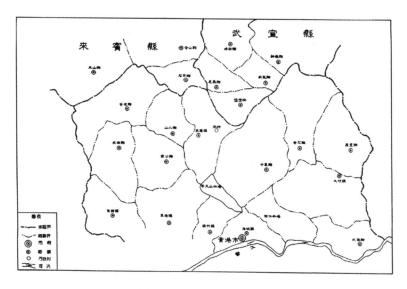

图 2 - 2　闭村周边乡镇图

而桂中盆地是考古发现的广西旧石器时代的"麒麟山人""柳江人"的故乡。桂中盆地东部的金秀大瑶山—莲花山—龙山山脉，山高路远，历来就是农民起义军频繁出没的地区。据《贵港市志》《武宣县志》载，发生于明代的大藤峡瑶民起义，就以贵港市的龙山山脉为其右背，起义军所向披靡，曾占北山里（今贵港市中里、奇石）的仙女寨，王守仁率兵镇压，在贵港市的北山，武宣县的大昌坳（距闭村不到 5 里）设巡检司驻防。同时，震惊中外的太平天国运动，起义于桂平金田，实发轫于桂中盆地南端的莲花山—龙山山脉一带的赐谷村。而赐谷村与闭村仅隔几座山，从闭村步行一个上午可穿越这几座山到达赐谷村。

以莲花山—龙山山脉为分水岭，东龙镇闭村大致位于桂中盆地与郁江平原的交接地带。因此，由闭村往东，徒步不到一天的时间便可以翻越龙山山谷盘地，直达贵港市，见到由西向东，奔腾不息的西江。这条通道在交通不发达的新中国成立以前，是贵港市东龙镇商人走伏猫山，穿龙山盘地，进入贵港市的黄金通道之一。而据《壮族通史》第三编载，公元前214年秦始皇统一岭南，即按中原地区所推行的郡县制在岭南设置桂林、象郡、南海三郡；其中，桂林郡的郡治所在地布山，即今广西贵港市。也就是说，早在秦代，贵港市便已纳入中央王朝的直接管辖之下，是广西置郡县之始。又据《贵港市志·序二》载：贵港为"古西瓯骆越地，秦时属布山县，为桂林郡址。汉武帝定南粤，废桂林郡，改置郁林郡，以布山县为郡治，在今贵港市城东。晋宋、齐因之。唐改置南尹州，设南尹州总管府。旋改南尹州为贵州，以郁林县为州治所，在今贵港城郁江南三里。贵港自汉迄唐，都是祖国南疆政治、军事要地……"可见，贵港市曾为古西瓯骆越的政治、经济、文化中心，是有2000多年历史的古郡。

而贵港古称"布山"中的"布"，至今在闭村及相邻社区的壮语方言中，有"人"的意思。这里的壮族内部往往是根据各集团是居住山林还是平地而把人分为 $pu^{11}ba：n^{33}$ 和 $pu^{11}doŋ^{45}$、$pu^{11}lu：k^{42}$ 和 $pu^{11}ȵaŋ^{13}$ 两大集团。其中 $ba：n^{33}$ 为村庄之意，$doŋ^{45}$ 和 $ȵaŋ^{13}$ 为山林之意。$pu^{11}ba：n^{33}$ 是山居集团对平地集团的称呼，$pu^{11}doŋ^{45}$、$pu^{11}lu：k^{42}$、$pu^{11}ȵaŋ^{13}$ 是平地集团对山居集团的称呼，而无论是山居集团，还是平地集团，他们都自称 $pu^{11}tsu：ŋ^{21}$，因此，古称"布山"极有可能来自平地壮族集团对山居壮族集团的称呼。闭村居住平地，属 $pu^{11}ba：n^{33}$ 或 $pu^{11}tsu：ŋ^{21}$。

在贵港市，很久以来便形成了以郁江为分水岭的壮汉分布区。在郁江以南、以东的桥圩、八塘，到玉林、梧州、广东，基本上已成为汉族村屯聚居地，而郁江以北、以西的东龙、古樟、蒙公、奇石、龙山、中里，即柳江—黔江平原南端的V型布局的乡镇，则80%以上为壮族村屯聚居地，而这V型以北，则大部分为壮族村屯聚居地，这就说明，自秦始皇南下设桂林郡、郁林郡至今的两三千年间，这一 V 型构架就一直成为壮、汉文化的交接点，而汉文化一直不能突破这一 V 型防线，说明这一地区的文化有着非常坚韧的一面，因此，选择这个 V 型布局上的一个点——闭村进行人类学考察是非常有意义的。

闭村方圆 5 公里以内的自然村屯有：贵港东龙镇的大农、昌平、罗村、平安、桥站、中央、京岭、东榜、田逢、大同等；武宣县的分岭、大昌、尚黄。方圆 20 公里以内的自然村屯有：贵港市的马村、留村、农业、寺村、古龙、三六、义合、长岭、高龙等；武宣通挽乡的梧山、伏柳、大团、张宽、尚满、花马、高椅等；来宾石牙乡的顶伞、潭咸、峨山等。其中，除了马村、朝南、京岭、东榜、中央等几个村屯为讲客家话，街上为讲白话、客家话的汉族外，其余均为壮族，壮族人口占该社区人口的 80%—90%。

从人口规模看，闭村是贵港市东龙镇的第一大村，目前户籍登记的村民人口约 3800 人，族谱登记的村民人口 7000 多人，全部讲壮语。从历史渊源来看，闭村是贵港市一个非常古老的壮族村寨，其历史渊源虽无从考证，但有一些相当古老的地名、文物、传说可供后人参考。如在闭村村东头，有两个相当古老的地名，分别叫 $tiŋ^{13}viŋ^{13}$（直译"停营"）、$ma^{11}tsa:u^{13}$（直译"马曹"）。"停营"的当地壮语之意为"大部队驻防之地"，"马曹"意为"羁马之地"，两地相隔不到一里路程。据说"马曹"长年流水，原有个水坝，20 世纪五六十年代，人民公社在这里建成马曹水库，现在的马曹水库水容量约 10 万立方米，可灌溉闭村、东榜、大农等村屯几千亩的水田。而"停营"则为一个平缓、多石的小山头，如今基本荒凉。从"停营"开始，经过 $taem^{13}piu^{13}$（$taem^{13}$ 为鱼塘之意，piu^{13} 为一种浮萍，意为长浮萍的鱼塘）、$kjo:k^{33}daw^{45}$（现韦氏家族聚居地）、$do:i^{45}ca:ŋ^{45}$（山岭名）、$rei^{33}ti^{33}ta:m^{13}$（山沟名）、$rei^{33}tsaen^{24}loŋ^{13}$（山沟名），就到达 $ko^{45}kei^{45}$（灌木名，有毒，这里指长有这种有毒灌木的地名），是一条当地壮语叫 $lo^{21}ma^{11}$（意为专用的跑马之路）的马路。据说，$ko^{45}kei^{45}$ 为古练兵场，马路是通往练兵场的专用通道。而由 $ko^{45}kei^{45}$ 继续往北走，步行约两个钟头便可到达大昌坳，闭村人称大昌坳为 $na^{31}cae^{13}$（na^{31} 为"田野"之意，cae^{13} 为一种草类植物，$na^{31}cae^{13}$ 意为长满 cae^{13} 草的田野）。这个地方就是《武宣县志》[1]（1995 年版）所说的明代成化年间，官府为了镇压大藤峡瑶民起义而在大昌坳设的县廓镇巡检司的地方。据村民反映，20 世纪 50 年代，有一个讲客家话的人到闭村的一个叫 $rieŋ^{45}ma^{45}$[2]的地方挖树根，挖出一面大铜鼓，只可惜这面铜鼓没来得及经文物部门的鉴定便失踪了。不过，1974 年，闭村村民韦国靠在村东头马曹水库坝首对面的"公想"山坡上开荒时，曾挖出一面重 30—40 公斤，十三芒四蛙铜鼓，则有幸被文物部门发现，并被鉴定为汉代冷水冲式铜鼓，现这面铜鼓被保存在贵港市南山寺的文物馆内。在丘振声所撰专著《壮族图腾考》[3] 第三章的"蛙图腾与铜鼓"一节中，该铜鼓被编入 141 面冷水冲式铜鼓列表的 131 号，称为马曹铜鼓，鼓面有四蛙塑像环列。而与闭村相邻的柳逢村，也在 1982 年出土一面有四蛙逆时针环列冷水冲式铜鼓，该铜鼓目前陈列在广西贵港的博物馆中，叫长岭铜鼓。又据村民讲，新中国成立前在发现铜鼓不远的一个山头，有人在山腰上发现整坛的金银，因此，直到现在，村民还私下里把那座山叫金银山。还有个姓韦的人家在挖井时，在 3—4 米深的地下挖出像木桶一样的腐朽方木。由此可知，虽然闭村的历史无从考察，但仅从汉代铜鼓和古地名上便可推论，起码在汉代，闭村及其周边一带便有人居住，且在某个时期，这里曾成为军事要地，有过铜鼓争鸣，群马奔驰，战士呐喊

---

[1]　武宣县志编撰委员会：《武宣县志》，广西人民出版社 1995 年版，第 49 页。

[2]　$rieŋ^{45}$ 为尾巴之意，ma^{45} 为狗之意，$rieŋ^{45}ma^{45}$ 则为"狗尾"之意。

[3]　丘振声：《壮族图腾考》，广西人民出版社 2006 年版。

扬威的不平凡的时代。

综上可知，闭村是一个非常古老的壮族村落，其历史渊源虽已无从考证，但从村民在挖井、挖地、建房的劳动中，可在三四米甚至更深的地下挖出大量的碎瓦、方木、砖头等推测，现在的闭村很可能是在一个更为久远的古村寨旧址上发展起来的，在现在的闭村村民定居之前，这里很可能就曾经是人口兴旺的村落，只是不知何故，前村落已经消失了。而有意思的是，这里的村民世代相传："南宁是首府，闭村是京城。"

二　闭村的外部空间展示之一："那"社会生态的双重结构

在东龙镇闭村一带，"那"既是人们生产活动的中心，同时也是人们思想观念、精神品格的主要生成器，因此，围绕"那"的开垦、灌溉而形成的族群、聚落分布格局，既反映了人在自然环境中的存在，又反映了人立足于社会必先立足于"那"的社会生态双重结构。

（一）"那"与族群、聚落的分布格局

闭村所在的东龙镇社区是个壮汉杂居区，"pou^{11}tsu：ŋ^{21}"和"ma^{11}ka：i^{11}"是这里的主要居民，其中，"pou^{11}tsu：ŋ^{21}"是东龙镇一带壮族的自称和他称，他们人口众多，占全镇人口的76%左右，聚村而居，世代从事农耕稻作，视土地为生命。而"ma^{11}ka：i^{11}"是当地壮族人对清朝末年才迁入的那部分"宁卖祖宗田，不卖祖宗言"的客家汉人的称呼，因他们的语言中，问"什么？""为什么？"等都叫"ma^{11}ka：i^{11}？"，而被当地壮族人称为"ma^{11}ka：i^{11}"人。现"ma^{11}ka：i^{11}"人约占全镇总人口的24%，并主要居住在中部的街上及京岭、马村、中央、同心、朝南、庙宜、六放等村屯，这些村屯除了朝南、六放稍大之外，其余都比周围一般的壮族村落小，并被一大片的壮族村落所包围。同时，还有一些"ma^{11}

ka：i^{11}"人，一般是一个姓氏家族的几户或几十户人家，仍以壮族人村落为依托，零星分布在壮族村落的外围，如昌平村的刘氏、罗村的祭氏、弄业村的黄氏、古达的陈氏等。（参见图2-3）之所以形成这样的分布格局，据当地的"pou^{11}tsu：ŋ^{21}"老人相传，东龙镇一带原来只居住"pou^{11}tsu：ŋ^{21}"人，"ma^{11}ka：i^{11}"人刚迁来的时候，势单力薄，往往必须先依附于壮族人的村落才能生存，一般来说，他们先在壮族的村落外围搭简易的房子住下，取得壮族村落的长老们默认许可后，才进一步在壮族村边起房娶妻结婚生子，如闭村的邓氏从广东南海来到闭村已经八代，据说，他们的第一代先祖经过艰难跋涉，走龙山山路进入闭村，当他翻山越岭走下马曹山的时候，已累得爬不动了，见马曹山脚有一座庙，便进去歇脚过夜，打算第二天继续赶路，而半夜醒来，听到不远的地方传来鸡啼声，才知道附近有村落，于是决定先进村看看再说，这一看便住了下来，并与附近壮族人通婚，讲当地壮话，在生活习俗上同化为壮族，成为现在闭村的一个壮族大家庭。

一般来说，早期迁来的"ma^{11}ka：i^{11}"人分两种情形：一种是与闭村的邓氏一样，先依附于壮族人村落，然后逐渐融入壮族人的生活，不仅在语言和其他一些生活习俗上完全被壮族同化，同时，还最后成为壮族以村落为单位的经济社会共同体的一个组成部分，如现在闭村的邓氏、陈氏；弄业村的雷氏、黄氏；留村、古达村的陈氏等就是这样。而另一种情形则是虽以壮族人村落为依托，但仍在一定范围内保留自己的语言和一些生活习俗，如现在的昌平村村边，至今还分布着几户姓刘的 ma^{11}ka：i^{11} 人，他们在家讲 ma^{11}ka：i^{11} 话，但出门都讲壮话，说自己是昌平村人，居住地与昌平村保持一定的距离，并由于昌平村是单一姓氏历来不实行村内婚，而至今不与昌平村的人通婚。不过后来迁来的"ma^{11}ka：i^{11}"渐渐增多，势力也渐渐壮大，于是后来的 ma^{11}ka：i^{11} 人便不再以壮族村屯为依托,而是相约"宁卖祖宗田,不卖祖宗言",自己建村立屯,并买田置地在当地的壮族聚居地中生根落脚,因此,这些村屯有史料记载的历史都比较短,如查清光绪十九年(1893 年)的《贵县志》第一卷的《纪地·乡村》条所载,现在的贵港市东龙镇属于当时贵县的山东里及山北里所辖,而查当时山东里及山北里所辖的 50 多个村落,则只有朝南和六放两个 $ma^{11}ka:i^{11}$ 人村落名称出现。并且这些后出现的 "$ma^{11}ka:i^{11}$" 人村屯规模非常小,如中央、同昌、庙宜等都只有一姓十几户或几户人家,甚至有些 "$ma^{11}ka:i^{11}$" 人村屯只出现几十年便又消失,如闭村东北方向有个澎村水库,水库下有个田峒叫澎村峒,这两个地名据说都是源于曾有澎姓的 "$ma^{11}ka:i^{11}$" 人在此建村而得名,可现在澎村村落遗址还在,但澎村 "$ma^{11}ka:i^{11}$" 人已消失,其变故据说源于风水不好。

"$pou^{11}tsu:\eta^{21}$" 的村落则历史悠久,不少村落与闭村一样无法知道其建村的确切年代。且这些村落多数为大型村落,如全镇最大的村落是闭村,户籍登记的总人口约 3800 人,而族谱人口则达 7000 人左右。其次是长岭村,总人口在 3500 人以上,再次就是大同、留村、古达、古到、古龙、古览,人口在 3000 人左右,其余的多数壮族村落人口都在 1000—2000 人之间。这些村落沿着东西两脉的土山,隔山相望地依山傍水建在靠山靠近水头的位置,如在东部山脉,由北往南,依次是大同村、闭村、昌平村、留村、古达村、古到村、古龙、阮村、莫村、佛瑶、思村,最北的大同村以三合山为分水岭,形成在牛商山脚注入平原的大同村河和在马曹山脚注入平原的闭村河,大同村和闭村就分别位于形成两河的山势之末和水头流经之处;由闭村往南,则是以俭林山为分水岭,以三江河为水源头的罗村和昌平村;由罗村、昌平村再往南,则是以风楼山为分水岭,以留村河为水头的留村等,20 世纪五六十年代,当地大兴水利建设,因此,这些村落又变成各头顶着一个到两个水库的村落，如大同村头顶六山、团结两个水库，闭村头顶凤凰、马曹两个水库，罗村、昌平村头顶三江水库，留村头顶太平水库等。在西部山脉，依次分布的村落是长岭、古览、龙扶、旺广等村落，这些村落头顶三六水库，有众多的小河、小溪流过他们的村庄和田野。（见图2－3）

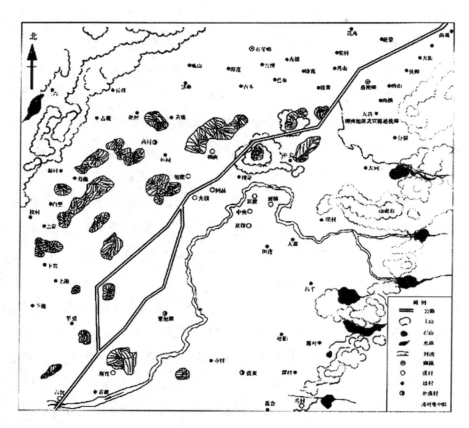

图2－3　闭村周边村落、河流、水库分布图

（潘春见、邓怀津绘制于2005年）

这种村落间隔水、隔田垌毗邻相望，村背则隔山相连，村前有田畴、小河相接相汇的居住空间、水源分配空间、耕作空间的自然分布格局，正是"ma^{11}ka：i^{11}"人进入东龙镇以前东龙镇这一社区

"pou^{11}tsu：ŋ^{21}"家园的原生图景。这一原生图景在地理上就如一个倒写的、向西南部倾斜的 V 字，"pou^{11}tsu：ŋ^{21}"的村落分布在这 V 字形构架的边缘上，水流由 V 字形构架的边缘向中部流淌，水流汇合之处则是东龙镇街区所在地，水流的中下游则是 V 字形构架的中部空心地带，也是后来迁入的"ma^{11}ka：i^{11}"人村落的主要分布区。

（二）族群、聚落分布的生态伦理动因

闭村所在的郁江北岸东龙镇大多数为大型村落，大多数的村落人口在 2000—3000 人之间，少数村落人口超过 4000 人。在那里，毗邻的屋檐，密集的村落，绵延伸展的田野，变化无穷的四季，构成一幅幅妙趣横生的画卷。这画卷内含大量奥尔多·利奥波德（Aldo Leopold，1887—1948）的大地伦理思想，德国诗人荷尔德林的"人诗意地栖居在大地上"，中国国家主席习近平"人山水林田湖是一个生命共同体"等的生态伦理学元素，而调查发现，其深层动因主要为以下三个方面：

生计动机：东龙镇处于低纬度的亚热带季风气候区，夏长而炎热，冬短而寒冷，年均降雨量在 1044 毫米左右，年生长期在 205 天到 210 天之间，这种气候非常适宜双季稻的生长，因此，这里的居民很早便以双季稻的栽培和耕种作为生计的主要来源。而双季稻的生长特点是在整个生长期内都需要充足的水源，这就决定了耕作区的开发必须与水源连成一体，从而构成农耕稻作的生命体。而农耕稻作的生命体是为着养育村落、养育人群而建构的，因此，人们出于最易开发、最易灌溉、最省劳力的生计考虑，一般把村落设计在就近有土地可以开垦，有水源可以自流灌溉，有柴草可以就近砍伐的地方，而东龙镇的地势地貌是东部、东南部、西部较高，每隔一个山头就有一条小溪从山中流出，因此，选择在靠近山脚的地方建村立屯，一

方面可以优先获取水源、柴草，另一方面又可以利用地理上由东西两边向中部倾斜的特点，实现稻作农业的自流灌溉。因此，有溪水涌出的山脚，耕作区不断扩大，而村落人群也越聚越多，形成大型村落与大片耕作区之间的不可分割的联系。

风水理想： 东龙镇一带的"pou^{11} tsu：ŋ^{21}"有自己的一套建村立屯的风水理念，认为村落的定位关键在于龙穴，而龙之结穴成形关键在于山和水，有山做靠背和屏障，就有一种神秘的力量佑护村屯，居住其中的村民就能够安居乐业，人才辈出；而有水才有自然界的生生不息，因此，水是生养人群的命脉之所在，而水的神、形、动、静对于村落、人群的生存和发展关系极大。同时东龙镇一带把给妻方的亲属称为"pa：i^{11} laeŋ^{45}（外家）"，而这"pa：i^{11} laeŋ^{45}（外家）"既是亲属分类的结果，同时也是基于宗教的一种血缘观念的产物，这种观念认为，给妻方是娶妻方的力量之所在，对娶妻方具有神秘的佑护之力。[1] 这种佑护之力又可以比拟为看得见的，给人以安全、稳定、稳固之感的实物，如人体的后背、村落的后山、家居的屏障等，由此延伸和演化，形成当地人家居理想上的以山为背，活水为血脉、财源的地理观。因此，东龙镇的"pou^{11} tsu：ŋ^{21}"人最忌把村落建造在四周都空荡荡的地方，如闭村附近的"澎村"和"班那"两个荒废的村落，都是建村不久便因村民生活不如意而举村迁走，闭村村民认为其迁出原因是出自这两个村落的村址选在没有山势所形成的佑护之力，也没有水如人之双臂所能给予的滋养之情，因此，村落无生机而自然被淘汰。

通婚规则： 东龙镇一带的"pou^{11} tsu：ŋ^{21}"通婚规则中的最重要一条就是禁止女人的婚姻流动与方位相逆[2]，则同饮用一条

---

① 参见以下第四节的"通婚规则、仪式行为与亲属分类"。
② 同上。

江水的人，禁止水流下方位村落的女人嫁往上游上方位的村落，认为如果违反了这一规则，将对女人和女人所在的家族不利。因此，把村落建在靠近山脚和水头的位置，则既占领了地势上的上方位，又占领了水流上的上方位，这无疑是村落选址的最优原则。根据这一最优原则，处于东部山脉的所有壮族村落的女子，和处于西部山脉的所有壮族村落的女子在婚姻上可以相互流动，而处于东部或西部山脉的所有壮族村落的女人，只要她们不处于同一条河流上，则相互间的婚姻流动也不违反这一规则，这样便可在规则范围内最大限度地满足当地男子对女人的需求。

三　闭村的外部空间展示之二：“方”与社区人群

闭村所在的地域空间，地势地貌非常复杂。其中，由地壳运动而形成的山前平原、岩溶平原、台地、盘地、丘陵等地理生态，被包容在由穹隆的山脉、孤峰突起的石山群所形成的复杂建造组合之中。长期以来，生活在此区域的人们，秉承多姿多彩的大自然禀赋，形成既相互联系又各具特色的生产生活习俗、人文心态等。于是，依据各自居住环境的不同、语言的差异、方位的相对性等特征，他们自然地形成了一系列具有内部共同认知方式的社会人群建构模式，这一模式所展现的关于宇宙世界的清晰图景，以其丰富的内在神韵展示在人们的行为和观念中，现分述如下：

（一）以 pja^{45}jiu^{45} 为坐标的 bi：ŋ^{33}（即“方”之意）的社区建构

在贵港市的郁江北岸，有一座如老鹰展翅的大石山，当地壮话叫 pja^{45}jiu^{45}（pja^{45} 为“石山”之意，jiu^{45} 为“老鹰”之意）。pja^{45}jiu^{45} 屹立在山北乡政府背后，正好处在东龙、古樟、蒙公三乡镇的交界地带。长期以来，这里的族群以这座石山为坐标，把方圆 20 公里左右的地域人群按方位做出划分：由石山往东，沿莲花山余脉——照镜山的外缘分布的一系列村屯：北起大同、闭村，南到义合的佛遥、莫村，包含 30 多个大小村屯的居民，称为 bi：ŋ^{33}ca：n^{33}toŋ^{21}（即"山东方"之意），vun^{13}ca：n^{33}toŋ^{21}（即"山东方的人"之意）；石山以北，除上下中秋、可横、邓西、保横四村屯以外的整个山北乡，及现在东龙镇的三六、长岭、高龙、龙扶等共 70 多个村屯，即沿三六的一脉丘陵、石山交错分布居住的居民，都被称为 bi：ŋ^{33}ca：n^{33}paek^{35}（意为"山北方"之意），vun^{13}ca：n^{33}paek^{35}（意为"山北方的人"）；石山以西，含山北乡的邓西、可横、保横三村屯及古樟乡一带的居民称为 bi：ŋ^{33}ca：n^{33}sae^{45}（意为"山西方"），vun^{13}ca：n^{33}sae^{45}（意为"山西方的人"）；石山以南，除清蒙村以外的整个蒙公乡，主要分布在石山区的居民被称为 bi：ŋ^{33}ca：n^{33}sae^{13}（意为"山南方"），vun^{13}ca：n^{33}na：m^{13}（意为"山南方的人"）。而山北乡的上下中秋村、东龙镇的京龙村由于正好处于这一坐标方位的中央地带，因此，不归山东、山南、山北、山西的任何一方而单独存在。

由于自然条件的不同，历史上的 vun^{13}ca：n^{33}toŋ^{21}（即"山东方的人"）以稻作为主，旱作很少，生活相对富裕有保障；vun^{13}ca：n^{33}paek^{35}（即"山北方的人"）则稻作与旱作几乎平分秋色，生活虽比不上山东方，但又略比山南方、山西方强；而 vun^{13}ca：n^{33}sae^{45}（即"山西方的人"）、vun^{13}ca：n^{33}na：m^{13}（即"山南方的人"）则以旱作为主，稻作次之，由于历史上这一带没有水库，收成多仰赖天意，因而生存条件相对比山东方、山北方逊色，但新中国成立后，由于水库的建设，特别是近十几年经济结构的调整，这里地广人稀，大种甘蔗得天时地利，生产、生活获得飞跃发展，在某些经济、社会指标上甚至已超过了山东方。

　　这样，虽然方圆不出 20 公里，但自然生态、生产结构的随方位变化，使方位观念在这里获得特别重要的地位，成为社区建构的重要组成部分，并对历史上这里的女人婚姻流动产生过深远的影响。一般来说，"方"与"方"之间的女人婚姻流动多受男方所在的"方"的经济生活方式的影响。如以稻作为主的山东方女子，不太愿意嫁往山南方和山西方，原因是这两方的主体经济为旱作，多种玉米、黄豆等，劳作相对比山东方辛苦，生活也没山东方好，因此许多山东方的女子不愿意嫁往山南方和山西方。而山北方虽然有稻作与旱作，但他们的茅坑式厕所与山东方的茅房式厕所不一样，许多嫁到山北方的山东方女子一辈子也不适应山北方的挑大粪习俗，因此也不太愿意嫁过去。不过，以上的这些状况现正慢慢改变，原因是近十几年各方的人口变动与经济结构的变革，使得各方的经济生活水平、生产生活方式之间的差距越来越小。

　　而值得特别指出的是，在由 pja^{45}jiu^{45} 建构而成的空间宇宙中，东龙镇所在的山东方是原名为石龙的东龙镇，为与桂平、象州的石龙相区别而在 1987 年由山东石龙更名而来。而联想广西壮族族谱记载中普遍出现的山东白马一说，我们有理由相信山东白马中的山东，并不是我们国家省区划分中的山东省，而是壮族方位观念中的山东方之意。

（二）　以居住环境、语言等特征进行的人群划分

　　以 pja^{45}jiu^{45} 为坐标的 bi：ŋ^{33}（即"方"之意）的社区建构只是闭村外部空间展示的核心部分，这核心内部及由这核心向外继续扩展，还可依据各人群的居住环境、语言等特征进行第二层级的划分，分出 pu^{11}ȵaŋ^{13}、vun^{13}lu：g^{11}、vun^{13}daw^{45}pja^{45}、pu^{11}tsu：ŋ^{21} 这四部分的人群。（见图 2－4）

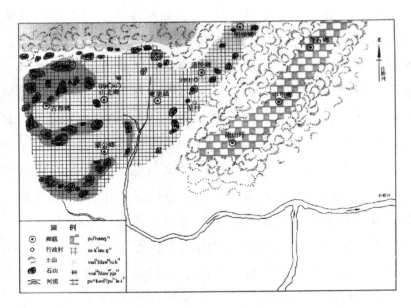

图 2 - 4　以 pja⁴⁵jiu⁴⁵ 为坐标的人群分布图

（潘春见、邓怀津绘制于 2005 年）

其中，pu^{11}ȵaŋ^{13}包含分布在龙山盘地的 36 个全部以 luːg^{11}命名的村屯，及中里、奇石乡的绝大部分村屯，也就是东部分布于莲花山—照镜山山脉内缘的大部分村落，被东龙、古樟、蒙公一带的人称为"daw^{45}ȵaŋ^{13}"，居住这里的人群称为"pu^{11}ȵaŋ^{13}"，他们讲的语言称为"va^{21}ȵaŋ^{13}"。这种语言没有"r"音位，所有"r"音位拼入"l"音位，句子多带"kjau^{45}"收尾，在听觉上与古樟、蒙公、东龙一带的壮话形成鲜明的对比。因此，在街头巷尾很容易根据这些独特的语音特征对这一群人加以区分，但彼此之间的语法特点相同，语音、语调差别不大，不影响相互交谈。而ȵaŋ^{13}在当地壮语中有"山林"之意，daw^{45}有"里面"之意，pu^{11}有"人"之意，因此，daw^{45}ȵaŋ^{13}、pu^{11}ȵaŋ^{13}的社区人群划分，都与这群人居住山林有关，是在贵港市一带的壮族内部形成的平地集团对山居集团的称呼。而这群人则称东龙、古樟一带的平地壮族人村屯为

"ro：k^{11}ba：n^{33}"，意为"山外边的村屯"，居住平地村屯的壮族人称为"ro：k^{11}tsu：η^{21}"，意为"山外边村屯的壮族人"。而生活在长岭、三六、王里一带丘陵谷地的人们，则被其他区域的人称为"daw^{45}lu：g^{11}"，"lu：g^{11}"在当地壮语中有"山谷"之意，表明对这一社区人群的区分与他们居住丘陵山谷的环境特点有关。而处于"ηan^{13}"和"lu：g^{11}"之间的，便是处于莲花山山脉与西部的一脉土山丘陵之间的一脉石山，这一大片的石山区，是大部分山南方、山北方人居住的地方，这一地方的人除被其他地方的人称为山南、山北人之外，还同时被称为"daw^{45}pja^{45}vun^{13}"，意思是他们是居住石山区的人。

（三）以柳州、梧州为参照系的上方、下方

以武宣县通挽乡的分岭村为界，闭村一带的人习惯上把所有分岭村以北含通挽—桐岭盘地、来宾石牙乡的壮族人称为"pu^{11}kwn^{13}"或"pu^{11}la：i^{21}"。其中的"la：i^{21}"指的是武赖，今武宣铜岭镇，为环北山《独齿王传说》中的"天子梦"："龙山造大海，武赖造京城"中的武赖，他们的语言被闭村一带的人称为"kun"或"la：i^{21}"。其中的"kun"在当地壮语中有"官""官话"之意；"kwn^{13}"指他们位居东龙镇的北方方位而言。由于北方方位地势较高，因此，东龙镇人赶集趁圩，只要是往柳州方向去，便都叫"hwn^{33}"，意思是"往上"。往上是逆方位而行，是闭村所在的山东方和相邻的山南、山西、山北三方的女子婚姻流动所禁止的方位；而与柳州相对，便是梧州方向，梧州方向的人，没有当地壮语的专有称谓，但赶集趁圩，只要是往梧州方向去的便都叫"roη^{13}"，意思是"往下"。由于"往下"是顺方位而行，因此是闭村及山东、山南、山北、山西方女子婚姻流动的理想方位。

从以上可以看出，坐标物物象、方言的内部差别和居住环境的地理生态是作为闭村社区建构和人群划分的最基本要素。其构成共

有三个层级：第一层级，也是核心层级，是由中心物象——pja^{45} jiu^{45}及四方方位的空间领地、众村落构成的"方"；第二层级是"方"以外的，由方位、自然生态、同一方言语音的内部差别构成的社区人群；第三层级则只有上下的南北方位组成。这种由近及远，层层展开的宇宙空间建构模式，非常便于人们日常生活中相互往来的认同和区别。一般来说，处于不同层级、不同社区建构的人群，都有一些相互区别的特征，如山东人，方言上是三两句便加个尾音"aen^{33}"，爱吃糯米糍粑、甜酒、带小颗粒的玉米粥，并把玉米稀饭称作"ŋum^{33}"；而山南、山西、山北人则把玉米稀饭称作"tsuk^{55}"，并把玉米稀饭煮成米糊状。pu^{11} kwn^{13}的方言则三两句有个"ka^{11}ma^{13}"尾音；pu^{11}ȵaŋ^{13}的方言则常带尾音"kjau^{45}"等，是各社区人群相互区别的重要标志之一。同时，这种建构模式以一定的地缘为基础，并结合了方位、自然环境、语言、生产生活习俗等特点，这就使得人地关系和文化内涵成为社区建构的基本要素。

四 闭村的内部空间展示之一：si^{43}与toŋ^{13}si^{43}

这部分的田野工作是从绘制村落聚落图开始的，在绘制村落图的过程中，被访问的村民们总是自觉不自觉地告诉笔者，他们是属于哪个si^{43}的，祭祀哪个koŋ^{45}si^{43}，某某与他们toŋ^{13}si^{43}等。依据他们的口述资料，笔者把toŋ^{13}si^{43}的人在聚落图上用虚线连接起来，绘成闭村si^{43}的祭祀圈图。（见图2-5）

从闭村si^{43}的祭祀圈图可以发现，toŋ^{13}si^{43}的人一般都聚居同一个或相近的社区单元里，且多是同姓的ta^{21}nu：ŋ^{11}（即兄弟姐妹、同族、同胞之意），或虽不同姓，但也有ta^{21}nu：ŋ^{11}之称，且红白喜事相互帮忙。以下便重点分析si^{43}与toŋ^{13}si^{43}的社会组织与结构方式。

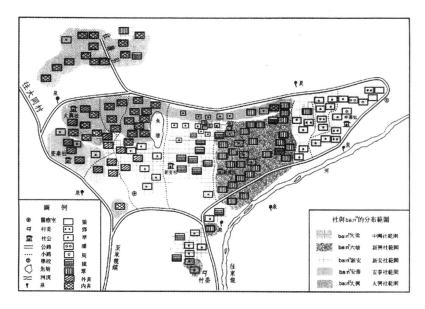

图2-5 闭村"社"暨 ba：n¹³ 分布图（潘春见、邓怀津绘制于 2005 年）

闭村每个聚落单元都有一个相当汉语"社"的 si⁴³，每一个 si⁴³ 供奉一个社神叫 koŋ⁴⁵ si⁴³（"社公"之意）。聚居内共同祭祀一个 koŋ⁴⁵ si⁴³ 的各家各户，组成一个团体，称 toŋ¹³ si⁴³（即"同一社团"之意）。toŋ¹³ si⁴³ 不一定同祖同宗，但必须同心同德。toŋ¹³ si⁴³ 有头人制，称"ku¹¹ taeu¹³"（即"做领头"之意），一般由各祖堂有威望的人轮流充当，也可由一些关心公益事业的人充当，头人没有报酬，义务为大家服务。

闭村有五个 si⁴³，当地壮语依次称为"si⁴³ tsoŋ³³ tu：n¹³""si⁴³ caen⁴⁵ he：ŋ⁴⁵""si⁴³ caen o：n⁴⁵""si⁴³ o：n⁴⁵ ta：i⁵³""si⁴³ ta：i⁵³ he：ŋ⁴⁵"。社神语台上用汉字刻写的名称则依次为"中团社""新兴社""新安社""安泰社""大兴社"。五个 si⁴³ 是以五个 koŋ⁴⁵ si⁴³ 的信仰、祭礼、宗教组织和活动为基础的五个祭祀圈。五个祭祀圈凸显了宗教信仰和组织在地域中的作用。因此，五个 si⁴³ 也代表五个社团组

织。一般来说，村民祭祀哪个 koŋ⁴⁵si⁴³，就进入哪个社团组织，si⁴³
的祭祀圈领域内的村民可以是同一个家族、宗族，也可以是不同的
家族、宗族，其组成成员既按地缘又按自愿的民主形式。如中团社
管辖 22 个厅堂约 150 个家庭住户，成员中有梁、邓、周、潘、韦
五个姓氏家族。新兴社管辖约 33 个厅堂近 200 个家庭住户，有韦、
覃两姓氏家族。新安社管辖 30 多个厅堂约 200 个家庭住户，有韦、
陈、黄三姓家族成员。安泰社管辖 6 个厅堂约 30 个家庭住户，也
有韦、黄两姓。大兴社管辖 53 个厅堂约 230 个家庭住户，有黄、
韦、覃、潘几个姓氏。一般来说，每个祭祀圈都是按地缘形成的，
范围可大可小，但闭村祭祀圈，社团范围图中的黄运环、韦建宜等
六个厅堂 20—30 个住户是属于大兴社团的管辖范围的，但却与大
兴社团的其他成员隔开一条巷子及一些住户，与大兴社团的大部分
成员并不能连成一片。还有覃轰祥这一厅堂是属于新兴社社团的组
织成员，但却与大兴社的社团居住在一起。形成这样的状况一般是
由于这些住户迁出原来的聚落单元后，仍属原来祭祀圈社团组织的
结果。而现在祭中团社的黄汉同这一住户原来则是祭祀新安社，属
新安社团的，但由于他们的新屋已迁出了原来属新安社的居住地，
便加盟中团社，祭中团社。韦文转、韦文新是两兄弟，但由于各起
新屋的地方不在一起，因此，现在的韦文转祭新兴社，归新兴社
团；而韦文新则祭中团社，归中团社团。但一般来说，这些迁出户
必须有一段时间在新旧两个社团之间徘徊，他们有的回原来的居住
地祭祀原来的 koŋ⁴⁵si⁴³，或已祭新居住地的 koŋ⁴⁵si⁴³，却同时参加
新旧居住地的社团活动，不过这种情形不会维持很久，主要是两边
走会带来很多问题。如两个社团同时有红白喜事，你选择参加哪个
社团都会引起矛盾，而两边都尽义务无论是人力、财力、精力上都
照顾不过来。因此，迁居后必须很快做出选择，尽快融入新社团的
生活，否则在新居住地，会有被孤立的感觉。

　　一般来说，同一社团的成员都有一些约定俗成，并代代相沿的不成文条约。如老人去世，八仙（即扛棺木的八个人）、做厨、挑水、洗碗、跑亲戚报丧肯定是由社团里的成员担任。无论是谁，都必须无条件服从丧家和族中头人、社团头人的安排，否则不但会受人指责，同时还有被开除出该社团组织的危险。一旦被开除，便与社团脱离任何的义务和关系，当然，他可以重新加盟别的社团，祭祀另一个 $kon^{45}si^{43}$。但是，要别的社团接受也同样要接受人家的条约，否则人家既不承认，也不为你尽义务。因此，在老人去世这样的大事上，社团的作用要相对于氏族、宗族、厅堂的作用更为重要。而如遇有人结婚、起房子等大事，社团成员可视平日交情自由参加，社团组织一般没有强硬的规定。一般来说，结婚、起房子的主家，如果平时人缘好，家庭也兴旺发达，前来祝贺的社团成员相对会较多。前来祝贺时，须进行礼物交换，给主家送些米或封个红包。

　　社团的重要活动是每年春、秋两季社日的祭社活动。春社一般是农历二月初二，秋社是农历八月初二。一般来说，社日前几天，头人便到各家各户按人头筹钱，这时候，一些远离原社区和社团的新居户，便要考虑与旧社团脱离，权衡确定了以后，便自愿向新居住地的 $kon^{45}si^{43}taeu^{13}$（意为"社公头人"）捐款，而向哪个 $kon^{45}si^{43}taeu^{13}$ 捐款正意味着该住户加盟哪个社团组织，祭祀哪个 $kon^{45}si^{43}$。这种自愿和义务的关系一旦建立，便不能随意更改，直到再度迁新居。社公头人利用筹集的钱买香、烛、鞭炮、猪肉前往祭社。祭社完毕，猪肉按每户一块分给各家，叫 $no^{21}si^{43}$（即"社肉"）。① 现在，闭村除了安泰社、大兴社仍由头人组织祭社外，其他社团虽仍有头人，但不组织祭社活动，祭社活动由各家各户自己

————————

①　以前祭社后各家派一个男性代表前往聚餐，现此俗已经革除。

主持进行。一般来说，社日来临，各家各户相邀蒸糕前往拜祭，现在多由妇女准备及挑祭品去拜祭社公。

若区域内经常发生天灾人祸，又无法在族中、家中查出原因，常被认为是社公不安，或受了什么污秽以致失去保护该区域村民的神威。为此，社团头人和族老便会集聚一堂共商重新安龙立社的大事。同时选一良辰吉日，组织祭社。届时，村中通往外界的道路全部插上长长的幡旗，警告外村人不得进入村内，而嫁出去的女儿和五亲六戚也不能在这一天中回来、走亲戚。此外，还要派人在各路口把守，严防本村外的任何人进村，这叫"$tsa：i^{45}ba：n^{33}$"，即"斋村"之意。斋村后，各家各户在指定的时辰内，带上供品去祭社公，回到家又祭祖堂，过了时辰头人通知解禁，村民与外界的联系和日常生活又得以恢复。这时，各家欢迎亲戚回来参加欢庆宴饮。一般来说，头人们在履行一系列的义务之时，并没有任何利益可图，但却相当受人尊重。

从以上描述可看出，社团组织既严密又松散、既民主又专断。它在家族力量还很薄弱的情况下，能起到辅助宗族处理许多内外大事的作用；但社团又是超越宗族的，它以每一个聚落单元的住户为单位，不分宗族、富贵、贫贱，一味地为这一社区的住户提供服务，因此，它又属于社区性质。但它有一个祭祀圈，以共同祭祀某个社公为条件，因此，它又是祭祀圈性质的。总之，社及社团组织既不同于现代政治的村民委员会，又不同于宗族组织，它是介于村民委员和宗族组织间的一种组织形式，对内对外都有一定的权力和义务，与区域内村民的生活息息相关。换言之，社团组织是家庭与宗族亲缘关系的补充，是亲属观念在地缘观念中的延伸。

五　闭村的内部空间展示之二：$ra：n^{13}$、$gjo：k^{33}$、$ba：n^{33}$

这一部分的田野工作始于依据村委会提供的闭村户主名单进行

重新排列。名单排列原则是以五个社的社坛为坐标，以他们居住的 $ra：n^{13}$（即"房子"）相对社坛的实际位置，分别排列编号，然后由近而远，由局部到全貌地绘制闭村村落图。在绘制闭村村落图的过程中发现，$ra：n^{13}$ 是闭村社会结构中最核心的物质基础，也是闭村上层建筑最核心的社会细胞。$ra：n^{13}$ 在闭村一带有多种含义和引申义。如人居住的屋子，叫 $ra：n^{13}$；由父母子女组成的亲子关系小家庭，叫 $ra：n^{13}$；按父系亲属原则扩展而成的共同体相当于汉语的家族，也叫 $ra：n^{13}$；全村有多少户也叫有多少 $ra：n^{13}$。姓什么也叫 $ra：n^{13}$ 什么，如韦姓叫 $ra：n^{13}vei^{13}$，陈姓叫 $ra：n^{13}tsaen^{13}$ 等。此外，结婚成家叫 $paen^{13}ra：n^{13}$，分家叫 $faen^{45}ra：n^{13}$，娶媳妇进门叫 $haeu^{33}ra：n^{13}$ 等。而有形的屋子 $ra：n^{13}$ 又有 $ra：n^{13}tsu^{21}$（含有厅堂、祖先神位的多间房子组合）和 $ra：n^{13}ŋa：n^{11}$（没有厅堂和祖先神位的一间或多间房子）之分。建造 $ra：n^{13}ŋa：n^{11}$ 意味着这一家人还合在原来的 $ha：k^{11}tiŋ^{24}$（厅堂），而建造 $ra：n^{13}tsu^{21}$ 则意味着这一家将从原来的 $ha：k^{11}tiŋ^{24}$（厅堂）分离出来等。也就是说，闭村的 $ra：n^{13}$ 不仅有屋子、家、户、姓氏、家族等多重含义，且体系完整，反映了他们家屋式的社会组织建构模式，这一模式就是 $ra：n^{13}$ 按一定的规范向 $gjo：k^{33}$ 与 $ba：n^{33}$ 发展。其中用砖瓦木头凝成的物质性结构空间的 $ra：n^{13}$，与由婚姻生育构成的社会性的 $ra：n^{13}$ 是相互交织的。在某种程度上，用砖瓦木头打造而成的物质性空间 $ra：n^{13}$ 是社会性 $ra：n^{13}$ 的载体，而由婚姻生育构成的 $ra：n^{13}$ 的社会体系则可以通过用砖瓦木头凝成的物质性空间 $ra：n^{13}$ 而得到演示。这种演示与世系的形成、分支密切相关，它们之间的关系非常复杂。以下仅谈 $ra：n^{13}$ 的空间结构与家、户意义及 $ra：n^{13}$ 在向 $gjo：k^{33}$ 与 $ba：n^{33}$ 的发展过程中，所遵循的规范。

（一）$ra：n^{13}$ 的空间结构与家户意义

闭村把一幢体系完整，包含上下 $ha：k^{11}tiŋ^{24}$（厅堂），若干

hou^{53}（卧室）、pa：k^{33}tsa：u^{53}（厨房）、ra：n^{13}va：ŋ^{45}（侧房、偏房）等的房子的组合称为 ra：n^{13}tsu^{21}（其结构见图2-6）。

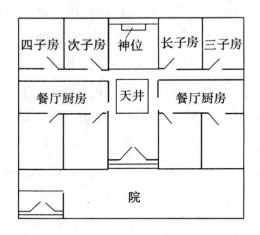

图2-6 闭村 ra：n^{13}tsu^{21}分布图（邓怀津绘制）

ra：n^{13}tsu^{21}的建造模式是先以神台为中心建上下厅堂和左右厢房，然后以上下厅堂为中心，向前向左右扩展。这种房子与大家庭生活相适应，小的 ra：n^{13}tsu^{21}有十二间房，大的 ra：n^{13}tsu^{21}可加上对称的两排或三排、四排的 ra：n^{13}va：ŋ^{45}（即排列在厅堂左右两侧，与厅堂走向呈横向相对的房子），房子则多达几十间。这些房子可容纳几个、十几个、甚至几十个的核心小家庭生活其中，而这些核心小家庭一定是某一男性祖先的直系子孙，他们或两代同堂，或三代、四代同堂，按身份角色各居其所。

住所的获得一般要通过 paen^{13}ra：n^{13}（结婚成家）和 faen^{45}ra：n^{13}（分家）的仪式由长辈分给。父母们在子女长大 paen^{13}ra：n^{13}（结婚）的时候，便按他们的出生顺序指定房子作为他们的婚房。一般来说，上厅堂左边的第一间房叫 hou^{53}huŋ^{24}，是属于长子、长媳妇的婚房卧室；上下厅堂左右厢房的八间房子称为 hou^{53}tsiŋ^{53}（正房），为长子以外的其他儿子的婚房卧室；其他房子只要是作为卧室都统称为 hou^{53}。这些 hou^{53} 按从上厅堂到下厅堂，从左到右的规则依次分给老二、老三、老四等做婚房卧室。当长子、长媳妇的长子又长大娶媳，则父母退居余下的 hou^{53} 或 ra：n^{13} va：ŋ^{45} 之中，把 hou^{53} huŋ^{45} 又让给长子。老二、老三、老四等也如出一辙，以后的子孙也依此类推。

一般而言，子女结婚并没有立即 faen^{45} ra：n^{13}（分家），有些是在长子结婚有一两个孩子后才给他们 faen^{45} ra：n^{13}，faen^{45} ra：n^{13} 的意义一则让他们独立生活、独立承担养儿育女的任务；二则是把归属于他们的房子、地基分给他们，如果他们得到的只是一间房子，那他必须考虑在分给的地基上建 ra：n^{13} ŋa：n^{11}（没有厅堂的单间房子），以备子女长大之用。而 ra：n^{13} ŋa：n^{11} 的建造必须以神台、厅堂为中心，在 ra：n^{13} tsu^{21} 周围依次排开。如果他们分到房子只有一两间，没有地基，那么他们必须考虑迁居出 ra：n^{13} kaeu^{53}（即"旧屋"）重建 ra：n^{13} tsu^{21}。而当人丁越来越兴旺，原来同一 ha：k^{11} tiŋ^{24}（厅堂）的人就不断地在外建成若干幢 ra：n^{13} tsu^{21}，原来的 ta^{21} nu：ŋ^{11}（即兄弟姐妹、同族、同胞之意）被分出若干个 ha：k^{11} tiŋ^{24}（厅堂）。而当越来越多的 ra：n^{13} tsu^{21} 按一定走向建成后，便形成若干个 gjo：k^{33}（参看下边的 gjo：k^{33}），当一个或若干个 gjo：k^{33} 形成后便构成 ba：n^{33}（参看下边的 ba：n^{33}），而生息其中的人们共同体，都被称为 ta^{21} nu：ŋ^{11}（即兄弟姐妹、同族、同胞之意），属于 ta^{21} nu：ŋ^{11} 的人们共同体同祭一个 koŋ^{45} tsoŋ^{53}（众公），死后 kip^{55} do：k^{33}（kip^{55} 为"捡"之意，do：k^{33} 为"骨头"之意）用 jak^{33}（金坛）装殓，所有的 jak^{33} 都放 ku^{11} to：i^{21}（ku^{11} 为"做"之意，to：i^{21} 为"伴"之意，ku^{11} to：i^{21} 相当于"合葬"或"聚陇在一起"），也可以分 ha：k^{11} tiŋ^{24}（厅堂），分 ra：n^{13}（户）放在一起。如果放在一起的先祖遗骨是最早的共同祖先称 koŋ^{45} tsoŋ^{53}（众公）；如果是各 ha：k^{11} tiŋ^{24}（厅堂）的共同祖先，则称 koŋ^{45} ha：

k^{11}tiŋ^{24}（厅堂的众公）；如果是某 ra：n^{13}（户）的先人，则称 koŋ^{45} 某 ra：n^{13}（户）。而不管是同 koŋ^{45}tsoŋ^{53}（众公），还是同 koŋ^{45}ha：k^{11}tiŋ^{24}（厅堂的众公）、同 koŋ^{45}某 ra：n^{13}（户），只要先祖遗骨可以同 koŋ^{45}mu^{21}（坟墓、穴之意），他们的子子孙孙都是 ta^{21}nu：ŋ^{11}，都禁止通婚。

而当父母给长子 faen^{45}ra：n^{13} 后，父母则跟未婚子女生活，当所有子女已结婚 paen^{13}ra：n^{13}（成家）后，父母随哪个子女生活由父母与子女商定。而有些父母则等所有的孩子 paen^{13}ra：n^{13}（结婚成家）后才统一 faen^{45}ra：n^{13}，faen^{45}ra：n^{13} 时不仅把房子、地基及田地等财产分给他们，而且还要把由这个家嫁出去的女人们及她们的亲属将来回来探亲及礼仪交换的权属义务分给他们。同时，父母也在 faen^{45}ra：n^{13} 的同时，定下与谁一起生活，不管父母与谁一起生活，每年的生活之需都是由子女们平均分担。

（二）gjo：k^{33}

gjo：k^{33} 是小于 ba：n^{33} 又大于 ra：n^{13} 的聚居单元。闭村由六个 gjo：k^{33} 组成，分别是：gjo：k^{33}kwn^{13}、gjo：k^{33}la^{33}、gjo：k^{33}kum^{45}、gjo：k^{33}tsum^{13}、gjo：k^{33}daw^{45}、gjo：k^{33}ro：k^{11}。gjo：k^{33}kwn^{13} 是中团社人的居住地，gjo：k^{33}kwn^{13} 对于整个闭村来说又叫 ba：n^{33}kwn^{13}，意思是位于闭村上方位的一个小聚居区，聚居 ra：n^{13}周、ra：n^{13}邓、ra：n^{13}潘、ra：n^{13}梁、ra：n^{13}韦五个姓氏家族；gjo：k^{33}la^{33} 是安泰社人的居住地，有 ra：n^{13}韦、ra：n^{13}黄两姓家族聚居在这里，gjo：k^{33}la^{33} 位于整个闭村的下方位，因此，同时也叫 ba：n^{33}la^{33}；gjo：k^{33}kum^{45}、gjo：k^{33}ro：k^{11} 是大兴社人的居住地。其中的 gjo：k^{33}kum^{45}，据说中华人民共和国成立前，由前后的两个门楼构成一个全封闭式的聚落单元，前门在黄翠家附近，后门在黄付才家附近，平时或特别时期，只要把两个门楼一关上，整个 gjo：k^{33}kum^{45} 的人就全都出不来，外面的人也进不去，里边的居民全部是

传说中由韦全余改姓黄全余的同一个黄姓先祖的后代。因此，gjo：k^{33}对于这一支黄姓家族来说，不仅是聚居单位、血缘团体，且是一个联防单位。gjo：k^{33}ro：k^{11}是韦全余以外的黄姓家族人的聚居地，因是居住在 gjo：k^{33}kum^{45}黄姓的外缘而被称为外黄，这两支黄姓先祖虽然各有来历，但居址相近，又都祭大兴社，属于同一个社团，两族之间互不通婚；gjo：k^{33}tsum^{13}是新兴社的覃氏家族居住地，至今没有外姓人加入；gjo：k^{33}daw^{45}是新安社人的居住地，有 ra：n^{13}覃、ra：n^{13}黄、ra：n^{13}韦三姓家族聚居在这里。

可见，闭村的 gjo：k^{33}kum^{45}与 gjo：k^{33}tsum^{13}两个社区仍然保留着聚族而居的痕迹。gjo：k^{33}kum^{45}还保留有同一共祖的所有后代，随着人口增长，依 faen^{45}ra：n^{13}规则而形成的封闭式 gjo：k^{33}和 ba：n^{33}的居住格局。在这个格局中，ra：n^{13}是核心，gjo：k^{33}包容 ra：n^{13}，若干 ra：n^{13}构成 gjo：k^{33}，一个或若干个 gjo：k^{33}构成 ba：n^{33}，gjo：k^{33}既包容 ra：n^{13}，且从属于 ba：n^{33}，ba：n^{33}涵盖 ra：n^{13}与 gjo：k^{33}这样的一种居住格局。

另外，gjo：k^{33}在当地壮语中有三种意思：一是放筷子的竹筒；二是在一个村里依自然条件而自成一个部分的若干家房子或把这些房子连在一起的通道；三是穿、披或裹的意思。而按闭村 ra：n^{13}（屋子）的建构模式，是一种既封闭又相互联通、体系完整的结构模式，这种模式在纵向上反映了世代、人口的变迁；在横向上是自然形成 gjo：k^{33}和 ba：n^{33}构成模式。而根据 gjo：k^{33}的第一种含义，即放筷子的竹筒分析，gjo：k^{33}具有包容同一家、家族或家屋的人的意义。而根据 gjo：k^{33}的第二种含义，gjo：k^{33}则具有由通道而自成一体的聚落单元的意义。而根据 gjo：k^{33}的第三种含义，则 gjo：k^{33}具有属于核心 ra：n^{13}（屋子）的周边意义。而不管是哪一种含义，一个村屯中依自然条件自成一个部分的若干 ra：n^{13}（屋子），一般都是由同一家屋、家庭的人，从原来的 ra：n^{13}（屋子）中发展出来的结果。这些 ra：n^{13}（屋子）分出来后，仍由 gjo：k^{33} 串联在一起，也由于有 gjo：k^{33} 可以串联，这些 ra：n^{13}（屋子）才被称为 gjo：k^{33}。[1]

可见，gjo：k^{33} 是 ra：n^{13}（屋子、家）的扩展，既是聚居单位、也是血缘团体。gjo：k^{33} 除了有汉族的"胡同""巷子"之意外，还含有当地壮语的某种"家""家族""家屋"的含义，是当地壮族依自然条件和血缘关系聚居的表现形式之一。同时，当说到 gjo：k^{33} 的时候，往往是与 ba：n^{33} 连用，如说 gjo：k^{33} kwn^{13} 也可以说成 ba：n^{33} kwn^{13}。这就说明，ba：n^{33} 与 gjo：k^{33} 的区别不在于他们的组织形式上，而是在于他们聚落之间的主从关系上，则 gjo：k^{33} 从属于 ba：n^{33}，ba：n^{33} 涵盖 gjo：k^{33}，gjo：k^{33} 是 ba：n^{33} 之下的一个子单位。一般来说，每 ba：n^{33} 有一个由"社公"祭祀圈组织起来的民间社团组织，可以统合各 gjo：k^{33} 传统社会、政治、经济与文化。因此，事实上 gjo：k^{33} 和 ba：n^{33} 都被"社"统辖。而 gjo：k^{33} 则分两种情况：一是同一家族的人按自然条件聚居在一起，同 gjo：k^{33} 则同姓同族，并形成封闭式的大家屋或大家庭，如 gjo：k^{33} kum^{13} 的黄姓家族就是这样；另一种情况是同 gjo：k^{33} 不一定同姓同族，但肯定同 ba：n^{33} 和同一个社团组织，这是大多数 gjo：k^{33} 的现在情形。

（三）ba：n^{33}

从聚落的单元结构来看，闭村由五个 ba：n^{33} 构成，这五个 ba：n^{33} 分别是：ba：n^{33} 大梁；ba：n^{33} 六塘；ba：n^{33} 新安；ba：n^{33} 安泰；ba：n^{33} 大兴。其中，ba：n^{33} 大梁是属于中团社、ba：n^{33} 六塘是属于新兴社、ba：n^{33} 新安是属于新安社、ba：n^{33} 安泰是属于安泰社、ba：n^{33} 大兴是属于大兴社。从空间上看，ba：n^{33} 与 si^{43} 为平行的对

---

[1] 参见表附 2-17：闭村 si^{43}、ba：n^{33}、kjo：k^{33}、ra：n^{13} 关系表。

应关系，即一个 si^{43} 对应一个或多个 $ba：n^{33}$，只是 si^{43} 的领地是属于神灵的，凸显了宗教信仰和组织在地域中的作用，而 $ba：n^{33}$ 则属于人间的，凸显了地缘对宗教信仰和宗教组织的凝结作用。

$ba：n^{33}$ 虽然属于人间的，但从当地"立 $ba：n^{33}$ 必先立 si^{43}"的建 $ba：n^{33}$ 古规及世代流传的俗谚："狮子入 $ba：n^{33}$ 先祭 si^{43}"可看出，$ba：n^{33}$ 是从属于 si^{43} 的。闭村人认为，社神是管理土地之神，它各有 $ba：n^{33}$，可以保佑 $ba：n^{33}$ 内的居民人寿年丰，但它是不能随迁居者从原居住地带迁到新居住地的。因此，无论是谁迁居他处，都必须寻求新居住地的土地神灵的保佑，立一个社神神位，供上香火，才能获得在新居住地居住、开发、繁衍的权利，否则，人畜不安，五谷不成。而如果迁居的地方已立有社神神位，则必须祭该社区的社神，并请求该 $ba：n^{33}$ 社神的保佑，融入该 $ba：n^{33}$ 的社团生活。也就是说，$ba：n^{33}$ 是社神管辖之下的人间领地。

$ba：n^{33}$ 在闭村一带的壮语中有两层意思：一层相当于汉语的"村落"或"村屯"，另一层则是"亲戚""亲属"之意，如当地壮人"走亲戚"称"$bae^{45}ba：n^{33}$"（bae^{45} 为"去"或"走"之意，$ba：n^{33}$ 则是"亲戚"之意），而且当地壮族亲属称谓中所有双旁系的姐妹及其丈夫的亲属称谓，都是以直系亲属的称谓为基本义 + $ba：n^{33}$ 组成（参考表附 2 - 14：双旁系姐妹及配偶的亲属称谓组合表）。这表明过去闭村一带的壮人有同 $ba：n^{33}$ 即同族、同住的习俗，由于同 $ba：n^{33}$ 的人都是由单一血缘的人组成，由 $ra：n^{13}$（屋子）、$gjo：k^{33}$ 发展而来，因此是禁婚单位。而不同 $ba：n^{33}$ 的人之间，由于无血缘关系，因此可以形成直接通婚的开亲单位。这就是说 $ba：n^{33}$ 既是一个聚居的单位，同时也是一个血缘的团体，是可互相通婚的开亲单位。这就与宋人乐史编撰的《太平寰宇记》一百六十六卷《贵州风俗》条载的宋代贵港市一带的壮族是"诸夷率同一姓，男女同川而浴，生首子即食之云宜弟。居止接近，葬同一坟，谓之合骨。非有戚属，大墓至百余。凡合骨者则去婚，异穴则聘"中的"同穴"概念相一致。因此，文献中的所谓"同穴"，实为后来的同"ba：n^{33}"的雏形。

从以上可以看出，在闭村一带，ba：n^{33}的原意有三个方面的内容：一是社神管辖之下的人间领地；二是 ba：n^{33} 内所有成员都是 ta^{21}nu：ŋ^{11}（"同胞、同族、兄弟姐妹"之意），是禁婚团体，ba：n^{33} 与 ba：n^{33} 之间，既被婚姻联结，又被婚姻隔开，ba：n^{33} 与 ba：n^{33} 的关系在狭义上是讨妻方与给妻方的关系；三是 ba：n^{33} 在广义上相当于现代汉语意义上的村屯、村庄或村落。

综上所述，ra：n^{13}、gjo：k^{33}、ba：n^{33} 与聚落的对应关系，构成了闭村的社区整合、社区内人群及国家政权村民委员会之间的关系。闭村村民委员会是现代的国家政权，行使国家赋予的权力和义务，可以统合整个闭村五"ba：n^{33}"、六"gjo：k^{33}"的社会、政治、经济与文化，它的成员一般由民主选举或上级委任，它的职责是与国家的政治联系在一起，这就与 ra：n^{13}（屋子）、gjo：k^{33}、ba：n^{33} 的权力、义务及组织形式有本质的区别。而 ra：n^{13}（屋子）、gjo：k^{33}、ba：n^{33} 与 si^{43} 的关系，闭村人有自己的说法，就是：si^{43} 是大家庭，ba：n^{33} 是小家庭，gjo：k^{33} 是更小的家庭，ra：n^{13}〔依次包含姓、厅（堂）、户〕则依次为更小的家庭。

六　闭村的内部空间展示之三：ha：k^{11}tiŋ^{24}

这一部分的工作与绘制村落图的工作密切相关，当笔者烦琐而又枯燥地按人类学指示的方法绘制村落图的时候，发现村民很重视自己是从哪一 ha：k^{11}tiŋ^{24}（厅堂）分出来的，而 ha：k^{11}tiŋ^{24}（厅堂）上面又有 ha：k^{11}tiŋ^{24}（厅堂），当把各 ha：k^{11}tiŋ^{24}（厅堂）之间的关系弄清楚以后，闭村以父系血缘为基础，以收养关系为补充的世系发展脉络便清晰地展现了出来。

闭村是贵港市东龙镇的第一大村，聚居着黄、韦、陈、邓、周、梁、覃、潘 8 个姓氏家族，这 8 个姓氏家族的每一姓又可以以 ra：n^{13} 称之，如黄姓称 ra：n^{13} vu：ŋ^{13}，韦姓叫 ra：n^{13} vei^{13} 等。每 ra：n^{13}（姓氏家族）或由于先祖迁自不同地方，或由于子孙繁衍自然分支而分出不同的 ŋe^{45}（树的分叉），每 ŋe^{45} 在分支前拥有共同的先祖叫 koŋ^{45}tsoŋ^{53}（众公），拥有共同的 ha：k^{11}tiŋ^{24}（厅堂）叫 tiŋ^{24}tsoŋ^{53}（众厅堂）。tiŋ^{24}tsoŋ^{53}（众厅堂）以下又分出许多个大小不等的 ha：k^{11}tiŋ^{24}（厅堂），ha：k^{11}tiŋ^{24}（厅堂）以下又再分出许多个大小不等的 ra：n^{13}（户）。一般来说，各 ŋe^{45} 如果是五服以内即使另建 ra：n^{13} tsu^{53}，但在一定的时期内仍算是同一 ha：k^{11}tiŋ^{45}（厅堂）。同居一个 ha：k^{11}tiŋ^{24}（厅堂）的人生活上以一家一户为单位，而在重大的事情上，则依据事情的轻重大小依次以 ha：k^{11}tiŋ^{45}（厅堂）、gjo：k^{33}、ba：n^{33} 出现，从而形成 tiŋ^{45}tsoŋ^{53}（众厅堂）向 ha：k^{11}tiŋ^{24}（厅堂），向 ra：n^{13}（户）不断延伸扩展的构成格局。

在这样的构成格局中，由生育而产生的世代按父系传递的血缘观念、宗族意识是各世系群得以延续发展的一般渠道，但除此之外，还有许多规则在运作，其中，过继养子是各世系群得以重组和再生的另一合法途径，也是各世系群得以延续的主要方法之一。而过继养子的一般规则：一是无男丁的家庭，为延续香火，不得不把别姓别家的孩子过继给自己，过继后即当亲生，有在这个家庭中养老送终的义务，有为这个家庭延续香火的责任，同时，也有继承遗产的权利；二是多子多福的"五男二女"观念，认为"五男二女"是个吉祥的生殖数位，生育有"五男二女"的家庭将来定能子女有成，家业兴旺发达，为此，一些家庭便通过过继养子的方法来实现这种心理愿望；三是家庭比较富裕，通过过继养子来增加劳动力。

闭村最早由 ra：n¹³（姓）闭定居立村而得名，后有 ra：n¹³欧、ra：n¹³白、ra：n¹³李、ra：n¹³蔡迁来，但现在这些家族已在闭村消失。村民们认为，这些消失的姓氏家族，是因为他们无后延续香火的结果。而在现有的 8 个姓氏家族中，ra：n¹³韦、ra：n¹³黄两姓是最早居民，以后陆续迁入 ra：n¹³陈、ra：n¹³周、ra：n¹³覃几个家族，ra：n¹³邓、ra：n¹³潘、ra：n¹³梁这三大姓是最后迁入的。但不管是先来还是后到，这些姓氏家族能绵延至今，在很大程度上得益于过继养子的习俗与规则。

ra：n¹³黄是闭村大姓，总人口在一千人左右，分黄 gjo：k³³daw⁴⁵（内黄）、和黄 gjo：k³³ro：k¹¹（外黄）两大 ŋe⁴⁵（支系）。内黄主要聚居在村落中 kjo：k³³kum⁴⁵（kjo：k³³为壮语的巷子、胡同之意，kum⁴⁵为壮语的洼地之意）一带，人口约 600 人，因聚落村子的中心地带而被称为内黄。据族谱记载和口碑传说，这一 ŋe⁴⁵（支）黄姓始祖叫韦全余，原武宣县思灵镇下汶村韦氏家族人，因做贼被官兵追拿，逃命途中躲到闭村一个黄姓寡妇家。当官兵追来，问这寡妇有没有见到韦全余，这寡妇回答："我们这里没有韦全余，只有黄全余"，于是获救。为感谢黄氏寡妇的救命之恩，韦全余及其子子孙孙由韦姓改为黄姓，并定居闭村 kjo：k³³kum⁴⁵ 一带，不断繁衍，成为如今闭村世系群中最大的一个支系。现在，这 ŋe⁴⁵（支）黄姓家族已在 koŋ⁴⁵tsoŋ⁵³（众公）之下分出不同的两 ŋe⁴⁵（支）：一 ŋe⁴⁵（支）祭 koŋ⁴⁵toŋ¹³liŋ³³（toŋ¹³liŋ³³是地名，在武宣县境内），有八个 ha：k¹¹tiŋ²⁴（厅堂），所有男性成员以"士、富、桂、兴"等为字辈；另一 ŋe⁴⁵（支）祭 koŋ⁴⁵taem¹³sa：m⁵³（taem¹³sa：m⁵³是地名，在来宾县境内），有 16 个 ha：k¹¹tiŋ²⁴（厅堂），男性成员以"善、道、运、明"等为字辈。而在分 ŋe⁴⁵（支）之前，他们共同拥有七个 koŋ⁴⁵tsoŋ⁵³（众公）。每年清明节，所有在去年添丁的各家各户，必杀七只鸡各祭七个 koŋ⁴⁵tsoŋ⁵³（众公），每祭一个 $kon^{45}tson^{53}$（众公）用一只煮熟的鸡，祭完便在墓前与众人分吃半边鸡，直到祭完七个 $kon^{45}tson^{53}$（众公）为止。同时，每隔几年，这支黄姓家族仍由宗族头人组织各家各户回武宣县思灵乡下汶村祭韦氏祖坟。

从以上可知，这支黄姓家族在改姓投宗，并代代相沿的同时，并不是淡化了血缘观念和宗族意识，相反他们的子孙后代仍没有忘记他们韦氏家族的祖根血脉，只是他们的血缘观念、宗族意识由于历史的变故而面临着挑战或强化，而事实上，黄氏家族是在这种意识的挑战和强化中获得了发展和壮大的。

黄 $gjo:k^{33}ro:k^{11}$（外黄）的人口比内黄少一点，400 人左右，但却有五个不同的 ne^{45}（支系），五个 $ha:k^{11}tin^{45}$（厅堂），各祭自己的 $kon^{45}ha:k^{11}tin^{24}$（厅堂祖神）和 $kon^{45}tson^{53}$（众公）坟山。其中，黄天走这一 $ha:k^{11}tin^{24}$（祖堂），约 60 口人，其先祖是由本村的韦耀敬这一 $ha:k^{11}tin^{24}$（祖堂）过继的养子发展起来的，所以，他们现在的 $ha:k^{11}tin^{24}$（祖堂）供奉韦、黄两 $ra:n^{13}$（姓）神牌。而据传说，他们原来共供奉十一 $ra:n^{13}$（姓）的祖神，但具体哪十一 $ra:n^{13}$（姓）已无法考察清楚。而韦耀敬这一 $ha:k^{11}tin^{24}$（祖堂）的居住地据传说是闭村最早的发祥地，韦耀敬这一 ne^{45}（族支）也是本村最早的一个族支。外黄的另外四大 $ha:k^{11}tin^{24}$（祖堂）分别是黄天映 tin^{24}（厅）、黄书真 tin^{24}（厅）、黄汉同 tin^{24}（厅）、黄书官 tin^{24}（厅）。其中，黄书真 tin^{24}（厅）是闭村最大的堂屋族支，人口众多，有 200 人左右，不仅在闭村，且在东龙一带也算是名门望族。

除了黄姓，闭村的另一大姓家庭是 $ra:n^{13}$（姓）韦，总人口也有 1000 人左右，分 10 个大的 $ha:k^{11}tin^{24}$（祖堂），七个大的 ne^{45}（族支支系）。这 10 个大的 $ha:k^{11}tin^{24}$（祖堂）分别是韦天迫 tin^{24}（堂）、韦德清 tin^{24}（堂）、韦永侃 tin^{24}（堂）、韦耀敬 tin^{24}

（堂）、韦进忍 $tiŋ^{24}$（堂）、韦开浪 $tiŋ^{24}$（堂）、韦文勤 $tiŋ^{24}$（堂）、韦寿比 $tiŋ^{24}$（堂）、韦继善 $tiŋ^{24}$（堂）、韦寿南 $tiŋ^{24}$（堂）。这七大 $ŋe^{45}$（族支支系）则分别是耀敬 $ŋe^{45}$（支）、君善 $ŋe^{45}$（支）、凤安 $ŋe^{45}$（支）、开浪 $ŋe^{45}$（支）、德宜 $ŋe^{45}$（支）、文勤 $ŋe^{45}$（支）、振才 $ŋe^{45}$（支）。其中，韦耀敬这一 $ŋe^{45}$（支）是传说中韦全余改姓黄全余的祖根血脉，从武宣思灵乡下汶村迁来闭村，现与黄全余这一 $ŋe^{45}$（支）黄姓一起回武宣思灵乡下汶村祭祖。而韦文勤这一 $ŋe^{45}$（支）是由昌平村的 $ra：n^{13}$（姓）潘过继的养子发展起来的，至今仍回昌平祭祖。韦有佐、韦有培这一 $ŋe^{45}$（支）韦姓，则是由本镇的高村搬迁而来，至今仍回高村祭祖。韦德宜 $ŋe^{45}$（支）从宾阳迁贵港山北乡六煌村，再从六煌村迁移闭村，到现在已有十八代。其他另外的支系，虽也各有来源，但由于关系复杂和缺乏可靠材料而暂时无法理清他们的来龙去脉。

闭村的第三个大姓家族是 $ra：n^{13}$（姓）覃，$ra：n^{13}$（姓）覃原从象州迁居闭村，现仍回象州的"$taem^{13}\ na^{13}$"祭祖。$ra：n^{13}$（姓）覃共 96 户，总人口 600—700 人之间。有七大 $ha：k^{11}\ tiŋ^{24}$（祖堂），分别是：覃超文 $tiŋ^{24}$（堂）、覃玉仁 $tiŋ^{24}$（堂）、覃理芬 $tiŋ^{24}$（堂）、覃寿雅 $tiŋ^{24}$（堂）、覃德先 $tiŋ^{24}$（堂）、覃伟明 $tiŋ^{24}$（堂）、覃进凡 $tiŋ^{24}$（堂）。其中，覃伟明这一 $ŋe^{45}$（支）是由本村上邓（邓永萌这一支）过继的养子发展起来的，约有人口 60 人；覃超文这一 $ŋe^{45}$（支）是由本村下邓（邓永业支）过继的养子发展起来的，人口 40 人左右；覃寿雅 $ŋe^{45}$（支）是由本村 $ra：n^{13}$（姓）陈过继的养子发展起来的，约有人口 50 人；覃德先 $ŋe^{45}$（支）是由本村 $ra：n^{13}$（姓）周过继的养子发展起来的，总人口约 80 人；覃理芬 $ŋe^{45}$（支）原跟母亲改嫁闭村 $ra：n^{13}$（姓）覃并改覃姓而发展起来的，人口也有 100 人左右，是 $ra：n^{13}$（姓）覃人口发展最兴旺的 $ŋe^{45}$（支）。过去，覃氏家族不承认他们为 $ra：n^{13}$

（姓）覃血统，不允许他们共祭覃家祖坟，但现在已打破禁忌；覃
进凡 $ŋe^{45}$（支）有人口 30 人左右，是 ra：n^{13}（姓）覃由本村 ra：
n^{13}（姓）邓、ra：n^{13}（姓）周过继养子前，自行由覃家血脉发展
起来的一支；覃玉仁 $ŋe^{45}$（支）与覃进凡 $ŋe^{45}$（支）一样，是自行
由覃家血脉发展起来的。因此现在的 ra：n^{13}（姓）覃虽然人丁兴
旺，但真正是在 ra：n^{13}（姓）覃血脉中发展起来的便只有覃进凡、
覃玉仁这两 $ŋe^{45}$（支），而他们虽然人口不多，但却归属两 $ŋe^{45}$
（支），两个 ha：$k^{11}tiŋ^{45}$（祖堂），这说明 ra：n^{13}（姓）覃世系群在
闭村的发展历史是有自己的独特优势的，据说，过去的 ra：n^{13}
（姓）覃比较富有，过继养子在大多数情况下，并不是因为无后，
而是为了增加劳动力或多子多福的"五男二女"观念的影响。调查
发现，ra：n^{13}（姓）覃通过过继养子的方式而重组的世系群跟单纯
在 ra：n^{13}（姓）覃血脉中发展起来的世系群在宗族社会的政治组
织活动中是平等的。而跟母改嫁而融进的异姓血缘则被认为是非法
的、不能接受的，但经过一定世代的变迁，可由排斥变成接受。

　　闭村的第四大姓氏家族是 ra：n^{13}（姓）陈。ra：n^{13}（姓）陈
原来是汉族，现在除了不与当地壮族过每年的七月初七这个大节及
七月十四是在下午祭祖，而当地壮族为中午祭祖外，其他如语言、
婚嫁礼仪、生产生活习俗等已完全壮化。ra：n^{13}（姓）陈共 40 户，
总人口 230 人左右，分陈宏开、陈永佳两 $ŋe^{45}$（支）两大 ha：k^{11}
$tiŋ^{45}$（祖堂）。其中陈宏开 $ŋe^{45}$ 是从贵港市附近的棉村搬迁而来，
传说他们的先祖与陈宏谋同一个宗支，总人口 30 人左右。陈永佳
$ŋe^{45}$ 从宾阳（又一说陆川县）迁来闭村，至今已有 300 多年的历
史，现总人口超过 200 人。

　　ra：n^{13}（姓）邓是闭村的第五大姓氏家族，有 17 户，总人口
只有 100 多人，ra：n^{13}（姓）邓源自广东南海，原为汉族，大约在
明末清初落居闭村，至今已有 8 代，后来分出一 $ŋe^{45}$（支）迁往覃

塘，又由覃塘部分地返回广东南海。

ra：n^{13}（姓）潘只有 18 户，总人口不到 100，但却分两 ŋe^{45}（支）两大 ha：k^{11}tiŋ^{24}（祖堂）。其中，潘开旺 ŋe^{45}（支），其血脉在昌平村，其祖公是由昌平村的 ra：n^{13}（姓）潘过继到闭村的梁天孔祖上当养子，后来放弃梁姓，要回潘姓而自行发展起来的，现在这 ŋe^{45}（支）ra：n^{13}（姓）潘仍回昌平村扫墓。而闭村人认为，这 ŋe^{45}（支）ra：n^{13}（姓）潘弃梁姓要回潘姓，是不合理的。另一 ŋe^{45}（支）则属潘明昭支，这一 ŋe^{45}（支）从来宾迁居贵港的龙山六煌村，后又从六煌村迁来闭村，现在他们仍回龙山祭祖。

ra：n^{13}（姓）周和 ra：n^{13}（姓）梁都是闭村人口最少的姓氏家族，其中 ra：n^{13}（姓）周只有 6 户，人口不到 100，先祖不知从何处迁来。闭村人口最少的就是 ra：n^{13}（姓）梁，全族不到 30人，但却分两大 ŋe^{45}（支），一 ŋe^{45}（支）是梁祖念支，其先祖由贵港市三里镇的白沙村迁来，据说，梁祖念先祖有九兄弟，原是闭村的一个大族，后来九兄弟中有八兄弟因做贼而亡故，梁家人口渐少。另一 ŋe^{45}（支）是梁天孔支，其先祖不知从何处迁来，梁天孔原有一兄弟叫梁天来，外迁来宾县迁江镇，现这一 ŋe^{45}（支）便只有梁天孔一户。

综观以上闭村各世系群的发展脉络可以发现，他们的各个支系虽各有自己的祖灵神位，但在其血脉绵延的背后，却是你中有我、我中有你的相互交融。这种交融使得各世系群都获得重组和再生，实现了每一个家庭的某种社会政治理想。而由于跟母改嫁而融进的异性血缘，虽然在闭村社会心理中被认为是非法的，不能接受的，如覃理芬这一祖堂就是这样，原来覃家不让他们姓覃，也不让他们同祭祖坟，但他们却不另立门户，而是经过几代人努力，去争取在覃家世系群中同姓、祭祖的权利和义务，并通过这些权利和义务的实践，使社会承认他们为覃家世系，同时也使覃家接受他们。后来，这一支同母异父的异姓血缘终于被覃家接受，并成为覃家的一大支系。这就说明在闭村的社会组织中，世系群是在相互承担的权利、义务的基础上发展起来的，在这个过程中，姓氏血缘观念起着至为重要的作用。

这里值得特别一提的是，在闭村有陈、周、邓三大姓氏家族原来都是汉族，说汉话的，但在与本村及周围的壮族长期来往的过程中，已完全壮化，这说明，在闭村世系群的融合过程中，也实现了壮汉民族的融汇。

总之，在闭村一带，过继养子这一习俗，既是他们追求人生完美，希冀个体生命在宗族生命中获得永生的理想选择，也是他们自我完善、图谋生存的一种方式选择。因此，这种习俗不但具有顽强的生命力，同时也造就了各世系宗族你中有我、我中有你的大融合。

第二节　"那"与家—国的互动演化

闭村所在的贵港市东龙镇，历史上是"$pou^{11}tsu：\eta^{21}$"族群的生活区，"$pou^{11}tsu：\eta^{21}$"族群把村落设计在靠近水头、山脚的位置，并基本形成一山一水一两个村落的社会、经济和文化的系统建构。后来，大约是从明末清初开始，属于汉族客家的"$ma^{11}ka：i^{11}$"族群迁居并落籍该社区，形成近现代史上两大族群间由于文化的差异、互补和冲突而不断演化的血火交融。血火交融导致了两大族群间文化上的认同和民族间的融合，展示了该社区以土地、水源、女人为纽带的社会机制及农耕稻作文化的亲和力。

在族群间的文化互动及国家对社会的整合过程中，土地的家户占有、租赁、继承和买卖，虽历经来土械斗、保甲制度、土改运动、人民公社、土地承包责任制等的社会变迁，但农耕稻作与社会建构之间的持久关系，仍在这里得到顽强的延续。

一　族群、村落的历史回顾

据老人相传，东龙镇一带原是"pou^{11}tsu：ŋ^{21}"的家园，ma^{11}ka：i^{11}族群是后来才迁来的，ma^{11}ka：i^{11}迁入的原因多数是为经商做生意、开矿山而来，也有少部分是在广东生活无着落，为寻找新生活而来。由于他们迁入的历史都不长，因此，21世纪70年代末80年代初，有些还能依据族谱寻找到广东的族人，并有部分整族地迁回广东，如中华人民共和国成立前住在东龙街，中华人民共和国成立后搬到蓝山的莫氏就是在80年代初整族迁往广东的。

据说，ma^{11}ka：i^{11}人刚迁居东龙镇的时候，对于"pou^{11}tsu：ŋ^{21}"为什么不把村落设计在平坦开阔的平原地带，而是设计在平原的边缘靠近山脚的位置，感到非常迷惑不解，同时对壮族的一些制度、文化既陌生又好奇，而"ma^{11}ka：i^{11}"人的精明之处，就是非常善于攻击当地壮族习惯、风俗、道德、文化等制度因素中的薄弱环节，并加以渗透和利用而从中获得最大的经济利益，而"pou^{11}tsu：ŋ^{21}"族群则一方面依赖于自身有序的经济、制度和文化而过着相对安定优越的生活，而另一方面则受其制度文化的制约而相对保守闭塞，因而ma^{11}ka：i^{11}族群的入住，不可避免地在两个族群间发生文化上的交锋和碰撞，表现在：

（一）在价值取向上

ma^{11}ka：i^{11}人多数来自历史上商业文化特别发达的珠江三角洲地区，其文化特质是建立在经商、从政基础之上，文化特征以利益为原则，崇尚个性自由，追求个人价值的实现，而原来居住在这里的"pou^{11}tsu：ŋ^{21}"族群，其社会秩序是建立在艰于开垦，又秩序井然的农耕稻作基础之上，其文化特质是非常崇尚群体聚合，注重团体利益，推崇集体主义的价值，如在生活层面上，pou^{11}tsu：ŋ^{21}

族群无论在家庭内部还是在社交场合，都有一些不成文的秩序在规范和约束着人们的行为，如在饭桌上，无论是家庭的平时吃饭，还是大众宴席，$pou^{11}tsu：ŋ^{21}$总是非常讲究秩序、公平和礼貌，在家里，平时只要有好一点的菜，肯定是由长辈带领大家才会把筷子伸向好菜，如果家里杀鸡，鸡屁股、鸡肝、鸡胸脯肉也一般是让给老人吃，过年过节也不例外。而在婚、生、寿、丧或社团会餐的重大宴席，在夹菜上也是一人带领，众人应和，桌上的肉菜便通过这种一呼众和的方式平均分配给每个人，并且即使是吃奶的小孩，也由母亲代领得到一份，这些菜如果吃不完，便可以用菜叶、棕叶等包回家，因此，$pou^{11}tsu：ŋ^{21}$人的餐桌特点总是非常热闹，"nep^{33}"（为"夹"的意思）之声此起彼落。而 $ma^{11}ka：i^{11}$人的餐桌则总是静悄悄的，他们无论是在家里，还是在众人宴席上，往往都是想吃什么就把筷子伸到哪儿，为此壮人认为他们无家教，无规矩，在许多场合拒绝与他们同桌。并且，直到现在，$pou^{11}tsu：ŋ^{21}$ 和 $ma^{11}ka：i^{11}$两大族群的文化特质在餐桌上的区别仍然存在，只是原来的那种互相敌视被现在的互相通融所取代。

（二）在婚姻制度上

当初 $ma^{11}ka：i^{11}$人迁居东龙镇的时候，水头和上方已分布有壮族村落，他们便只能把村落设计在东龙镇地势较低的中部，而中部往往是各小河的中下游，按 $pou^{11}tsu：ŋ^{21}$ 的通婚规则，他们的女人只能来自 $pou^{11}tsu：ŋ^{21}$，对 $pou^{11}tsu：ŋ^{21}$有宗教上的天然义务和责任，因此，$pou^{11}tsu：ŋ^{21}$把女人嫁给他们，不违反规则又在宗教上占优势。而 $ma^{11}ka：i^{11}$人的文化中没有 $pou^{11}tsu：ŋ^{21}$的这种通婚规则和观念，因此，他们娶当地 $pou^{11}tsu：ŋ^{21}$的女人，又把他们的女人嫁给上游上方位的 $pou^{11}tsu：ŋ^{21}$，完全是受他们的另一套文化概念所指导，正是这种文化上的差异和相互补充性，使得 $ma^{11}ka：i^{11}$人迁居东龙镇以后，轻而易举地便得到了当地的女人、土地和水源，如据老人们回忆，中华人民共和国成立前，在闭村及周围的壮族村落，几乎所有的 pou^{11}tsu：ŋ^{21} 富有人家都与 ma^{11}ka：i^{11} 人有通婚关系，而到现在，普通人家的壮汉通婚已成为社会的一种正常现象，也正是这种通婚关系使得 ma^{11}ka：i^{11} 族群得以在当地生根落脚。

另外，ma^{11}ka：i^{11} 人进入东龙镇以前，这里的 pou^{11}tsu：ŋ^{21} 青年男女的婚姻价值取向是重情爱歌，不分族属、贫富而愿意以歌为媒，自由缔结姻缘。如东榜村有一位退休的、现 70 多岁的 ma^{11}ka：i^{11} 老教师反映，他小时候就听祖父讲，从前，他们祖上来到东榜村的时候，周围到处是壮族村屯，而他们祖上与所有从广东迁居过来的 ma^{11}ka：i^{11} 人一样，刚来的时候，往往只是三三两两的好友或兄弟，因此，落脚东榜村后面临的第一个问题就是与当地壮族结亲的问题。为了寻求配偶，他们祖上很快学会了当地壮族情歌，并利用晚上，三三两两到最近的闭村、大农、昌平等村屯与当地的壮族女青年对歌，只要歌唱得好，当地的女青年是不会计较语言的差异而与他们携手成为夫妻的，而刚到东龙一带的所有第一、二代的 ma^{11}ka：i^{11} 人都是利用这一方式娶到了女人和建立了家庭。为此，开始的时候，ma^{11}ka：i^{11} 人也不理解，觉得 pou^{11}tsu：ŋ^{21} 女人不用三媒六聘，不用办婚宴、彩礼就出嫁，是让他们占了大便宜，因此，他们在惊喜之余，便有点妄自尊大，特别是那些有钱有势的 ma^{11}ka：i^{11} 人，当他们在 pou^{11}tsu：ŋ^{21} 的友好关照下安家落户以后，便反客为主，胡作非为，从而引起当地壮族人的反感，在 100 多年前，当地壮族人联合发动了一场驱逐 ma^{11}ka：i^{11} 人的运动。

还有，开始的时候，ma^{11}ka：i^{11} 人经常利用他们手中的钱及普遍有文化的有利条件，千方百计地把他们的女人嫁给当地壮族人的首富或有权威的村老之家，一方面利用通婚的手段瓦解当地执政的壮族人上层，从而进一步瓦解壮族人的社会制度和经济制度。另一方面，他们利用重金聘娶当地壮族的优秀女子为妻，从而使得处于

经济优势地位的 $ma^{11}ka$：i^{11} 族群得以释放他们的文化能量，这当然会引起当地壮族男子的不满，也破坏了他们原有的自信和平衡，并在此基础上，使当地壮族人不得不在农耕稻作的田野中慢慢培育起一种新的商业竞争意识。而从商需要汉文化作为桥梁，需要权势的扶持，因此，与 $ma^{11}ka$：i^{11} 人相处不久，当地壮族人便意识到没有文化及无人在官府说话的危机感，并为此经常遭受有权势的 ma^{11} ka：i^{11} 人欺负而积聚起耻辱感。后来某村有一穷苦人家的孩子长得仪表非凡，又非常聪明，于是村人全力支持他读书，希望他将来考个功名，当个官，为当地壮族人撑腰。这个穷苦人家的孩子也争气，成绩在当地出类拔萃，这就引起了 $ma^{11}ka$：i^{11} 人的不安，于是，庙宜、同昌、朝南等村的 $ma^{11}ka$：i^{11} 人商议，为防后患，必须趁早把该村的这个孩子除掉。而为了达到这个目的，朝南村一个富豪之家的女子便自愿嫁到了这个穷人家当媳妇，刚过门不久，这个女子便起计把这个男孩子带到河边，趁其不备，把他推下河淹死。还有另一个村的壮族人黄榜一考上大学，毕业后被分配到外地做官，当他回乡与家乡父老辞别的时候，别村的 $ma^{11}ka$：i^{11} 人便起计要谋害他，用船只派人跟踪他，在他不注意的时候把他推下河淹死。这两件事，当然引起了当地壮族人的悲愤和仇恨，也是两种文化碰撞和冲突的残酷表现。

可见，经济的运行机制是受文化制约的，经济活动与制度层面的文化经常发生着极为深刻的关系，而 $ma^{11}ka$：i^{11} 人的和亲政策之所以往往取得成功，原因就在于两种婚姻文化的互补关系及由婚姻所带来的新的社会秩序正在形成。

（三）在经济行为上

在东龙镇一带，有两句老幼都常用的俗语叫"不得乱做古龙田"和"乱做古龙田"。这两句俗语的前一句带有警告的意思，是告诫别人说田地是有主的，不得乱占的，其引申义则是社会是有秩序的，不能乱来的。如有人无意错拿东西，或故意乱拿强占东西，任何人都可以用"不得乱做古龙田"来对他进行提醒、警告或指责。而后一句则有打破秩序获取便宜的意思，如必须排队才能买的东西，有人却不排队而能买到，别人陈述这个事件或指责当事人的时候，便可以使用这一俗语。而这两个俗语均源自迁居东龙镇的汉人为争夺土地曾与当地壮族人发生强烈冲突的历史回音。据传，从前，石龙街上有一个讲 ma^{11}ka：i^{11} 话的大富豪，叫李亚阿四，李亚阿四垂涎于古龙村（古龙是一个壮族村，距闭村约三公里）的田地肥沃、平坦，便千方百计强占强买。没征得人家同意就派家丁用竹子去围，从而惹怒了古龙村人，于是，古龙村人联合其他壮族村人，把当时的石龙街包围了七天七夜，迫使李亚阿四不得不退出强占的土地。而从 1993 年版的《贵港市志》："咸丰三年（1853 年）蝗灾，蝗群飞蔽日。十一月，黄鼎凤在覃塘起义，石龙刘亚琏、李亚阿四附之"，可知，李亚阿四实有其人，其生活的年代正是贵港市"来土争斗"最为剧烈的年代。

另外，传说还提到，从前的古龙村人田地宽广，相邻的六放村人便来求租其中的一部分耕种，可签订协议时，六放村人悄悄在十年协议的"十"字上加了一撇。于是，10 年期限已到期，六放村人不但不归还古龙村人的田地，相反还拿出租期为"千"年的官方契约文件，于是，双方发生争斗，并由此结下世世代代永不通婚往来的仇怨。2017 年 3 月，笔者再访古龙村人，发现虽然事情已过去 160 多年，可相邻的古龙、六放两个壮汉村屯，直到最近两年才有一对男女结为夫妻。

正是基于以上两个事件，当地留下了"不得乱做古龙田"和"乱做古龙田"两句家喻户晓的俗语，同时也留下了当时有权势的 ma^{11}ka：i^{11} 人欺压壮族人，甚至胆大妄为，强占强夺壮族人土地及壮族人奋起反抗的历史印记。

除了以上的巧夺强占，调查发现，有钱的 $ma^{11}ka:i^{11}$ 人还不断地乘壮族人之危把土地买走，然后又反租给壮族人耕种，从中剥削。如闭村村前与京岭交界的这一片田垌，以前叫垌 $na^{13}sa^{45}$，原属于闭村覃寿温祖上开垦耕种的田，可后来由于家庭变故，覃寿温祖父不得不出卖这垌田，街上的 $ma^{11}ka:i^{11}$ 人卓尚贸便把田买了过去，又反租给覃寿温家耕种，这样使本来是田主而变成佃户的壮族人总是于心不甘的。还有，闭村村前有三垌田，分别是宿岭垌、禾罕垌、跟岭垌，差不多上百亩的田，也几乎都是闭村人的先祖开辟，但后来都被同昌村的 $ma^{11}ka:i^{11}$ 人刘亚琏买走，反租给闭村人耕种，闭村的韦、陈等几十户人家都靠租种他的田地为生。而刘亚琏与李亚阿四是同时代的人。也正因为这样，虽然当地壮汉通婚，血脉相融，但 $pou^{11}tsu:\eta^{21}$ 与 $ma^{11}ka:i^{11}$ 之间的心理隔阂在当时不平等的社会环境下是很难消除的。如中华人民共和国成立前，曾有高村的 $ma^{11}ka:i^{11}$ 地主想到闭村买地立屯，被闭村人赶走；在闭村与京岭之间，有一个水坝叫"$va:i^{45}ko^{45}ta:u^{13}$"，中华人民共和国成立前后，京岭村人都想在此建水坝，但由于闭村人不同意而一直无法建成；在闭村村委附近有一个叫"$va:i^{45}ma^{11}ka:i^{11}$"的水坝，是京岭村的地主用计谋与当地壮族人结亲才获得建坝权的。

（四）在习俗制度上

中华人民共和国成立以前，东龙镇一带的壮族有钱人家，通常在嫁女时要给女儿送陪嫁田，习俗制度规定，陪嫁田的财产收入永远归这个出嫁的女儿所有，若出嫁女改嫁，陪嫁田还可以跟着改嫁。

调查发现，这一习俗制度后来被 $ma^{11}ka:i^{11}$ 利用，原因是从外面迁入东龙镇的客家人，不仅希望多买田地，同时渴望获得灌溉水源让田地旱涝保收。可经验告诉他们，仅凭财大气粗，毫无忌惮地开沟置田肯定会受到当地壮族人的驱逐和反抗，为此，他们千方百计与当地壮族人结亲，并利用当地壮族人嫁女要送陪嫁田的习俗制度，通过要求引水灌溉陪嫁田的办法实现对水源的控制。如在现在闭村村委办公室的下方，有个水坝叫"va：i^{45}ma^{11}ka：i^{11}"，1949年以前，京岭一带的田地经常缺水灌溉，于是，京岭的一家地主想方设法与闭村的一户普通人家结亲，开始，他给闭村的这户人家大量好处，获得好感后才提出结亲家的事，并答应将给予重聘，但有个条件是，要闭村的这户人家给自己的女儿在京岭一带买块陪嫁田。而当时闭村及这户嫁女的人家都不知道这是客家人的计策，于是，高高兴兴地在京岭一带买了块陪嫁田并把自己的女儿嫁了过去。结亲不久，京岭的客家人便在现闭村村委前的小河上建了个水坝，名义上是要水灌溉那块陪嫁田，实际上是为了把这条河流的水引向京岭的田垌。后这个京岭地主又凭着水坝和亲戚关系，在闭村的可眼垌买了七八亩的田，而在这以前，客家人的田是无法进入这一地带的。原因是早在 ma^{11}ka：i^{11} 人进入东龙镇以前，这里由水坝、田产构成的系统网络和社会关系早已形成，pou^{11}tsu：ŋ^{21} 人正是仰赖于这种秩序井然的社会、经济、文化制度而过着虽不富有但能安然度日的生活，形成了一种互助和睦的社会关系，因而如果ma^{11}ka：i^{11} 人直接要在壮族人的生活区建水坝、置田产，肯定会触及壮族人的最为核心和敏感的问题而遭壮族人的反对，而 ma^{11}ka：i^{11} 人的精明之处是，用避其锋芒、攻其不备的战术，仅仅通过一块陪嫁田就轻而易举地打破了壮族人维系日久的制度层面的文化。

而一旦制度层面的文化被打破，一旦 ma^{11}ka：i^{11} 人也控制了水源，就说明当地壮族人由水源田产而结成的联盟或系统关系就破裂了。

二 "来土械斗"的文献回顾与村落记忆

根据史料记载和民间传说，19 世纪中叶贵港市一带的壮族和从广东潮州、惠州、南海等地迁居贵港的客家发生了一场大规模的械斗，这场械斗成为后来太平天国金田起义的直接导火线，关于这场械斗的性质、根源、经过及影响，文献资料有大量的论证和记载，而处于这场械斗中心地带的现贵港市东龙镇的村落（原贵县石龙），则至今仍保留大量关于这场械斗的印记。本书关于土地的研究，与这场械斗关系密切，为此，在其他研究展开之前，进行有关这场械斗的文献回顾和田野考察是必要的。

（一）文献的回顾

械斗的年月：据《贵港市志·大事记》记载："道光三十年（1850 年）四月，贵县土人和来人发生大规模械斗。"[①] 而据著名太平天国史学家罗尔纲的考证："贵县客、土械斗之案……应以石达开道光二十九年之说较为可信。又据姚莹此函（指《致左江道杨书》，见姚莹《中复堂遗稿》卷五）知太平军金田起义后北出武宣、象州复折回紫金山之时，贵县客土械斗一案尚未结，客土械斗集团仍有结集未散的……"[②] 可知，爆发于 19 世纪中叶的贵县北岸的来土械斗，并不仅是道光二十九年或三十年的事，而是绵延多年，是 19 世纪中期贵县农村各种矛盾最集中的表现。

械斗双方的族属：据同治年间的《浔州府志》第 27 卷记载："土者即稂人、僮人，居县北（贵县北部）龙山、五山等处；来者由广东潮、惠等处迁来"；光绪年间的《平桂纪略》第一卷载："贵县、桂平土著僮人曰土，广东潮、惠人曰来。"著名的太平天国史学家简又文先生在[③]著述中称："土人即僮族，来人即由粤徙居之客家人"；从这些史料可知，来土械斗的双方是世代聚居贵县北岸的土著壮族，与由广东等地迁入的客家汉人之间的争斗。

械斗的直接导火线：著名太平天国历史学家韩山文在《洪秀全

①　贵港市志编纂委员会：《贵港市志》，广西人民出版社 1993 年版。

②　罗尔纲：《太平天国史事考》，生活·读书·新知三联书店 1955 年版，第 27 页。

③　简又文：《太平军广西首义史》第 4 卷，《积极准备举事·时势与环境·民族背景》，上海商务印书馆 1944 年版。

的异梦及广西乱事的始原》一文中指出："广西有客家村落甚多，但不及本地村落的强大。本地人跟客家人的感情很坏，互相仇视，一有事端发生，仇怨更深。其时有客家富人温姓纳一女子为妾，这女子已与一本地人订婚，遂起争执。温姓与女子父母协商，予以重金，因此不允许退让与本地人。县官每日接收本地人控告此客家人的状词无数，不能审判曲直。县官似乎是畏难故意推延不理此纠纷，据说县官暗中却怂恿本地人自行以武力对等客家人。无论此事确否，客家人与本地人未几即发生械斗于贵县境内，复有许多村乡加入战团。战事在八月二十八日（即一八五〇年十月三日）开始。其始客家占胜利，因其人好勇狠斗成为习惯，而且大概兼有贼匪加入作战。但本地人愈战愈强，经验愈富，又以其人数较多数倍，卒将客家人击败……"[1]《浔州府志·风俗志》（同治十三年）载："来人浔境皆有，惟贵县繁多。始自广东、福建、江西迁来。……其庐址跨居田中，旁无邻舍。然族党之谊甚笃，遇有仇敌，亟好勇斗狠，一呼百诺，荷戈负锸而至，暨不畏死。"同治年间《浔州府志》载："（道光）三十年间，有北岸来人温某悦土人女，强娶之。其叔惎，力阻之，以致土来不陆。好事者从中煽惑，遂格斗，毙命多人。土来叛党仇杀，无虚日矣。"[2] 广西省太平天国文史调查团《太平天国起义调查报告》："大圩（贵县北部）一带土客斗争，系由何村客家人地主和壮族地主因争买土地成仇，后来又因争娶妇女引起。"[3]

　　由此可知，来人偏僻无村落可傍依的居住环境及其对女人的争夺是引发来土争斗的直接导火线。

---

　　① 韩山文：《洪秀全的异梦及广西乱事的始原》，载《中国近代史资料丛刊·太平天国（全八册）》第六册，上海人民出版社 2000 年版，第 863 页。

　　② 梁廉夫：《贵县历年群盗事迹》，载《浔州府志》（同治十三年）卷 27。

　　③ 广西省太平天国文史调查团：《太平天国起义调查报告》，生活·读书·新知三联书店 1956 年版，第 15 页。

械斗的社会、历史根源：《清史列传》卷 42《周天爵传》载："初，粤西地广人稀，客民多寄食其间，莠多良少。莠者结土匪以害土著之良民，良民不胜其愤，聚而与之为敌。黠桀者嗾聚其间，千百成群，蔓延于左江千里之间，而其原由州县不理其曲折。"

黄天河《金壶墨浪》卷 5："诸蛮性虽犷悍，然不敢亲见官府，其粮辄请汉民之猾者代之输，而倍偿其数，谓代输者为田主，而代输者反谓有田者为田丁。传及子孙，忘其原始，汉民辄索租于诸蛮。诸蛮曰：我田也，尔安得租！代输者即执州县粮单为据，曰：我田也，尔安抗租！于是讼不解，官亦不能辨为谁我之田，大都左袒汉民而抑诸蛮。"

《太平天国革命时期广西农民起义资料》下册的《搞租记》载："永淳（今横县，西江流经横县至贵县称郁江，横县则位于郁江上游——笔者注）地方，原有本地旧人及外来客人两种……大抵旧人性多淳朴，有太古风，平日既不交官接府，又少出门交游，见闻既狭，知识亦陋。……客人勘透了旧住人的病根，遂诡计骗惑，每年代包纳粮借得些许滋润。旧住人得他代纳，免使自己出入衙门，亦深为便，虽稍繁费，亦所不惜。其后，客人妙想天开，诡骗旧住人，每年纳谷若干，其粮户则入客户，永远代纳，名旧人为佃户，彼为业主。"

广西省太平天国文史调查团《太平天国起义调查报告》[①]："大圩（贵县北部）一带土客斗争，系由何村客家人地主和壮族地主因争买土地成仇，后来又因争娶妇女引起。"

械斗的历史本质：覃高积在《浅论金田起义前广西贵县的"来土斗争"》[②] 中经过大量论证得出的结论认为："来土械斗的起因多

---

① 广西省太平天国文史调查团：《太平天国起义调查报告》，生活·读书·新知三联书店1956 年版，第 15 页。

② 覃高积：《浅论金田起义前广西贵县的"来土斗争"》，载《壮族论稿》，广西人民出版社 1989 年版，第 143 页。

种多样，但最主要的是土地问题严重化，由此派生出了许多摩擦因素。争夺土地的事件，既存在于土农民之间，也存在于来土地主之间……来土斗争主要是由于客家人地主和壮族地主之间为了争夺土地而爆发的流血事件。"

综上所述，发生于道光年间的贵县来土械斗，其核心是土地和女人，其本质则是带有民族意识的两个民族之间，带有阶级意识的地主阶级和农民阶级之间不同文化、不同利益之间的对抗和冲突。

（二）村落的记忆

与文献回顾相辅相成的资料是村落的记忆，这种记忆历经150多年的风雨，虽已有点模糊，但由于曾直接卷入那场血案的当事人，有不少活到20世纪初，因此，至今仍健在的八九十岁以上的老人有不少见过他们，据这些健在的老人从他们父辈或祖辈直接得到的口传资料反映，那场械斗是一场驱逐 ma^{11}ka：i^{11}人的运动。

1. 关于 pou^{11}tsu：ŋ^{21} 家园的记忆

ma^{11}ka：i^{11}迁居东龙镇之前，这里是 "pou^{11}tsu：ŋ^{21}" 的家园。"pou^{11}tsu：ŋ^{21}" 人口众多，聚村而居，世代从事农耕稻作，视土地为生命。而 "ma^{11}ka：i^{11}" 是当地壮族人对清朝末年才迁入的 "宁卖祖宗田，不卖祖宗言"的客家汉人的称呼。因为客家汉人的语言中，问 "什么？" "为什么？"等都叫 "ma^{11}ka：i^{11}？" 而被当地壮族人称为 "ma^{11}ka：i^{11}" 人。现 "ma^{11}ka：i^{11}" 人主要居住在街上及京岭、马村、中央、同心、朝南、庙宜、六放等村屯，这些村屯除了朝南、六放较大之外，其余都比周围一般的壮族村落小，并被一大片的壮族村落所包围。之所以形成这样的分布格局，据当地的 pou^{11}tsu：ŋ^{21} 老人相传，"ma^{11}ka：i^{11}" 人刚迁来的时候，势单力薄，为了生存，往往先在壮族村落外过着 "其庐址跨居田中，旁无邻舍"的生活，后渐渐取得壮族村老的许可，才得以傍依壮族村屯起房娶妻、结婚生子。如闭村的邓氏从广东南海来到闭村已经八代，据说，他们的第一代先祖经过艰难跋涉，走龙山山路进入闭村，当他翻山越岭走下马曹山的时候，已累得爬不动了，见马曹山脚有一座庙，便进去歇脚过夜，打算第二天继续赶路，而半夜醒来，听到不远的地方传来鸡啼声，才知道附近有村落，于是决定先进村看看再说，这一看便住了下来，并与附近壮族人通婚，讲当地壮话，在生活习俗上同化为壮族，成为现在闭村的一个壮族大家庭。

一般来说，早期迁来的"ma^{11}ka：i^{11}"人分两种情形：一种是与闭村的邓氏一样，先依附于壮族人村落，然后逐渐融入壮族人的生活，不仅在语言和其他一些生活习俗上完全被壮族同化，同时，还最后成为壮族以村落为单位的经济社会共同体的一个组成部分，如现在闭村的邓氏、陈氏；弄业村的雷氏、黄氏；留村、古达村的陈氏等就是这样。而另一种情形则是虽以壮族人村落为依托，但仍在一定范围内保留自己的语言和一些生活习俗，如现在昌平村村边，至今还分布着几户刘姓 ma^{11}ka：i^{11} 人，他们在家讲 ma^{11}ka：i^{11} 话，但出门都讲壮话，说自己是昌平村人，居住地与昌平村屯保持一定的距离，并由于昌平村是单一姓氏历来不实行村内婚，而至今不与昌平村的人通婚。

不过后来迁来的"ma^{11}ka：i^{11}"渐渐增多，势力也渐渐壮大，于是后来的 ma^{11}ka：i^{11} 人便不再以壮族村屯为依托，而是相约"宁卖祖宗田，不卖祖宗言"，自己建村立屯，并买田置地在当地的壮族聚集区生根落脚，因此，这些村屯有史记的历史都比较短，如查清光绪十九年（1893 年）的《贵县志》第一卷的《纪地·乡村》条所载，现在的贵港市东龙镇属于当时贵县的山东里及山北里所辖，而查当时山东里及山北里所辖的五十多个村落，则只有朝南和六放两个 ma^{11}ka：i^{11} 人村落名称出现。并且这些后出现的"ma^{11}ka：i^{11}"人村屯规模非常小，如中央、同昌、庙宜等都只有一姓十几户或几户人家，甚至有些"ma^{11}ka：i^{11}"人村屯只出现几十年便又消失，如闭村东北方向有个澎村水库，水库下有个田垌叫澎村垌，这两个地名据说都是源于曾有澎姓的"ma^{11}ka：i^{11}"人在此建村而得名，可现在澎村村落遗址还在，但澎村"ma^{11}ka：i^{11}"人已消失，闭村村民把其变故原因归结为风水不好。

2. 关于"ma^{11}ka：i^{11}"人的记忆

据老人们说，那些后迁来的"ma^{11}ka：i^{11}"人曾利用他们手中的钱及普遍有文化的有利条件，想方设法在县府或乡府等部门谋得一官半职，并为了土地及扩展他们的势力范围，千方百计地把他们的女人嫁给当地壮族人的首富或有权威的村老之家，用通婚的手段瓦解当地壮族人的上层，而当地壮族人的上层也因为没文化，无人在官府替他们撑腰，因此也愿意与ma^{11}ka：i^{11}通婚，以求得保护伞的遮蔽。

如仅就闭村而言，清末闭村最大的地主是覃雄才的爷爷，置有田产近两百亩，据说娶的就是"ma^{11}ka：i^{11}"人的女儿。而覃雄才的父亲早逝，于是覃雄才爷爷过世后，覃家的所有财产包含覃氏家族的"清尝田"① 田产都掌管在这个阿婆的手里，覃雄才也由她做主，娶了六放村的"ma^{11}ka：i^{11}"人的女儿为正房妻子，娶大农村的壮族人女儿为二房妻子，而正妻不用干活，二妻则当作劳动力一样使用。这个阿婆看不起覃家的本族兄弟，也看不起村里的其他壮族人，因此把所有的田都租给外村人耕种，把所有的田产收成都拿回外家。有一年覃家本族兄弟合计，把她保管的所有清尝田谷全部偷吃光，结果到清明节要拿出谷子祭祖的时候，才发现谷仓已空。这个阿婆当然明白是本族兄弟干的，为此，她叫来外家评理。但她的娘家有钱无势，因此，最后，她不得不把部分田租给本族兄弟耕

---

① 音译自当地壮语的 na：tsiŋ^{33}ci：ŋ^{33}。详情参见 140—142 页"分支原则"中关于 na^{13}tsiŋ^{33}ci：ŋ^{33}的定义和介绍。

种。而同是闭村大地主的韦世畅发家较晚，直到三四十岁的时候才大量买田买地，为了巩固自己的权势，他及他的两个兄弟都娶了有钱又有势的"ma^{11}ka：i^{11}"人为妻，从而引起村人的愤慨，于是，有一年，本族人以算清清尝田为由想把他抓起来，但却被他逃跑掉到外家告状，结果招致有钱有势的外家带来大批兵马到闭村抓人。

总之，1949 年前，闭村及周围的壮族村落，几乎所有富有的壮族人家都与"ma^{11}ka：i^{11}"人有通婚关系，到现在，普通人家的壮汉通婚已成为社会的一种正常现象。也正是这种正常的通婚关系，不仅使得 100 多年前的 ma^{11}ka：i^{11} 族群得以在当地落地生根，同时也在血与火的交融共生中，使东龙镇的壮汉民族事实成为你中有我、我中有你的血脉交融大家庭。

3. 关于械斗的记忆

关于道光年间发生在东龙镇一带的来土争斗，笔者在 2010 年 5 月曾专程到贵港市的档案馆和市志办查阅，但找不到任何依据。不过由于事件发生的年代不算太久，因此，大致的情形还保留在老一辈村民们的记忆之中。

据老人们回忆，150 多年前，通挽、石龙（现贵港市东龙镇）、龙山（现贵港市三里乡）三地的壮族头人发起一场驱逐 ma^{11}ka：i^{11} 人的运动，其中，通挽的壮族头人是大昌村的张凤锦，东龙镇的壮族头人是当时闭村的村老韦峦芳，龙山的壮族头人叫爹杰。[①] 据说当时的石龙街非常繁华，而闭村处于桐岭、通挽、龙山三乡群众赶石龙街的交通要道之一，于是三地壮头经常利用赶街之便在闭村韦峦芳家秘密相会，最后商定，大昌村的壮头负责把 ma^{11}ka：i^{11} 人赶出桐岭乡地界；石龙的壮头负责把 ma^{11}ka：i^{11} 人赶出覃塘地界；龙山的壮头负责把 ma^{11}ka：i^{11} 人赶出龙山盆地，结果，大昌村的张凤

———————

① 爹杰，为亲随子称，即他的长子叫"杰"，他因长子获得"爹杰"的称谓，至于他的真实姓名，由于时间久远，被调查的人都表示想不起来了。

锦和龙山的爹杰都按计划把 ma^{11}ka：i^{11} 人赶了出去，因此，现在从大昌村往北直到桐岭及整个龙山乡无一 ma^{11}ka：i^{11} 人村落。而闭村的壮头则在关键时刻背叛了三地壮头的盟约，原因之一是他的儿子新娶了同昌村一个 ma^{11}ka：i^{11} 人的女儿做媳妇，据说，这个媳妇直到中华人民共和国成立前十几年才过世。而另外的、更深层的原因则至今都无法详察，成为现在东龙镇一带壮汉关系的一个历史之谜。

据说三地壮头盟誓过后，便按计划分头行动，于是那一年的中秋节，龙山、通挽、桐岭一带所有壮族村落的壮族骨干分子都收到了一个通过秘密途径传送过来的月饼，饼中有一张纸条通告行动的时间和联络暗号，而闭村所在的石龙街一带则因不可知的原因而致使行动泄密，于是 ma^{11}ka：i^{11} 人紧急行动，对石龙闭村的壮头施加压力，而刚刚与 ma^{11}ka：i^{11} 人结成亲家的闭村壮头便害怕犹豫了，在身不由己的情况下，当又一个街日到来，他便受 ma^{11}ka：i^{11} 人之托，以开会名义把已经成功地把 ma^{11}ka：i^{11} 人赶出通挽、龙山地界的两个壮头骗到闭村，而 ma^{11}ka：i^{11} 人则早已化好装等在村口，当骑马先到的张凤锦到达村口，便被人暗箭射击，中箭身亡，龙山的壮头在半路听到风声便夺路逃命，至此，这场运动便告结束。

但到了民国时代，当了国民党军官的大昌村张凤锦的儿子张天怀，为报父仇，曾带领军队到闭村把韦家的所有房子都一把火烧成灰烬，因此，那场运动虽早已结束，但与那场运动有关的人与事却继续在悄悄上演，村落的、家族的、民族间的秘密有些随着时间的推移而逐渐显山露水，而有些则成了永远的历史之谜。

谜案之一是，当时三地壮头常在闭村密谋、策划，闭村的壮头韦峦芳显然成为其中的核心首脑，但他所领导的石龙一带的运动却破产了，原因是否如村民所说的是因为他给儿子娶了 ma^{11}ka：i^{11} 人的女儿做媳妇而对 ma^{11}ka：i^{11} 人下不了手，还是因为行动计划泄密，而行动计划又是如何泄露的，ma^{11}ka：i^{11} 人又是如何对韦峦芳进行要挟的，等等，笔者虽多方打听，但都没有结果。

谜案之二是，韦峦芳过世后，他的子孙在民国三十年（1941年）前后突然发迹，大量购买田产，成了土改时地主、富农最多的家族，而据村民讲，韦峦芳过世前并没有给子孙留下任何家财，他虽贵为壮头，但一生简朴，他的威信是靠他的足智多谋，并主持公道而自然被群众拥戴的。只是在过世前，他经常有事没事都到别人家的一个菜园转悠，这奇怪的举动被他一个非常机灵的孙子注意到，这个孙子想，祖父一生轰轰烈烈，是否有什么秘密埋在那个菜园的地下。带着这个疑惑和好奇，祖父过世很长一段时间后，他便筹到了一笔款子买下那个菜园，并借建房之名，对那个菜园大兴土木，结果，从菜园地下挖出三缸（可装几百斤米的大缸）银子。韦峦芳是如何筹措这么一大笔银子的？做何用？为什么要埋到别人的菜地里又秘不宣人，园主是否懂得这一秘密，与这银子同埋的是否还有其他文本资料？等等，关于这一点，笔者曾走访韦氏家族的后人，但没有得到答案，因此，这些就成了谜中之谜。

据说那场运动过后，东龙镇一带的 ma^{11}ka：i^{11} 人便热衷于与当地壮族人结亲家，只要哪一村、哪一家的壮族人后生比较有出息，他们便千方百计地把他们的女儿嫁过去，或为了某种目的，不惜代价地娶当地壮族人的女儿为妻，从而形成 100 多年来，多数富裕的壮族家庭多养一两个的 ma^{11}ka：i^{11} 人娇妻，同样在 ma^{11}ka：i^{11} 人的富豪之家也不断地加入壮族人家的女儿，从而形成现在的东龙镇一带的壮汉互相通婚和睦相处的局面。

东龙镇一带的"pou^{11}tsu：ŋ^{21}"和 ma^{11}ka：i^{11} 两大族群间为什么能够避开一场剑拔弩张的血斗？他们的关系由磕磕碰碰到和睦相处，已经走过了一个很长的历史过程，在这一漫长的历史过程中，女人和土地扮演着极为重要的角色，而这一角色又是在当地独特的历史背景和文化背景下，通过两大族群间文化上的互补和冲突而不断得到演绎，为此，以下将通过闭村土地的系统建构进一步对族群间的这种文化互动进行阐述。

三　闭村土地（那）的系统建构

ma^{11}ka：i^{11}人大规模迁居闭村以前，闭村的土地资源已基本形成自己的分布格局、经营方式、灌溉制度，在此基础上形成的纵横交错的网络关系，构成其生机盎然的生命体，这一生命体所展示的现实空间与历史空间，对于闭村依地理形势所进行的土地所有权、经营权的建构，具有极为重要的意义。而这一生命体的大小血脉及其生命力，则一方面与依地理形势的走向而出现的水流灌溉息息相关，而另一方面又与土地的生产者与经营者的亲缘关系、社会关系不可分割。

（一）"那"的自然社会建构

"那"是稻作民族的命根，"那"与农民的共生与发展关系，都因家屋社会的存在，亲属制度的作用，外加国家的、民族的、宗族的、村屯的、社区的各方面的合力与碰撞而构成闭村这一单元社会的自然、政治、经济、社会文化的复合系统。这种复合系统的结构和功能体系，调节和控制原理，又在很大程度上通过土地的自然分类、命名系统，土地的生产与继承、买卖与交换等而得到展示，主要表现在：

1. "那"的分类和命名

闭村的土地包含水田、旱地、鱼塘、藕塘、果园、松山。水田、旱地、果园多数分布在村落的四周，少数零星分布在山脚、山谷和山腰，藕塘、鱼塘则多数分布在村落或村边，松山分布在闭村村背与龙山乡交界的伏猫山、槟榔山、塔茶山等山头上。在这些土

地资源中，水田畲地是闭村的主要可耕土地资源，有其自成体系的
自然分类和命名系统，有建立在财产制度之上的社会认同规则和分
配规则。从土地自成体系的自然分类和命名系统去考察，可以了解
到闭村这一地区人与土地的自然社会关系，以及他们对自然的认
识、开发与实践；而从土地作为财产的运作规则与社会共同体之间
的关系来看，则可以了解到闭村这一地区土地与人的社会关系，以
及在此基础之上形成的社会制度和社会组织。

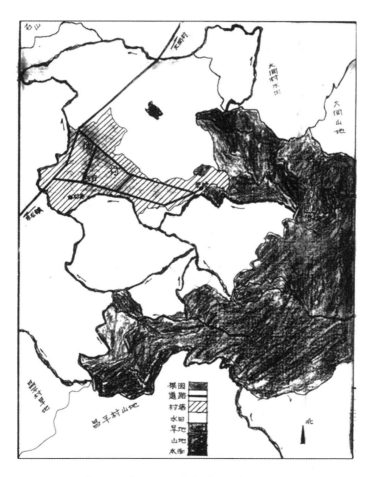

图 2 - 7　闭村土地分布图（邓怀津绘制）

以下仅从土地的自然分类和命名系统考察闭村人与土地的自然社会关系：

闭村人把水田称为 na^{13}，把畲地称为 rei^{21}，并不管是水田，还是畲地，只要各丘的田地成片分布，并自然地成为一个整体，闭村人都会根据这片田地的自然特征、标志物，或开发者的名字给这片田地取名。如果是水田的就在这个地名前冠上 ton^{21}（即田垌的"垌"），如果这田垌是分布在山间，则在 ton^{21} 后再加上 lok^{31} 或 $lu：k^{31}$（都是山谷、山沟之意）。如果是畲地，则在这个地名前冠上 $Ta：ŋ^{53}$。根据目前掌握的资料，闭村有 40 多垌的水田，10 $Ta：ŋ^{53}$ 的畲地，以下就这些地名的国际音标、汉字壮记音、当地壮语语义、地理位置、地名来历、地名沿革、地名含义、重要人文风物、自然特征等加以描述。

$ton^{21}ma^{11}tsa：u^{13}$：当地用汉字壮记音叫马曹垌，因位于村背马曹山和马曹水库的下方而得名，据反映，这片水田开发较晚，原是等级较低的田，但马曹水库建成后，由于水源的保障和 20 世纪六七十年代通过在田中广施绿肥、农家肥的土壤改良而变成现在亩产达千斤的良田。

$ton^{21}lok^{31}taen^{13}$：当地用汉字壮记音叫六屯垌，因以前有个六屯庙而得名。据传说，古时候每年的五月初四，便有一母带两仔的三头神牛进闭村一带的田垌吃青稻，村民们便去追杀，追到六屯垌，神牛化石，村民觉得神奇便在神牛化石之处立庙祭祀。老人回忆，原来此庙有房子，庙前供奉三头一母两仔的石牛，中华人民共和国成立前，闭村人每年的五月初四必须进庙祭祀石牛，并给石牛披上用纱纸剪成的一串串彩铃，平时都禁忌坐到石牛上。中华人民共和国成立后，有人把石牛挖走，把庙拆除，原因据说是这一带的稻谷因这石牛的存在而总是一片黄一片青，年年轮转不一样，现此庙已不存在，但八九十岁以上的老人都见过此庙。

toŋ^{21}ko^{45}ŋa：n^{11}：当地汉字壮记音叫可眼垌，位于六屯垌的下方。"可眼"的当地壮语之意叫龙眼果树，但如今此地是一片田野，没有一棵龙眼果树。不过从地名可知，此田垌曾长过龙眼果树或作为龙眼果林而得名。

toŋ^{21}ba：n^{33}ha^{13}：当地的汉字壮记音叫班那垌，位于闭村村背，有14丘的田。据说100年前，这里有一个村屯叫班那村，世居覃姓人家，但由于班那村四周无屏障可靠，按当地的风水之说，就是缺山龙护村，因此人丁不旺，家族不兴，只好搬迁。原居民中多数迁居到现在的古到村。现在班那村的旧村址还在，但已无房子瓦舍，这垌田就位于旧村址前。

toŋ^{21}laeŋ^{45}ba：n^{33}ha^{13}：当地的汉字壮记音叫楞班那垌，"楞"的当地壮语意为"后方"，共20丘田，约5亩，因位于班那村址的后方而得名。

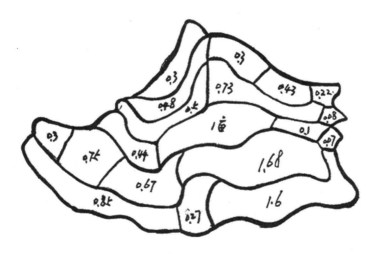

图 2－8　楞班那垌田亩构成示意图（闭村村民韦寿发绘制）

toŋ^{21}lok^{31}ho：m^{45}：当地的汉字壮记音叫六含垌，由班那垌再往后靠近山脚就是，共14丘田，约8亩，因近lok^{33}ho：m^{45}山谷而得名。

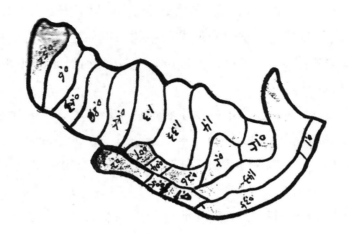

图 2-9　六含垌田亩构成示意图（闭村村民韦寿发绘制）

toŋ²¹lwg³¹ȵaen⁴⁵：当地汉字壮记音叫勒仁垌，因近勒仁山谷而得名，而勒仁的当地壮话之意为苍蝇，至于这个山谷名和这个田垌名如何与苍蝇发生关系不得而知。

toŋ²¹taeu¹³ŋaen¹³：当地的汉字壮记音叫头银垌，含 23 丘田，共七亩，位于班那村址的左方，其名称来源及历史沿革不详。

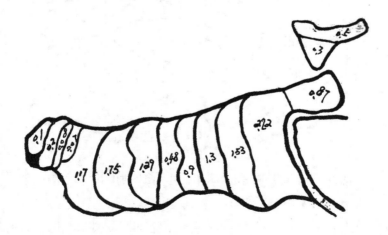

图 2-10　头银垌田亩构成示意图（闭村村民韦寿发绘制）

toŋ²¹vu：ŋ¹¹tsaen⁴⁵：当地的汉字壮记音叫旺津垌，与头银垌相连，由于凤凰水库的水渠刚好从旁边流过而得名，而旺津水坝的名称与旺津水坝的最早开发者有关，但年代久远，无法考证其历史。

toŋ²¹sa：m⁴⁵ka：i⁵³：当地的汉字壮记音叫三界垌，含21丘田，共13.4亩，与旺津垌相连，因这垌田最早只有3丘田而得名，引自凤凰水库的旺津水渠从垌前绕过。

图2-11　三界垌田亩构成示意图（闭村村民韦寿发绘制）

toŋ²¹va：i⁴⁵pae¹¹na³³：当地的汉字壮记音叫水坝前垌，与三界垌相连，由于凤凰水库的水渠从田垌前流过，并自古便有个无名水坝而得名。

toŋ²¹ba：n³³pe：ŋ¹³：当地的汉字壮记音叫彭村垌，彭村垌位于彭村水库下方，左为三界垌和水坝前垌，因原来这里有个村屯叫澎村而得名。据说，二三十年前，这里还有两三户蔡姓人家居住。但由于风水之说，后来便陆续有人迁居他处。其中，部分迁到罗村，以后旧村屯被开辟为水田，并取名彭村垌。

toŋ²¹taem¹³kjoŋ⁴⁵：当地的汉字壮记音叫潭公垌，与可眼垌相连，现闭村小学附近。"潭"的当地壮语之意为水塘，"公"的当地壮语之意为"空",从地名猜测,此田峒以前曾是空水塘。

ton²¹tin¹¹gei¹³:当地的汉字壮记音叫定期峒,位于现闭村村委对面,因附近有个定期水坝而得名,而定期水坝的名称则源于此地从前有个定期庙,至于定期庙的"定期"的当地壮语之意及此庙的历史沿革则无法考察。

ton²¹ho¹³ha:n⁵³:当地的汉字壮记音叫何汉峒,"何"和"汉"的当地壮语之意分别为"脖子"和"鹅",此峒位于村子的左前方,因其地形的细长如鹅的脖子而得名。

ton²¹na¹³pu¹³:当地的汉字壮记音叫那婆峒,位于村左前方与大农村交界,"那婆"的当地壮语之意及因何得名均已无法考察。

图2-12 那婆峒田亩结构示意图(闭村村民韦寿发绘制)

ton²¹gaeu⁴⁵sa:n⁴⁵:当地的汉字壮记音叫"狗山峒",位于村子的前方,"狗"的当地壮语之意为树藤,"山"为一种树名,因此地从前多长一种树藤而得名。

toŋ²¹gaeu⁴⁵mo：i¹³：当地的汉字壮记音叫"狗梅峒"，位于村前小河的左边，"狗"的当地壮语之意为树藤，"梅"为一种藤类植物，因此地从前多长这种藤类植物而得名。

此外，还有与平安村交界的 toŋ²¹pja⁴⁵mei¹¹（当地汉字壮记音叫岜尾峒，岜的当地壮语之意为"石山"，"尾"为"尽头"之意）、toŋ²¹a：n⁴⁵ma¹¹（当地汉字壮记音叫安马峒，a：n⁴⁵ma¹¹的当地壮语之意为"马鞍"）、toŋ²¹koŋ⁴⁵saeu⁵³（当地汉字壮记音叫公秀峒，koŋ⁴⁵saeu⁵³为一个水库名）；与大同村交界的 toŋ²¹hu：ŋ¹³ku：n⁴⁵（当地汉字壮记音叫黄官峒，壮语意不详）、toŋ²¹lok³¹lei¹¹（当地汉字壮记音叫六里峒，壮语之意为"山谷""山沟"）；与京岭村交界的 toŋ²¹tsi：ŋ¹¹se：ŋ⁴⁵（当地汉字壮记音叫长生峒，壮语意不详）、toŋ²¹sik¹¹kiu¹³（当地汉字壮记音叫石桥峒，壮语意也是石桥）、toŋ²¹pa：k³³ta：ŋ¹³（当地的汉字壮记音叫北塘峒，其中 pa：k³³ 的壮语意为"嘴巴"，ta：ŋ¹³语意不详）；与长岭村交界的 toŋ²¹ka：m³³ra：i¹³（当地汉字壮记音叫甘来峒，其中"甘"壮语为"岩洞"之意，"来"为"花纹"之意）等都是水田田峒的地名。

另外，闭村还有10个畬地的地名：

Ta：ŋ⁵³pa：i²¹pja⁴⁵ŋw¹³：当地汉字壮记音叫败岜，与大昌村及长岭村交界，其中，pa：i²¹的壮语意为"那边"，pja⁴⁵为"石山"，ŋw¹³为"蛇"，由于此地近一座形状如蛇的石山而得名；

Ta：ŋ⁵³mu²¹jwn¹¹：当地的汉字壮记音叫磨引，位于闭村村北面，其名称来源不详；

Ta：ŋ⁵³va¹¹jiu¹³：当地的汉字壮记音叫瓦窑，与磨引相连，因此地从前建过瓦窑而得名；

Ta：ŋ⁵³hoŋ¹¹ruŋ²¹：当地的汉字壮记音叫红弄，"红"的当地壮语之意不详，而"弄"则为山弄之意，位于大同村方向；

Ta：ŋ⁵³mu：n¹¹ei³³：当地的汉字壮记音叫满衣，位于平安村方向，因附近有座石山，石山上有个岩洞叫满衣而得名，但"满衣"的当地壮语意不详；

Ta：ŋ⁵³taen¹³piŋ¹³：当地的汉字壮记音叫屯平，位于马曹水库下方，其壮语意不详；

Ta：ŋ⁵³lo²¹ma¹¹：当地的汉字壮记音叫马路，位于闭村北面，因有条古代专门的跑马之路而得名；

Ta：ŋ⁵³lok³¹hu⁴⁵：当地的汉字壮记音叫六乌，闭村与大葛村之间，其中的"六"为"山谷"之意，"乌"为"乌龟"之意，因此地有一山丘如乌龟把头伸向大葛村而得名；

Ta：ŋ⁵³go⁴⁵kei⁴⁵：当地的汉字壮记音叫可机，位于学校附近，因此地长满一种叫"可机"的杂树而得名；

Ta：ŋ⁵³do：i⁴⁵sa：ŋ⁴⁵：当地的汉字壮记音叫堆山，位于闭村村背，其中"堆"为当地壮语的"丘陵"，"山"为"高"之意。

从以上可以看出，闭村的田地地名蕴含着非常丰富的当地自然社会及人文历史各方面的资讯，并且这些地名一旦约定俗成成为大家的共识，它便很少会再随着某个个人或时代的人的意志而发生变化，因此，这些地名像活化石一样沉淀在人们的语言、生产及社会实践的活动之中，可以在一定程度上反映这一社区的人世沧桑和社会变迁的某些特征。并由于历史的久远，不少地名只知其然而不知其所以然，不过，我们可以从这些地名所承载的大量资讯及思维形式，了解到当地历史上对自然的开发和利用情况。

2. "那"的开垦与占有

据老人们回忆，闭村这一地区历来就有谁开垦的田地归谁所有的传统，因此，开垦与耕耘成了这里的先辈们所共同追求的事业。他们前仆后继开垦了大片以 toŋ²¹（垌）命名的田地，这些田地以村落为中心，由平地向山脚，由山脚向山沟、山腰等地延伸。而平地的大片良田沃土，由于年代久远和沧海世事，已无法考证其最初的开垦者，但环绕马曹山脚的大片梯田及马曹山中的一些以 lu：g^{31}命名的山沟田，据说其开发的历史都不会早于100年。因为在闭村的七八十岁以上的老人中，有不少还记得他们小时候曾跟着父辈或祖辈在山脚的蒺藜之间披荆斩棘，其中，现闭村村民韦耀敬、黄书造等人的父辈们就曾在马曹山脚造田卖，他们每天天未亮就用竹筒装上玉米稀饭，带上锄头、镰刀等生产工具，先在山脚劈出一片片的荒地，再种上玉米、红薯等旱地作物，等雨水好的年份到来，便想办法从周围水沟引水灌溉，把旱地改造成水田，而这一过程，快的需要两三年，慢的则需要三五年。当他们在自己开辟出来的田地上种上两三造稻谷后，便寻找买主把田卖出，然后继续造田。而由于这些新开发的田远离水源，田块较小，土质贫瘠，因此，多数都只能卖给村里无地或少地的穷人，并按当时的市价，一亩田最多才能卖100多毫子，因此，垦荒者是非常辛苦的。据说马曹山脚的大部分田都是由这些垦荒者一锄一锄地开发出来的。中华人民共和国成立前闭村四周可开垦造田的荒地很多，因此，历史上不少无田也无钱买田的人家可通过辛勤的垦荒造田而获得赖以生存的土地，现闭村四周的大片田垌无疑就是闭村的先辈们辛勤耕作的结果，甚至有些人家以开荒造田来卖为谋生的职业。如韦耀敬、黄书造等人的祖上，据说就是以开荒造田为谋生的职业。

3. “那”的继承

与亲属制度相扣连的土地继承关系是闭村财产转化制度中的一个极为重要的部分，它与 ra：n^{13}的继承一样，有一些重要的原则在起着作用，如长子长孙优先原则、父子传递原则、女儿田原则、分支原则等，以下分别阐述：

（1）长子长孙优先原则

在闭村，长子长孙具有土地继承的优先权。中华人民共和国成立前，闭村人分家时，首先要留长子田，如果长孙已经出生，也要留一份长孙田，这些田当地壮话叫"$na^{13}lwg^{55}la：n^{45}$"。$na^{13}lwg^{55}la：n^{45}$有两种分法：一种是把所有的田地按兄弟的数量加一（如长孙已出世则加二）的办法把土地平均分成若干份，兄弟间用抽签或按排行次序各选取一份，余下的两份归长子和拥有长孙的兄弟多得。第二种分法，是在分土地前先留一份长子田，如果长孙已经出世，则再留一份长孙田，然后才按兄弟的数量把土地平均分成若干份，长子和拥有长孙的兄弟除得到每兄弟各得的一份外，还另外得到一份长子长孙田。而这份长子长孙田的划分往往因各家的情况不同而不同，一般来说，多数家庭的长子长孙不在乎这份田的数量和质量，而是在乎一种名义或名分，不过家长一般要留出一份最好的田地作为 $na^{13}lwg^{55}la：n^{45}$。这份田地多的可能有亩把儿，少的也就分把儿。一般来说，长子长孙不会主动去争要这份田，给多少怎么给全看家底及老人和兄弟的心意。长子长孙田分下后，余下的土地才能平均分给其他兄弟。这种分法对于那些长孙也是生在长子家的家庭来说，是比较受欢迎的，否则，长子就会拥有比其他兄弟多两份的田产，而长子长孙之所以拥有这样的一份特权，源于他们与生俱来的义务和责任，关于这一点将留待以后再做论述。

（2）父子传递原则

在闭村，通过生育和过继而建立的父子关系在称谓系统中是完全一样的，在 $ra：n^{13}$ 的继承中也没有太大的区别，但在土地的继承中却表现不一样。一般来说，通过生育而建立的父子关系拥有更多的土地继承权，而通过过继而建立的父子关系则视不同家庭而拥有不同份额的土地继承权。如果这个过继的儿子聪明、勤劳，有孝心，能讨父母的欢心，那么在分家时他可能多得一些好的土地，否则，一般都是得到比较差的土地，如果他们过继的名分是长子长孙，那么土地继承中的长子长孙优先原则也是视不同的家庭而有不同的待遇，有些家庭可以一视同仁地给他们享受长子长孙的特权，而有些则只给自己的亲生儿孙享受长子长孙的特权。如覃雄才的父亲在清朝就置地100多亩，但在生下覃雄才之前，他一直没有生男孩，为此，从他的堂姐处过继了一个男孩子作为他的长子，而后才生下覃雄才。到分家时，覃雄才可从父亲那继承一百四十几亩的土地，其中包括长子田，而他的哥哥覃俊才只能继承二十几亩的田地。由于过继的养子在土地继承上明显不如亲生，因此，在闭村，经常听到人们说起这样的一个故事，说以前有个财主，生有九个儿子，又再过继一个养子，变成十个儿子，分家时，他生的那九个儿子都如愿地得到他们所希望得的好土地，而那个养子则只得到少量的最差的土地，但这个养子并不因为这样而对养父不敬，而那九个儿子也没有因为他们得到了好土地而对父亲多一些孝心。有一年除夕夜，年老体衰的父亲等着儿子们来喊去吃年夜饭，可是，等到天黑，九个亲生儿子没有一个来喊，倒是那个过继的养子来喊，为此，父亲一气之下，便把所有的土地拿来重新分，反过来给过继的养子更多更好的土地。这个故事说明，土地继承中的父子传递原则是重亲生而轻视过继，但这种轻重之别很早便受到了社会的关注。

（3） $na^{13}rei^{35}$ 原则

$na^{13}rei^{35}$ 又叫女儿田。女儿出嫁时，父母分出一些田地或在女儿夫家附近买一份田地，作为女儿的嫁妆送给女儿，以后这份田地由女儿经营，收成归女儿所有，娘家的兄弟和夫家的其他人无权侵占这份田地的收成。而这份田如果离女儿嫁去的地方远，可由女儿托人代耕，或出租给人家耕种。如果女儿在夫家过得不如意，或丈夫早逝，女儿可带着这份田产继续改嫁，无论娘家还是夫家的人都无权干预。而如果女儿老了，这份田产可由她做主或分或送给某个亲属耕种，这亲属可包含她娘家的侄儿侄女，也包括她的儿子或女儿。如中华人民共和国成立前，有一个女人由桥站村嫁到闭村的黄家，她父母只有她一个独生女，出嫁时，父母把一块大田和一头牛作为嫁妆送给她，她把田和牛都租给人家，自己坐收租金租谷，这些租金租谷，她只拿来很小一部分补贴丈夫的家庭所用，其余全部拿来放高利贷。后来，她又改嫁到伏柳村，这份田产便随她改嫁到该村，虽然她在闭村黄家已生有一子，但她并没有留下 $na^{13}rei^{35}$ 的一部分给儿子。也就是说，在闭村，$na^{13}rei^{35}$ 是属于女儿的，其生产权、所有权完全属于女儿。而对于这份田产的继承则由女儿自己决定，只有女儿决定不了的，才由女儿的子女继承。而值得注意的是，在闭村并不是所有的女人都拥有女儿田，一般只有那些富有之家的女儿，或虽不富有，但父母爱惜女儿，或父母无男孩的情况下，才可能拥有女儿田。拥有女儿田的女人，既拥有一种财富又拥有一种身份，在夫家受到特别的尊重。善于经营的女人，可以利用自己对这份田产的绝对拥有权而不断积累财富，不断地又购置田产而成为一方富婆。而大多数情况下，女儿田归属她与丈夫共同拥有，并按长子长孙优先和父子传递原则分给下一代。

（4）分支原则

据村民回忆，土改前，闭村不少的 ra：n^{13}（姓氏）、ha：k^{31} $tiŋ^{24}$（厅堂）拥有 $na^{13}tsiŋ^{33}ci$：$ŋ^{33}$。$na^{13}tsiŋ^{33}ci$：$ŋ^{33}$ 是公有田地，数量不多，一般只有十几亩或几亩，甚至几分。这些田地一般来源于三个方面：一是老人分家时，特意留下一份田地作为老人的养老田和送终田，老人还在时，由子孙们轮流耕种，收成归老人所有，老人往往把收成的一部分兑换成银子，攒着留给子孙办自己的丧事。而老人过世后，子孙们不能分这些田地，只能轮流耕种或承包给某 ra：n^{13}（家）耕种，收成由这个老人的子孙中年纪最大的或比较正直的人义务管理，作为子孙们每年清明祭祖的公有开支和支援读书上进但家庭贫寒的子孙们上学。而当这个老人的子孙越来越多，分出不同的 ha：$k^{31}tiŋ^{24}$（厅堂）的时候，由这个老人留下的

na^{13}tsiŋ^{33}ci：ŋ^{33}仍不能分，留着给这个老人以下的各个 ha：k^{31}tiŋ^{24}（厅堂）的子孙共用，其管理则由各 ha：k^{31}tiŋ^{24}（厅堂）中有威望的人负责。而如果这个老人以下的子孙们又留下 na^{13}tsiŋ^{33}ci：ŋ^{33}，则这个 na^{13}tsiŋ^{33}ci：ŋ^{33}又依据如此规则往下传递，因此，各 ra：n^{13}（家）各 ha：k^{31}tiŋ^{24}（厅堂）会因为其分支的不一样而拥有不同来源的 na^{13}tsiŋ^{33}ci：ŋ^{33}，并且越往前推，世代越远。但不管如何，na^{13}tsiŋ^{33}ci：ŋ^{33}只给共祖下的子孙继承和分享。二是来源于同一ha：k^{31}tiŋ^{24}（厅堂）的某个人，因无子女继承田产，去世前除了分出一部分给较为亲近的亲属耕种外，特地留份 na^{13}tsiŋ^{33}ci：ŋ^{33}作为自己丧事和以后清明节的祭祀开支费用，同 ha：k^{31}tiŋ^{24}（厅堂）的子孙可在上学或其他重大公用开支上分享祭祀后剩下的部分，而这一来源的 na^{13}tsiŋ^{33}ci：ŋ^{33}，其管理与其他的 na^{31}tsiŋ^{33}ci：ŋ^{33}没什么两样。三是来源于同一 ha：k^{31}tiŋ^{24}（厅堂）的人筹钱买地或一起开荒所得。由于每年都由清明头人到各家各户筹钱祭祖，比较麻烦，于是一些清明头人便召集大家捐款买地或集体去开荒造田造地，并规定这些田地归捐款和开荒的各家各户集体所有，以后轮流耕种或各出劳力耕种，并传递给后代子孙集体所有。

总之，na^{13}tsiŋ^{33}ci：ŋ^{33}的来源可以是多种多样，但公有性质和集体继承是其共同的特征，并往往在开始的时候，它只是几兄弟共有，后几兄弟由一个 ha：k^{31}tiŋ^{24}（厅堂）又分出几个 ha：k^{31}tiŋ^{24}（厅堂），而这些田地则不随着 ha：k^{31}tiŋ^{24}（厅堂）的分支而分成多份。而是不管 ha：k^{31}tiŋ^{24}（厅堂）如何分裂，它都一成不变地属于原几兄弟所在 ha：k^{31}tiŋ^{24}（厅堂）的公有田产，属于原几兄弟下的子子孙孙所共同拥有。因此，在闭村，同 ra：n^{13}（姓氏）有同 ra：n^{13}（姓氏）的 na^{13}tsiŋ^{33}ci：ŋ^{33}，同 ra：n^{13}（姓氏）但不同 ha：k^{31}tiŋ^{24}（厅堂）的有不同 ha：k^{31}tiŋ^{24}（厅堂）的 na^{13}tsiŋ^{33}ci：ŋ^{33}。如中华人民共和国成立前覃家的地主几兄弟共有五六亩

na^{13}tsiŋ^{33}ci：ŋ^{33}，而覃家全族约五代人又共有一亩多的 na^{13}tsiŋ^{33}ci：ŋ^{33}；韦家的韦寿拨这一支，有十几亩的 na^{13}tsiŋ^{33}ci：ŋ^{33}，并靠这些 na^{13}tsiŋ^{33}ci：ŋ^{33}，送出韦文京、韦文琼、韦文红等上中专大学。不过，中华人民共和国成立后，na^{13}tsiŋ^{33}ci：ŋ^{33}都已消失，在中华人民共和国成立才出世的年轻人甚至不知道 na^{13}tsiŋ^{33}ci：ŋ^{33}为何物。

（二）"那"的买卖与交换

从目前所掌握的材料看，中华人民共和国成立前闭村的土地买卖非常频繁，并有中间人专门从中牵线搭桥，并按成交金额收取1%的费用。

土地的买卖一般在秋收以后的冬季，但特殊情况例外。因此，每年秋收之后，土地买卖的中间人便在土地的买方和卖方之间来往穿梭，谈好价钱后，买方便请同 ha：k^{31}tiŋ^{24}（厅堂）的兄弟和村里有名望的人一起吃饭，在餐桌上，土地的买卖双方立下土地买卖契约，契约文字一般用毛笔写在沙纸上，文字内容除了说明成交土地的时间、地理方位外，还要说明田地的丘数及小到几分几厘的亩数，然后附上一句"恐口说无凭，特立契约两份，各执一份为据"的字样，最后由买方、卖方及在场的证人签字，到此，一桩土地买卖就算完成。据考察，中华人民共和国成立前闭村的土地买卖关系主要表现为利益关系，即土地按质论价出售，谁出的价钱高就卖给谁。也因为这样，资金雄厚的大户便专门挑选水源近、平展肥沃的田地，而穷苦人家则只能买水源远、离村远的山脚地，从而形成田垌的中心地带多以大户人家的土地为核心，跟着是中等以上人家的土地，而穷苦人家的土地插花式或成花边式环绕田垌的四周。之所以成这样的分布格局，与长期的土地买卖和兼并关系极大，如，覃雄才从祖父开始，就已成为当地的一个大户，因此，他的土地集中并成片分布在可眼垌和马曹垌两个水源最好、土地最肥沃的地方。其中，可眼垌就分布有 70 多亩良田，马曹垌分布有三四十亩。而同是大户的韦世畅，由于发迹较晚，直到 20 世纪二三十年代，才逐渐有钱买田，因此，他的田地分布比较分散，并没有自己的水坝。其中，在马曹垌有他的二十几亩田，在与大同村交界的黄官垌又有三四十亩，这是他土地分布最集中的地方，其他则只是几亩几亩的零星分布。

不过随着他势力的强大，分布在他家田地周围的其他村民的土地会随着时间的推移而逐渐被他兼并，因为一旦这些村民在经营上有什么不慎，或家庭出现什么变故，财力雄厚的韦世畅就会出高价把这些田地买到自己的名下，并不管是同族还是亲戚，一旦家道中落必须出卖土地的时候，也往往先找近自己地界，又有实力的大户人家商议，从而形成大户人家的田地越来越多，分布也越来越集中的局面。

（三）"那"的社会关系系统

在闭村，以土地为核心而展示的亲属关系、劳力关系、阶级关系等错综复杂的社会关系，与土地的生产经营方式如自耕互助方式、出租方式、雇工方式等有密切的关系，也是土改时进行阶级成分划分的两大主要依据。如被划分为地主的 9 户人家中，他们每人平均拥有的土地数量（以下简称"人均"）就参差不齐，其中，除了覃雄才家人均拥有土地超过 10 亩之外，其余都不到 10 亩，而覃克己、黄尚文、黄焕辉、韦天年这几户地主，人均土地只有 2—4 亩，比富裕的中农还要少，甚至有一个叫覃示才的人，全家 6 口人，共 3 亩田，人均只有 0.5 亩而被划分为富农，之所以出现这种情况，主要是参考了土地的生产经营方式，即是否是自耕或互助式自耕和是否出租土地，是否雇长短工，是否放高利贷这几个条件中的任何一条来划分的。如富农覃示才，虽然只有 3 亩田，但由于夫妇俩把田全部出租给人家耕种，自己则整天出去赌博，才被评为富农。而地主黄尚文，全家五口人共 10 亩田，则租出 2 亩多田给人家耕种，并放有少量的高利贷。总之，土地的占有与土地的生产，与亲属、劳力、阶级存在着千丝万缕的联系，并主要表现在如下几个方面：

1. 自耕与女亲属间的互助

根据老人回忆及闭村村公所提供的 1952 年 6 月份制作的"闭村土改前后土地分户调查表"了解到，土改前闭村共有 370ra：n[13]（户），其中，有 349ra：n[13]（户）被当时的政府划为贫下中农，划分的依据之一就是他们都是自食其力的劳动者。一般来说，他们所拥有的土地不多，但根据当地两熟制的稻作耕作制度及水稻节令性的生长特点，使当地农耕的生产季节以每年的 3、6、9 这几个月份最为集中。其中，又以 6、7 月份对早造稻谷的收割、晒干、入仓，对晚造稻田的犁、耙、种最为紧张，因此，几乎每家每户都会出现农忙时节劳力短缺的现象，为解决这一问题，通过亲属关系、邻里关系而结成的生产互助关系成为解决这一问题的关键。而在亲属关系中，又以女性亲属如姨、姑、表姐妹、堂姐妹、妯娌间相互帮忙最为重要，原因是插秧是当地传统农业生产工序中最为重要，也最为辛苦和繁重的一项劳动，而这一生产环节在当地又主要由女性完成。因此，亲属关系中的姨、姑、表姐妹、堂姐妹、妯娌是当地生产互助的主力军。每到农时节令，各家各户自己插秧备耕，到开插的那一天，邻里、亲属间还没开始插秧的，或已经插完秧的，便在主家的邀请下或自动前往帮忙，这种帮忙是纯粹的相互义务，相互间不用付工钱，只需准备一餐平常的饭菜。而农忙过后的田间管理，则主要由各家各户自己完成。

2. 雇工、阶级与亲属

雇工有雇长工和短工两种方式，雇长工一般每年由雇主一次付给 1000 斤谷子的实物酬劳，短工则按农忙每天 4—5 斤的谷子，平时一天一斤谷子的标准付给酬劳。一些大户还聘请管家专管账目及长短工每天的工种安排，长短工只有完成管家分配的劳作任务才能如约领到酬劳，因此，不是很贫困的人家是不愿意到大户人家去当长短工的，特别不愿意到有亲戚关系的大户人家去当长短工。据了解，闭村的几个大户如覃雄才、韦世畅、韦世能等家也没有雇有亲戚关系的长工，就是连短工也比较少，长短工多数是无亲无故的人家。同时，调查中还发现，一些雇长工的人家并不一定是大户，如地主覃克己，他长期工作在龙山乡守粮所，家里有二十亩的田，便请来两个长工耕种。而由于覃克己是在粮所工作，本身有粮钱津贴，基本上够养家糊口，因此，每年自己的田产收入除了部分作为两个长工的酬劳外，余下多数拿去放债，也因此，到土改时，家境并不是十分富有的他被评为地主。另外，调查中还发现，虽然中华人民共和国成立前闭村有不少人家放过高利贷，但却没有发现因欠债到债主家以工抵债的劳役式长短工。

3. 出租、承租与亲属

亲属在土地的出租和承租的关系上扮演着重要的角色。据村民回忆，中华人民共和国成立前，土地的出租人家和承租人家除了利益关系外，还存在着某种程度的亲属关系或邻里关系，其利益关系主要表现为地租按水田的等级交付，一般是一等水田，即土质好，水源充足，近村的水田，年交定额实物 3—4 斗的租谷，如果按比例分成，则往往地主 3.5 成，佃农 6.5 成；而中等水田，则佃农需交实物地租 2—3 斗，分成租则地主 3 成，佃农 7 成左右，租期由地主与佃农自行订立。一般来说，佃农一年收割稻谷两次，但租谷只在每年的冬季一次性交完，不流行预付地租，也不用交租谷以外的其他物品，并且有些地主还随田租给母牛，佃农可以无偿地使用母牛耕田，但母牛产仔必须如实报告并无偿还给地主。社会要求地主家田地的出租分配必须把好田好地首先租给无地或少地的同 ra：n^{13}（姓氏）同 ha：k^{31}tiŋ^{24}（厅堂）的兄弟，其次才到同 kjo：k^{33}同 si^{43}的兄弟，再其次才到 pa：i^{21}laeŋ^{45}及村上和村外的人。否则，会遭到同 ra：n[13]（姓氏）同 ha：k[31] tin[24]（厅堂）同 kjo：k[33] 同 si[43] 兄弟的议论，甚至发生矛盾。如覃雄才的奶奶曾把地全租给自己的 pa：i[21] laen[45] 亲属耕种，无田的同 ra：n[13]（姓氏）同 ha：k[31] tin[24]（厅堂）同 kjo：k[33] 同 si[43] 的兄弟因无田耕种而合计偷她家粮仓里的粮食，最后迫使她不得不把租给 pa：i[21] laen[45] 亲属的田收回来，转租给闭村同 ra：n[13]（姓氏）同 ha：k[31] tin[24]（厅堂）或同 kjo：k[33] 同 si[43] 的兄弟耕种。还有韦世畅的妻子是朝南村大地主，pa：i[21] laen[45] 有人在官府做官，为此她有恃无恐，把好田地都租给 pa：i[21] laen[45] 亲属耕种，不好的田才租给同 ra：n[13]（姓氏）同 ha：k[31] tin[24]（厅堂）同 kjo：k[33] 同 si[43] 的兄弟耕种，为此，同 ra：n[13]（姓氏）同 ha：k[31] tin[24]（厅堂）同 kjo：k[33] 同 si[43] 的兄弟联合起来，把韦世畅抓来软禁，结果被他设计逃脱，并报告外家，有权有势的外家便带来一群兵丁到闭村抓人。

总之，从调查的结果来看，地主和佃农的关系，交织在各种关系之中，其中，利益关系、阶级关系、亲属关系都一起左右着田地的承租关系，而在亲属关系中，同村同 ra：n[13]（姓氏）同 kjo：k[33] 又同 si[43] 的关系与外家势力存在着矛盾，阶级间的贫富差异也存在着矛盾。

（四）"那"的生命共同体

经过长期的开发、耕耘，闭村的土地资源已基本形成自己的分布格局、经营方式、灌溉制度，在此基础上形成的纵横交错的网络关系，构成其生机益然的"那"生命共同体。这一生命共同体所展示的现实空间与历史空间，对于闭村依地理形势所进行的土地所有权、经营权的建构，具有极为重要的意义。而这一生命体的大小血脉及其连通，一方面与依地理形势的走向而出现的水流灌溉息息相关，另一方面又与土地的生产者与经营者的亲缘关系、社会关系不可分割，主要表现在：

1. 水坝建构和田产关系

中华人民共和国成立前，闭村一带没有水库，但逶迤而下的东部山脉，不仅在其山势尽头，如巨人伸出的巨掌，一手托起如公鸡站立的闭村村屯，还依东高西低的地势地貌，在村落东西两面，形成如两翼伸展的丘陵、谷地。经过长期的开垦，如今的丘陵谷地已被开发成绵延起伏的梯田，这些梯田环村分布，梯田之间，阡陌水沟成网络纵横分布，从大山中流出的众多小溪汇合而成的一条小河——闭村河，如这张网络的主动脉，源源不断地给它们输送生命的血液。这条绕村而行的河流，从山脚到平地，经过九道弯，落差达四五十米。中华人民共和国成立前，村民们在这条河上长藤结瓜式地进行水利开发，在河流的拐弯处进行筑坝蓄水引流灌溉，并利用水流落差，在水坝上建水磨、石春进行水推石磨、石春的稻米加工。据初步考察，中华人民共和国成立前，这条河上共有十几个较大的水坝，当时最大的地主覃雄才拥有其中两个，一个在这条小河的最靠山脚处，属于这条小河水头的地方，位置就在现在的马曹水库内，这个水坝除了蓄水灌溉，还安置石春进行稻米加工。据说，当时覃雄才经常骑马到这个水坝考察稻米加工和水资源情况，他家拥有田园 140 多亩，其中，就有五六十亩成片分布在这个水坝下的六屯垌；另一个水坝建在现今的凤凰水库下方，这一位置属于这条小河的另一个重要支流的水源。这个水坝只灌溉不进行稻米加工，可灌溉整个可眼垌百多亩的田，而覃雄才家有七八十亩的良田就成片分布在这里。覃雄才有水春的水坝相隔不远，现在马曹水库的坝首位置又有个水坝，属于地主韦世能和富农潘德旺两家共有，他们的水田也主要分布在水坝下的六屯、那婆、可眼等田垌。从韦世能、潘德旺的水坝往下，到达现在的位置，则是覃寿仲家的水坝及水推石春，再往下则依次是邓氏家族、覃李芳、韦凤飞、覃健康、韦德忠等家或家族的水坝，这些家庭在土改时都一律被评为中农，他们的田地也主要分布在这条小河的两岸及他们家水坝的附近。可见，水坝的建成，意味着对周围土地资源分割格局的初步形成，水坝的主人会等待时机，或出高价把水坝周围的田地买为己有，从而形成水坝与土地占有的系统关系。但由于建水坝的石头非常讲究，需到横县去买，因此，不是大户人家或大家族是没有能力筑坝的。而筑了坝，如果没有雄厚的经济实力投入田产，或有钱投入田产，却没有实力构筑、购买水坝，则水坝或田产都很容易被竞争对手收买而易手，从而形成水坝与土地占有之间的历史关系。

2. 水坝、田地与民族关系

在闭村村前，横亘着一条狭长的，向南可接通浔郁平原，向北可与桂中盘地连成一片的，属于南北走向的平原谷地，在这一平原谷地上，人烟稠密，村落相望，其中，与闭村最近的村落是东榜、中央、京岭这几个讲客家话的小村屯，这些讲客家话的小村屯据说很晚才到这一带建村立屯。并且由于他们过于精明，闭村及其附近的壮族人对他们有非常强烈的戒备心理，而这些村屯的客家人为了在当地立脚，必须有水源、田地供养，而经验告诉他们，仅仅凭财大气粗，肆无忌惮地开沟置田肯定会受到闭村及当地壮族人的驱逐和反抗，为此，他们略施小计，千方百计与当地壮族人结亲，并通过结亲而实现对水源的控制，而一旦控制水源，当地壮族人由水源田产结成的联盟或系统关系就会出现缺口，让客家人有可以攻破的脆弱环节。如，在现在的村委办公室的下方有个水坝，是因为中华人民共和国成立前，京岭一带的田地经常缺水灌溉，于是，京岭的一家地主想方设法与闭村的一户普通人家结亲，开始，他给闭村的这户人家大量好处，获得好感后才提出结亲的事，并答应将给予重聘，但条件是，要闭村的这户人家给自己的女儿在京岭一带买块陪嫁的田。而当时闭村及这户嫁女的人家都不知道这是客家人的计策，于是，高高兴兴地在京岭一带买了块陪嫁田并把自己的女儿嫁了过去。结亲不久，京岭的客家人便在村委前的小河上建了个水坝，名义上是要水灌溉那块陪嫁田，实际上是为了把这条河流的水引向京岭的田垌。后这个京岭地主又凭着水坝和亲戚关系，在闭村的可眼垌买了七八亩的田，而在这以前，客家人的田是无法进入这一地带的。

由上可知，水坝、田地与民族关系，在当地开明开放的婚姻习俗制度下，实现了生命共同体的重新打造，当然也把当地原本紧张的壮汉民族关系推向和谐共生的发展新阶段。

3. 水坝与阶级、亲属关系

土改时，水坝虽然没有作为闭村阶级划分的重要依据，笔者也没有获得水坝与阶级、亲属关系的详细系统资料，但从对土地的初步考察发现，水坝与阶级及亲属是有一定关联的。一般来说，富豪或殷实之家，多以建水坝作为自己经济实力和经济地位的一种展示，从而形成有坝阶层的经济社会共同体，这一共同体对外可以抵抗住外村或外族人对闭村土地的争夺，对内可以保证有坝阶层的所有田地甚至他们的亲属都得到充足的水源，保证有坝阶层及其亲属的利益。据老人回忆，民国初年，高村的客家族地主曾计划到马曹水库下买田买地并在此立屯，但遭到闭村地主和村老的一致反对，有坝的阶层联合起来，实行对这个高村地主的水源封锁，结果，这个高村地主的钱虽然可以买到田地，但却无法买到水坝和水源，最后这个高村地主只好放弃在闭村买田立屯的行动和计划。而对内，一些有钱有势的地主，为了实现对水坝周围土地的垄断，也往往先对某块田进行水源封锁，然后才把田买过来，因此到土改时，地主富家的田地多分布在离水坝近，水源充足的中心地带，而贫雇农的田地多分布在离水坝远，水源紧张的山脚。这些山脚田要想有所收成，利用晚上去偷水是经常的事，而公开抢水的事件也时有发生，为此，阶级矛盾往往因水而发。但也有些例外，则在地主的水坝下或成片的田地间插花式镶嵌着一些贫雇农的田地，出现这种情况，多数是这些贫雇农与这些地主或水坝的主人存有某种亲戚关系，如土改前，邓家有两亩多的田就位于地主覃雄才的"va：i⁴⁵sa：m⁴⁵ko：p³³"下，既仰赖覃雄才的水坝供需水源，又非常显眼地插在覃雄才的大片田地之间，而覃雄才不但没有与邓家谈论这两亩多田的买卖之事，也没有对这两亩多田实行水源控制，这两亩多田之所以得到这样的关照，原因是这两亩多田的主人与覃雄才家是亲戚关系。据说有一年天旱，水源比较短缺，不知内情的覃雄才的管家便把通往这两亩多田的水沟堵死，还扬言要把这两亩多田铲平，后来覃雄才知道了，便专门到邓家道歉，说管家不会讲话，伤了亲戚感情，并保证今后覃家会继续照顾邓家亲戚，使得邓家的这两亩多田一直保留到中华人民共和国成立。

四 土地所有制与 ra：n^{13}、组、队的运作

以 1952 年的土地改革为分界线，闭村的土地所有制分土改前的私有制、1952 年到 1979 年的公有制、1979 年到现在的联产承包责任制三个阶段。三个阶段的土地系统关系，虽然各有特征，但却贯穿着经过层层转化而以 ra：n^{13} 为其精神内核的社会运作机制。ra：n^{13} 与土地的关系实质上是建立在家国基础之上的亲属与经济关系。这一关系的内在法则虽然形式多样，但建立在亲属制度之上的社会交往规则、礼仪等所显示的内在精神力量，始终是闭村社会最持久的传统和最有活力的经济成分，主要表现在：

（一）土改前后的土地私有制及其系统运作

1. 土改前各阶层对土地的占有

闭村在 1952 年上半年进行土地改革。当时土地是以 ra：n^{13} 为单位进行登记的，后又按各 ra：n^{13}（家）对土地的占有比例及生产、经营情况进行阶级划分。根据闭村村委提供的 1952 年 6 月的

"土改前后分户调查表"，当时全村共有土地 2546.89 亩，1771 ra：n[13]（户），这 1771 ra：n[13]（户）按其土地占有与经营方式分为地主、富农、中农、贫农、雇农五个阶层。为此，笔者对闭村各阶层的土地占有情况进行了分类汇总，绘制了表附 1－1："土改前后闭村各阶层的土地占有情况表"；表附 1－2"土改前后地主土地占有情况表"；表附 1－3"土改前后富农土地占有情况表"；表附 1－4"部分中农土改前后土地占有对比表"；表附 1－5"土改前后部分贫农土地占有对比表"共五个表。（见附后）根据这些表，我们知道，按当时的登记和阶级成分的确定，土改前闭村的地主总户数 9 户，占全村户数的 0.51%，人数 26 人，占全村人数的 1.5%，耕地合计 283.28 亩，占全村耕地的 11.12%，人均耕地 10.9 亩。而当时全贵县的地主耕地占有情况是：地主总户数 5991 户，占全县户数的 5.51%，人数 45827 人，占全县人口的 8.29%，耕地合计 275229.72 亩，占全县耕地的 22.33%，人均拥有耕地 6 亩。也就是说，与全县的地主经济平均水平相比，闭村的地主经济要相对发达。

而富农 12 户，占全村户数的 3.2%，人数 57 人，占全村人数的 3.2%，耕地合计 191 亩，占全村耕地的 7.50%，人均耕地 3.35 亩；当时全贵县的富农耕地占有情况是：全县富农户数 2991 户，占全县总户数的 2.75%，人数 21685 人，占全县人口的 3.92%，耕地合计 109790.27 亩，占全县耕地的 8.91%，人均耕地 5.05 亩，也就是说，与全县的富农经济相比，闭村的富农经济处于居中略低的水平。

中农 183 户，占全村户数的 49.46%，人数 968 人，占全村人数的 54.66%，耕地合计 1343.37 亩，占全村耕地的 52.75%，人均耕地 1.39 亩；而当时全贵县的中农经济情况是：中农户数 30905 户，占全县总户数的 28.40%，人数 188674 人，占全县总人口的 34.15%，耕地合计 458247.71 亩，占全县耕地的 37.19%，人均耕地 2.52 亩。也就是说，闭村的中农经济处于全村经济的主导地位，与全县的中农经济相比，闭村的中农经济非常发达。

贫农 160 户，占全村户数的 43.24%，人数 650 人，占全村人数的 36.7%，耕地合计 269.5 亩，占全村耕地的 10.58%，人均耕地 0.41 亩。而当时全县的贫农经济情况是：贫农总户数 54152 户，占全县户数的 49.76%，人数 249116 人，占全县人口的 45.08%，耕地合计 321634.88 亩，占全县耕地的 26.10%，人均耕地 1.29 亩，也就是说，与全县贫农经济的平均水平相比，闭村的贫农经济要相对落后，贫农这一阶层要相对贫困。

雇农 7 户，16 人，耕地合计 0.4 亩。而当时全贵县的雇农是 8335 户，22884 人，耕地合计 10444.52 亩，占全县耕地的 0.85%，人均耕地 0.46 亩，也就是说，闭村的雇农与全县的其他地方相比要贫穷得多。综合各种情况，可以看出，当时闭村经济发展态势是：中农经济占主导地位，地主经济比较发达，贫雇农经济水平较低，贫富差别大。[1]

2. 土改后各阶层的土地占有

经过土改运动，闭村各 ra：n[13]（户）的土地占有状况发生了翻天覆地的变化。其中，变化最大的是地主和贫雇农。根据表附 1–2，土改前闭村地主人均拥有耕地 10.9 亩，到土改后便人均只有 1.62 亩；而贫农在土改前人均土地只有 0.41 亩，但土改后达到人均土地 1.07 亩；7 户共 16 人的雇农，土改前只共同占有土地 0.4 亩，土改后达人均土地 1.2 亩。而根据表附 1–2 和表附 1–3，我们则发现，土改后的富农和中农土地总量和各 ra：n[13]（户）及人均占有的土地都变化不大，如富农土改前共有土地 191 亩，人均 3.35 亩，而土改后则拥有土地 166.98 亩，人均 2.92 亩，中农土改

---

[1] 《贵港市志》，1993 年，第 369 页表二。

前拥有土地总数为 1343.37 亩，人均 1.39 亩，而土改后拥有土地总数为 1712.33 亩，人均 1.77 亩，其中绝大多数的中农土改后仍是耕种土改以前的土地。这是当时国家政策，如在土地、财富均等的原则下对地主土地的没收，及在团结稳定的基础上对中农保护的具体呈现。

3. 土改后 ra：n^{13}（家）的结构

由于 ra：n^{13}（家）向最小的方向发展，因此，原来以 ra：n^{13}（家）为单位的财产资源体系便跟着发生了变化，过去 ra：n^{13}（家）中最年长的家长或长子所拥有的生产安排和财产资源的生产、积累和开支的绝对权威，被核心家庭所取代，年轻的夫妇共同拥有生产的自主权，共同计划财富的积累和消费，共同抚养未成年的孩子，原来的家长特权和权威消失了。

根据老人回忆，中华人民共和国成立前，闭村崇尚几代人同堂的大家庭，不少 ra：n^{13}（家）的家庭成员要包含祖父母、父母和已分别成家的兄弟。但在土改运动中，不少这样的大家庭解体成为核心家庭，原因是这些大家庭人口众多，拥有的土地、房子也多，而土地、房子的过分集中，会对 ra：n^{13}（家）的阶级成分的评定不利。为此，很多明智的家长在土改前夜突击分家，把集中的土地、房子和其他财产分散到各核心家庭中，以此为策略，尽可能地把自己的阶级关系建构在贫下中农的范畴之中。因此，1952 年进行的"闭村土改前后分户调查表"中的 ra：n^{13}（家）的人口结构基本上是由父母及未成年的孩子组成。其中，由 1 人构成的 ra：n^{13}（家）达 36 个，由 2 个人构成的 ra：n^{13}（家）50 个，由 3 个人构成的 ra：n^{13}（家）44 个，由 4 个人构成的 ra：n^{13}（家）47 个，由 5 个人构成的 ra：n^{13}（家）45 个，由 6 个人构成的 ra：n^{13}（家）44 个，由 7 个人构成的 ra：n^{13}（家）20 个，由 8 个人构成的 ra：n^{13}（家）19 个，由 9 个人构成的 ra：n^{13}（家）14 个，由 10 个人以上构成的 ra：n^{13}（家）8 个。之所以出现那么多一人或两人构成的 ra：n^{13}（家），原因是一些老年夫妻自成一 ra：n^{13}（家），而不跟任何一个子女合为一 ra：n^{13}（家），或者是夫妻俩的一方跟了某个儿子，但另一方则自成一 ra：n^{13}（家）。也有些是兄弟及同龄的人都已成家，而自己无法娶妻的单身男子自成的 ra：n^{13}（家）。

4. ra：n^{13}（家）与阶级成分

一般来说，同一 ra：n^{13}（家）的家庭成员其阶级成分是一样的，而如果不是同一 ra：n^{13}（家）的家庭成员，则哪怕是父子、兄弟、夫妻的成分也不一定相同。如覃雄才和覃超才是两兄弟，则成分一个是地主，另一个是中农；韦凤寅和韦德宜是父子，而成分则一个是下中农，另一个是富裕中农；韦寿南与姆锌是夫妻，与韦世畅是父子，但妻子、父亲是地主，寿南则不属于地主。之所以形成这样的情况，一是父子兄弟已经分家，分属两个 ra：n^{13}（家），而两个 ra：n^{13}（家）的土地财产不一样，或土地财产一样，但一边是自耕、自给、自足，而另一边则是出租田地，请长短工、放高利贷等；二是当地有个习俗，分家时父母分属长子和幼子两个不同的 ra：n^{13}（家），或父母双方一方跟了长子或幼子，另一方则既不跟长子也不跟幼子，而是自成一 ra：n^{13}（家），这样，就会造成即使是夫妻，阶级成分也不一样。此外，还有一种情况是，丈夫在外读书，属于知识分子阶层，而妻子在家经营田产，则属于地主阶层。如中华人民共和国成立前韦寿算一直在外读书，所有田地交给妻子经营，妻子不仅供他读书的费用，还成全他经常拿家里的财物去救济穷友，结果土改时，斗地主分田地都只斗他的妻子。土改后，寿算考上大学，工作后把妻子一起接到外地并安排了工作，但1961 年全家又被下放回来，当时村里给地主派义务工的时候也没有他的份儿，而他的妻子则不得不参加所有的义务劳动。问及当时的村长，为什么会出现这种情况，村长解释说，因为土改时寿算还在读书，而读书人是消费者，谈不上剥削，所以不能划为地主，而他的妻子又出租田产，又雇劳动力，显然是地主，而按当时的政策，地主是要挨批斗和做义务工的，因此他的妻子当然就免不了了。

（二）土地公有制与组、生产队的运作

1953 年 4 月 25 日，原贵县第六区的山东乡从第六区中独立出来，成立第七区，管辖 19 个乡，闭村与大同村合为同闭乡，乡以下分组，组以地缘为界，由东到西把整个闭村分成 12 个组，根据 1953、1954 年的两份土地税征收分户清册上登记的各组户主名单（组的户主名单附后）了解到，当时组的形成具有以下几个方面的特点：

1. 从组的内部关系来看，组的体系被包含在世系群的体系之中

如第 4 组共 27 户，156 人，全部姓覃，其中跟母改嫁闭村覃家并发展成为覃家一大支系的覃理芳这一支覃姓，全部在这一组里，另外由闭村陈家过继覃家而发展起来的覃寿雅这一支系，也全部是被分在这个组里。也就是说，第四组是由覃家的两个支系组成。还有：第 11 组 29 户 144 人，第 12 组 27 户 127 人，全部是由传说中的韦全余改姓黄全余的这一支黄姓组成；第 5 组 23 户 125 人，除了一户韦姓外，其余全部是陈氏，陈氏中的陈宏开和陈宏雁两大支系的大部分成员，绝大部分被包含在第 5 组之中；第 6 组 31 户 141 人，全部姓韦，含韦氏的德清支、天迫支、开浪支、凤安支这四大支系；第 7 组 30 户 133 人，除了黄世雄、黄鹤瑜、黄姆埃、黄姆等、黄书学 5 户黄姓外，其余全部是文勤支、天迫支的韦姓支系；第 8 组有 43 户 230 人，由韦、潘、黄、覃四大姓组成，其中由昌平村潘家过继闭村韦家的韦文勤这一支韦姓，由本镇高村迁居闭村的韦建宜这一支韦姓，由龙山迁居闭村这一支潘姓，都全部被包含在这一组里；第一组由韦、梁、邓、潘、周五姓组成，其中，邓永萌这一支邓氏家族，梁天孔、梁祖念这两支梁氏家族，

周国保这一支周氏家族，都全部被包含在这一组之中。从以上可以看出，组的体系和世系群的体系虽然不是一对一的关系，但却是相互包容的。

2. 组由邻里关系、亲缘关系的 ra：n^{13}（家）与 ha：k^{31} tiŋ^{24}（厅堂）构成

组虽然表面上完全是政府的行为，与宗族世系意识没有关系，但实际上却是建立在世系之下的邻里关系、邻里之下的 ha：k^{31} tiŋ^{24}（厅堂）与 ra：n^{13}（家）的组合，因此，亲属关系被包容在组的制度生活之中。如从组的户主名单来看，每一组包含 30 个 ra：n^{13}（家）左右，并以 ra：n^{13}（家）为单位进行登记和管理，而从 ra：n^{13}（家）与 ra：n^{13}（家）之间的关系来看，则会发现，构成组的各 ra：n^{13}（家）又可以归纳到不同的 ha：k^{31} tiŋ^{24}（厅堂）之中，而各个 ha：k^{31} tiŋ^{24}（厅堂）在地缘上则都是邻里关系，或不仅是邻里关系，同时还是世系的分支关系，通婚的亲戚关系等。如第一组的邓永志、邓永萌、邓瑞贺这三 ra：n^{13}（家），是同一个世系同一个 ha：k^{31} tiŋ^{24}（厅堂）；邓永送则是邓氏的另一个世系另一 ha：k^{31} tiŋ^{24}（厅堂）；潘运祥、潘开旺分属两个世系两个 ha：k^{31} tiŋ^{24}（厅堂）；梁有通、梁祖念、梁炳文、梁姆伦也是分属两个世系两个 ha：k^{31} tiŋ^{24}（厅堂）；韦建蒙、韦建翁、韦建金、韦建弟、韦建南则是同一个世系但属于不同 ha：k^{31} tiŋ^{24}（厅堂）的远房堂亲；韦书开、韦寿绪、韦书掉、韦巴则是同一个世系同一 ha：k^{31} tiŋ^{24}（厅堂）；周炳榜、周炳华是同一世系同一 ha：k^{31} tiŋ^{24}（厅堂）；周国保是一个世系一个 ha：k^{31} tiŋ^{24}（厅堂）；韦进隆、韦梓子、韦巴活是同一世系同一 ha：k^{31} tiŋ^{24}（厅堂）。又：第二组中的邓氏全部是同一 ha：k^{31} tiŋ^{24}（厅堂）；所有的韦氏分为两个 ha：k^{31} tiŋ^{24}（厅堂）；第三组的所有覃姓同一个 ha：k^{31} tiŋ^{24}（厅堂），另外的 5 户韦氏是一个 ha：k^{31} tiŋ^{24}（厅堂），4 户陈氏又是一个 ha：k^{31} tiŋ^{24}

（厅堂）；第十组的韦姓 9 户，黄姓 23 户，其中韦氏都是同一 ha：k^{31}tiŋ^{24}（厅堂），而另外的 23 户黄姓，则分别属于书真、汉同两大支系两大 ha：k^{31}tiŋ^{24}（厅堂）；第四组全部是姓覃，分属覃氏中的覃效山、覃理芳这两个 ha：k^{31}tiŋ^{24}（厅堂）；第五组全部姓陈，分两个 ha：k^{31}tiŋ^{24}（厅堂）；第六组除了一户姓韦，其余全部姓陈，分属四大 ha：k^{31}tiŋ^{24}（厅堂）；第三组的所有覃氏分属两个 ha：k^{31}tiŋ^{24}（厅堂），所有韦氏分属两个 ha：k^{31}tiŋ^{24}（厅堂）；其余韦氏又一个 ha：k^{31}tiŋ^{24}（厅堂）。

也就是说，表面上看，组是由邻里关系的 ra：n^{13}（家）构成的，但 ra：n^{13}（家）的内部有系统上的关系，这种关系就是世系与 ha：k^{31}tiŋ^{24}（厅堂），则组在本质上是 ha：k^{31}tiŋ^{24}（厅堂）的集合，而 ha：k^{31}tiŋ^{24}（厅堂）又是 ra：n^{13}（家）的集合。此外，这些 ra：n^{13}（家）与 ha：k^{31}tiŋ^{24}（厅堂）除了居址相近外，还有不少具有婚姻关系，则同组但不同姓、不同 ha：k^{31}tiŋ^{24}（厅堂）的青年男女之间，如果不违反其他的通婚规则更容易因从小相处而结为夫妻。如第一组的韦建南的母亲来自邓永送这一 ha：k^{31}tiŋ^{24}（厅堂），邓永送的弟弟娶梁天孔的姑姑；韦寿绪的姐姐嫁到邓永盟这一 ha：k^{31}tiŋ^{24}（厅堂）等。

3. 在结构上的组与 si^{43} 的关系

由于世系群总是由若干个 ha：k^{31}tiŋ^{24}（厅堂）组成，而若干个 ha：k^{31}tiŋ^{24}（厅堂）又总按一定的风水走向形成若干个聚落单元，若干个聚落单元又形成 kjo：k^{33} 进而形成 ba：n^{33}。ba：n^{33} 是社团的空间范畴，有共同的地域，共同的宗教信仰，共同的组织形式。而组虽然没有共同的宗教信仰，但有共同的地域，共同的组织形式，并在结构上与组形成一定的关系，如同构关系、平行关系、交叉关系等。首先是同构的关系，如第四组的所有成员都姓覃，他们居住的单元就以他们的姓命名，叫 kjo：k^{33} 覃，kjo：k^{33} 覃的人全祭新兴社，因此，就结构来看，组与 si^{43} 是同构的关系；其次是平行的关系，如第十一组和第十二组，他们全部是同一血脉的黄姓，全部居住闭村 kjo：k^{33} kum^{31}，全部祭大兴社，从而形成两个组与社的平行关系；再次是交叉关系，如第九组的十户韦氏全部祭安泰社，另外的 18 户黄氏则祭大兴社，第十组的 9 户韦氏祭安泰社，另外的 23 户黄氏祭大兴社，两组与社的关系是交叉的关系。

4. 组与生产队

在闭村的集体化过程中，国家及地方基层组织的政治权力虽然强有力地渗透到村以下的生产队，但原来以血缘、地缘为纽带的，以 ra：n^{13}（家）为核心，由 ra：n^{13}（家）、ha：k^{31} tiŋ^{24}（厅堂）、kjo：k^{33}、ba：n^{33}、si^{43} 构成的旧体系仍在一定范围内继续运作。生产队是从高级社开始产生的，到 1955 年，闭村掀起农业合作化运动，第一批村民进入初级社，初级社的社员一般是贫雇农，并自带田地、生产工具、生产资料入社，社长由民主选举，社的田地插花式遍地分散；到 1957 年，所有还没有入社的村民统统入社，叫高级社，高级社把田地、村民划片管理，全村分出 16 片，形成 16 个队，而 16 个队只是一种生产协作单位，田地、生产资料仍归社统一管理。直到 1961 年，三个高级社全部解散后，16 个队才在国家的"三级所有，队为基础"的经济体制运作下，成为田地、生产资料的实际拥有单位，生产队的社员集体参加劳动，按劳取酬，经历了 20 年的集体所有制的生产和生活。

考察生产队的结构与建制，发现组的核心内容仍然没变。当时分生产队的具体操作是，由村东头的学校开始，由东到西，按序进行片的划分和户的编号，全村分出 16 片，494 号，其中，1—40 号为第一片第一生产队；41—69 号为第二片第二生产队；第 70—97 号为第三片第三生产队；第 98—136 号为第四片第四生产队；第 137—166 号为第五片第五生产队；第 167—195 号为第六片第六生

产队；第 196—233 号为第七片第七生产队；第 234—261 号为第八
片第八生产队；第 262—292 号为第九片第九生产队；第 293—320
号为第十片第十生产队；第 321—345 号为第十一片第十一生产队；
第 346—376 号为第十二片第十二生产队；第 377—407 号为第十三
片第十三生产队；第 408—438 号为第十四片第十四生产队；第
439—465 号为第十五片第十五生产队；第 466—494 号为第十六片
第十六生产队。

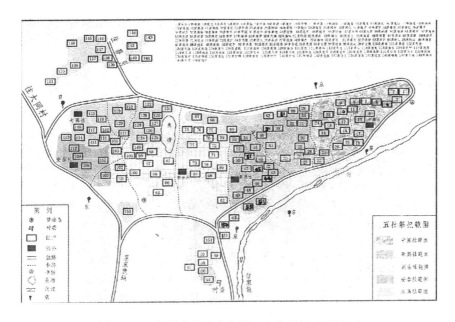

图 2 – 13　闭村户的分布与社、生产队关系结构图

户主：1. 梁天其　2. 邓瑞运　3. 梁进光　4. 周国有　5. 潘开旺　6. 周善基　7. 韦世各
8. 韦书谭　9. 韦寿法　10. 韦寿算　11. 韦寿种　12. 韦世健　13. 邓瑞妙　14. 韦建翁
15. 韦建弟　16. 邓瑞足　17. 韦进田　18. 邓瑞进　19. 邓瑞益　20. 韦凤说　21. 韦凤清
22. 韦寿珠　23. 韦寿安　24. 覃仲兴　25. 韦寿算　26. 覃干详　27. 陈书解　28. 覃超行
29. 覃超等　30. 覃国世　31. 覃国仁　32. 覃超文　33. 陈书宜　34. 覃寿岩　35. 韦寿仁
36. 韦开文　37. 覃世杰　38. 覃寿余　39. 覃寿案　40. 覃伟明　41. 韦开朗　42. 覃超升
43. 韦乐龙　44. 覃衍衡　45. 覃进凡　46. 覃朝平　47. 覃衍潮　48. 覃玉照　49. 覃文洱
50. 覃若远　51. 覃寿勋　52. 覃国恩　53. 覃寿雅　54. 陈玉萍　55. 覃若云　56. 覃理芳
57. 韦华堂　58. 韦继联　59. 韦继贤　60. 韦天镰　61. 韦继味　62. 陈炳端　63. 陈耀成

64. 韦继台　65. 陈超上　66. 韦继苗　67. 韦德叶　68. 韦德宜　69. 陈超济　70. 陈超翠　71. 陈超贤　72. 陈炳文　73. 陈炳俭　74. 陈书胖　75. 韦乃积　76. 韦继人　77. 韦永认　78. 韦德线　79. 韦继色　80. 韦继炮　81. 黄运环　82. 韦建宜　83. 覃进校　84. 覃德先　85. 覃进仁　86. 陈炳红　87. 韦继正　88. 韦寿君　89. 韦德日　90. 韦寿堆　91. 韦建等　92. 韦寿汉　93. 潘德真　94. 潘德发　95. 韦寿勃　96. 韦世荣　97. 韦文勤　98. 黄道雀　99. 韦仕红　100. 韦仕乐　101. 黄汉乐　102. 黄书庭　103. 黄天浪　104. 黄天照　105. 黄天高　106. 黄汉同　107. 黄书观　108. 韦国珠　109. 黄汉国　110. 黄金昌　111. 黄昌　112. 韦寿详　113. 黄天走　114. 韦书柏　115. 黄道夏　116. 黄金水　117. 黄明呼　118. 黄运简　119. 黄天培　120. 黄桂比　121. 黄桂成　122. 黄桂云　123. 黄付本　124. 黄天台　125. 黄天味　126. 黄明仕　127. 黄道奇　128. 黄金军　129. 黄道政　130. 黄运喜　131. 黄运队　132. 黄付嵩　133. 黄付才　134. 黄超样　135. 黄运守　136. 黄明柴　137. 黄运能　138. 黄付转　139. 黄桂宏　140. 黄付守　141. 黄付邦　142. 陈耀品　143. 黄道俄　144. 黄付艾　145. 黄运酒　146. 黄道其　147. 韦继欢　148. 黄天瑞　149. 覃轰详　150. 黄天肖　151. 韦德记

由于生产队的划分仍以地缘为界，这就使得组的系统仍在生产队的系统中得以保留，如第一生产队包含村东头从学校开始的40户村民，这40户村民都属于原来的第一组，而原来第一组靠西的几户如韦建金、韦建弟、韦寿绪等则被分到了第二队，以下各队依此类推。其中的第14、第15、第16队则是从原来的第十一、第十二组分化出来；第5队则由原来的第四组形成。

5. 生产队的工分制与按劳取酬

生产队是按工分计酬的，而工分有按出勤率和工作量计算的两种方式。如果按出勤率计算，则只要社员按时出工、按时收工就可以获得当天的定额工分，而如果按工作量计算，则比较复杂，常见的两种形式是：一是给行业工种评工分，如水管理员、集体牲畜饲养员、山林管理员等需要一定经验和人员相对固定的行业工种，都需在社员大会上进行全年的工分评估和招标，中标的社员按行业工种的特点，自由出工收工，工分则由生产队按季度或按年结算给；二是按工作量计工分，如收割稻谷按斤计分，插田按面积计分，积肥按担计分等。

在生产队时期，人们以工分养活自己和家里的人，生活的好坏仰赖生产队农业的收成和副业的经营。因此，对于一个家庭来说，劳动力越多，挣的工分就越多，分得的报酬就越多，生活就越好，否则无工分购买口粮，便成为缺粮户，得找钱去买基本口粮，生活会相对贫困。而对于一个生产队来说，农业收成好，副业经营好，则队员的工分值高，收入高，整体的生活水平高。一般来说，生产队在每年的冬季结算一次工分，并张榜公布每个劳动力全年的工分总量，然后按当年生产队的工分值，把各 ra：n[13]（家）所有劳动力所挣工分值相加，减去各 ra：n[13]（家）当年按人口数量从生产队获得粮食、副食品等生活必需品所折合的工分值，如果得的是正余数，即这一 ra：n[13]（家）是余粮户，可从生产队分得余粮款；如果是负数，即这一 ra：n[13]（家）是缺粮户，他们必须从别的渠道找到钱来买工分值无法填空的部分。

（三）家庭联产承包责任制与村民小组

闭村在 1980 年进行家庭联产承包责任制，在此改革中，原来由闭村与大同村组成的同闭大队被取消，闭村成为一个独立的行政村，行政村下辖 16 个村民小组。16 个村民小组的组员和土地都是由原来的 16 个生产队直接转化，只是原来集体所有的土地被进一步转化到各 ra：n[13]（家）。转化的方式是把全组的土地按优、中、下分出三等，每一等的土地都按平等原则平均分给各 ra：n[13]（家），其中，人口多的 ra：n[13]（家）分得大的田块，人口少的 ra：n[13]（家）分得小田块或把大田块切割成小田块。这样，仅仅经过1980 年的第一轮切割，闭村的不少田地便在这种切割中变得零碎了。如属于第一村民小组的三界峒，生产队时按其自然状态只有 21丘，但 1980 年承包到户时，仅 13.45 亩的田便被分成 32 块，分给32ra：n[13]（家）。另外，土地被承包到 ra：n[13]（家）后，又会随着分 ra：n^{13}（家）而继续分化，或随着 ra：n^{13}（家）的人口变动而出现土地的转让。

从目前掌握的材料看，由分 ra：n^{13}（家）进行的土地进一步切割已在进行，切割方式与把生产队的土地分到各 ra：n^{13}（家）是一样的，完全遵循平等原则，中华人民共和国成立前曾长期存在的留长子长孙田的习俗不见有恢复的迹象。同时，实行土地承包制20 年来，有些 ra：n^{13}（家）的子女已不再务农，他们在外边有单位有职业，这样，承包给他们的土地则必须转让出去，而在这方面，政府的 30 年不变政策给了他们极大的自主权，但这种自主权在闭村却受到了限制，一般来说，人们可以把土地转让给与自己同 ha：k^{31}tiŋ^{24}（厅堂）、同 kjo：k^{33}、同 ba：n^{33}、同 si^{43} 的人耕种，或让自己已经出嫁的女儿女婿回来耕种，而绝不允许把土地让给 pa：i^{21}laeŋ^{45}（外家）耕种，哪怕这个 pa：i^{21}laeŋ^{45}（外家）也是同 kjo：k^{33}、同 ba：n^{33}、同 si^{43}。

（四）综述

闭村的家屋社会有自己的一套体系来应对国家与社会的变动，这套体系源自以血缘关系为纽带的经济、社会共同体内部某些不成文的盟约。这种盟约在传统与现代的冲突中，也不断地对自我进行调整，并在调整中实现自我更新，找到新的活力：

（1）人们在生活世界中持续进行的 na^{13} 的开垦、灌溉、耕耘及其稻米产品的加工、饮食、交换，是稳定的居所 ra：n^{13} 获取生计来源及其保持延续性的前提；

（2）土地所有制与 ra：n^{13}、组、队的运作，与人们持续进行"ra：n^{13}"的建造及在此基础上形成的 kjo：k^{33}、si^{43}、ba：n^{33} 的聚落形态，是社会权力与资本运作体系推动 ra：n^{13} 向峒—孟—家国—天下演化的本土化途径；

（3）社会权力与资本的运行体系，在很大程度上是围绕着

"那"与"兰"的物质文明创造与精神文明的创造而展开的，而"那"与"兰"的相互关联，共同发展，不仅表现为传统生产生活方式上的"垦那而食，依那而居"，同时表现为社会结构层面上的以"那"为本，以"兰"为组织模式的稳固的社会结构体系。

第三节　稻与家屋、生命的互动演化

考察发现，闭村一带传统社会的权力与资本运行体系，很大程度上是围绕着"那"与"兰"的物质文明创造与精神文明创造而展开的，由此形成的以"那"为本，以"兰"为组织模式的"那兰"社会之结构，有时强调二分，有时强调统合或交换。当强调二分时，以"那"和"兰"为符号的社会文化创造，往往代表精神属性上的失序、失范和混乱，甚至代表分离、衰败或死亡。而当"那兰"强调统合或交换时，则往往代表精神属性上的互助、有序、不断循环的秩序状态，进而代表兴旺、再生与永生。而"那兰"社会之运行，其动力源泉往往就产生于"那"与"兰"彼此的分和彼此的合或交换的机制之中，产生于对有条理的、有组织的秩序的重建过程之中。

在这一过程中，聚落的社会秩序建设往往围绕着"那"或"兰"的无意识结构而展开。而聚落空间的无意识结构就深藏在当地社会的每一种制度和每一项习俗后面，并往往通过田间劳作、建房、仪式活动、空间权力等的男女分工与合作，通过稻米饭的共食分食与交换等而得以呈现。

一　村落的生命与秩序

在闭村，家屋的伦理之道源于古老的万物有灵论，源于"物我共生"的生态伦理哲学。而"物我共生"的生态伦理哲学在建房、建村的风水实践中,除了包藏男女同体的理想之外,还同时包藏"物(稻)我共生"的理想建构。

(一)村落风水的"物我共生"

在闭村一带,受地形、地势、地貌的影响,村落的基址选址一般是枕山、环水、面屏。由于历史上的各村落居民主要经营灌溉稻作,因此,由定耕和定居双向互动而形成的山、水、田园、村落融为一体的生态景观图,为当地村落 ba:n^{33}最基本的风水格局。这一风水格局一方面表现为极富于地方性知识的风水物象;另一方面表现为生命创造与繁衍过程中男女的二分与统合。

在闭村,村落风水的核心是一些既抽象又具体的风水物象。所谓抽象,是指这些风水物象从根本上来说是村落的集体无意识或精神家园,大部分只能意会,不能言传,或只有巫婆三姐、巫公、道公或村落长老才能说得清其中的一二;而所谓具体,是指这些风水物象,从根本上来说,又仅仅是人们生活世界中司空见惯的一花一草、一物一品、一牲一畜等。

一般来说,村落的风水物象,多数是人们依据山川大地的形、神、势等特征,通过对象化、形象化的比拟,把自然界的某种动物如公鸡、母鸡、水牛、蜘蛛、田螺,花草植物如荷花、茶花、竹子等,人们生产、生活经常使用的某种工具如船、勺子、竹筛、竹箩等,通过想象而与村落的安康富足联系起来,从而形成每一村落与对应的某一动物、植物或工具的相互感应关系。但也有少数是某地历史上或传说中曾是某些物种,一般是动物、植物生活的故乡,于是人们想象这些动物、植物的灵性仍可影响村落的安康富足,从而,把这些动物、植物奉为风水。或是开村立基的祖先们向三姐或道公卜卦后,由三姐、道公告诉他们,其村落的风水为某种动物、植物,或某种日常生活用品等。但不管如何,各村的风水物象为各村的秘密，外人很难知道。

调查发现，闭村周边的各村落都有自己的风水物象，而这些风水物象的原型千奇百怪。如说某村的风水物象为螺蛳，那么，这个村的村落地形有可能是螺蛳形的，也有可能这个村曾是螺蛳生活的家园，或建村之前，人们问仙求神由神告知为螺蛳地。而一旦村落的人们确信自己是生活在螺蛳风水宝地上，那么，人们建房立屯就得顺从螺蛳形态、生活规律而进行，如螺蛳的朝向将决定这村落所有住宅的大致朝向，而螺蛳的习性，如一点泥水而富足安逸、绵延不息的生命特征等，将被赋予村落的人们，也就是说，村落将被赋予螺蛳的灵性；又如，若说某一村落的风水是莲花，那么，莲花不拘东南西北而四面八方开放的特征将决定村落所有的住宅朝向可像莲花一样，不拘东南西北，同时，莲花的高洁、美丽将决定这个村世世代代将多出俊男倩女；又如，假若某村的风水物象为一艘船，那么船的航运方向将决定村落的大致门向，而船可航行万里的雄浑气魄又将决定这个村的人们世世代代将多出一些走南闯北的人才，其中不乏国家之栋梁；等等。

而值得注意的是，人们通过幻想而建构的这种"物我共生"的命运共同体思想，与人们的日常生产生活习俗，如节日的祭祀、灵物的信仰等并没有直接联系，如螺蛳风水的村落不用祭祀螺蛳，也不用背挂螺蛳灵物，更没有诸如不准吃螺蛳等与螺蛳禁忌有关的习俗，其他也依此类推。但人们的生产生活却无时无刻不受这些风水物象的影响。如人们相信，风水物象为螺蛳的村落，一旦动土不当，就会断绝螺蛳生养所必需的污泥肥水，轻则带来螺蛳生养的困难，重则带来螺蛳的干枯死亡，而与之相对应，全村人也轻则遭受饥寒之苦，重则遭受命运不测之灾；风水物象为船的村落，一旦船破漏水，或桅杆断裂，便无法在江河湖海上继续航行，甚至会翻船，与之相对应，全村人也将遭受不可预见的灾难或危机。如"文革"时期,某村在"文革"的派系争斗中伤亡惨重,同时出现村中有威望的长老生病、外出当大官的人遭受降职革职之灾,而这个村的风水物象为船,于是,当地的风水说就把这些不幸归结为该村村民挖井时,挖破了作为风水物象的船体,使承载全村福祉的船体因漏水而不能继续在大海大浪中航行,村民也因此多灾多难。另外,人们还相信,村落的风水物象还可以涵养人们的形貌体质、精神品格、才气能力等,如相信风水物象为牛的村落的人多厚道勤劳,风水物象为蛇的村落的人多精明奸猾,等等。也因如此,人们非常敬畏自己村落的风水物象,村落内的重要活动如建房、挖井、挖沟等,都要考虑不能伤及风水物象。

可见,村落的风水物象并不抽象缥缈,而是最富于生态智慧的地方性知识,很可能是当地万物皆有灵的原始文化观念的延续。但不管如何,其精神属性上的秩序状态,为一种"物我共生"的状态,而失序状态,为一种物我不生不养甚至相克的、混乱的状态。

(二) 村落的失序与"稻我共生"

当村落的风水处于物我不生不养甚至相克、混乱的失序状态下,习俗认为,村落必然会走向衰败与死亡,其表现形式是村落内会出现突发的、不正常的人畜不安,诸事不顺,甚至夭折、死亡现象,解决的办法就是通过"安龙立社"进行全村风水的秩序重建。而秩序重建的根本法则就是"稻我共生"。

过程是:(1)通过自发性的民主议会,组成安龙立社理事会,由理事会登门到各家各户筹集白米;(2)选择安龙立社的吉日吉时,并通知神职人员做好安龙立社的准备;(3)神职人员在吉日的前一天到社坛设驱逐村内污秽妖魔的净坛,并在村外各路口设高高的幡旗警戒外人(含嫁出去的女儿女婿及所有的亲戚)入村;(4)选择吉日吉时,把从各家各户筹集来的白米集中煮成一锅白米饭,并杀鸡杀猪供奉社公神;(5)各家各户的主妇,各准备求添丁、求财、求福的花灯；（6）各家各户的主妇，把全家每人一件洗干净的衣服叠好放进一个竹筛，这些衣服叫"$pu^{21} vaen^{45}$"（pu^{21}为"衣服"之意，$vaen^{45}$为"魂"之意）；（7）神职人员在神坛前跳神作法，分求花、求财、求福等章节；（8）到了晚上，各家的男家长到社坛会餐，各家各户的主妇去社坛领回自己的花灯和衣服，同时，从主持人手中接过一碗米饭，米饭上端放一块猪肉，这块猪肉叫"$no^{21} si^{11}$"。回到家中，米饭和肉每个人都要象征性地吃上一点，并分点给猪吃，据说人吃了这祭神的米饭和肉就会长精神和力气，母猪吃了就会多繁殖，肉猪吃了就会长得又快又大。中华人民共和国成立前，有男儿初长成之家，要单独请神职人员跳求媳妇舞；有女儿初长成之家，还在安龙立社的当天或每年二月二的社节，请来一位有经验的老年妇女，用猪肉上的肥肉擦在女儿的耳垂之处，然后用专门的利器在耳垂处穿洞戴上耳环，戴上耳环的少女开始有了社交的自由。

以上的安龙立社仪式，虽然文化事象纷纭复杂，但其核心是：（1）集各家屋的米，合成全村落 $ba：n^{33}$ 的米，煮成全村落 $ba：n^{33}$ 的米饭，然后举行以男家长为代表的全村落（$ba：n^{33}$）共食仪式，及把全村落 $ba：n^{33}$ 的米饭分到各家屋 $ra：n^{13}$，举行各家屋 $ra：n^{13}$ 共食的仪式；（2）村落 $ba：n^{33}$ 的共食与家屋 $ra：n^{13}$ 的共食之间的关系是建立在彼此的合与彼此的分的基础之上，彼此的合形成村落 $ba：n^{33}$，彼此的分形成家屋 $ra：n^{13}$；（3）仪式过程中禁止一切外人加入，包含已出嫁的女儿女婿，表明村落 $ba：n^{33}$ 与家屋 $ra：n^{13}$ 的共食圈建构，是把由于婚姻而离开村落 $ba：n^{33}$ 与家屋 $ra：n^{13}$ 的部分亲属排除在外的，表明当地社会结构与过程中的 $ba：n^{33}$ 与 $ra：n^{13}$ 的初始状态是从婚姻亲缘团体的二分与统合开始的；（4）安龙立社过程中的求"$taeŋ^{45} baw^{11}$"、点"$taeŋ^{45} va^{45}$"及穿耳环仪式说明，$ba：n^{33}$ 的保护神"$koŋ^{45} si^{43}$"具有佑护 $ba：n^{33}$ 的儿女顺利走向成人成家，如愿地生儿育女的求偶求生殖功能；（5）白米和米饭，共食与分食在仪式过程中所充当的文化角色全与滋养有关，说明寻求米饭的滋养之力才是安龙立社的根本宗旨；（6）据研究，"社"最初为祭祀图腾之圣地。[①] 因此，从起源学上看，村落的风水很可能源自图腾崇拜中的图腾圣物、图腾圣地的演变和发展，是图腾圣物、图腾圣地被"风水"置换后，又与后来的社神崇拜联系在一起的一种信仰，但不管如何，村落的风水带有大量的原始自然崇拜的痕迹，并渗透大量地理学、自然生态学、物候学、物理学的积极内容，且追根溯源，都与米饭的滋养息息相关，说明米饭才是村落"物我合一"秩序重构的发动机，稻米才是村落最根本的生存之本。

综上可知，村落的风水事象有自然崇拜、图腾崇拜、社公崇拜等的文化内涵。而祭"社"的本质就是要对已遭破坏的自然与社会秩序进行"物我合一"的重构，而重构的力量源泉是米饭的共食与分食、男女的二分与统合。这就有力地说明，当地"物我共生"的生态伦理智慧，是建立在"稻我共生"的基础之上。

（三）死亡的失序与"稻我共生"

在当地，家有丧事，若做道场，道场的第一步是孝男跟随道公敲锣打鼓到家屋外接回自己的祖宗，而孝女，主要是死者的媳妇们则在 ha：$k^{31}tiŋ^{24}$（有神位有厅堂）中用草席围成一圈给死者洗澡，穿上寿衣。孝男接祖回来，道公便在一个簸箕中点上一盏花灯并放至死者的灵台，然后喃献灯么经，一边念一边作法，一边不断地在手心哈气然后捂到灯上。喃完献灯经，点燃的花灯由道公（不做道场的话则由族中的一位男性长老或丧事主持者）放到死者的灵柩底下。于是，由死亡而造成的社会结构上的失序，开始了以灵柩下的这盏花灯为起点的秩序重建：一般来说，在出殡的前天晚上，死者

---

① 何星亮：《中国图腾文化》，中国社会科学出版社1992年版，第270页。

ha：k^{31}tiŋ^{24}内所有"pa：i^{11}laeŋ^{45}"（即给妻方），都各派两个命好的中年以上妇女，携带一盏新买的煤油灯、几斤白米赶赴丧家，按先来后到的秩序，一个一个地轮流着用新煤油灯置换灵柩下的那盏花灯，置换下来的花灯拿回"我方""pa：i^{11}na^{33}"的卧室（一般是死者儿媳妇、孙媳妇卧室），花灯用"pa：i^{11}laeŋ^{45}"带来的白米供养一个晚上，天亮后放入米缸继续供养，并在揭开盖子的米缸中连续亮上三天三夜才能熄掉。这盏灯有两层意思：一是祈求死者的灵魂转生为姆六甲天国花园的花魂；二是祈求由死者转生的花魂再转生给自己的子孙后代，即祈求花魂的生生不息。之所以选择"pa：i^{11}laeŋ^{45}"来置换花灯，是因为当地习俗认为"pa：i^{11}laeŋ^{45}"具有佑护"pa：i^{11}na^{33}"之力，"pa：i^{11}laeŋ^{45}"的白米具有滋养花魂，让花魂顺利转生之力。

除此之外，一些死者的媳妇还亲手在灵柩底下点一盏"taeŋ^{45}baw^{11}"（即"媳妇灯"）和一盏"taeŋ^{45}tsa：i^{13}"（即"财灯"），其中的"taeŋ^{45}baw^{11}"也与花灯一起用"pa：i^{11}laeŋ^{45}"的米供奉和放进米缸，而"财灯"则在出殡前由死者的媳妇直接从棺木底下取回，取的时候要从众亲戚送来的米中抓几把放进衣兜与"财灯"一起拿回卧室，灯放在屋角，米则从屋子的四角到屋棚的四角都撒上一点，以求屋能生财。

（四）瘟疫、灾害的失序与"稻我共生"

当地每年或每隔两三年都要举行以村落为单位的安龙立社活动，其过程参见前面的"村落的'稻我共生'"一节，从中我们发现，虽然安龙立社的礼仪活动非常繁杂，但其核心却是"稻我共生"的秩序重建。

秩序重建的结构性力量被仪式中的"花灯"所承载。"花灯"是安龙立社的仪式中由神职人员在社公神坛点燃的一盏盏被安置在竹筛中的煤油灯，这一盏盏灯当地壮语叫"taeŋ^{45}va^{45}"（即花灯）。这些花灯在社坛下摆成两行。如果家里有儿初长成，母亲则请神职人员专门点上一盏叫"taeŋ⁴⁵baw¹¹"（taeŋ⁴⁵为"灯"之意，baw¹¹为"媳妇"之意）的煤油灯，买来一把黑雨伞，伞顶上扎一条叫"hoŋ¹³ha¹³"（hoŋ¹³为"红色"之意，ha¹³的原意不详）的红布，黑伞打开，伞下放着点燃的"taeŋ⁴⁵baw¹¹"，也是分成两排摆放在社公神坛之下。当吉时到来，道公开始跳神作法。过程是，道公手持一坛浸泡有柚子枝叶的清水在"taeŋ⁴⁵va⁴⁵"（即花灯）中穿行，一边喃喃有词一边把清水洒向社坛两边的衣服，预祝全村的人都身康体健，人丁、六畜兴旺。道公在花灯间做完仪式后，求偶心切的人家求道公单独做"aeu⁴⁵baw¹¹"（aeu⁴⁵为娶之意，baw¹¹为媳妇之意）法事，也是一边喃仂作法，一边在黑伞间穿行，仪式完毕，主家请来的中年妇女便一边撑着黑伞，一边护着"taeŋ⁴⁵baw¹¹"回家。回到家，先祭祖神，然后把"taeŋ⁴⁵baw¹¹"放到男孩母亲或男孩自己的房间，"taeŋ⁴⁵baw¹¹"和"taeŋ⁴⁵va⁴⁵"都要放进米缸继续点上三天才可熄灭，黑伞收好放进柜子，以后男孩娶亲时用这把黑伞去接回新娘。

综上可知，灵柩下的那盏花灯和安龙立社中的花灯一样，其精神属性都是对失序的抗拒和对新秩序的重建，并在秩序重建中具有奠基性、结构性的功能和作用。

（五）寿命的失序与"稻我共生"

在当地，当一个人年老体衰，总感到没力气、总是病魔缠身时，习俗认为其命粮正在短缺，需要举行添粮仪式才能获得健康和寿命。过程是：请巫婆三姐到天国花园察看命粮，若发现命粮少了，便认为人之所以生病是因为命粮不足以养命了。解决的办法是由老人发出话，晚辈亲属如子女、侄子女、契子女、外孙等便纷纷给老人送些米和钱。当吉日吉时到来，老人便着新衣（最好是当地叫"亮布"的土布衣）坐到 ha：k³¹tiŋ²⁴神龛前的供桌旁，女儿或儿媳点上香火，摆上亲属们送来的白米、手镯及一碗从亲属处送来的白米中拿出的一点点煮熟的米饭。这时，老人与祖先神平起平坐，接受晚辈的祭拜祝福。其间晚辈中不时有人上前给老人喂饭，一边喂一边祝老人"福如东海，寿比南山"，祭毕，由晚辈给老人戴上手镯，所有祭过神的米粮由老人保管，当他（她）不舒服的时候便拿一点点煮着吃，所有红包给老人用。据说，添粮以后，老人便会重新焕发生命的活力。

当老人的生命已走到尽头，断气前一定要离开他（她）原来所睡的床和房间，并被送到 ha：k^{31}tiŋ^{24}。习俗规定，在 ha：k^{31}tiŋ^{24} 寿终正寝的老人必须睡在没有床凳和床板的草席之上，当地把这一过程叫"roŋ^{13}laem^{11}"（roŋ^{13} 为"往下"之意，laem^{11} 为"卧倒"之意），当老人已经"roŋ^{13}laem^{11}"，其子女便日夜守候陪伴，并通知老人的亲属，特别是"pa：i^{11}laen^{45}"前来与老人告别，他们来的时候，多数与老人说些宽慰的话，要老人放心地走。而一些还有力气讲话并比较开朗的老人则会跟前来告别的亲属揶揄说，他（她）要扛伞走了，到很远的村落 ba：n^{33} 去住了。而在身边守候看望、告别的亲属，总会及时地接过老人的这句话，告诉他（她）说，他（她）扛走的伞会由"pa：i^{11}laen^{45}"和"pa：i^{11}na^{33}"的人送来的，听到这话老人一般会很满足，因为这表明，老人没白活一辈子，他（她）"pa：i^{11}laen^{45}"那山一样的恩情还仍如山一样地佑护着他（她），他（她）的"pa：i^{11}na^{33}"则如树藤一样地向前伸展，而这些都是他（她）及子孙们的福气，也是他（她）到了"远村"面见先人的荣耀。

当老人已在 ha：k^{31}tiŋ^{24} 断气，子孙们便在 ha：k^{31}tiŋ^{24} 为他（她）沐浴并穿上寿衣，在 ha：k^{31}tiŋ^{24} 为他（她）设灵堂，灵位前必供一个盛满白米饭上燃一根香的"香碗"，并认为只有这样，死者的一生才算是善始善终。否则，不管年龄多大，地位多尊，一旦在 ha：k^{31}tiŋ^{24} 以外的地方断气，尸体绝对禁止运回 ha：k^{31}tiŋ^{24}，灵堂和丧礼也不能在 ha：k^{31}tiŋ^{24}中进行，习俗以不能在 ha：k^{31}tiŋ^{24}寿终正寝而当作人生的一大缺憾，以能够在 ha：k^{31}tiŋ^{24}中寿终正寝为人生的理想归宿，社会也以这一归宿当作人一生价值评判的重要标准。因此，在当地，老人一般不愿与外出工作的子女同住，其中最重要的原因就是怕死在外边，不能完成人最后在 ha：k^{31}tiŋ^{24}寿终正寝的理想。

从以上可以看出，给老人祝寿的添粮仪式，虽然祈求的是米粮的佑护之力，但这种佑护之力却来自 ha：k^{31}tiŋ^{24}的祖先神灵与 ha：k^{31}tiŋ^{24}的子孙、亲戚的共同祝福，在这一仪式中，老人已被提前放置到与祖先神一样的神圣空间，通过接受子孙们的祭拜祝福而获得滋养生命的米粮的佑护之力，获得祖先神对其生命的关照和庇护。由此说明，人的生命越接近尾声，其生命的空间就越靠近 ha：k^{31}tiŋ^{24}，靠近神；而在 ha：k^{31}tiŋ^{24}咽气的人才有资格把灵台设在 ha：k^{31}tiŋ^{24}，有资格在 ha：k^{31}tiŋ^{24}举行丧礼的习俗制度则清楚表明，ha：k^{31}tiŋ^{24}是人生的最后归宿，人在 ha：k^{31}tiŋ^{24}中安息，象征着生命回到了祖先的安息地，回到了地母的怀抱，回到了孕育之源，因此，死去的生命就有可能获得 ha：k^{31}tiŋ^{24}的生殖力和福力而不断地生死轮回。因此，添粮仪式生动展示的是 ha：k^{31}tiŋ^{24}在人神互转过程中的特殊地位，生动展示人由衰死走向再生的过程，生动展示ha：k^{31}tiŋ^{24}在生命过程中所起的循环递转的作用。而丧礼所展示的是处在神人交汇的神圣空间 ha：k^{31}tiŋ^{24}，具有把先人的灵魂带走，带到祖先的福地，又把先人的灵力召回的功能，是这种功能给人以活力和再生，福禄与安宁。

二　家屋的"空间—社会"秩序

在闭村，家屋叫"ra：n^{13}"，家屋除了具有居住功能方面的属性之外，还兼具以下几方面的精神属性：（1）家屋是有生命的，家屋的生命过程被风水宇宙观的生旺衰死所包藏；（2）家屋建构的男女同体的理想人有生命仪礼的形塑，也有风水的神秘造化；（3）家屋的孕育力量有超越生物性的繁衍特质，也有以夫妻关系为力量来源的文化建构；（4）家屋与社会建构的理想在人观层面上有时强调统合，有时强调交换，其背后的文化机制就是认知家屋既如一个有生命的、强壮的、能创造的个体，可给居住其中的无数个个体源源不断地输入生命的活力，同时又如一部凝固的法律和宗教，对人们的生产和生活起着结构性力量的支撑作用。

而家屋的这些精神属性主要建立在 su：n^{45}va^{45} 与 ra：n^{13}，su：n^{45}va^{45} 与 ha：k^{31}tiŋ^{24}，男与女的二元结构之中。

（一）家屋二元结构的中心：ha：k^{31}tiŋ^{24}

在闭村，ha：k^{31}tiŋ^{24}犹如人体的心脏，是所有居住空间生命和力量的源泉，同时也是社会关系生成和发展的摇篮：（1）在空间布局上，先有 ha：k^{31}tiŋ^{24}才有左右开间的单间房子，才有"L"或"U"型布局的一幢房子，再有天井和以天井为连接的上下厅堂，再有以上下厅堂为中轴线的向前向后、向左向右扩展的大房子；（2）ha：k^{31}tiŋ^{24}是家居灵魂引领之所，有 ha：k^{31}tiŋ^{24}才有祖先神位和祭祀；（3）ha：k^{31}tiŋ^{24}的建成不仅意味着宗教祭祀上的独立，同时也意味着世系上的分支。一般来说，ha：k^{31}tiŋ^{24}下的各 ra：n^{13}（家庭）的祖先在血缘上或收养上有不可分割的关系，这种关系既可通过 ra：n^{13}空间布局，又可通过 ra：n^{13} 与 ra：n^{13}各亲属间的权利和义务而实现。

而 ha：k^{31}tiŋ^{24}作为二元结构的中心，主要表现在 ha：k^{31}tiŋ^{24}既是社会关系生成与演化的中心，同时又是灵魂轮回，神人互转的一个中心或中介。

1. 谋求男女同体的 ha：k^{31}tiŋ^{24}

在当地，ha：k^{31}tiŋ^{24}的风水朝向一般要受 ba：n^{33}控制，为此，

建 ha：k^{31}tiŋ^{24} 的主家必请地理师在 ba：n^{33} 的大致朝向内，选择好山向。

山向选好后，便是奠基下金砖。习俗规定，在放金砖的良辰吉日里，禁止男家长及其家庭成员含妻子、儿女、媳妇以外的人到场（放金砖的人除外），为此，男家长必须派家庭成员到建 ha：k^{31}tiŋ^{24} 的各路口把守，严禁外人进入建房场地，直到放金砖的时辰已过。放金砖的人选一般是从村里请来的上有父母、下有儿女初长成的中年男子，上梁、上门杙等建房的关键节点也如此。这些要求说明，在当地的人观层面上，建造与男家长的"命"相勾连的宇宙生命体，是存在着要借助外力的企图的，而所借助的外力是有繁育生命的力量，而有儿有女的中年男子及中年男子的父母都清楚展示着他们的生殖力。

与此同时，金砖要摆成"丁"字放在 ha：k^{31}tiŋ^{24} 的中轴线及四角。ha：k^{31}tiŋ^{24} 建成后，祖先神位就放在"丁"字墙的中轴线上。于是，由这"丁"字金砖和祖先生成的福力，便按照 ha：k^{31}tiŋ^{24} 左边的第一间房所得福力最大，其次依次是右边的第一间房，左边的第二间房，右边的第二间房分布。下好金砖后，有些人家还请道公在由金砖围成的屋基内喃仸作法，并立下姜太公在此等符法，目的是打扫屋宅土地上可能隐藏的阴间污秽，以保证屋基的明亮洁净。同时代表已向天、地、神明请示，主家已通过正当、合理的手续占领了这块屋宅。当一幢有 ha：k^{31}tiŋ^{24} 的屋宇建成，在进新房的吉日良辰里，男家长首先在 ha：k^{31}tiŋ^{24} 的祖先神台上点上香烛，然后请一个有儿有女，上公婆双全的中年妇女在各个新卧室的床头墙角点上一盏当地叫"taeŋ^{45}baw^{11}"的煤油灯，其中的"baw^{11}"意为"媳妇"。这盏灯要在各个房间里长明七天七夜，或三天三夜，中间不能给断油或被风吹灭。以后，如果家里的男子到了年龄还娶不上媳妇，家长便在村里安龙立社，或家族中有老人去世的时候，请道公在社公神坛或灵枢下方，点上一盏也叫"taeŋ^{45} baw^{11}"的煤油灯，以示求偶得偶，求丁得丁。

综上可知：（1）男家长、中年男子及道公的男性角色在建房过程中的礼仪作用清楚表明，有形的 ra：n^{13} 具有男性构成的特质，而中年女性仪式专家、"taeŋ^{45} baw^{11}"则显示女性构成的特质；（2）乔迁之喜中的"taeŋ^{45} baw^{11}"，象征男体的屋宇对象征着女体的"taeŋ^{45} baw^{11}"的统合。联系当地把婚娶的喜酒叫"kwn^{45} laeu^{33}"（"kwn^{45} 为"吃"之意，laeu^{33} 为"酒"之意），中华人民共和国成立前，婚娶喜酒以槟榔为聘，而乔迁之喜也叫"kwn^{45} laeu^{33}"，也以槟榔为聘，且贺礼与娶亲贺礼相同，可知，进新房仪式具有男女联姻即男女统合的意义。经过这一统合，ra：n^{13} 便完成了作为男女同体的理想建构，从而生机无限。

2. ha：k^{31} tiŋ^{24} 是世系的联结点和分支点

在闭村，世系的绵延是人们追求永恒生命的主题之一，而世系的重组和再生则是人们追求永恒生命的重要策略和手段，在这个过程中，ra：n^{13} 成为凝固的世系，ra：n^{13} 中的 ha：k^{31} tiŋ^{24} 成为世系的分支点和联结点。

主要表现在各 ha：k^{31} tiŋ^{24} 的排行和字辈所遵循的规则与 ha：k^{31} tiŋ^{24} 的变迁有关。一般来说，新的 ha：k^{31} tiŋ^{24} 的建成与新的祭祀单位的产生是同时发生的，ha：k^{31} tiŋ^{24}（建筑物）建成后，首先设祖先神位，设新香炉，这就从宗教上宣布新 ha：k^{31} tiŋ^{24} 已从旧的家族体系中分离出来，以后的逢年过节，婚、生、寿、丧等重要仪礼都可在新的 ha：k^{31} tiŋ^{24} 中举行，在新 ha：k^{31} tiŋ^{24} 出生的子孙后代可以依据自己的理想重排字辈，按字辈另起排行。如韦寿仁、韦寿梅、韦寿松是三兄弟，其父韦世业以"世"为字辈，后韦寿松与韦寿梅各起新的 ha：k^{31} tiŋ^{24}，这样在新 ha：k^{31} tiŋ^{24} 出生的韦寿松的儿子以"树"为字排，孙子以"永"为字排，排行也跟着按"树"

和"永"及出生顺序排，而韦寿梅的儿子则以"继"为字排，排行也只按"继"字排。也就是说，"永"和"树"及以下世代的字辈排行，与"继"及以下世代的字辈排行，有其共同的源头"寿""世"等字辈，这源头就是 ha：k^{31} $tiŋ^{24}$ 与 ha：k^{31} $tiŋ^{24}$ 之间的世代分支点与联结点。找出这一分支点和联结点，我们可以知道世系的运行和家屋社会交替演进的规律。

以上说明，ha：k^{31} $tiŋ^{24}$ 的建成不仅意味着宗教祭祀上的独立，同时意味着世系上的分支。即当我们依据字辈往前追的时候，可以发现，同一姓氏下有相同字辈，相同排行的人，他们很可是同一 ha：k^{31} $tiŋ^{24}$ 的 ta^{21} nu：$ŋ^{11}$，汉语叫堂兄弟姐妹，这些 ta^{21} nu：$ŋ^{11}$ 的字辈排行与原 ha：k^{31} $tiŋ^{24}$ 的 ta^{21} nu：$ŋ^{11}$ 的字辈排行有承继关系，这承继的地方就是新 ha：k^{31} $tiŋ^{24}$ 从大地上矗起的地方。

3. ha：k^{31} $tiŋ^{24}$ 是居住空间的凝聚力与象征

在闭村，物质空间的 ra：n^{13} 在结构布局上，多数是从一堂（ha：k^{31} $tiŋ^{24}$）四房两厨一个天井这样的最基本结构单元开始的。其中，两厨与 ha：k^{31} $tiŋ^{24}$ 的神台呈品字形，四房以 ha：k^{31} $tiŋ^{24}$ 为中轴线左右对称分布，通常 ha：k^{31} $tiŋ^{24}$ 宽 3.3 米，纵深 3.6 米，房宽 2.4 米，纵深 2.7 米。ha：k^{31} $tiŋ^{24}$ 位于整幢建筑的中轴线上，与四房两厨一天井组成最基本的 U 字形布局。U 的正前方为以天井为间隔的下厅堂，上下厅堂对称连通及其构成的结构布局，通常是当地一幢完整大屋的基本格局。以后，随着人口增加，可在这幢大屋前方、左右进行纵向和横向的拼接、组合、扩展，形成纵向结构上的一进、二进、三进……和横向扩展上的一副厅、二副厅、三副厅……的不断重复和延伸，继而形成以 ha：k^{31} $tiŋ^{24}$ 为中轴线的群体性布局。这种住宅群的居住功能非常强大，可适应几代人的几个、甚至几十个的小家庭共同居住。

如果 ha：k^{31} $tiŋ^{24}$ 被认为是建在理想的风水宝地上，其子孙后代为继续得到祖宅灵气的恩泽，一般情况下不会另择宅地建 ha：k^{31} tiŋ^{24}，而是在原 ha：k^{31} tiŋ^{24} 周围另建有祖先神位的 ra：n^{13} pa：i^{13}（一排排的房子）或 ra：n^{13} ŋa：n^{11}（一间间的房子），这种在 ha：k^{31} tiŋ^{24} 四周建成的房子，其高度不能超过 ha：k^{31} tiŋ^{24} 的高度，其家庭的逢年过节，婚生寿丧等宗教祭祀必须在 ha：k^{31} tiŋ^{24} 中举行，其字辈排行仍承继 ha：k^{31} tiŋ^{24} 的轮转不绝的排行，因此，这种 ha：k^{31} tiŋ^{24} 势大人众，其内部按字辈分出的世代和按排行分出的出生先后次序，使众多的人口既按身份关系各居其所，又按身份关系各尽义务，并以 ra：n^{13} 的社会单位成为地域社会不可分割的组成部分。如黄天映这一 ha：k^{31} tiŋ^{24}，人口约 200 人，其每一字辈都有十几个甚至几十个的排行，外人要弄清他们之间的关系非常不容易，但他们内部却人人清楚自己及其与同 ha：k^{31} tiŋ^{24} 的其他亲属间的身份关系，在日常生活中，不费力气便可以相互称呼照应。

　　除此之外，ha：k^{31} tiŋ^{24} 内的每一家一户，又以 ra：n^{13} 独立于 ha：k^{31} tiŋ^{24}，当说某某 ra：n^{13} 的时候，他首先是某 ha：k^{31} tiŋ^{24} 下的一家、一户或一屋，是经济生活上相对独立于 ha：k^{31} tiŋ^{24} 的居住财产单位。而当说某某 ha：k^{31} tiŋ^{24} 的时候，他首先是指一个祭祀、居住的单位，是具有血缘或收养关系的几个或十几个、几十个家、户或屋组成的祭祀居住单位。而祭祀居住单位的确定，是人的灵魂归宿的确定，财产居住单位的确定，则是人的世俗生活空间的确定，两者都是人生所必需的归宿，因此，ha：k^{31} tiŋ^{24} 的奠基落成，具有承前启后的作用，一旦 ha：k^{31} tiŋ^{24} 奠基落成，便在空间布局上把一个社区的分布模式奠定了下来，以后只要是同一 ha：k^{31} tiŋ^{24} 的人，其密集分布的各 ra：n^{13}（房子）必须以 ha：k^{31} tiŋ^{24} 走向为走向，以 ha：k^{31} tiŋ^{24} 为核心向四周散开，其屋顶的高度不能超过 ha：k^{31} tiŋ^{24} 屋顶的高度，因此，在宗教上，ha：k^{31} tiŋ^{24} 是有形的家居的灵魂引领之所在，在空间视野上，是房舍密集的村落或社区的凝聚力与象征，在时间维度上，ha：$k^{31}tin^{24}$ 是世代的延伸和分支的起始点。

由上可知，ha：$k^{31}tin^{24}$ 是各 ra：n^{13}（建筑群）居住空间的凝聚力与象征，是它把密集分布的各 ra：n^{13}（房子）带给大地，又把大地上的各 ra：n^{13}（家庭）的人群按世代推向远方。

4. ha：$k^{31}tin^{24}$ 的生旺价值体系

在当地，人的一生可能断断续续经历好几次的建 ra：n^{13}（屋宇）过程，也可能一次也没有经历，而社会对人的一生的价值评判并不是以这个人建 ra：n^{13} 的能力做标准，而是以这个人所成就的 ra：n^{13} 的神圣空间 ha：$k^{31}tin^{24}$ 的荣耀：是否儿女双全，儿女是否在品貌、能力上出类拔萃，是否读得书，是否成为国家之栋梁等；这个人所成就的社会功德：在群众中是否有威望、有号召力，是否乐于公益事业等。

也就是说，建 ra：n^{13}（屋宇）只是人生能力上的一个荣耀，而不是人生的一个必然过程。而驱使人们要建一幢有 ha：$k^{31}tin^{24}$ 的屋宇的原因，有几个方面的可能：一是当一个 ha：$k^{31}tin^{24}$ 已经经过四五代、甚至七八代以上的发展以后，人口众多，有些家由于男孩多，要建的房子多，而 ha：$k^{31}tin^{24}$ 周围已无宽阔的地方可建，人们才考虑开辟新居建有自己 ha：$k^{31}tin^{24}$ 的屋宇；二是家族内出现遗传性疾病，人丁不兴，家业不旺等，人们才希望另建 ha：$k^{31}tin^{24}$ 以改变现状；三是出现同一 ha：$k^{31}tin^{24}$ 下的各 ra：n^{13}（家户）的境况渐拉开距离，有些 ra：n^{13}（家户）六畜兴旺，生意发达，子女事业有成，代代人才辈出，而有些 ra：n^{13}（家户）则相反，或越来越穷，或虽经济上过得去，但子女应考总名落孙山等，于是，觉得不如意的人家便认为 ha：$k^{31}tin^{24}$ 亏了自己，理想上应该到别处重建有 ha：$k^{31}tin^{24}$ 的 ra：n^{13}（屋宇）。有了一定的经济实力，又加上以上众多的原因之一，建有 ha：$k^{31}tin^{24}$ 的屋宇才成为人们的现实考虑。而当一幢有 ha：k^{31}tiŋ^{24} 的新屋宇展现在人们眼前时，以 ha：k^{31}tiŋ^{24} 为单位的社会声望、权力地位的建构便随之开始。

其中，婚礼是以 ha：k^{31}tiŋ^{24} 为单位的社会声望、权力地位建构的最好时机。表现在：（1）婚礼当天，新郎 ha：k^{31}tiŋ^{24} 所有祖辈、父辈（含父亲）及新郎的外公、舅父这些男性亲属都有资格坐到 ha：k^{31}tiŋ^{24} 接受亲友的祝贺，也只有他们及有名望有身份的族中长老或地方长官的宴席设在 ha：k^{31}tiŋ^{24} 举行，这就表明，婚庆中的 ha：k^{31}tiŋ^{24} 实为家屋的亲缘同盟向外展示荣耀的一个政治空间，也是男性长辈亲属人生出彩的舞台；（2）舅父、姑丈、姐夫这些亲属送来的礼，一定都有一条丈把长的黑灰色布，当地叫"piŋ^{13}"，上贴人民币的双红喜字，垂直张挂于 ha：k^{31}tiŋ^{24} 的两面墙壁，"piŋ^{13}"挂得越多，主人的脸上就越光荣。这一仪式进一步强化了 ha：k^{31}tiŋ^{24} 的政治功能和色彩；（3）婚礼当天晚上，新郎新娘不入洞房，婚姻与生殖的繁衍主题放在 ha：k^{31}tiŋ^{24} 中举行：新郎同村的男性青年要邀请当地的名歌手来与新娘带来的伴娘对歌，对歌内容从 ha：k^{31}tiŋ^{24} 开始唱起，唱 ha：k^{31}tiŋ^{24} 神台香烛成双对，唱 ha：k^{31}tiŋ^{24} 房梁龙朝凤等，同时用比拟和比喻象征新郎新娘喜结良缘，并祝福他们生活美满，早生贵子等。这种习俗，至今在贵港大圩、蓝田、附城等壮族村落还存在。表明在当地的社会文化创造中，"性"并不是人类生殖繁衍的起点，ha：k^{31}tiŋ^{24} 才是生殖繁衍的起点。

而有社会声望的长老的出现，则是 ha：k^{31}tiŋ^{24} 权威的最高体现。也正因为这样，德高望重的人在当地社会举足轻重，历史上不断出现一些不仅在本村，而且在本乡、相邻乡也举足轻重，但并无官方行政职务的老人。如150年前的村老韦鸾凤就在本乡发动，又联合龙山、通挽等乡的 pou^{11}tsu：ŋ^{21} 组织了一场声势浩大的驱逐 ma^{11}ka：i^{11} 人运动；中华人民共和国成立前，村老覃崇阶不仅在本村可以决定许多重大事情，就是在乡里也是遐迩闻名，乡里的团局开会，要做什么重大的决定，如果他不到场，不仅决策无法制定，有时，连会议都无法召开；中华人民共和国成立后，虽然这种由德高望重的村老主政的局面已大大动摇，但其根本则依然如故。如十几年前，亚洲银行无息贷款 7 万元到闭村，打算给闭村建造自来水工程，可整个工程需用十几万元，这意味着村干部必须发动群众筹资七八万元才能最终使全村用上自来水，可前期工程做完后，群众就是不肯出一分钱，结果建成的水塔变成了牛栏。2000 年底，一位退休的老师跟村里几个没有任何官方职务的村民，仅用三个月的时间，便通过自愿集资和自觉出劳力的方式，不用政府出面、出钱，便使闭村的三分之二的村民在 21 世纪的第一个春节全部用上了自来水。这件事使村干部再也坐不住，因为前年又一批政府款项拨到闭村修由东龙镇到闭村的乡级公路，可也是因为群众的集资款一直收不上来致使只建了路基的公路又停了下来，为此，村干部不得不反省自身的工作，在集资款仍是个未知数的情况下，只好先与投资商订协议，让投资商先垫资，把路也赶在春节前修好，以此德政重塑村干部的威信，然后才进行集资分期付给投资商。

以上说明，在当地人的思想逻辑中，ha：$k^{31}tin^{24}$ 具有造化的功能，并把新生命诞生，年轻人的婚礼，子孙的品德、能力、财富，老人的德行等看成是 ha：$k^{31}tin^{24}$ 的价值所在，也是判断 ha：$k^{31}tin^{24}$ 是生旺之宅，还是衰败之宅的标准。一般来说，ha：$k^{31}tin^{24}$ 不会随着某个人生命过程中的生老衰死而衰死，而是随着共享一个 ha：$k^{31}tin^{24}$ 的所有成员的生命的接续、能力的积蓄、品行的崇高等而不断获得生命的潜力，反之则会不断地消耗生命的潜能，最后成为衰死之宅。

5. ha：$k^{31}tin^{24}$ 的社会理想建构

在闭村，ha：$k^{31}tin^{24}$ 的神灵意境分上、中、下三个层次。上层供奉姓氏堂号，中层供奉祖先神位，下层供奉地神神位。

上层：ha：k^{31}tiŋ^{24}上层的堂号以同益堂、积善堂等最常见，书写在 ha：k^{31}tiŋ^{24}正面墙壁三四米高的地方，堂号下的中线处，有些书写"福"或"寿"字，"福""寿"两边是一副诸如"福如东海年年来，寿比南山日日新"的对联，这一层表达当地社会关于人生价值的最高境界。有些 ha：k^{31}tiŋ^{24}还在堂号与屋脊的交汇处绘上一圈龙凤呈祥的墙体壁画或浮雕壁画，或绘天空、太阳、花草等图案，其中太阳居正中，与堂号对称，这一层预示着天地人间的美好。

中层：祖先神位安排在堂号下方，中间书写"某氏历代考妣宗亲之神位"，两边书写左昭、右穆。如果这一 ha：k^{31}tiŋ^{24}的祖上曾从别的姓氏家族中过继养子，则在这块神牌的"某氏"处列上养子出生的姓氏，如覃氏的人到黄氏的人家当养子，则神牌书写"覃黄历代考妣宗亲之位"。或在"黄氏历代考妣宗亲之神位"的左或右再供奉一块略小一点的养子出生姓氏的祖先神位。一般来说，祖上有几代人领养过养子，祖宗神牌就有几个姓氏名称。据说，韦某 ha：k^{31}tiŋ^{24}的神牌上曾供奉过九个姓氏，但后来都已取消，具体原因不详。

养子出生姓氏的牌位被安放在 ha：k^{31}tiŋ^{24}神龛的次要位置，并与 ha：k^{31}tiŋ^{24}的祖先神一起受子孙后代的香火供奉的现象，在闭村被认为是合情合理的。因为，人们认为过继是对 ha：k^{31}tiŋ^{24}世系的延续和扶持，而 ha：k^{31}tiŋ^{24}的世系所追求的理想不完全是血脉的纯洁性，而是 ha：k^{31}tiŋ^{24}的香火不断及所带来的名望、地位。不过，也有些 ha：k^{31}tiŋ^{24}不立过继养子出生姓氏的祖先神位，或者只供奉由近及远的两三代过继养子出生姓氏的祖先神位，之所以这样，是因为这些 ha：k^{31}tiŋ^{24}认为，过继意味着放弃和承继，放弃的是出生的世系，承继的是养父母的世系，因此，对于他们来说，ha：k^{31}tiŋ^{24}的名望、地位只能建立在一个姓氏祖先的神力之上，其他过继的姓氏都是暂且借用的力量，一旦 ha：k^{31}tiŋ^{24}的香火已因这种借用而得到了延续，则这种借用的力量就不再存在，因此，也就不必再供奉他们的神位。

下层：祖先神位的下方，是一张有 3 米多长，2 米多高，宽约 0.6 米的香案，香案中间置香炉。一般来说，在婚生寿丧等重要的仪式活动中，香案是摆放最尊贵亲属的最贵重的礼，因此，当地人又把香案称为"条福"，是 ha：$k^{31}tiŋ^{24}$ 的祖先得到荣耀的重要所系。条福之下是一张固定摆设的高腿方桌，是重要仪式和平时节庆摆放供品的地方。方桌下方与 ha：$k^{31}tiŋ^{24}$ 水平交汇的中线之处，是地神神位，多数 ha：$k^{31}tiŋ^{24}$ 不设任何地神的牌位，仅置一个香炉，也有些 ha：$k^{31}tiŋ^{24}$ 设"天地君亲师"位。

从以上可以看出，ha：$k^{31}tiŋ^{24}$ 的神台意象展示了当地的神灵宇宙观、价值观，同时传达当地社会对于世系建构的理想和实践的种种信息。

综上所述，ha：$k^{31}tiŋ^{24}$ 的神圣意义，展示在它建造过程的仪式所强调的男性构成的特质，展示在其时空、方位的选择所强调的男女同体的理想，展示在其神灵空间的建构理念关涉到社会的政治理想，展示在其声望、地位、权力的声名建构与生旺衰死的关系，展示在其空间意义在人生的过程中的影响，等等，这些展示恰好说明 ha：$k^{31}tiŋ^{24}$ 的空间意义是建立在神人相互构成的意义之上，则人与神一起对这个空间进行荣耀、福力、名望的建构，并在建构的过程中，子孙可以与祖先对话，祖先的德能可以转化为子孙的福力，子孙的能力、才华和功德又可以转化为祖先的光荣。

（二）su：$n^{45}va^{45}$ 与家屋的二元对立

在当地，虽然家屋的风水具有明显的男女构成特质，但在有形空间的权力上却显然倾向于男人的构成。如男性在建房过程中的主要作用：男家长的生辰八字，男的风水师、择日师，男道公对祖先神坛的安放，儿女、父母双全的中年男子在建房中每一个关口如下金砖、上梁、上门杙等的作用；神职人员如道公的法事活动具有明显的排除女性的特征，如在安龙立社活动中，象征人丁兴旺的花灯，其生命活化的过程就是道公喃仫作法的过程，这个过程包括道公喃仫作法的前天晚上，禁止夫妻同房，作法道具禁止女人触摸，作法现场禁止女人指手画脚，最好女人不在场。同样，在老人过世的道公跳神作法献花灯仪式中，象征 ha：k^{31}tiŋ^{24}人丁兴旺的花灯，其生命活化的过程同样要求道公在法事前禁止夫妻同房，禁止妇女接触道士的道具，虽然不禁止女人在场，但禁止 ha：k^{31}tiŋ^{24}所有的孝男们夫妻同房；标志着男女成人成家的结婚礼，具有无性的特质。如禁止结婚当晚新郎新娘同房，平时，禁止来往的客人夫妻在主家同房，禁止已经出嫁的姐妹带着丈夫回娘家同房，并认为一旦有谁违犯禁忌，必然会给 ra：n^{13}带来不祥的灾难，犯禁忌的客人除了要在主家的门上挂一条红布之外，还要请道公举行驱逐妖魔的仪式；ha：k^{31}tiŋ^{24}的世系按男性世系计算，子孙后代祭先人的礼仪由男人主持；作为财产的家屋，只有男性家族成员才能继承。

而与男人主宰的这个有形的、现实的、神灵的空间相对应的，则是另一个完全由女人主宰的精神空间"su：n^{45}va^{45}"（为"天国花园"之意）。首先，主管天国花园的神灵为女神，当地人叫花婆，传说她每天都在天国花园种花、育花，管理花园。传说她育成功一枝花，人间便诞生一个婴儿，她把花赐给谁家，谁家就添孙进子，她赐白花，喜添贵子，赐红花，喜添千金。如果花园的花树长得壮硕繁盛，花树上的花就开得灿烂迷人，人就身康体健。如果花园的花树地薄根浅，树上的花就无精打采，人就会生病生灾。如果花园的花树枯死了，花凋谢了，则人间的生命就结束了。总之，花婆管理人间生老病死，可在当地人间无神台、神位，人们只在新生婴儿爱哭的情况下，晚上由母亲悄悄留下平常晚饭的一些饭菜，待天黑悄悄放入婴儿母亲的卧室，再在床头点一支香后退出，并关上门。

据说花婆赤身裸体，男人闻过的食物她不吃，有灯光就会显现她的躯体，因此，仪式过程忌男人打听过问，忌点灯。二是当地虽然没有专设的花婆神台、神位，但却有一批相当忠于职守的，被当地人称为"三姐"的传媒使者。充当花婆使者的三姐有未曾婚育的花季少女，有正处在婚育阶段的中年妇女，也有已不再生育的老年妇女，这些妇女多因大病一场，然后胡言乱语成为某神灵的代言人，而不管她是哪个神灵的代言人，别人都称她为三姐，都可充当花婆的使者。如闭村有两个三姐，其中一个已70多岁，据说她从十几岁开始做三姐，是白马娘娘神灵附的体，而白马神灵在蒙公乡有专供的庙堂，另一个是30多岁的中年妇女，刚前几年做的三姐，据说是鳌山神灵附的体，鳌山婆在来宾县有专供的庙宇。此外，考察其他村落的三姐，有些则是三界公附的体，有些则是北帝公附的体，总之，这些神灵，多为附近乡、村外的荒山野岭中各庙、寺的神灵，这些神灵又多数是人间的人升格的神，其中，其原形有男有女，但他们都一致地以三姐作为附体。而三姐也因有了这些神灵附体，才能上达天国，下抵地府，成为花婆的代言人。

一般来说，家中有人生病，家庭主妇就会拿上一两斤米，到三姐处查花。查花先查花根，同胞兄弟姐妹同属于一个花根，这个花根就是父母亲的花树。父母的花树长在花园中的哪一园，完全由花婆移植花枝的结果来决定，只要花婆把一枝白花与一枝红花移植在一起，则这枝白花与这支红花所代表的男女就会结为夫妻，并共享一个花树。一般来说，父母的花树上结多少朵花，父母就生育多少个儿女，儿女就有多少个兄弟姐妹，这些兄弟姐妹按出生顺序由树根往树梢排列，因此，父母的第一个孩子叫"lwk^{31}kok^{55}"（lwk^{31}为儿女，kok^{55}为"根"或"源"），最小的孩子叫"lwk^{31}pja：i^{45}"（pja：i^{45}为"树梢"或"尾巴"之意）。假如有些兄弟姐妹不幸早夭，则父母的花树上有凋谢的花朵，假如兄弟姐妹中有人生病不起，则父母的花树上有生虫打蔫的花朵，假如兄弟姐妹中有人失踪，要知道他（她）是否还活着及身体生活状态如何则可通过查父母的花树而得到解答。假如父母已经过世，但只要他们还有健在的儿女，则他们的花树就依然长在花园中，假如父母、儿女都已全部过世，花树便老朽而死掉。因此，父母为花树、花根，儿女为花朵，同胞共一兜花树，有树才有花，有花才有树是当地生命伦理哲学的重要组成部分。

从以上可以看出，在当地人的认知思维及逻辑判断中，男人的力量清楚地展示于家屋的有形空间的生命建造，而女人的力量则展示于无形空间花园的生命建造，这两个空间都极力维持其本身的无性繁衍的特质，但却在力量上存在着相互转借的企图。只有天国的花园滋养着人的前生、今生与来世的魂，才使有形空间 ra：n^{13}（家屋）得以再生和繁衍，反过来，天国花园的花魂之所以能够不断地回归、转生，并循环递转，生生不灭，其力量的泉源则是有形空间的 ha：k^{31}tiŋ^{24}对生命形态的塑造。

（三）社会性别的二元对立

在当地稻作农耕的生产劳作分工中，有明确的男建房、犁田耕地，女织布、插秧种田的性别分工与合作，这种分工与合作的生产性工具，还同时被物化为礼仪的性别角色或象征，并由此形成礼仪空间结构的二分与统合。

1. 生产工具的性别角色

在当地，煮饭、喂猪、带小孩等家务活一般由男女共同分担，但在传统的生产劳作分工中，却有明确的男建房、犁田耕地，女织布、种田的性别分工，也正因为这种分工，使得这些生产性工具又分别代表着男的或女的性别特征而进入到礼仪活动中。

首先，做女人活路的工具在仪式中成为女人的象征。如调查发现，1960 年以前的一二百年间，当时叫石龙的东龙镇一带居民以出售一种当地壮语叫"paŋ^{31}do：ŋ^{35}"的土布闻名。当时的各家各户农妇，个个是纺织能手，她们把棉花纺成纱，把纱织成布，再用蓝靛染，再放到青石板上捶打，然后接成一匹匹宽40厘米、长4米的土布，出售给当时从武宣、来宾、象州、宾阳、梧州等地云集而来的商贩，因石龙布匹的出售按匹计算，因此，至今留下"石龙人算数，一匹还一匹"的传世俚语。

由于纺织业发达，纺织又主要是女人的活路，因此，织布机在当地婚姻礼仪中成为女性的象征，或女性的构成。当时有条件的人家，在女儿出嫁的时候，父母兄弟总会想方设法给她准备一台陪嫁的织布机，没有条件的人家则由夫家置办，如果双方都没能力置办，则织布机成为夫妻婚后财产积累计划的首要内容。这个织布机一般放在新娘卧室，并将陪伴新娘的一生。新娘虽然在出嫁前便已学会织布，但拥有织布机则是出嫁成为人家的媳妇才有的资格。如果新娘不幸早亡，在丈夫续弦再娶的时候，必须举行更换织布机的织布梳仪式，具体经过是，当新妇来到续弦的夫家，摆在夫家大门外的便是一个旧的织布梳，这个旧的织布梳有些是丈夫前妻织布机上的织布梳，有些则是向有旧织布梳的人家所借。当新妇来到大门外的旧织布梳前面，伴娘中便有一个站出来问："这是什么？"接亲的人回答："这是三百眼的织布梳。"伴娘中又有一个站出来说："三百眼的织布梳是旧的织布梳，我们不要，请你们搬走。"于是，接亲的人便提起织布梳用力往门外扔，同时再搬来一个新的织布梳横放在大门外，于是伴娘中又有人问："这是什么？"接亲的人回答"这是四百二十眼的织布梳"，于是众伴娘欢呼起来，齐声连连说"是新的，是新的"，并簇拥新娘跨过这个新的织布梳，再进入夫家的大门，以后这个新的织布梳便放在新娘的房中。

当地人认为，古时候的妇女只能用三百眼的织布梳，因此，三百眼的织布梳意味着物已经作古，人也不能再生，而新的织布梳是四百二十眼，因此，四百二十眼便意味着是新人新物，四百二十眼替代三百眼便意味着以新换旧。这是通过物的转换隐喻的两个女人角色的递换，曾经占有织布梳的前妻已经作古，她的位置已由另一个女人占有。

其次，做男人活路的工具成为男人的象征。如在当地，铁犁头是男人耕田犁地的生产性工具，但在婚姻仪式上，却成为男人的、丈夫的象征。如在当地，按传统礼仪出嫁的女孩，出门时一定有一个走在接亲队伍最前面的中年妇女，这位中年妇女一般由新郎母亲在同族媳妇中挑选，被挑选的中年妇女要求儿女双全、品貌才智俱佳。这位中年妇女被选中后要从新郎母亲手里接过一个竹篮，篮里装的是一把铁犁头，接亲路上，这位手拎竹篮的中年妇女自始至终走在接亲队伍的最前面，这一仪式既意味着开春的农耕的开始，同时也意味着开亲的新家的诞生。而仪式中的"铁犁头"，显然是"开亲"路上男的、丈夫的象征。

2. 性别的空间权力

在当地，人生关口的生命礼有明显的性别色彩，生命礼对 ra:n^{13}的空间使用有明显的二分概念，这种概念表现为当地有明确的女人的礼和男人的礼的概念，有明确的对这些礼的摆设空间，如果有人有意或无意地混淆性别的这种角色认知和社会定位，则往往被人们当作笑话来流传或取闹。

一般来说，婴儿三朝、满月的酒席，一般只请婴儿外婆、舅母、姨姑及婴儿母亲的同年女伴等的女亲属，这些女亲属所送的礼多数是婴儿穿戴的衣物和滋补母婴的食物如鸡、蛋、肉等，其中，婴儿外婆的甜酒和背带必不可少。这些礼虽然都要在厅堂祭过祖神才给母婴享用，但却不用在厅堂中张挂、摆出。而女人出嫁的"kwn^{45}ba:i^{43}"酒席，过去仅限主家以外的女亲属参加，这些女亲属所送的礼如布匹、床上用品等，全部摆放在出嫁女的闺房中，也和三朝、满月酒的礼一样，不用拿到厅堂祭祖和张挂摆放。

而男人婚娶的喜酒和老人过世的"kwn⁴⁵tu²¹"（kwn⁴⁵为"吃"之意，tu²¹为"黄豆"之意，"kwn⁴⁵tu²¹"可直译为汉语的"吃黄豆"）则不一样，在这两种场合，所请的客人虽不论男女，但赴宴的亲属以男性为中心，所送的礼具男性家长的名字。其中，喝喜酒的主礼是"piŋ¹³"，一条长约一丈四尺的亮布，老人过世的主礼是"tsieŋ⁴³"，一条约一丈四尺的白布，另外，还有米担、红包等。这些礼如果是姐夫、姑爷等送来，则具姐夫、姑爷之名张挂在厅堂的右侧，如果是舅家送来，则具舅爷的名字并张挂厅堂左侧，其他礼物也依此类推。

由此可知，礼具有空间权力的特征，这一特征体现了当地社会建构的二分法则：一是社会清楚地二分男人的礼和女人的礼，规定男人的礼的展示空间是厅堂，女人的礼的展示空间是"卧室"；二是当地社会区分给妻方的礼和得妻方的礼，并在厅堂的空间权力上规定给予妻方的礼在左，得娶妻方的礼在右；三是厅堂具有给妻方为女的构成和得妻方为男的构成的男女同构特质。

三 婚、丧礼"空间—社会"的二分与统合

在当地的社会文化创造中，生命的病、老、死亡状态被视为失序，生命的孕育、出生、成长被视为有序，而婚、生、寿、丧的生命礼，在很大程度上是强调有序结构对无序结构的对抗，并在这一过程中，强调统合与交换，强调"稻我共生"的价值观。

（一）婚礼中"空间—社会"的二分与统合

当婚娶的吉日到来，男家 ha：k³¹tiŋ²⁴红烛、香火全天不熄。吃过早饭，男方便派一个父母夫妻儿女双全的中年妇女代表男方到女方家接亲。接亲娘率领的接亲队伍离开男家时，男方母亲要亲手给接亲娘递一把当地壮语叫"li：ŋ⁴⁵baw¹¹"（li：ŋ⁴⁵为"伞"之意，

baw^{11}为"媳妇"之意）的新黑伞，伞顶系一条当地壮语叫"hoŋ^{13}ha^{13}"的红布。接亲娘接过"li：ŋ^{45}baw^{11}"后，一路扛着直到女方家，路上无论刮风下雨还是烈日当空，都不能把这黑伞打开使用。到了女方家，女方家也要派一个父母夫妻儿女双全的中年妇女到大门口接"li：ŋ^{45}baw^{11}"。待吉时来临，女方家接"li：ŋ^{45}baw^{11}"的中年妇女便在闺房给出嫁女半打开这把黑伞，并给出嫁女半撑着前往 ha：k^{31}tiŋ^{24}祭拜祖神，然后继续给出嫁女半撑着走出 ha：k^{31}tiŋ^{24}的大门、门楼，出了门楼便把黑伞完全打开，并交给男方家派来接亲的中年妇女。

在这一过程中，最忌伞顶碰着女方家的门楣。中华人民共和国成立前，这把黑伞要一路撑着到新郎家，祭过祖神，进到洞房才交由新娘收起，但现在在中途可收起来，但到了新郎家的村落外一定要打开，并撑着进入男方家的 ha：k^{31}tiŋ^{24}、撑着祭祖、撑着进新房。这个过程既标志着成亲的男女已成人或成家，同时，也标志着被黑伞庇护而来的女人被纳入了男方的家，她和她的丈夫及其将来出生的孩子将被男方原来的家称为"我们的一方"或"我们的人"（当地壮语叫"kjaeu^{33}raeu^{13}"，其中 kjaeu^{33}为"头"之意，raeu^{13}为"我们"之意），同样，她和她的丈夫及其将来出生的小孩也将被女方原来的家称为"我们的一方"或"我们的人"。与此同时，男方原来的家对于成亲的这对男女来说被称为"pa：i^{11}na^{33}"（即面前的），女方原来的家对于这对成亲的男女来说是"pa：i^{11}laeŋ^{45}"（即后背的），而男方原来的家则称女方原来的家为"他方""他群"（当地壮话叫"kjaeu^{33}te^{45}"），反过来，女方原来的家称男方原来的家也叫"kjaeu^{33}te^{45}"，即"他方""他群"。这样，随着男婚女嫁，社会产生了"我们的"与"他们的"的二分及处于二分中心的成亲的男女的"家"的社会构建，产生"pa：i^{11}laeŋ^{45}"与"pa：i^{11}na^{33}"两个具有半结构性特征的亲缘团体和一个具有中心型特征的"家"的亲缘团体。

一般来说，女人出嫁总请十几个同龄女性作为伴娘相伴而行，这些伴娘同样要每个人准备一把伞，并各自撑着一路护送出嫁女前往夫家，并在新婚的第一个晚上，伴娘有权力阻止新郎进入洞房与新娘同居。中华人民共和国成立前，这里有"pja：i³³baw¹¹"（pja：i³³为"走"之意，baw¹¹为"媳妇"之意）的习俗，即新娘与新郎新婚之夜不同房，新婚第二天新娘则回娘家，以后的逢年过节及三月份、六月份、九月份的农忙播种插秧收获的季节，才由新郎的妹妹去把新娘请回小住，直到新娘怀孕才长住夫家。中华人民共和国成立前，这种制度化的风俗非常盛行，中华人民共和国成立后，这种习俗已从根本上改变，但新婚之夜夫妻不同房的习俗至今仍然存在。不过，虽然当地有"pja：i³³baw¹¹"的习俗，夫妻同房的时机也因人而异，但只要女人已顶着那把系有"hoŋ¹³ha¹³"的黑伞从自己出生的家来到男方的家，便已预示着女方已归属男方的 ra：n¹³（家）所在的"群"，预示着由男女联姻而成就的"新家"的诞生，预示着由于这个新家的诞生而产生的男女双方原来的以父母兄弟姐妹为核心的旧家的二分。以后凡是娶妻方的 ha：k³¹tiŋ²⁴内有老人过世，给妻方（即 pa：i¹¹laeŋ⁴⁵）的亲属前往奔丧的时候，都必须给从自己 ha：k³¹tiŋ²⁴嫁过去的女人及其丈夫、未成年孩子各带一把黑伞，并在"o：k³³sa：n⁴⁵"（即出殡）的路上亲手给他们撑着，这叫 kaen⁴⁵pa：i¹¹laeŋ⁴⁵或 kaen⁴⁵tswn⁴⁵，被跟的人被称为"我们一方的人"或"我们的一方"，反之是"他群"或"他方"。

在当地，有句俗谚叫"lwk³¹hoŋ⁴⁵hoi⁴⁵na¹³kja³³"（lwk³¹hoŋ⁴⁵为"长子或长女"之意，hoi⁴⁵为"打开"之意，na¹³kja³³为"秧田"之意）。这句话的含义非常深奥，几乎包含了当地社会结群认亲的全部内容，这里的"秧田"指的是亲属，"打开"指的是由婚姻进行的社会建构，这种建构可以用当地语言中的"tu¹³kaen⁴⁵"（tu¹³为

"相互"之意，kaen^{45}为"跟随"之意）一词来概括。

所谓 tu^{13}kaen^{45}指的是由于婚姻而二分了的"我群"和"他群"之间，为了彼此互惠互利而在政治经济上不断地求我群的"同"的规则。这个规则是，在同群中，当彼此需要组成"我群"进行对外活动的时候，同群的人有义务备相应的礼跟随，有义务在彼此的政治经济活动中达成互惠互助的关系，并当"他群"有丧事发生时，"我群"的任何成员都有义务应主家的要求自动组成"我群"的阵营备上黑伞前往跟随由"我群"与"他群"交换产生的"中心"撑伞。而上面的那句俗谚之所以把长子长女当成亲缘建构的开端，原因是在当地人观念意识中，认为儿女成婚的宴请是树立个人在"群"中威望和名誉的必要手段，是对"我群"曾有过恩惠的回报和期待，这回报就是让"我群"的成员通过婚宴的丰盛和隆重而得到荣耀和满足，这期待就是当"他群"有丧事发生的时候，"我群"的人可以组成强大的阵营通过为"我"撑伞送殡而把"我"纳入自己的群，这样，"我"的生命、运气就因有了"群"的庇护而得到生还和转变。而子女多的父母，往往因为经济的原因不能够体面又隆重地为每个儿女操办婚事，于是，社会习惯于为长子长女大操大办，其他子女则简单或不办，也因为社会的默认和倡导，从而使得长子长女的婚宴大事肩负着更多的社会义务，特别是在"群"的社会建构上的责任和义务是无他可代的。

从以上可以看出，可以遮风挡雨的"伞"，事实是谋求、建立同质的 ra：n^{13}（家屋），同质的伦理群体"我们的"或"我方的"的重要政治、法律工具，同时也是相对于"我们一方"来说是"他们一方"的亲缘团体间进行力量角逐、交换和统合的重要媒介。当然，也很可能是文献记载的历史上壮族"婿来就亲，女家于所居五里之外，采异花结草屋百余间与居，谓之'入寮'"（邝露《赤雅》）中的"寮"的一种变体。

（二）丧礼中“空间—社会”的二分与统合

老人过世时，儿子、媳妇、女儿、女婿给妻方所尽的礼仪是各不一样的，这些礼仪有分工上的礼仪，有空间转换上的礼仪，也有礼物交换上的礼仪，但不管如何，其所体现的男女二分与统合的理念是一致的。

1. 儿子、媳妇的二分与统合

老人临终之前，老人的儿子要给老人准备好一副红棺木，老人的媳妇则要给老人准备好寿衣，棺木和寿衣都要在老人过世前让老人看过、触摸过，以博取老人的欢心。

老人过世后，从闭眼的那一刻开始，老人的儿子便在“厅堂”摆设灵台，灵台中间供一个“ŋva：n^{33}yieŋ^{45}”，供品中有一个熟猪头、一只熟鸡、一条熟鱼。其中的“ŋva：n^{33}yieŋ^{45}”，是死者还停灵 ha：k^{31}tiŋ^{24}期间，由死者的长子夫妻俩联手煮好米饭后装满一碗，并把香火直接插在碗里的米饭上，直接供奉在死者的灵前。出殡时，“ŋva：n^{33}yieŋ^{45}”由死者的长子亲手捧着走在灵柩的最前面，死者下葬后，“ŋva：n^{33}yieŋ^{45}”便供在死者的坟墓前。当地人认为，活人的命要靠米饭滋养，而死人的魂则靠饭魂滋养，而在米饭上插香火，便意味着滋养人的米饭已变成滋养鬼魂的饭魂，因此，“ŋva：n^{33}yieŋ^{45}”实际上代表阴阳两个世界的分隔，也正因为这样，当地人吃饭的时候，绝对禁止把筷子插到饭碗上，认为那样做是极为不吉祥的。

除了“ŋva：n^{33}yieŋ^{45}”，灵堂设置有两件物品必不可少。一件是一幢用纸、竹篾做成的两层结构的干栏房，这干栏房当地壮语叫“lwk^{31}ŋvei^{21}”（lwk^{31}为“儿女”之意，ŋvei^{21}为瓜果的核或种子），摆在老人的灵前。出殡当天的拂晓时分，儿子便请道公喃仫让死者入住“lwk^{31}ŋvei^{21}”，出殡的时候，“lwk^{31}ŋvei^{21}”由族中的一个年轻人扛着走在棺柩前面，有些到了墓地便烧掉，有些则完整地盖在坟墓上。另一件是，从老人闭眼的那一刻开始，老人的媳妇便准备一个瓦瓮放在老人的灵位旁边，守灵期间，孝男孝女每餐吃饭前都要事先夹点饭菜放入瓮中，然后才能开饭。到出殡前，由死者的大媳妇掌勺，大儿子配合煮成一锅糯米饭，并放入一个簸箕，用刀分成两半，到灵柩就要起动出殡的最后时刻，所有的孝男孝女都要向死者奠酒，然后象征性地吃一点簸箕后半边的糯饭，剩下的则全部倒入灵位旁边的瓦瓮。出殡时，由死者的两个媳妇（如果老人只有一个媳妇，或一个媳妇也没有，则请族中同辈分的一个或两个妇女代替）在棺柩抬起的同时也抬起这个瓦瓮，一路上不得换肩，直抬到坟地，然后由家族中与死者同龄的一位男性（如果没法找到死者的男性同龄人，则由死者儿子的男性同龄人）把瓦瓮与灵柩一起下葬。

以上礼仪充满了二分与统合的特点。其中的二分有儿子准备棺材、"lwk^{31}ŋvei^{21}"、设灵台、接祖开丧、出殡时手捧香炉引领灵柩前往坟地；儿媳妇给死者准备寿衣，负责给死者沐浴穿上寿衣，负责准备给死者装饭菜、装酒的瓦瓮，把这个瓦瓮抬到坟地；用刀二分生者和死者共食的一锅糯米饭；抬瓦瓮的不可换肩等。其中的统合表现在，儿子儿媳要夫妻二人共煮一锅糯米饭，瓦瓮中的米饭、酒菜由男人女人一起放入，等等。这些表明，在当地的社会建构中，男人的力量展示于对香火的传承，对灵魂归宿的主宰，而女人的力量则展示于对灵魂与生命的滋养。而男女的统合之力则一方面具有滋养生命的特质，另一方面具有男人和女人相互构成的特征。

2. 同胞兄弟姐妹的二分与统合

老人过世，如果老人生前提出要求，主家的经济条件也允许，则老人的丧事要举办道场和唱师。道场的举办由死者的儿子们出资邀请并主持，唱师由死者的女儿们出资邀请并主持。道场从老人断气开始，分开丧接祖、献花灯、请死者进佛屋并指引死者跟佛走、追忆死者生前的功过是非，训谕、激励或鞭策后者、唱孝经董咏、请死者进"纸屋"、"出殡"、安龙这几个步骤，道场贯穿丧事的整个过程。而女儿们请的师公只是在出殡当天的上午开始，唱半个多钟头，师公只有一男一女两个人，而其中的一女也往往是男扮女装，这一男一女的两个师公挑着竹篮，随着鼓声一边唱一边跳着绕棺走，唱的内容主要是追念死者生前对女儿的疼爱，所有的女儿便都跟着师公绕棺走，师公唱完紧接着进行的就是"o：k^{33}sa：n^{45}"（o：k^{33}为"出去"之意，"sa：n^{45}"的本义不详，但在当地语言中，屋子的左右两面墙叫"sa：n^{455}"，去壳的白米叫"sa：n^{45}"，因此，"o：k^{33}sa：n^{45}"既有"出殡"之意，又有告别阳间家屋，告别养育之稻米之意）了。

"o：k^{33}sa：n^{45}"的第一步：奠酒。界时，孝男孝女按男左女右原则分排站立灵柩的两边，然后依次给死者奠酒，奠完酒旋即离开 ha：k^{31}tiŋ^{24}，这时，所有携伞赶来的"pa：i^{11}laeŋ^{45}"亲属都等在厅堂外，只要"我方"的孝男孝女走出厅堂，即撑伞迎接、护送；第二步："laeu^{21}ka^{43}"。奠完酒，灵柩被从灵堂扶出，扶到村落内的一个开阔之地举行当地壮语叫"laeu^{21}ka^{43}"的祭礼。"laeu^{21}ka^{43}"之祭实为一种露祭，是空间上与 ha：k^{31}tiŋ^{24}相对应的一种祭祀形式。一般来说，ha：k^{31}tiŋ^{24}内的祭祀由死者的儿子、媳妇主持，而"laeu^{21}ka^{43}"则由死者的女儿、女婿主持。如"laeu^{21}ka^{43}"祭献的猪头、鸡、鱼等由死者的女儿、女婿共同出钱购买；"laeu^{21}ka^{43}"时，死者的女儿要拿出一条一丈三左右的，最好是自织的黑布或白布做抬棺用，死者的女儿越多，得到的布就越多，死者就越荣耀，抬棺回来，女儿们所献的布归还女儿们，据说女儿们拿这布回去给自己的孩子做衣服，以后的儿女就长得好，女儿的生活也兴旺。

综上可知，丧礼中，儿子负责主特 ha：k^{31}tiŋ^{24}灵堂的布置与祭祀，负责请道公、办道场，而女儿负责主持"laeu²¹ka⁴³"的露天之祭，负责请师公和跳师，负责抬死者的布。这些分工清楚表明了同胞兄弟主丧的地点在屋内而同胞姐妹主丧的地点在屋外的区分。另外，奠酒时，既有男左女右的二分，又有同胞兄弟姐妹统合的特点，即嫁出去的同胞姐妹获得与同胞兄弟的配偶一样的空间权利，一起在屋内给死者奠酒。这就意味着，丧礼既力图维持由于婚姻而二分了的同胞兄弟姐妹，而这二分既有空间上的 ha：k³¹tiŋ²⁴ 之内和 ha：k³¹tiŋ²⁴ 之外的二分，又有"道"代表同胞兄弟和"师"代表同胞姐妹的二分，同时又有同胞兄弟姐妹奠酒中的统合。

（三）"pa：i¹¹laeŋ⁴⁵"与"pa：i¹¹na³³"的二分与统合

"pa：i¹¹laeŋ⁴⁵"与"pa：i¹¹na³³"是当地社会结群认亲的一对二元结构概念，其社会建构始于婚姻，并在丧礼中被强化。

在当地，如果家中有老人过世，所有给这家男性成员提供配偶的给妻方亲属前往奔丧时，都必须携黑伞前往，并在丧葬礼中给"我方"的女人及她的丈夫、孩子撑着，这叫 kaen⁴⁵pa：i¹¹na³³ 或 kaen⁴⁵tswn⁴⁵，被跟的人被他们称为"我们的一方"或"我们的人"。所有从这家嫁出去的女人及她的丈夫、孩子回来奔丧时，她嫁进的那一家亲属也必派人携黑伞跟随，并在丧葬礼中给嫁进"我方"的女人及她的丈夫、孩子撑着，且一直撑伞护送"pa：i¹¹laeŋ⁴⁵"或"pa：i¹¹na³³"把死者送到墓地。

如果由于种种原因，常见的是男女的婚姻没征得各自父兄的同意，或男女双方的父兄之间存在着不可调和的矛盾，或父兄居住地太远等，而致使他们拒绝奔丧或不能奔丧，便会出现已成人成家的男女及他们的儿女在丧礼上无人撑伞的难堪局面，这种局面的当事人往往被人称为"衰败之人"而看不起。为避衰趋利，习俗上有一个应变的策略，就是不管哪一方的亲属拒绝或无法奔丧，男女双方都可以请与自己同村或同姓的人为自己撑伞。当送葬的队伍到达墓地，死者 ha：k^{31} tiŋ^{24} 内的亲属，包含兄弟、兄弟的儿子、孙子女、未出嫁的女儿、死者的儿子、媳妇、孙子、孙媳妇及其未出嫁的女儿、孙女等，都是在灵柩还没有下葬便争先恐后地往墓穴丢下一块小石头便头也不回地赶回家，最后留在墓地上看着灵柩下葬的便只有死者的 "pa：i^{11} laeŋ^{45}" 及其已出嫁的姐妹、女儿、孙女及他们的丈夫、子女，而已出嫁的姐妹、女儿、孙女及他们的丈夫儿女留下来的义务就是要对死者的 "pa：i^{11} laeŋ^{45}" 进行劝说，要他们停下不哭后再帮他们脱去孝服，而 "pa：i^{11} laeŋ^{45}" 们往往是越劝越哭，并且此时哭的内容已不再是对死者未竟事业如儿女还没成家等的担心，而是哭诉因为死者的离开而致使头上的伞已经不转，脚下走亲的桥和路已断的悲伤。并且如果死者是男的，他们会哭说前面的路已断，如果死者是女的，则哭后边的路已断，如果两个都已过世，则哭诉说，前后的路没有了，桥已经断了等的悲哀。而劝说方则总以头上的伞飞了，但柄还在，前后的路断了，可以再造，脚下的桥断了但水还在转等话语隐喻死者走了以后，他们留下的骨肉血脉还会继续延续 "pa：i^{11} laeŋ^{45}" 与 "pa：i^{11} na^{33}" 的亲缘关系等。

当 "pa：i^{11} laeŋ^{45}" 停下哭泣，脱去孝服，便不再回丧者的家，而直接从墓地回自己的家，在中华人民共和国成立前是这样的。而现在则可以与死者已出嫁的女亲属及家属回到办丧事的主家吃完下午饭再走。到出殡后的第三天，死者的儿女亲属带上米、肉、菜等礼物到死者的 pa：i^{11} laeŋ^{45} 吃 "ŋa：i^{13} seu^{45}"，中华人民共和国成立前，pa：i^{11} laeŋ^{45} 要给 "pa：i^{11} na^{33}" 的这些亲属赠一些谷种，如今多数是赠每人一个红包，这些由 pa：i^{11} laeŋ^{45} 赠给的礼当地叫向 pa：i^{11} laeŋ^{45} 讨回生旺的喜气，从此，便宣告死者生前联结的两个集团之间的亲缘关系就算结束了。在这里，伞随亲而聚，随亲而动，最后又随亲的死亡而不再转动的实践得到了充分展示。

以上不断在"我方"与"他方"之间拉锯式转换、争夺的撑伞礼仪，清楚显示给妻方和得妻方都同时承认成家的男人和女人及他们未成年的孩子为"我方"或"我们的人"，都相互指认对方为"他方"或"他们的人"，并企图通过"我们一方"和"他们一方"的力量角逐、交换和统合而不断巩固和加强成亲的男女所成就的男的一半和女的一半所构成的体，不断展示理想的人或理想的家是男的一半和女的一半的相互构成。基于这样的思想逻辑，一些老人临死前，总以扛伞走隐喻自己将不久于人世，也是一些没有"pa：i^{11}laeŋ^{45}"或"pa：i^{11}na^{33}"的人死不瞑目的原因，因为这意味着他或她的体已缺了"pa：i^{11}laeŋ^{45}"或"pa：i^{11}na^{33}"，而这两方无论缺了哪一方，都象征男人的一半和女人的一半所构成的体的不完整，也象征着死者是带着不完整的体走向另一个世界的，这种不完整性当然会令死者耿耿于怀。而如果一个男人或女人一辈子不能实现婚娶，其父母过世及 ha：k^{31}tiŋ^{24} 的其他老人过世，在伞顶云集的当地叫"laeu^{21}ka^{43}"的村头吊唁仪式上，送殡路上，便只有那些无法成亲的男人或女人是露着头的。因此，男女成人或成家的标志不是展现在他们的建房过程中，也不是展现在他们的生儿育女上，而是展现在亲属关系上的"pa：i^{11}laeŋ^{45}"与"pa：i^{11}na^{33}"的二分及以伞为表征的亲缘同盟的建构上。

第四节　稻与家屋的社会结构
与亲属称谓制度

在闭村一带，人的亲属称谓可通过三个途径得到：一是通过生育的血缘关系；二是通过养子关系；三是通过契认关系。而人要获得在 ra：n^{13}（家房）中的 faen^{21} 的权利却只有通过生育的血缘关系和养子关系才能获得，契认关系虽然获得与前两种关系同等的称谓，但由于这种关系与 ra：n¹³（家房）没有形成一种共居和共食的关系，因此，虽然彼此之间存在着与称谓身份一样的礼仪往来，但却不存在与 ra：n¹³（家房）之间的 faen²¹ 的关系。而这里的 faen²¹，是指通过继承关系而获得的某种身份或权利。

一 ra：n¹³的亲属身份制度

在闭村，ra：n¹³是人的社会根基，ra：n¹³集居住、祭祀、经济、社会多功能于一身，在当地语言中，所有供人居住的有形空间都叫 ra：n¹³，所有的 ra：n¹³都有一个神圣空间叫 ha：k³¹tiŋ²⁴，所有 ha：k³¹tiŋ²⁴都是祖先神灵受供的地方，也是婚、生、寿、丧等重要仪式举行的场所。另外，在 ra：n¹³的有形空间概念中，包括供家禽、牲畜居住的有形空间——roŋ¹³，roŋ¹³与 ra：n¹³在空间布局上是一个有机的整体。一般来说，ra：n¹³空间结构的展开是在亲属制度和地域关系的两大轴心运作下，依 ba：n³³与 ha：k³¹tiŋ²⁴的风水走向而构建，又在 ba：n³³与 ha：k³¹tiŋ²⁴的庇护下进行政治的、经济的、制度的以及名望地位等的建构。如作为居住功能，ra：n¹³是由家长及其家属（含子女、养子女、父母、兄弟姐妹等）组成的居住单位；作为经济功能，ra：n¹³是生产活动的组织单位，财产占有和积累、消费的单位；作为祭祀功能，ra：n¹³的神圣空间 ha：k³¹tiŋ²⁴是神灵受供的场所，是镶嵌在神灵与尘世关系之间的心灵之所，而 ha：k³¹tiŋ²⁴下的各 ra：n¹³（家或户）则是神灵眷顾和恩赐的单位；作为社会功能，ra：n¹³是社区的元素，在亲属交往和社会交往中，可以行使一定的权利和义务。

（一）ra：n¹³的法定、宗教意义与兄弟间的排行身份

在闭村，用砖瓦木头建构的 ra：n¹³作为人的居住场所，如何能各居其所，有两条规则在运作：一是身份规则；二是公平规则。

1. 身份规则

在闭村，一个人与生俱来的性别身份和在亲属制度中的称谓身份，都与作为居住要素的 $ra：n^{13}$ 息息相关。如果一个人生而为男性社会成员，那么他就有资格加入父系血缘成员资格的集团，与 $ra：n^{13}$ 的关系是 $mei^{13}faen^{21}$（mei^{13} 是"有"的意思，$faen^{21}$ 是"缘"或"份"的意思）。只有具备父系血缘成员资格的男性才与 $ra：n^{13}$ 产生"缘"或"份"的关系，否则是无 $faen^{21}$ 的关系。而他的 $faen^{21}$ 的多寡也与他的性别出生一样，是与生俱来的，这主要是看他在兄弟中的排行位置。如果他是长子，那么父母的婚房卧室必然是他的 $faen^{21}$，他的兄弟则按出生的先后次序按 $ra：n^{13}$ 的空间布局，依次从上厅堂到下厅堂，从左到右获得自己的 $faen^{21}$。属于自己的 $faen^{21}$ 虽然在理论上是自己一生下来便有权占有，但事实上很多人出生的时候，属于他的 $faen^{21}$ 的房子还没有建成，父母及其子女必须考虑扩建新房，以便每个儿子在结婚的时候能够拥有自己房子的 $faen^{21}$。而如果扩建的新房不能与原来的厅堂同进出一个大门，那么，在结婚的当天，新娘在厅堂祭过祖神后，便被带到长子房（即上厅堂左侧的第一间房）坐上一个时辰，叫"$ha^{21}hou^{53}$"（ha^{21} 为"占据""号定"之意，hou^{53} 为"卧房"之意）。而如果是长子，在他结婚的时候，按俗规应把新婚洞房布置在父母退出的卧室里，但现实的情形却很少这样。一般来说，只要父母还健在，是不会退出他们原来的婚房卧室的；或父母的婚房卧室已经破旧，长子也不愿意把婚房卧室设在父母居住的旧房里，因此，长子结婚的时候，多数与其他兄弟一样，把新婚洞房布置到同样属于他 $faen^{21}$ 的房子中。同样，如果这婚房卧室与原来的厅堂不能从一个门进出，长子的新娘在进门祭祖后，也先在厅堂左侧的第一间长子房 $ha^{21}hou^{53}$，坐上一个时辰。但父母的婚房卧室属于长子的 $faen^{21}$ 是不可改变的，父母过世或退出该房后，这房归长子所有。

在闭村，人们很重视房子的身份排序，重视自己与房子的 $faen^{21}$ 的关系。如果由于某些原因使兄弟间拥有的房子与他们的出生排序所依法拥有的 $faen^{21}$ 不相符，特别是出生排序在后的兄弟，占有的是出生在前的兄弟的房子的 $faen^{21}$ 的时候，兄长及兄弟生活中又发生一些不如意的事情，就会使当事人联想到自己的 $faen^{21}$ 与 $ra：n^{13}$ 的关系错位问题，有些可通过兄弟间相互协商调整过来，而有些则无法调整。原因是有些父母在 $faen^{45}ra：n^{13}$ （即"分家"）的时候，出于某种用心，如对某个儿子的偏爱而把好房分给他，或房子不够安排时，先结婚但出生排序在后的兄弟便先借用出生排序在前，但还无法娶妻的属于兄长 $faen^{21}$ 的房子，以后兄长结婚的时候只好依事实错位安排，但不管如何，这样做往往会在兄弟间埋下矛盾的种子。因为在闭村人的观念中，人与房子的关系不仅仅是居住关系，同时也是一种宗教关系：出生的先来后到，是神的安排，祖的意志，各有各的 $faen^{21}$，也各有各的福祉，并通过 $ra：n^{13}$ 身份排序而表现出来。因此 $ra：n^{13}$ 实际上是各人的 $faen^{21}$，各人福祉的物化形式，一旦错位，神和祖先的恩泽就可能因此搁浅，或多占而受神和祖先的惩罚。因此，为了争取神给的利益，一些人由于种种原因如小时候到别人家当养子，或从小外出等而失掉本属于自己 $faen^{21}$ 的 $ra：n^{13}$ 的时候，到老了都还回来争 $faen^{21}$。

如 1952 年土改时，黄某共有四兄弟，但只有两间房，按当时政策，可以分到从地主处没收的一幢刚起的有四间房的屋子，于是，其中的两兄弟就放弃了祖上传下来的两间房，搬到地主的屋子去住。后来，搬到地主屋子去住的一个兄弟参军并转业在龙州工作，在龙州安家，可是，1999 年，他回来跟已是 90 多岁的老母亲说，地主家的房子不是他的 $faen^{21}$，他将要回属于他的 $faen^{21}$ 的房子。他母亲跟他说，原来属于他的 $faen^{21}$ 的房子只有半间，且已破旧漏水，劝告他不要回来争了，但他说他并不是回来争要房子住，而是争要他的 faen^{21}，半间也是他的 faen^{21}，希望母亲做主分给他。可他母亲及兄弟都不同意，为此，他告到法庭，法庭查土改档案资料后，判他败诉。为此村民议论纷纷，有些说他母亲不对，土改分的房是政府分的，是历史形成的，不应该影响他的 faen^{21}，应该分给他。而另一些人则认为这个人太迷信 faen^{21} 了，当了干部还回来争 faen^{21} 有损形象，且这样即使争到 faen^{21} 了，祖宗也不高兴的，会有报应的。但不管如何，闭村人对 faen^{21} 的房子的看重由此可见一斑。

正因为作为 faen^{21} 的房子具有宗教的、法定的意义，所以一般人是不轻易放弃、调换或占领房子的 faen^{21} 的，一些人即使外出工作，根本不回来住，但属于他的 faen^{21} 的房子则仍给他空留着，兄弟无房住，也只能借用，而不能占为己有。同样，先迁到别处另建新房的兄弟，旧房里属于他的 faen^{21} 的房子仍给他空着，无房住的兄弟只能借用而不能占为己有。于是往往会形成这样的局面，原来几代人、几兄弟各居其所的一幢房，若干年后，便陆续有些人迁出旧屋，另建新屋。可建了新屋，并不等于放弃了旧屋的 faen^{21}，旧屋的地基仍属于他，仍留在旧屋的人是不愿意也不能在其他亲属的旧屋地基上另起新房的，认为如果这样，以后将家业不旺。而迁居的亲属也不愿意把旧屋地基让给其他亲属，认为是他的 faen^{21} 就是他的福祉，应留着。因此，在闭村，有很多空置的旧房无人居住，即使旧房已经拆毁，也无人在上边另起新房。原旧房的主人认为地基就如一棵树，建房如在树上筑巢，时间长了，树老树朽，不另择枝，子孙就没有前途，即得不到屋子的福佑而衰落。而不是旧房主人的人则认为，曾是别人住过的废弃屋基，像一座庙，庙毁神在，到那里建房，对人畜不利。当然，也有极少数人，因找不到合适的地基，便通过巫婆、道公的仪式，在追溯不到主人的，年代久远的旧屋基上起房，但这种情况往往受到人们的关注。因此，在闭村，一幢房子住上三五代人以后，便陆续成为旧房、空房、空地，但人们赖以养家糊口的田地上，则陆续建起一幢幢的新房。由于人地矛盾，政府有文件规定，不能占用田地建房，主张平掉旧屋建房，但收效甚微。

2. 公平规则

在闭村，作为人生中最重要财产之一的 $ra：n^{13}$，除了按兄弟的出生顺序的身份规则在运作外，同时还有一个规则在运作，这就是公平原则。若一幢房子有十几间，其中有旧的、新的，有大间、小间，按兄弟们的出生顺序分配，会出现某一排序位置的兄弟全部得到旧房或新房、大间或小间，于是除了正房是按兄弟间出生先后身份分给外，其他房子则按新旧搭配、大间和小间搭配的公平原则分配，但这只是身份规则的补充，一般得请村中有威望的人参加评估、讨论。这叫 $faen^{45}ra：n^{13}$（"分家"之意）。$faen^{45}ra：n^{13}$ 不仅仅分房子，同时也分其他财产，而养子在 $faen^{45}ra：n^{13}$ 中有同等的财产权利。

（二） $ra：n^{13}$ 与财产身份

作为财产要素的 $ra：n^{13}$，在闭村有独特的含义，$ra：n^{13}$ 不仅仅是每一个人安身立命的场所，同时，也是身份财富的象征与夫妻婚姻关系的一个变项。

据老人回忆，中华人民共和国成立前，$ra：n^{13}$ 的房门钥匙掌握在家长或家庭主妇的手里，有多少间房，便有多少钥匙，这些家长或家庭主妇，把所有的房门钥匙串在一起，出街入市便系到裤腰带上，以显示自己的身份与富有。一般来说，带钥匙多的家长或家庭主妇，在街上受人羡慕，并往往成为媒人和一些有待嫁姑娘的家长的注目，并以此为线索，打听对方的家庭背景和小伙子的品貌、喜好，一旦彼此都觉得合适，女方家便派出使者（一般是待嫁姑娘的嫂子、婶娘）前往男家 $ŋo：n^{13}ra：n^{13}$（$ŋo：n^{13}$ 是"看"之意，$ra：$

n^{13}是"房子"之意，ŋo：n^{13}ra：n^{13}相当于"相亲"）。ŋo：n^{13}ra：n^{13}满意后，便谈婚论嫁。举行婚礼当天，标志着女方出嫁"往前走"的一个重要仪式就是"o：k^{33}pa：k^{33}tou^{45}"（o：k^{33}为"出去"之意，pa：k^{33}tou^{45}是"门口"之意），这一仪式由女方家一个命好的女长辈主持。当吉时来临，穿上嫁衣的姑娘由女主持人挽着手，撑着半开的伞跨出闺房的门槛，到厅堂祭祀祖先，然后，跨出厅堂的大门、门楼等门槛，在这一跨门的整个过程，遮挡出嫁女的伞始终半开着，并忌伞顶碰着门楣，出嫁女的脚碰着或踩着门槛，认为这样，女人出嫁往前走才走得顺利，一生平安。

由于跨门这一重要仪式对于女人出嫁往前走的意义非同寻常，因此，当地壮族又往往以女人是否已经o：k^{33}pa：k^{33}tou^{45}作为女人是否已经出嫁的代名词。而当新娘来到男家，也必须经过一个重要的haeu^{33}ra：n^{13}（haeu^{33}为"进"之意，ra：n^{13}为"房"之意）仪式：当新娘快到男家时，接亲队伍中的先头部队，一般是新郎与新娘的引路人会赶紧往家里赶，目的是向家里人通风报信，让男方家人包含新郎、新郎父母、兄弟姐妹、兄嫂弟媳及时避开躲到邻居家，等新娘在鞭炮声中跨进男家大门，祭过男家厅堂祖神，又在新房待上一个时辰，新郎及他的家里人才陆续回来与新娘见面，这一仪式叫"pae^{21}na^{33}"（pae^{21}是"避开"之意，na^{33}是"脸面"之意），据说只有这样，新娘以后才能在新家庭住得安然，才能与新郎及其家里人和睦相处。这种习俗传递着一种文化信息：新娘与ra：n^{13}的关系是直接的关系，而与新郎及其家庭成员之间的关系则是通过ra：n^{13}才能实现。第二天，新娘要回娘家行"回门"之礼，行前，新郎家在"ha：k^{31}tiŋ^{24}"中举行由全ha：k^{31}tiŋ^{24}的人都参加的"tsaem^{45}tsa^{13}"（意为敬茶）仪式，在仪式上，新娘按丈夫在"ra：n^{13}"中的世代辈分，在兄弟中的出生排序获得某兄、某婶等的身份及称谓，并在仪式上由丈夫引领，给每个亲属成员敬茶，每把茶捧给一个亲属，就按丈夫的吩咐，直呼这个亲属的身份称谓，至此，haeu^{33}ra：n^{13}的仪式才算结束。同样也是因为haeu^{33}ra：n^{13}的仪式意义非同寻常，因此，当地人又把女人是否已经haeu^{33}ra：n^{13}当成男子是否已经结婚的代名词，并以此为开端，标志着男女双方已成家立业，用当地壮话就叫"pae n^{13}ra：n^{13}"。

"o：k^{33}pa：k^{33}tou^{45}"与"haeu^{33}ra：n^{13}"的过程显示，男婚女嫁是以退出或占有ra：n^{13}为标志的，则当女人从一个ra：n^{13}走出的时候，便表示她已自动放弃对这方ra：n^{13}的继承，而放弃对ra：n^{13}的继承，也意味着她已失去原来家庭成员的资格。而当她进入另一个ra：n^{13}的时候，也意味她获得新的ra：n^{13}的成员资格，她的身份获得从她已占有对方的ra：n^{13}开始，而对方ra：n^{13}的获得，又依在兄弟间的排序身份获得。也就是说，ra：n^{13}与身份的关系是直接的关系。同时"o：k^{33}pa：k^{33}tou^{45}"与"haeu^{33}ra：n^{13}"的过程也表明，闭村这一社区的人们在构架男婚女嫁的空间文化概念的时候，是以ra：n^{13}为变数：男女首先与ra：n^{13}发生关系，得出的值才是男女之间的夫妻关系。

（三）ra：n^{13}与权利义务

ra：n^{13}是与权利义务扣连在一起的。拥有ra：n^{13}与拥有权利义务是一种平行的关系，一方面拥有ra：n^{13}，另一方面拥有某种权利和义务。如前面所说的兄弟间排行身份与ra：n^{13}的关系是一种宗教的、法定意义上的关系，与这种关系扣连的则是他们郑重而明确的权利和义务。如作为长子，当地壮话叫"lwg^{31}taeu^{13}"，他一生下来，便在宗教上和名义上依法占有上厅堂左边的第一间房子，依法占有父母亲居住的房子，而他们的家庭在当地则被称为ra：n^{13}hun^{45}。

社会赋予ra：n^{13}hun^{45}的男性家长及其子孙的权利义务，也要比其他兄弟更明确。如当父母过世的时候，第一声哭孝是由长子发出的，当长子大声地发出三声哀哭，其他孝子贤孙才能跟着悲哭，每次祭奠，都由长子斟第一轮酒。出殡的时候由长子捧着香炉引领灵柩前往坟地，以后每年清明节的联宗祭祖，ra：n^{13}huŋ^{45}拥有先进香，先领福分的权利，只有 ra：n^{13}huŋ^{45} 已进过香，其他的 ra：n^{13} 才能依次前去进香。同时，当地还有长子如父的说法，即长子有协助父亲养育弟妹的义务，当弟妹还未成人，作为长子提出分家，或分家后对弟妹的读书、成家等大事不闻不问，在当地都被认为是不孝的，不称职的。如果父母早逝，长子也必须担起弟妹的养育和承办婚姻大事的重担。还有，在亲戚间的礼仪往来中，长子也往往成为该集团所行礼仪的召集人、筹划者、主持者。正因为长子在家庭中的独特地位，当地在分家的时候，有留长子房的习俗，在把所有的房子平均分配之前，先给长子留出一间或半间房，余下的房子才能在兄弟间分，也就是说，分房时长子要比其他兄弟多得一间或半间房。

与长子相对的就是最小的幼子，幼子在当地壮话中叫"lwg^{31} lwn^{13}"，当地有句俗语叫"lwg^{31} lwn^{13} tswn^{45} kɛ^{31} ei^{53}"，直译是"幼子窜腋窝"，意为幼子总被父母宠着护在腋下。faen^{45}ra：n^{13}时，幼子往往多得父母的财物，但不可能得到不属于他 faen^{45} 的房子。同时，faen^{45}ra：n^{13}时，一般不给父母留房子，父母可以依然住在他们原来居住的房子里，也可以搬出来，假若他们要搬出来，则幼子必须给他们提供房子住。父母与谁一起生活虽然由他们自己决定，但一般情况下，多选择与幼子一起生活。而长子、幼子以外的其他兄弟，他们的权利和义务可以用"跟随"这个词来概括，就是他们的权利和义务可以参照长子，也可以参照幼子，或按社会现行的习惯去执行，或按社会上某个与自己身份条件相似，并做出受人赞扬之事的榜样去做。总之，身份排行处于中间的其他兄弟，他们的权利义务具有比较大的灵活性。

（四）同胞兄弟姐妹的出生排行与成家次序的理想

在闭村，同胞兄弟姐妹的成家顺序在理想上是按出生排序依次进行，则出生在前的兄姐结婚在前，出生在后的弟妹结婚在后。可是现实往往与理想不符，为此，当地有许多与 ra：n^{13}（家）有关的变通礼仪。

如在兄弟中，如果出生在后的弟弟先于哥哥结婚成家，则预示着哥哥会失去他在 ra：n^{13}（家）中本属于他的份，或与弟弟的份相互颠倒，这对于兄长来说是很不公平的，社会对这样的一种逻辑规则也在反思中做出应变的策略，这就是"hwn^{33}lae^{45} kwn^{45} ŋa：i^{13}"（其中 hwn^{33}为"往上"之意，lae^{45}为"梯子"之意，kwn^{45}为"吃"之意，ŋa：i^{13}为"米饭"之意）的礼仪。则在弟弟婚礼的前晚子夜，族中一位夫妻双全、儿女成群的女性长辈便为即将成家的弟弟煮"ŋa：i^{13}la：u^{13}"。一般来说，哪个成家，煮出的 ŋa：i^{13}la：u^{13} 便由谁先吃，然后其他人才能吃，可是，如果弟先于哥成家，则煮出的 ŋa：i^{13}la：u^{13} 必须让哥先吃，而哥哥吃 ŋa：i^{13}la：u^{13} 的地点不能在饭桌处吃，而是要站到梯子上去吃，然后即将成家的弟弟才能吃，据说经过这一仪式，兄长就不会因为成家在后而失去他在 ra：n^{13}（家）中的福分。不过，由于上梯子吃饭太令人难为情，因此，现在的人家多数采取让哥哥在弟弟结婚的日子里躲避到亲友家的办法来应对这一习俗，但作为一种制度的反映，日常生活中，人们仍然经常使用"hwn^{33} lae^{45} kwn^{45} ŋa：i^{13}"这句话作为在兄弟间相互逗乐的话题。而如果是兄妹、姐弟、姐妹之间，同样也是这样。

可见，在当地社会，男女成家的先后是由他们出生次序的先后来决定的，而隐藏在这种制度文化的背后，则是由家屋的宗教性和法律性意义所决定的。

（五）分家的过程

在闭村，如果有几个兄弟，则分家的最好时机是在这几个兄弟都结婚成家后再一次性地按有多少个兄弟就分若干个家，父母按意愿自行选择跟哪个儿子一起生活，或按父跟老大、母跟老幺分配父母的归宿的办法分家。但由于很多实际的原因，多数家庭并不能等到几兄弟都结婚了才进行分家，而是哪个先结婚就把家分给哪个。分家的仪式很简单，一般是由已成家的兄长首先提出来，征得父母与弟妹同意后，就自买炊具，找个地方安个灶自己开火煮饭即可，当然也有条件比较好的家庭，父母要为分家的兄长分些炊具或生产生活用品的。

如前所述，分 ra：n^{13}（家）的时候，ra：n^{13}（房子）不仅仅按兄弟间的出生排序的身份规则在运作，同时也要考虑财产分配制度的公平规则。如果一幢房子有十几间房，其中有旧的、新的，有大间小间，而按兄弟们的出生排序分配又出现某一排序位置的兄弟全部得到旧房或新房，大间或小间，则除了正房是按兄弟出生先后顺序分给外，其他房子按新旧搭配，大间和小间搭配的公平原则分配，但这只是身份规则的补充，一般得请村中有威望的人参加评估、讨论。这叫 faen^{45}ra：n^{13}（"分家"之意）。faen^{45}ra：n^{13}不仅仅分房子，同时也分其他财产，养子在 faen^{45}ra：n^{13}中有同等的财产权利。

不过，虽然 ra：n^{13}在人们的财产观念中一直被列为最重要的财产之一，但这份财产却不能随意转让和抢占。如中华人民共和国成立前这个村的土地买卖非常频繁，穷苦的人家有卖儿卖女卖妻子的，但考察中就没发现有哪一家曾买卖过房子。土改时，通过国家手段进行的社会财富重新分配的运动，使村里的不少贫雇农分到了地主的 ra：n^{13}（房子）和土地，分到土地的人们都欢天喜地，并从意识形态上接受分给自己的土地，可分到房子的人们却采取审慎的态度，他们或偷偷找巫婆三姐卜卦或请道公驱逐鬼神后才敢搬进去住，而搬进去住的人也多数抱着暂住或借住的态度，一旦自己有条件另起新房或外出工作便很快会退出这些房子。

（六）ra：n^{13}与养子的排行身份

中华人民共和国成立前的闭村一带，过继养子的现象相当普遍，考察闭村各世系群的发展历史，发现几乎每一个姓氏家族历史上都有过从本村或别村的其他姓氏家族过继养子的历史。而人们之所以热衷于领养孩子，原因是在当地人的观念中，由生育而产生的世代按父系传递的血缘观念、宗族意识只是各世系群得以延续发展的一个渠道，除此之外，还有许多规则在运作，其中，过继养子是各世系群得以重组和再生的另一合法途径，也是各世系群得以延续的主要方法之一。而过继养子的一般规则：一是无男丁的家庭，为延续香火，不得不把别姓别家的孩子过继给自己，过继后即当亲生的对待，有在这个家庭中养老送终的义务，有为这个家庭延续香火的责任，同时，也有继承遗产的权利；二是多子多福的"五男二女"观念，认为"五男二女"是个吉祥的生殖数字，生育有"五男二女"的家庭将来定能子女有成，家业兴旺发达，为此，一些家庭便通过过继养子的方法来实现这种心理愿望；三是家庭比较富裕，通过过继养子来增加劳动力。

养子的当地壮话叫 lwk^{31} tsieŋ^{11}（lwk^{31}为"儿子"之意，tsieŋ^{11}为"养育"之意），过继养子的经过相当简单，只要孩子的生父母与养父母之间相互同意，便可以举办过继的礼仪。

孩子一旦过继，便完全脱离生父母而成为养父母家庭的一个成员，他首先在姓氏上放弃生父的姓而改用养父的姓，然后获得养父所在 ha：k^{31}tiŋ^{24}按辈分排序而得到的字号，按同字辈在兄弟间的排行序号获得在养父家而属于自己的 faen^{21}的房子。从理论上来讲，养子如亲生，他在养父家的地位与养父的亲生儿子没有区别，但在实践上则往往会出现亲生儿子对养子进行歧视，养父在财产继承权上薄待养子的一些社会问题，但不管如何，养子按兄弟的排行身份而获得的属于自己的 faen^{21} 的房子是没有任何力量可以改变的，如覃雄才的父亲早在清朝就是本村的一个大地主，可婚后多年不育，便过继他堂姐的一个孩子作为养子，过继养子后，他才生下属于自己的亲生儿子覃雄才，分家时，他把 180 多亩最好的水田分给覃雄才，而养子则只得到十几亩稍差的水田，可在房子继承权上，覃雄才虽是亲生但在兄弟的排行上则排在第二，因此，不管他如何富有也无法继承 ha：k^{11}tiŋ^{24} 的 hou^{53}huoŋ^{45}（长子房），hou^{53}huoŋ^{45}（长子房）归他虽是养子但按排行是兄长的哥哥的法定意义，是他父亲及他本身，以致后来的子孙都无法改变的事实。

（七）lwk^{31}kei^{53} 与 ra：n^{13}

在闭村一带，有一种生养习俗叫"aeu^{45}tsaek^{35}kei^{53}"（aeu^{45} 为"要"，tsaek^{35}kei^{53} 为"记得""契"或"寄"之意），是孩子刚生下不久，父母便找算命先生算孩子的命中五行，如果命中五行中的哪一行不够完美，算命先生便会告诉主家小孩应契什么，如命中缺金，则契大石；缺水则契泉水、河流；缺火则契太阳；缺木则契大树；缺土则契人，被契的人和物成为人们精神意念中的又一父母。如果是契自然界的太阳、河流、泉水、树木、石头等，则在选好的吉日备上一碗白米、两碗米饭、一挂熟猪肉、一些糖果，先祭社公神，并给社神贴上一张红纸，然后再祭所契的自然之物，并贴上一张红纸（如果是契太阳，则在院子中央贴红纸），最后祭自己家里的祖神，这一过程叫"aeu^{45}tsaek^{35}kei^{53}"。"aeu^{45}tsaek^{35}kei^{53}"的这些祭祀礼仪要在以后的每年正月初二重复一次，直到小孩成家为止。祭祀后，除了那碗白米之外，其他祭祀食品可在当天便拿来与全家分享，但那碗白米须留在米缸里，放上三天或七天以后才拿来给小孩煮饭或粥吃，也有倒入米缸与全家的口粮合在一起煮着吃的。这碗白米当地叫作"haeu^{21}kei^{53}"（haeu^{21} 为"米"之意，kei^{53} 为

"记得""契"之意），haeu²¹kei⁵³正是每年正月初二所有 aeu⁴⁵tsaek³⁵ kei⁵³礼仪的核心内容，它代表大树、泉水、太阳、大石等的自然之物，就像父母生育、抚养子女一样，去庇护、滋养尚未成年的小孩健康地生长发育。而如果是契人，则在吉日由小孩的父母备些礼物，一般是一只鸡、一挂猪肉、一些糖果，到一个同意充当小孩的契父或契母并与小孩的生父或生母同龄的人家里，契父契母给契子准备一碗白米，一个红封包，与契子家带来的礼物一起在 ha：k³¹ tiŋ²⁴祭拜祖神，禀告祖神说契子某某与自己有缘，现来求一碗饭吃，并祈求祖神给予佑护。祭毕，契子来到神台前，由契父或契母亲手喂给几口饭吃，然后与契父母一家一起吃餐团聚饭，然后那碗白米与红封包给契子带回家放入米缸，过三天或七天再由主家拿来给小孩煮饭或粥吃，也可倒入米缸与全家口粮一起煮着吃。这碗白米也叫"haeu²¹kei⁵³"，从此的每年正月初二，契子都要携礼前往契父契母家祭拜祖神并与契父契母全家人一起吃餐饭，契父契母也必备一碗 haeu²¹kei⁵³给契子带回。认契父契母后，契子称契父为"a：u⁴⁵kei⁵³"（当地称父亲、叔叔都叫 a：u⁴⁵），称契母为"liu¹³kei⁵³"（当地称母亲、婶婶都叫 liu¹³），称契父契母家的孩子比较复杂，如果是年龄比自己大的男孩子则在其名字前冠上"ko⁴⁵"，年龄比自己大的女孩子则冠上"tse³³"，年龄比自己小的其他孩子则统统直呼其名。除此之外，契子不用改变自己原来的姓氏、字辈，不用与契父母家的孩子进行出生先后的排行次序，也没有为契父母养老送终的义务，更没有在契父母家继承任何财产的权利。多数契子在成家以后便不再与契父母家往来，当然也有一些契子与契父母一家感情较深，平时，契父契母家有诸如婚、丧、入新居等大事，契子会备礼前往祝贺或关照，契父契母过世，也要前往守孝，但这只是认契以后，两家感情发展的结果，而不是认契本身所强调的天然关系或义务。同时，选契父母的条件除了要求与生父或生母同龄外，别无他求，因此，常有侄子侄女认婶婶、叔伯为契父母的，也有外甥认姨妈姨父为契父母的，等等。

原则上来说，小孩一旦结婚成家就意味着已经长大成人，婚礼的前天下午，要请族中的一位妇女备香烛、米饭、熟肉、红丝线去祭社公神，然后去祭所契之物，给所契之物系根红丝线，这便意味着已把契拿下，以后再也不去祭拜这些所契之物或所契之人了。但也有些是终身都去祭拜的，这其中没有什么特别的缘故，只是这些人觉得这些所契之物有利于自己，想继续得到佑护而已，不过社会对此的看法不一，有些人认为把契拿下了还继续去拜会恰如其反，不但得不到保佑还会招来不安。

从以上可以看出，ra：n^{13}（房子）是亲属身份制度的空间展示，由亲属制度进行的 ra：n^{13}（房子）的空间使用制度强调人与人之间的血缘、共居和共食的关系，其中，共居和共食的关系被强调的程度远远胜于血缘的关系，因为在过继的养子中，养子与养父母、兄弟之间并无血缘关系，但由于养子在养父母家的 ra：n^{13}中有 $faen^{21}$，因此，与养父母家的关系具有法定的宗教性的共居、共食的关系，因此，世系的亲缘建构、兄弟的排行身份得到充分的认可，并有家屋、田地的财产继承权，且在家屋、田地的继承上，社会一方面出现在田产继承上的重亲生轻过继的倾向，另一方面则又同时出现对养子在 ra：n^{13}中的 $faen^{21}$更加强调和重视的倾向，这两种逆向而行的社会倾向正好说明社会亲缘建构对共居的特别强调。而契子与契父母之间，通过白米养人所虚拟的彼此间的养育关系和每年正月初二重复的聚吃一餐所强调的彼此间的共食关系，是一种模拟父母生殖养育所造就的人体的实践，这种实践在人体的生长发育阶段具有非常重要的意义，一是契父母（含人类性父母和自然之物的生物性父母）把自己神秘的生殖、养育之力，通过白米的滋养转换成为滋养人体生长发育的神秘之力，这种神秘之力是亲缘建构的结果而非前提，因此，一旦以结婚成家为标志的人体的发育成熟，彼此间的滋养与共食关系便宣告解体；二是成人的理想，在当地，以结婚成家作为成人的理想标志，而认契父母就是企图通过虚拟的父母之力去完成这一理想，因此，当理想实现，契便失去了意义，就必须把它拿下。可见，在当地 ra：n^{13} 的亲缘建构理想中，共居关系最为重要，有形空间的 ra：n^{13}，其运作规则是在亲属制度主宰下的财产制度的运作，因此，它对居住其中的人的宗教意义和法定意义超过财产的意义。

二 通婚规则、仪式行为与亲属分类

闭村这一社区的人们把女人出嫁叫"pae^{45}ha^{53}""pae^{45}na^{33}"，"pae^{45}ha^{53}"为"出嫁"之意，"pae^{45}na^{33}"为"往前走"之意。并随着女人的出嫁，彼此亲属被分为两大范畴，第一范畴为 pa：i^{21}na^{33}范畴，则娶女人的一方对这个女人来说为 pa：i^{21}na^{33}；第二个范畴是 pa：i^{21}laŋ^{45}范畴，则嫁出女人的一方对这个女人来说为 pa：i^{21}laŋ^{45}范畴，而 pa：i^{21}na^{33}为"前面"之意，pa：i^{21}laŋ^{45}为"后方""后背"之意，也就是说，从女人的出嫁和亲属的分类、范畴来看，闭村这一社区的人们对女人的婚姻流动是以确保女人"往前走"为前提的。这一前提从举行女人的婚嫁仪式开始，以女人的丧礼为结束，体现的是这一社区的人们对女人的生命和灵魂的归宿所建构的理想图景。

（一）通婚规则

这一理想图景在通婚规则上主要表现为：（1）禁止女人的婚姻流动与方位相逆；（2）同姓不婚；（3）交表不婚等，在这种通婚规则背后，展示了当地宇宙观念、方位观念、血缘观念、灵魂观念等文化意识对婚姻行为的影响，其影响方式直接表现为社会、家

庭、亲朋对女人婚姻选择的赞同或反对，其结果使女人婚姻的单向
流动成为当地通婚规则中最重要的特征。

1. 禁止女人的逆方位流动

按照女人出嫁"往前走"的这一原则，地势地貌的高低、河流
的流动方向、居住地和饮用水的方位等表征特征，都成为影响当地
女人婚姻流动最基本的文化要素。因此，如果是同 kjok[33] 的青年男
女通婚，则禁止女人嫁往其大门朝向的相反方向；而如果是同村的
男女通婚，则禁止女人由下 kjok[33] 嫁往上 kjok[33]，禁止饮用下方位泉
水的女人嫁往上方位泉水的男人；而如果是不同村屯的男女通婚，
则禁止下村屯的女人嫁往上村屯；如果是同饮用一条河水的男女通
婚，则禁止下游的女人嫁往上游；而如果是不同"方"的男女通
婚，则禁止下方的女人嫁往上方。

因此女人出嫁"往前走"，必须顺应水由高往低处流的自然规
律，顺应他们婚姻观念中血缘分离"往前走"，走向美满幸福的理
想心愿，否则，嫁出的女人会遭受诸如多病、早死等的灾难，嫁出
女人的一方则遭受诸如家业不兴、人口不旺、家风不正等的不幸。
于是，只要有女人逆方位而嫁，肯定会遭受习俗、家庭、社会的一
致反对。当然有些女人为了追求自由的爱情和婚姻而奋起反抗，成
功了，但却有一些女人为此付出生命的代价。如闭村有一个居住
kjok[33]kum[45] 叫 ta[21]neu[11] 的黄家姑娘，十年前与韦家的小伙子自由恋
爱准备结婚，只因为韦家人所饮用的泉水位于黄家的上方位，黄家
家族的人议论纷纷，认为如果把他们的女人嫁往韦家，则黄家人饮
用因女人出嫁而受到污秽的水，会对黄家不利，于是姑娘的父母受
不了习俗的压力，不同意自己的女儿与韦家小伙子恋爱结婚，这位
姑娘便自杀投到叫"taem[13]piu[13]"的深水塘，以死殉情抗议习俗、
家庭的反对。另一个也是约十年前的黄家姑娘，与潘家小伙子恋爱
结婚，也是由于逆方位而嫁而受到家庭的反对，但她的结局与刚才

的那个殉情而死的黄家姑娘比则幸运得多，虽然家庭和社会习俗同样是因为她逆方位而嫁而反对，她父亲曾手持木棍到潘家寻找女儿，要把女儿赶回家，但在女儿巧妙周旋与邻居的保护下，使有情人终成眷属。再有，现已50多岁的本村村民黄某，二三十年前与本村的覃家人自由恋爱，也是因为她是逆方位而嫁而遭到家庭社会的一致反对，她哥哥磨着刀对她说，如果她不听劝告，就把她杀了，她为了反抗家庭的反对，故意去跟一个富农出身的小学教师恋爱，而当时跟富农出身的子弟恋爱、结婚便意味着断送了自己和外家的政治生命，这更让家里人感到不光彩，于是在习俗压力和政治压力的权衡面前，家庭只好对她的逆方位而嫁做出让步，使她最后如愿以偿地嫁给了已恋爱多年的覃家做媳妇。而本村黄士某、黄天某、陈宏某等的女儿，则没有黄某幸运，据说她们都曾与本村上方位的小伙子自由恋爱多年，最后都因为犯了女人不能逆方位而嫁的禁忌而遭到家庭社会的反对，最后不得不屈服而忍痛割爱另嫁别处。

　　可见，女青年为追求自由幸福的婚姻家庭生活而反抗是使女人不能逆方位而嫁的通婚规则充满变动的因素，虽然直到现在，闭村的人们理想中仍坚持不将自己的女儿逆方位而嫁，仍反对同族的女人逆方位而嫁，但无法抗拒的现代生活气息却无时不冲击着他们的这一习俗观念，读过书、见过世面的现代女青年宁愿双双背井离乡，到外地打工，也不愿意让自己美好的爱情成为习俗的牺牲品。在这样的情况下，一些老人只好让步，并经常出现这样的一种情况：女儿要逆方位而嫁，老人表面反对，故意又吵又闹几次让族人知道后，便名正言顺地把女儿嫁了过去，而人们虽然也议论纷纷，但最终还是默认的。而当一对又一对逆方位而嫁的年轻人，不但不像人们所预言的那样不吉不祥，相反家庭和睦，子女有成，样样顺利的时候，女人逆方位而嫁被视为洪水猛兽的旧通婚规则便渐趋瓦解。考察中发现，在闭村的同村婚中，女人逆方位而嫁获得成功的比例也很高，其中，男方的才貌、家庭经济、社会地位等是动摇女人不逆方位而嫁这一通婚规则的主要因素。正因为这样，闭村的村内婚呈上升趋势，如在 50 岁以上的男人中，配偶来自本村的只有13%；而 30—50 岁的年龄段中，则有 21% 的配偶来自本村；30 岁以下的年轻人则有 24% 的男性配偶来自本村，而村内婚中，女人逆方位而嫁的则占了一半以上。

以上是村内婚的例子，而如果是村外婚，则禁止下方位村屯的女人嫁往上方位的村屯。如大同村、大昌村是距离闭村最近的居北方位的村庄，据村委提供的资料统计，闭村 50 岁以上的男性配偶，来自大同村的达 11%，来自大昌村的达 7%；而 50 岁以下、30 岁以上的男性配偶来自大同村的有 13%，来自大昌村的达 10%；30 岁以下的男性配偶来自大同村的有 8%，来自大昌村的也有 8%。更有趣的是，有些家庭娶进来的女人，都是来自居北方位的同一个村庄，如黄士北有四个儿子，其中三个媳妇是来自大同村的；黄天迎有三个儿子，三个媳妇则全来自大昌村；黄富寿有四个儿子，他的妻子是大昌村，他的两个媳妇来自桐岭乡，一个媳妇来自大昌村，另一个媳妇来自闭村本村。而他们的女儿，则没有一个嫁往这些村屯的。

不同"方"的青年男女通婚，下方的女孩禁止嫁往上方，如以 $pja^{45}jiu^{21}$ 为坐标分出的山东方、山西方、山南方、山北方和以东龙为中心分出的居梧州方向的下方、居柳州方向的上方，则山东方女人理想的婚姻流动是由山东方嫁往山南方和梧州方向的覃塘、贵港等地，不过，不同"方"之间的男女通婚，受女人不能逆方位而嫁的观念影响相对减弱，没有听到因逆方位而嫁而受习俗和家庭反对的例子，不过，调查中还是发现山东方的男子大多娶柳州方向的女人，而山东方的女人则很少嫁往柳州方向。如根据村委提供的统计资料，闭村 50 岁以上男性的配偶来自柳州方向的达到 11%，30—50 岁男性的配偶来自柳州方向的达到 15%，而 30 岁以下男性的配偶来自柳州方向的达到 7%。但闭村女子嫁往柳州方向村屯（城镇除外）的则基本没有。

从以上可以看出，女人不能逆方位而嫁的通婚规则及其所依赖的习俗心理，仍是闭村及相邻社区的人们所不愿意违背的，但这个通婚规则与现实的矛盾又使人们痛苦地徘徊在规则与现实之间，有时候，人们宁可弃规则于不顾，而成全有情人终成眷属，而有时又把规则看得很重，以至于棒打鸳鸯，甚至同胞不相认，亲家不往来。但不管怎样，女人不能逆方位而嫁仍在很大程度上影响着当地的婚恋嫁娶。

2. 同姓不婚

据宋人乐史编撰的《太平寰宇记》一百六十六卷《贵州风俗》条载，在宋代贵港市一带的壮族是"诸夷率同一姓，男女同川而浴，生首子即食之云宜弟。居址接近，葬同一坟，谓之合骨。非有戚属，大墓至百余，凡合骨者则去婚，异穴则聘"。其中，"凡合骨者则去婚，异穴则聘"，反映了同一祖坟下"同穴"的社会成员须禁婚物件，而不同祖坟无血缘关系的"异穴"男女才可成婚的通婚规则。这里的"同穴"不婚，"异穴"而婚的通婚规则与现在闭村的同姓不婚的通婚规则是一致的，因此，这段话实际上反映了当地壮族"异穴"则"异姓"的血缘外婚。其中，"同穴""居址接近""非有戚属""去婚"与上一节提到的 ra：n^{13}（屋子）、gjo：k^{33}、ba：n^{33} 与 si^{43} 的内部空间结构的展示，及关于 ba：n^{33} 为聚落单位、血缘团体、开亲单位的结构是一致的，与现在闭村的同姓不婚的规则是一致的。

可见，同姓不婚的通婚规则与远古的"异穴则聘"的通婚规则是一脉相承的，而这一通婚规则在闭村一带被实践的真实情况则比女人不能逆方位而嫁更为严格。考察中，笔者听到不少关于家庭、社会对同姓婚男女进行干预而致人生悲剧的故事，如有一个叫达欢的妇女，现已70多岁，原随母改嫁从山北方六广村的韦家来到闭村的梁家并随了梁姓，后与闭村的韦家通婚，已结婚几年，韦家人才知道她原为韦姓，他们的婚姻是同姓而婚，于是悔婚迫达欢改嫁，后达欢改嫁几次都不如意，最后嫁到山南方的蒙公乡。另一例是黄天某的弟弟娶了韦某等的妹妹，而黄天某的祖上曾从韦家过继过养子，因此，追溯起来两家婚姻实为同姓结婚，于是两家发生矛盾，韦家从此不给黄家回去祭祖，黄家也不再在祖宗神台上供奉韦氏牌位。

笔者又对闭村的户口档案进行了统计，发现1986年以前结婚，1991年仍然健在的384对夫妻中，只有黄姓的6对，陈姓的1对，韦姓的1对是同姓婚，而其余的376对夫妻全部是异姓通婚。后又再深入调查，发现同姓婚的8对夫妻中，有1对的女方是从上林县嫁过来的，3对分别来自来宾和武宣两县，1对是跟母改嫁的同姓，其余没有一对是村内同姓婚。而在1986—1999年上半年的统计（只统计到约2/3的材料，原因是约有1/3的档案资料因原文书调动工作带走而无法统计），则只统计到1对村内同姓婚，但经调查，女方是从桥站村随母改嫁到闭村覃家而随覃家姓的，因此虽与覃家通婚，也不算村内同姓婚。而这里的人们之所以反对同姓婚，原因是他们普遍认为，同姓婚不好，有两个理由，一是同姓婚被认为伤风败德，受人歧视，二是同姓婚被认为违反祖义，会受祖宗惩罚，导致断子绝孙，因此，调查中发现，同姓不婚是闭村通婚规则中的又一重要特点。

3. 交表不婚

在闭村进行人类学考察，没有发现交表婚的例子，亲属称谓中也没有诸如舅父、岳父同称，舅母、岳母同称，婆婆、姑母同称，公公、姑父同称的现象，他们认为属于直接的姑表、舅表、姨表关系的表兄弟姐妹的关系太"jwn"（在当地壮语中表示"痛、珍贵、亲近"等多种意思），是不能结成姻亲关系的。调查中也没有发现感情相投的男女青年，却因交表关系而被拆散情缘的例子，原因是青年男女在交友、恋爱的过程中，已自觉回避了有交表关系的异性，也就是说交表不婚不仅是现行婚姻法所禁止的，同时也是这里的习俗所禁止的。

　　排除了女人不能逆方位而嫁、同姓不婚、交表不婚，闭村的男婚女嫁则实行由近而远的优化组合，他们有句谚语："$vun^{13}lau^{11}je^{21}rw^{13}$，$vun^{13}lw^{45}kva^{21}ga：i^{21}$"，意思是"只有人老了才耳聋，只有被人选剩了才会嫁娶远方"。而男婚女嫁的择偶优先权为女性，择偶的一个重要规则就是由近而远的优化组合。优化的条件除了排除逆方位、同姓，交表亲戚外，依次便是对方的才貌、家庭经济条件、家族等。因此，在男性社会成员相对比女性多的情况下，便有一些条件相对欠缺的男性因就近娶不到媳妇，而到很远的地方娶妻。如本村涉及跨国婚姻娶了越南女的四个男子，都是年龄在40岁左右，在本地求偶无望的情况下才娶越南嫁过来的女子的。在娶西林县女子做媳妇的五个村民中，也都有类似年龄过大，经济条件不好或身体、长相欠缺的原因。可以说，闭村婚姻择偶范围非常广，有云南省嫁过来的，也有云桂交界的西林、隆林、凌云等比较偏僻落后的山区的女子嫁过来的，这些女子或经媒人牵线，或自行寻来，或闭村男子因在当地求偶无望而有意到这些地方打工带回来的。近十几年，闭村男子到广东等地打工的很多，也有不少从外边带媳妇回来的。但排除以上这些特殊因素，闭村的婚姻择偶大多是在以$pja^{45}jiu^{45}$为坐标的四"方"范围内，即山东方、山南方、山西方、山北方这四方及中秋、京榜两个村。在四方的婚姻流动范围中，闭村的女子以在山东方范围内择偶为首选，而在山东方范围内，又以村内择偶为优先，村内婚与方内婚的通婚频率最高，占闭村女子婚姻总数的一半以上，如仅以 1989、1996 年为例，闭村在 1996 年这一年嫁出女子 34 人，其中嫁在村内 9 人，嫁在山东方 12 人，嫁往山北方 2 人，山南方 1 人，山西方没有，其他则嫁往外县外省，或本市的黄练、木格等平原区的乡镇；1989 年闭村共嫁出女子 30 人，其中，嫁在村内 10 人，山东方 8 人，中秋村 1 人，嫁往山南方 3 人，山北方 3 人，山西方 1 人，其他嫁往贵港市 2 人，广西藤县 1 人，山西省 1 人。闭村男子在 1989 年结婚 37 人，其中，娶村内女子 18 人，山东方女子 6 人，山南方女子 1 人，山北方女子 2 人，山西方女子没有，本市三里乡 1 人，上方的武宣县女子 7 人，贵港市三里镇 1 人，石卡乡 1 人。1996 年闭村男子结婚 24 人，其中，娶村内女子 9 人，方内女子 4 人，娶山北方女子 3 人，山南方 1 人，山西方 1 人，其他有广西靖西县、邕宁县、大化县嫁来的女子共 3 人，上方武宣县嫁过来的女子 3 人。

过去山东方的女子不是万不得已是不嫁山南方的，他们有句俗语："嫁山南 mok^{33}ŋau^{53}"（mok^{33}ŋau^{53} 为一种不可雕塑的树根，这句俗语的意思是说只有头脑不开窍的女人才会嫁往山南方，比喻这些地方生活的艰苦），原因是历史上的山南方水田少、旱地多，生活水平比不上山东方，但现在这种状况已大大改善，这主要是 20 世纪 50 年代的兴修水利，使山南方的大量原旱涝无收或薄种薄收的田地都得到了改观，特别是近 20 年的改革开放，这些地方改变了生产结构，大种甘蔗及经济作物，生活得到了改善，因此，过去山东方人不嫁山南方的观念已经改变。

（二）仪式行为与亲属分类

女人婚姻的单向流动是闭村传统社会的重要特征，并且，女人的婚嫁与当地亲属的概念、权利、义务存在着非常密切的关系，可以说，以女人的婚嫁为核心，演化的是一系列社会与人生的乐曲，奠定的是社会制度、亲属制度的基石。

闭村是通过女人婚嫁仪式的举行，而首先把彼此的亲属分为两大范畴的。第一范畴为 pa：i^{21}na^{33} 范畴，这个范畴对女人来说，指的是夫家以家公、家婆、丈夫同胞兄弟姐妹为核心的夫家 ra：n^{13}（本族）内亲属，而对男人来说，则是自己父亲同 ha：k^{13}tiŋ^{24} 被称为 ta^{21}nu：ŋ^{11} 的亲属。第二个范畴是 pa：i^{21}laŋ^{45} 范畴，这个范畴对女人来说，指的是自己的以父母、同胞兄弟、堂兄弟为核心的所有父系 ra：n^{13}（本族）内的亲属，而对男人来说，指的则是妻方的父母、同胞兄弟姐妹、堂兄弟姐妹。pa：i^{21}na^{33} 语义为"面前"之意，pa：i^{21}laŋ^{45} 为"后背"之意。对任何一个人来说，面前和后背是不可分割、相互依存的统一体，这就从人体的方位结构上形象地隐喻了缔结婚姻的男女双方及他们的亲属之间是存在着不可分割、相互依存的关系。这种关系是有着完全确定的、异常郑重的相互义务和责任的。

如该社区有一种 ŋva^{45}laŋ^{45}（"搔背"之意）习俗，而所谓"搔背"指的是已经出嫁的女儿、姐妹，在诸如建房、婚丧、生产等重大活动中，由于经济上的困难而回娘家求助于父母兄弟姐妹。一般来说，姐妹、女儿回来求助，兄弟（含堂兄弟）有义务出资出力给予帮助，否则会受到社会舆论的指责。这种习俗当地壮族称 ŋva^{45}laŋ^{45} "搔背"。同样，如果兄弟遇到困难，嫁出去的姐妹及其丈夫也有义务出资出力给予支援，这种支援当地壮语叫 au^{45}laŋ^{45}（au 为"要"之意，laŋ^{45} 为"后背"之意）。因此，婚嫁仪式的举行，实际上是两个集团亲属相互承担义务的契约的缔结。而"搔背"和"要后背"承担的主要还是经济义务，但婚姻的缔结和两大亲属范畴的划分绝不仅仅限于这种经济上的互相扶持，更为重要的是一种使命，就是同胞的兄弟、堂兄弟对自己嫁出去的姐妹必须承担监护、复仇的职责。其中，如果自己的同胞姐妹、堂姐妹被丈夫或丈夫家族或别的社会成员虐待、欺凌，甚至冤枉致死的话，作为兄弟、堂兄弟有责任前往论理、调解，甚至对仇家洗劫、复仇。这个复仇团体有一个专属的称谓，壮语叫 to：i^{53}ta^{45}，to：i^{53}ta^{45}直译为"对眼"。它的亲属范畴与 pa：i^{21}laŋ^{45}完全一样，但这个称谓的使用有非常严格的界定和场合。只有嫁出去的姐妹过世的时候，原来是她们的同胞兄弟、堂兄弟才在奔丧的时候，在称谓身份上改为 to：i^{53}ta^{45}。to：i^{53}ta^{45}有责任和义务对他们亡故的姐妹进行审查。查验的主要内容，一是看死者是否为正常死亡，假如他们的姐妹被虐待、谋害致死，那么作为同胞兄弟、堂兄弟有义务向仇家讨还血债，对仇家的惩罚轻则教训洗家，重则棍棒、刀枪相见。当然这种复仇使命现在变成一种象征的习俗，当 to：i^{53}ta^{45}到来，死者的孝男孝女必须披麻戴孝到村头迎接，然后带领 to：i^{53}ta^{45}前往灵堂查验，向 to：i^{53}ta^{45}哭诉死者的亡故过程，表达对死者生前照顾不周的种种内疚，只有 to：i^{53}ta^{45}认为死者是自然死亡丧家才能盖棺、出殡。二是看死者的衣角是否往内叠，而如果是往内叠，认为这将预示死者的灵魂回归外家，对外家不吉利，因此，为了确保死者的灵魂不再回归外家，to：i^{53}ta^{45}必须把衣角放平，以便让死者的灵魂随着她的出嫁而归宿夫家。三是看死者的身子是否为仰姿，如果不是仰姿而是脸朝下呈俯卧姿态，那将是一个非常严重的事件而受到 to：i^{53}ta^{45}的关注，因为，按当地习俗，只有作恶多端的人，意外死亡的人，才使用这种丧俗，目的是不让恶死者的灵魂回来作祟。而如果是正常死亡的妇女，却用了这一丧俗，这是对死者的侮辱，死者的灵魂将得不到安息，为此 to：i^{53}ta^{45}必须为自己亡故的姐妹做主，把死者转回仰姿。否则得不到安息的灵魂会作祟外家，使外家不得安宁。

可见，同胞兄弟姐妹、堂兄弟姐妹的亲密联结和相互义务、使命，无疑是当地社会结构中同胞亲属重于其他亲属的重要表现。同时，也是为什么随着女人婚嫁仪式的举行，彼此的亲属被分成了 pa：i^{21}na^{33} 和 pa：i^{21}laŋ^{45} 两大范畴的原因。这两大范畴其实预示着女人"出嫁"是往前走，走向彼岸的，她们的灵魂是不能回归的思想和观念。因此，为了确保女人往前走，社会形成了一系列相应的通婚规则对女人的婚姻流动给予限制，这就是女人不能逆方位而嫁、同姓不婚、交表不婚及在丧礼中，确保女人的灵魂不能回归的文化根源之所在。

同时，也因为这一习俗制度的存在，当地社会较少发生家庭暴力。而一旦发生，受害妇女的 pa：i^{21}laŋ^{45} 团体有权对施暴者实施经济制裁，最严酷的经济制裁是施暴者只能眼睁睁地甚至赔着笑脸看着自己家上至屋顶上的瓦片，养在圈中的牛、猪、鸡、鸭，下至田地物产等全被受害妇女的 pa：i^{21}laŋ^{45} 团体拿走。

女人婚嫁仪式的举行在把平辈亲属分为两大范畴的同时，也把双旁系姐妹及其丈夫、子女的亲属关系划分了出来。一般来说，如果以父方的亲属称谓为基本义 +ba：n^{33} 构成的称谓系统，那肯定是由父方嫁出去的女人及亲属，如果是以母方的亲属称谓为基本义 + ba：n^{33} 构成的称谓系统，那肯定是由母方嫁出去的女人及其亲属。如 ta：i^{35}ba：n^{33} 是母亲的母亲的姐妹，ta^{53}ba：n^{33} 是母亲的母亲的姐妹的丈夫。而从闭村的亲属称谓表（见表附 2 – 14 双旁系姐妹及配偶的亲属称谓组合表）可以看出，以 ba：n^{33} 构成的称谓系统的运行是排除平辈的，并且在父母辈中的展示也不完整。如母亲的姐妹的丈夫的称谓就没有 ba：n^{33} 的构成形式。这在一定程度上说明了该社区亲属称谓并不是一开始便有明确的双旁系姐妹和双旁系兄弟的区别范畴的，ba：n^{33} 的亲属很可能是后来随着血缘婚姻制度的更替而逐渐出现的。因此，它表现出一定程度的不完整。而 ba：n^{33} 在当地壮语中有"村寨""亲戚"之意。这与远古的 ba：n^{33} 为血缘团体，聚落单位，ba：n^{33}与 ba：n^{33}之间为开亲单位有关，因此，闭村以父方、母方的亲属称谓为基本义＋ba：n^{33}组成的亲属称谓系统同样与女人的婚嫁及亲属的分类有关。

（三）女人的婚姻仪式

女人婚姻仪式的举行，除了与亲属间的权利义务有联系，与远古的灵魂观念、血缘观念有联系外，同时还与"花"的观念有关。一般来说，女人出嫁的前天傍晚，母亲须托同 ba：n^{13}（本族）内儿女双全的一位妇女去帮女儿 aeu^{45}kei^{53}（即把命寄收回来），aeu^{45}kei^{53}的过程是先祭 si^{11}（社），后祭女儿命寄之物，如泉水、树木、太阳等。祭品中除一只全鸡，一块猪肉，一些糖果，一碗白米上插一个红封包外，还有用桃树枝弯成的一把弓。这把弓意味着女儿带着花枝，要离开父母往前走了，而且女儿带走的花如弹出的弓，是不能回头的。并请求神灵保佑女儿"ku^{11}dae^{33}kwn^{33}swn^{33}dae^{33}pae^{45}"（其中，ku^{11}是"做"之意，dae^{33}是"得"之意，kwn^{33}是"上"之意，swn^{33}是"接、传承"之意，pae^{45}是"去"之意，整句话的意思是求神灵保佑女儿出嫁后"家业兴旺，子孙绵绵"）。如果女儿出嫁后，出现婴儿月中夭折，则回 pa：i^{21}laŋ^{45}请儿女双全的一位婶子或嫂子去 lu：m^{11}va^{45}（lu：m^{11}为"育"之意，va^{45}为"花"之意），过程是由这一位婶子或嫂子择吉日到山上摘花（也有些是用红纸、白纸剪花），摘到的茶果花等白花象征男性，稔果花等红花象征女性，用一块黑布把这些花包好，带上一只刚刚会叫的公鸡叫 kae^{53}twn^{45}（意为跟随脚跟的鸡），悄悄送到女儿家。到女儿家后，先祭女儿家的 koŋ^{45}ha：k^{31}tiŋ^{45}（厅堂祖神），然后把包着花的黑布包锁进女儿的柜子，带去的公鸡则先绑在女儿床脚三天才放，以后这只公鸡不能杀，直养到老死。等女儿又生小孩，过三朝便由婆家把黑布包的花拿到 ha：k^{31}tiŋ^{45}（厅堂）祭祖，并打开，叫 ho：i^{45}va^{45}（"开花"之意），然后，用那块黑布给婴儿做衣服穿，祭过神的花则拿到树根去倒，据说，这样婴儿便能顺利成长。这一习俗意味着 pa：i²¹laŋ⁴⁵ 是"花"来源的方向，是婴儿生命力的根。

综上所述，闭村的亲属概念，范畴与亲属间的权利、义务有联系，与远古的灵魂观念、血缘观念有联系，与花的观念息息相关，与现行的通婚规则如女人不能逆方位而嫁、同姓不婚，交表不婚等，也存在着千丝万缕的联系。这种联系，既是一种亲戚间的往来契约，同时也是一种宗教上的运作表现，pa：i²¹laŋ⁴⁵ 是 pa：i²¹na³³ 所敬畏的神之所在，是 pa：i²¹na³³ 的生命、力量之所在，亲属的称谓制度正是在这些基础上形成自己的特点。

三　称谓系统

（一）称谓的收集

对闭村亲属称谓资料的收集，得益于笔者在闭村的媳妇身份，这一身份对于笔者的访谈、录音等非常有利，但也有一个不便，就是这个村的人忌讳把生辰告知与自己相识的人，尤其是女人，但却记在族谱上，为此，笔者无法看到哪家族谱，为弥补这个不足，笔者画了每一户的亲属关系图，然后按是否同一个厅堂、同一个众公进行归类，画出系谱关系图。工作步骤：第一步的工作是原始资料的收集，笔者选择了两个男性报道人，一个是本村退休教师，年龄60多岁，教学生涯没有离开过东龙镇范围。另一个是受过旧式教育，可经常替别人写请柬、对联，年龄70多岁。选取好报道人后，便按预设的系谱图逐一询问报道人。第二步是核对工作，为此，笔者到闭村老人室与十多位老人交谈，听他们对亲属网络中的每一个亲属称谓进行争议和认定。第三步是进行资料的组合和分析，绘出闭村相互关联的亲属称谓组合表。最后把重点放在间接称谓与直接称谓的分析研究之上。

（二）　间接称谓

闭村使用七十二个间接称谓（见表附 2 - 1）。其内在的结构与运作规则，有年龄的相对性，有称谓的重叠、复合，世代的交叠、复合等多项特征。这些特征或显示排行原则压倒族谱位置，或显示个人身份高于亲属称谓等，而这一切又与现行的，或曾盛行的某种亲属制度、社会制度相联系，与当地的通婚规则、亲属分类有联系，因此，研究闭村的间接称谓，是进一步了解闭村这一社区社会历史文化的重要方法。

1. 族谱位置的相对原则

族谱位置的相对原则在闭村的指称称谓系统中，并不是一个普遍原则，一般来说，族谱位置不一样，其指称称谓也不一样，但也有例外，如表附 2 - 16（夫方、妻方上一辈直系与同辈第一旁系亲属称谓表）显示，在系谱关系为 HF、HM、HBe、HBeW、HBy、HByW、HZy、Hze、WF、WM、WBy、WZy 这十二个成员中，如果自我为男性的情况下，对他的妻子，妻子的父母，同胞兄弟姐妹及其配偶的指称要比他们实际所处的系谱关系的辈分位置要高出两个世代。这一方面说明在闭村的社会结构中，社会对娶进来的女人的父母、同胞亲属相对于要比嫁出去的女人的丈夫的父母、同胞亲属看得更为重要，同时也说明了同胞间兄弟姐妹相互承担的责任义务要比任何其他社会成员更为重大。而事实上，从女人出嫁的那一天所开始的人生中，以她为主或以她为媒介所举行的婚、生、寿、丧等重要的仪式场合上，这十二个系谱关系位置上的成员亲属，都被当成上上宾看待，他们所送的礼物也最为贵重，并在仪式上最受人关注。同样，当自我为女性的情况下，对她丈夫，丈夫的父母、同胞兄弟姐妹、同胞兄弟的配偶的指称也要比他们实际系谱位置上的辈分高出一个世代。这也说明，在社会的发展过程中，该社会对嫁出去的女人的丈夫、丈夫的父母、兄弟姐妹、兄弟的配偶这些亲属是特定强调的，在这个女人的今后人生中，发生在她身边的婚、生、寿、丧等重要仪式活动，这些亲属都被看成是同 ra：n^{13} 的人，必须与办礼仪的主家一起分担各种事务，他们中如果有已经出嫁的姐妹，回来时虽有礼物交换，但分量相对较轻，也不坐上上宾席，而其他亲属如丈夫的父母、兄弟、兄弟的配偶则没有礼物交换，但有经济上互帮互助的义务。

可见，系谱位置的相对原则是与权利、义务、身份联系在一起的。

2. 排行的相对原则

这一原则没有系统的完整性，但蕴含的社会意义不可低估。

首先，我们从表附 2 - 4（父方直系与旁系亲属称谓组合表）可以看出，关于父亲、母亲的称谓共有三个，其中父亲是：te^{13}、lun^{13}、a：u^{45}；母亲是 mi^{21}、pa^{33}、liu^{13}。其中，把父亲称为 lun^{13}，母亲称为 pa^{33} 的条件一是父亲在其兄弟姐妹的排行中，必然是老大，即首生子；二不是首生子，但经过算命先生算过八字，认为父母命中带克带杀，用 lun^{13}、pa^{33} 称谓可消灾除难，子孙满堂，福寿双全。而 lun^{13}、pa^{33} 是与 a：u^{45}、liu^{13} 相对的，只要父亲不是首生子，和没有命中注定，那他们的称谓都是 a：u^{45}，与之相应的母亲称谓是 liu^{13}。这里，父母的称谓通过父亲在兄弟间的排行位置才能得到显示，子女跟父母的关系是间接地通过父亲所在的 ra：n^{13}（家屋社会）的运行规则才能得到确认和肯定，这就说明，父母的排行是独立于他们的族谱位置的，父亲出生的家屋与子女出生的家屋是不一样的，子女出生的家屋又与子女出生的家屋不一样，这样一代一代的都不一样。

以上情况在同辈同胞兄弟姐妹中的展示是，假如位居兄弟姐妹最前头的是长兄的话，那么他的专有称谓为 ko^{13}hun^{45}，他的配偶称 cou^{33}hun^{45}；如果头位是长姐的，那么她的专有称谓为 "ta^{21}"（这一称谓在 50 岁以下的人中已不普遍，但 50—60 岁以上的老人仍普遍这样称呼他们位居头位的长姐）或 tse^{33}hun^{45}。而同辈中对夫方妻方同胞兄弟姐妹的指称中，夫方则明显缺了比丈夫大的同胞女性亲属 HZe 的称谓，妻方则缺了 WBe、WZe 的称谓。为什么在闭村这一社区中，会出现首生子指称称谓与其同胞兄弟姐妹不一致或空缺的现象呢？对这一问题，虽然文献资料多次提到壮族历史上有"生首子则解而食之，谓之宜弟"[①] 的记载，并为此有"损子国"之称，但能真正揭示这一制度实质的论著仍不多见。但从闭村父母的排行原则独立于族谱位置的称谓制度及特有的首子称谓制来看，与首子有关的社会制度肯定曾长期地存在于当地壮族社会，而这种社会制度又存在于家屋社会中，并随着家屋社会的消亡而消亡。

3. 年龄的相对原则

年龄的相对原则主要展示在自我的上一代（＋1）与同一代（0）的关系成员上。在上一代的关系成员中，年龄比自己父母大的亲属，不区分父方、母方、血亲、姻亲，都统统称呼为 lun^{13} 或 pa^{33}。称呼为 lun^{13} 的，系谱关系的成员包含：EBe、FZeH、MBe、MZeH，称呼为 pa^{33} 的，系谱关系的成员包括：FZe、FBeW、MZe、MBeW。（参见表附 2 - 3 上一辈父方、母方平表、交表亲属称谓组合表）而比自己父母年龄小的亲属则区分父方、母方、血亲、姻亲。如在父方，年龄比自己父亲小的男性亲属，称呼为 a：u^{45}，他们的配偶称呼为 liu^{13}，女性亲属称呼为 ku^{11}，她们的配偶称呼为 a：u^{45}ba：n^{33}。在母方，年龄比自己母亲小的与母同辈的男女亲属都称呼为 na^{11}，他们的配偶也称呼为 na^{11}。（参见表附 2 - 4 父方直系与旁系亲属称谓组合表）在同辈的关系成员中，年龄比自己大的同胞男性亲属（含旁系）称呼为 ko^{45} 或 pei^{31}，年龄比自己大的同胞女

---

① 张声震：《太平御览》七百八十六卷，载《异物志》，转引自《壮族通史》上册，民族出版社 1997 年版。

性亲属（含旁系）称呼为 ta^{21} 或 tse^{33}，而年龄比自己小的平辈男女亲属都称呼为 nu：ŋ^{11}。在平辈表亲中，可没有年龄、性别的相对性，而统统称呼为 piu^{33}（表），也可区别年龄相对性，称 piu^{33}ko^{45}、piu^{33}tse^{33}、piu^{33}cou^{33}等（参见表附 2 - 13 双旁系平表、交表亲属称谓的组合），但这显然是受汉族影响的结果。

4. 性别的绝对原则

根据指称物件的绝对性别的不同而给予不同的称谓是闭村指称称谓的基本原则，其中，有与相对年龄对应的绝对原则，主要表现在青少年期、壮年期和老年期三个年龄段（参见表附 2 - 15 绝对性别与相对年龄的对应称谓）的统称称谓上，如处于青少年年龄段的所有男性社会成员都可统称为 lwk^{33}，或在他们的名字之前冠上 lwk^{33}，女性则统称为 ta^{21} 或在她们名字之前冠上 ta^{21}；而处于壮年期的所有男性社会成员则可以统称为 ae^{53}，或在他们的称谓之前冠上 ae^{53}，女性则统称为 ja^{21}；处于老年年龄段的所有男性成员统称为 ae^{53}la：u^{11}（或 ae^{53}koŋ^{45}）；女性统称为 ja^{21}la：u^{11}（或 ja^{21}pu^{13}）。另外，还有与系谱关系对应的绝对性别的原则，这一原则在父方（参见表附 2 - 4 父方直系与旁系亲属称谓组合表）中，核心词 koŋ^{45}、te^{13}、luŋ^{13}、a：u^{45}、pu^{13}、ja^{21}、mi^{21}、pa^{33}、liu^{13} 显示了辈分与性别的区别原则；而在母方（参见表附 2 - 5 母方直系与旁系亲属称谓组合表），则除了 na^{11} 可指称母亲的弟妹，母亲弟妹的配偶之外，其余均有明确的辈分与绝对性别的区别原则；而在父方的晚辈亲属称谓中（参见表附 2 - 11 父方晚辈直系与旁系亲属称谓表），有些有辈分与性别的区别原则，有些则没有，如 la：n^{45} 有晚两辈的区别原则而没有性别的区别原则；lwk^{33} 一般指称男性，但当它与 la：n^{45} 结合使用的时候，也不区分男女。

可见，除了 na^{11}、la：n^{45} 两个称谓不区别绝对性别之外，其他在闭村亲属称谓系统中都有绝对性别的区别原则。

5. 称谓的混同、世代的交叠与复合

以同一个称谓指称两个或两个以上不同系谱关系的成员，或以两个系谱关系的称谓称呼同一个人的现象，在闭村的称谓体系中是一个非常重要的现象，前者应看作是称谓的混同，后者应看作是称谓重叠、复合，表现形式相当复杂。

（1）称谓的混同主要表现为两种类型：第一种类型为讨妻方与给妻方的亲属不加区分（参见表附2–10讨妻方与给妻方亲属称谓表）。在该表中，系谱上的认同原则是：

$luŋ^{13}$ = F = FBe = FZeH = MBe = MZeH

pa^{33} = M = MBeW = MZe = FBeW = FZe

a：u^{45} = F = FBy

liu^{13} = M = FByW

na^{11} = MBy = MByw = MZy = MZyH

ku^{11} = FZy = HFZy

ko^{45}（pei^{31}）= B = FFBSSe

tse^{33} = Z = FFBSDe

nu：$ŋ^{11}$ = FFBSy = FFBSDy

从系谱上的认同原则可以看出，闭村的亲属称谓是不区分讨妻方与给妻方的，其中的$luŋ^{11}$—pa^{33}—a：u^{45}—liu^{13}等号两边都是自我往上一辈（+1）的父方和母方的亲属，他们的系谱位置不一样，但却共有一个称谓，并且都与父母的称谓相同，这种现象与美国民族学家 R. A. Lowie《外婚制与亲属关系的类分制》[1] 等论著中所提出的以尊一辈的血亲为基础，辅以直系、旁系的亲属制"四分法"中的第二种结构类型相似。由自我往上追溯一辈的亲属关系中，闭村把旁系的亲属称谓一分为二：与父母同性别的这一半纳入直系的

---

① R. A. Lowie：《文化与民族学》，转引自陈克进《民族学教研一得录》，中央民族大学出版社2009年版，第197页。

亲属称谓体系中，父之兄弟与父同称为"父"，母之姐姐与母同称为"母"，母之弟弟、妹妹与母别称为 na^{11}（"舅"），父之妹妹与父别称为 ku^{11}（"姑姑"），则易洛魁人的二分合并型，当对方为男性的情况下，F = FB = MB；而当对方为女性的情况下，则 M = MZ = FZ。而同辈之间，既有类别式称谓又有说明式称谓，如兄弟姐妹与堂兄弟姐妹既可使用同一称谓，统称为 $ta^{21}nu：\eta^{11}$，又可以分别称呼 bei^{11} 为 ko^{13}，Ze 为 ta^{21}（tse^{33}），FBCy 为 $nu：\eta^{11}$；姑表兄弟姐妹与舅表兄弟姐妹、姨表兄弟姐妹则使用同一称谓，统称为 piu^{33}，他们在系谱上的认同方式是：

piu^{33} = FZC = FZCC = FZCCC...

piu^{33} = FFZC = FFZCC = FFZCCC...

ko^{13} = B = FFBSe

ta^{21}（tse^{33}）= Ze = FFBDe

$nu：\eta^{11}$ = FBSy = FFBDy

$ta^{21}nu：\eta^{11}$ = G = FFBC = FFFBC

他们二分合并的方式是：B = FBS = FFBS...（或 B ≠ FBS = FZS = MBS = MZS、Z = FBD = FFFBD...、Z ≠ FBD = FZD = MZD = MBD）

这种类型在实际运作过程中，在称谓上表现为平表/交表及其往下的子子代代的重叠，表明表亲关系具有弹性和延伸性，在实际生活中，一般是一代亲，二代表，三代、四代以后则看实际需要，如果彼此互相需要则为表，没有需要，则表亲关系可以在三代以后中断。

（2）称谓的复合，这种现象有三种类型，第一种类型所表现出来的系谱上的认同为：

$ko\eta^{45}ta^{45}$ = MMMB

$pu^{13}ta：i^{53}$ = MMMBW

$piu^{33}ku^{11}$ = FFZD = $ku^{11}ba：n^{33}$

piu^{33}a：u^{45} = FFZS = a：u^{45}ba：n^{33}

piu^{33}liu^{13} = FFZS = liu^{13}ba：n^{33}

piu^{33}luŋ^{13} = FFZSe = luŋ^{13}ba：n^{33}

piu^{33}pa^{33} = FFZSeW = pa^{33}ba：n^{33}

等等；其中 koŋ^{45}ta^{45}复合前的 koŋ^{45}（祖父）ta^{45}（外祖父），pu^{13}ta：i^{53}复合前的 pu^{13}（祖母）ta：i^{53}（外祖母），都是父方和母方上两代直系亲属的专用称谓，现复合指称母方的上三代旁系亲属，这种由两个称谓上的核心词重叠复合来指称一个人的现象是没有世代的交叠的，都是在同一世代中的重叠组合，重叠组合后有父方、母方的区别，但没有尊卑之分。而 piu^{33}ku^{11}、piu^{33}a：u^{45}、piu^{33}liu^{13}、piu^{33}luŋ^{13}、piu^{33}pa^{33} 中的 piu^{33} 是同辈的平表、交表的专用称谓，ku^{11}、a：u^{45}、liu^{13}、luŋ^{13}、pa^{33} 则是父方上一辈直系、旁系亲属的专用称谓，现复合指称讨妻方的上一辈直系旁系亲属称谓，这种由两个核心词重叠复合来指称一个人的现象有世代的交叠，有讨妻方和给妻方的区别，但也没有尊卑之分。而第二种类型表现的系谱上的认同为：

koŋ^{13}na^{11} = Wby

ja^{21}na^{11} = WZy

ja^{21}ta：i^{53} = WM

koŋ^{13}na^{11}、ja^{21}na^{11}复合前的 koŋ^{13}（祖父）、ja^{21}（祖母）都比WBy 的系谱关系高出了两个世代，而后面的 na^{11}（舅舅）则比WBy 高出了一个辈分，这种世代复合交叠的称谓的意义是非同寻常的，是当地社会结构中，姻亲亲属社会地位被特别抬高和身份上的特别强调在称谓制度中的表现。而 ja^{21}ta：i^{53}的复合则 ja^{21}（祖母家婆）与 ta：i^{53}（外祖母）连在一起称呼自己妻子的母亲，具有尊敬和突出身份的作用。

　　而第三种类型表现的系谱上认同为：

lwk^{35}la：n^{45} = GC = GCe = WGC = WGCe = GCC = GCCeE = WGCC = WGCCe

lwk^{35}是儿子、女儿之意，也有指称所有青少年期的男性社会成员。la：n^{45}是孙子、孙女之意，是儿子、女儿的称谓和孙子、孙女的称谓复合称呼自己兄弟姐妹的儿子、孙子，这是为了把直系与旁系亲属加以区分。

（三）直呼称谓

在直呼称谓中，则有按年龄层次，长幼分期的相对性，有称谓的重叠、世代的交叠、复合等特征。称呼的习惯，有父母子女、祖父母孙子女连称制，有亲随子称制等特点。在日常生活中，在闭村的社会中，人们非常讲究通过亲属间直呼用语的使用来表达一定的感情，并把这种产生于亲属间的感情直呼延伸到其他的比较亲近的社会成员，以示礼貌。

闭村直呼用语的使用大致遵循以下几个方面的规则：

1. 人生的层次性转递与称谓的层次性升迁（参见表附 2 – 15 绝对性别与相对年龄的对应称谓表）

当一个人呱呱坠地，父母、祖父母、兄姐及其他亲属，社会成员都称呼他（她）"ŋae^{53}"（小的意思），等他或她稍长，父母便给他（她）起个小名，如果是男孩，人们便在他的小名前冠上"lou^{11}"或 lwk^{33}，并直呼其名以示亲近，而如果是女孩，人们便在她的小名前冠上"ta^{21}"（达），并直呼其名。到读书上学，便在他们的小名加上他们的辈分排号，如是"经"字排，则在小名前加"经"字，成为书名，女孩多另起书名。但也有与男孩一样，按姓氏排号＋小名而起书名的。读书以后只有父母兄弟姐妹能再使用他们的小名。这里既显示了性别的重要，又把亲属称谓与命名系统勾连在一起。

到了成年，族中弟妹便通过 ko^{45} ＋小名或 tse^{33} ＋小名的办法称呼年龄比自己大的兄姐。有些家庭则按排行的顺序称呼 ko^{45}hun^{45}、ko^{45}ngei^{21}（二哥）、ko^{45}sa：m^{45}（三哥）、tse^{33}hun^{45}（大姐）、tse^{33}ngei^{21}（二姐），而用 a：u^{45} + 小名，ku^{11} + 小名或 a：u^{45} + 排号，ku^{11} + 排号的办法直呼比自己大一个辈分，年龄又比父亲小的同族叔叔、姑姑，用 lun^{13}ta：i^{21}、lun^{13}ngei^{21}、lun^{13}sa：m^{45} 称呼同族比自己父亲年龄大的叔伯，用 pa^{33}ta：i^{21}、pa^{33}ngei^{21} 等称呼同族比自己父亲大的叔伯配偶。其他的如公某、婆某、嫂某等也都依此类推（参见表附 2 - 6 父方男性与配偶长幼排行称谓表及表附 2 - 7 父方女性与配偶长幼排行称谓表），并且这种称呼可以适应于社会上类似年龄层次的其他社会成员。

　　结婚以后，女的随丈夫的辈分排序，被称呼为嫂 + 排号，liu^{13} + 排号，pa^{33} + 排号，如，丈夫排序第二，那么平辈人称呼她为 cou^{33}ngei^{21}（二嫂），晚一辈的人，并且父亲比她丈夫小的称呼她为 liu^{13}ngei^{21}（二婶），父亲比她丈夫年龄大的称她 pa^{33}ngei^{21}（二婶），其他依此类推（参见表附 2 - 6 和表附 2 - 7）。当结婚生育后，便实行父母子女连称制，如某夫妇的长子女名叫"美"，那么人们便称呼"美"的父亲为 a：u^{45}（当父亲为长子时称 lun^{13}）+ 美，母亲为 liu^{13} + 美，称谓往上升一级。当这对夫妇又有了孙子以后，那么人们实行祖父母与长孙子女的连称制，在 kon^{13} 或 pu^{13} 的后面加上长孙子女名，称谓往上又升了一级。这里显示的是称谓独立于系谱位置之外，同时排行关系也影响了称谓。

　　从以上可以看出，闭村的直呼称谓具有随着人生的递转而不断变更的特点，在变更过程中，个人身份的改变不是在称谓系统中展示，而是在命名系统中表现。

　　2. 亲随子称类型

　　这种称谓一般是丈夫跟着妻子称呼妻子的亲属，或妻子跟着丈夫呼叫夫系的亲属，或弟妹跟着嫁出去的姐姐称呼姐姐婆家的亲属，跟着嫂子称呼嫂子娘家的亲属，也有父母跟着子女称呼姻亲亲属的。如以下的系谱关系：

$loŋ^{13}$ = WFBe = WFZeH = HFBe = HFZeH

pa^3 = WFBeW = WFZe = HFBeW = HFZe

ku^{11} = WFZy = HFZy

$koŋ^{45}$ = WFF = HFF

pu^{13} = WFFW = HFFW

ko^{45} = WBe = HBe = ZeHBe

cou^{33} = WBeW = HBeW = ZeHBeW

nu：$ŋ^{11}$ = WBy = WZy = HBy = HZy

$viŋ^{45}$ = WZeH = ZeHZeH

全部是妻子跟丈夫，或丈夫跟妻子称呼，这类称谓的特点是等号两边没有直接的亲属关系，是通过中间媒介的间接亲属。

此外，像这类的系谱关系：

ku^{11} = FZy = HZy

a：u^{45}ba：n^{33} = FZyH = HZyH

pa^{33} = FZe = HZe

$luŋ^{13}$ = FBe = HBe

等等，等号两边也不是直接的亲属关系，但为了表示尊重，实行亲随子称，即跟着自己的小孩称呼比自己辈分小的亲属的结果。

（四）综述与讨论

从以上可以看出，闭村的称谓系统有如下几个方面的特点：

（1）亲属称谓是与命名系统勾连在一起的，这种勾连有时是通过命名系统来显示，如女人出嫁后，她的族谱位置并没有发生变化，但她的身份已经改变，因此称谓便随着她身份的改变而改变。有时则通过亲属称谓来显示，如名字加排行和称谓加排行的原则就属于这种类型。还有一种情况就是显示性别的重要性，如在人们的称谓前冠上 lwk^{33} 或 ta^{21}，ae^{45} 或 ja^{21} 则显示了对性别的强调原则。

（2）身份的排行原则压倒了族谱位置，当父亲在兄弟排行中为长子时，他被称为 luŋ^{13}，母亲被称为 pa^{33}，子女跟父母的关系是通过父亲与兄弟的关系来显示。

（3）讨妻者与给妻者的分类原则，意味着所有嫁进来的女人都是母亲，所有长一辈的男性亲属都是父亲，而有父母亲身份的并不意味着是由生育而自然形成的关系，这里显示出社会身份比亲属称谓更为重要。

第五节　通过"二分统合"建构
"中心型社会"

综上可知，闭村的社会结构是建立在稻与家屋、生命的互动演化之中，具有一系列二元结构的特征和统合、交换关系，社会存在和不断再生产的基本机制被建立在二分与统合或异中求同的逻辑和规则之中。

一　稻与家屋的二元结构及其统合交换关系

闭村的稻与家屋具有明显的二元结构特征和统合、交换关系，统合、交换的基本逻辑或规则是二分与统合或异中求同，其社会结构的成因与特点如下：

（一）在二元结构中强调"物（稻）我共生"

在闭村一带，传统壮族村落的社会文化建构存在一系列的二元结构性特征，如那和兰、男和女、生与死、"pa：i^{11} laeŋ^{45}"与"pa：i^{11}na^{33}"、su：n^{45}va^{45} 与 ra：n^{13} 等为其中最为重要的二元结构单元。二元结构的规则是通过二分与统合而实现对失序的抗拒和对秩序的重建。这就意味着，在当地的社会文化创造中，二分的强调往往代表失序、混乱、不吉祥，代表分离、死亡和衰败，而统合或交换的强调往往代表有序、光明、吉祥。也因如此，当地的社会文化创造，总是力避二分，强调统合或交换。并在这一过程中，强调"物（稻）我共生"，强调天国花园的繁衍特质，强调稻米的滋养之道。

（二）ra：n^{13}具有社会结构的功能作用

在闭村，ra：n^{13}是人的社会根基，ra：n^{13}集居住、祭祀、经济、社会多功能于一身，其空间结构的展开是在亲属制度和地域关系两大轴心的运作下，依风水走向而构建。作为居住功能，ra：n^{13}是由家长及其家属（含子女、养子女、父母、兄弟姐妹等）组成的居住单位；作为经济功能，ra：n^{13}是生产活动的组织单位，财产占有和积累、消费的单位；作为祭祀功能，ra：n^{13}是神灵受供、眷顾和恩赐的单位，是镶嵌在神灵与尘世关系之间的心灵之所；而作为社会功能，ra：n^{13}是社区的元素，在亲属交往和社会交往中，可以行使一定的权利和义务。

（三）ra：n^{13}与na^{13}的言语与象征体系蕴含当地社会建构的政治学深意

在闭村ra：n^{13}与na^{13}的言语与象征的思维体系中，人们在生活世界中持续进行的na^{13}的开垦、灌溉、耕耘及其产品的加工、饮食、交换是稳定的居所ra：n^{13}获取生计来源及保持其延续性的前提，而人们持续进行的"ra：n^{13}"的建造及在此基础上形成的ba：n^{33}的聚落空间及其社会共同体，是na^{13}得以向峒/勐—家国—天下演化的本土化途径。在这一过程中，两者的相互依存、对立统一及持续进行的物质与社会文化创造，既表现为生产方式、生活方式上的"垦那而食，依那而居"，同时又表现为以ra：n^{13}为表征，以na^{13}为载体的"社会系统或者社会不同元素之间的组织有序的相互关系"①，即社会结构。

（四）ha：k^{31}tiŋ^{24}是家屋二元结构的中心和世系绵延的联结点

在闭村，用砖瓦木头建构的有形空间 ra：n^{13}，往往是同一祖先之下的几代人，几十个人，甚至上百个人口共同居住的一个大空间，这个大空间的核心是 ha：k^{31}tiŋ^{24}，主要的房子是 hou^{53}，主要的家庭单位是 pa：k^{33}tsa：u^{53}，此外，还有附属的建筑，如猪栏、牛栏等。这么大的一幢房子，居住着这么多的人，分布这么多经济上相对独立的小家庭，如何能各居其所，如何在某种有序的状态下进行政治、经济、文化的系统运作，如何在这种系统的运作中实现彼此间的互动、互惠和互利，则不仅是当地社会追求的一种理想，同时，也是当地制度、宗教、文化等多种职能因素共同作用的结果，其中，以世系的联结、延伸和分支为主要宇宙图式的 ha：k^{31}tiŋ^{24}社会建构，为闭村社会结构的重要表征，内含当地社会关于社会、人生、理想的哲学深意。

二　亲属关系、居住空间的二元结构及统合交换关系

在闭村一带，随着女人的出嫁，彼此亲属被分为 pa：i^{21}na^{33} 和 pa：i^{21}laŋ^{45} 两大范畴，即娶女人的一方对于这个女人来说为 pa：i^{21}na^{33} 亲属，含丈夫的父母、同胞兄弟姐妹、堂兄弟姐妹。而嫁出女人的一方对这个女人来说为 pa：i^{21}laŋ^{45} 亲属，含出嫁女的父母、同胞兄弟姐妹、堂兄弟姐妹。而对于这个女人的丈夫来说，这个女人的 pa：i^{21}na^{33} 亲属也是自己的 pa：i^{21}na^{33} 亲属，这个女人的 pa：i^{21}laŋ^{45} 亲属也是自己的 pa：i^{21}laŋ^{45} 亲属。而对于 pa：i^{21}na^{33} 和 pa：i^{21}laŋ^{45} 两大亲属人群来说，这对成婚的男女及他们婚后养育的儿女都被他们纳入了他们的"我方""我群"的人。

---

①《牛津社会学简明词典》1994：517。转引自［英］杰西·洛佩兹、约翰·斯科特《社会结构》，允春喜译，吉林人民出版社 2007 年版，第 2 页。

由此可见，伴随着女人的出嫁，闭村社会的亲属关系在被二分为 pa：i^{21}na^{33} 和 pa：i^{21}laŋ^{45} 的同时，也同时产生了一个既属于 pa：i^{21}na^{33} 又属于 pa：i^{21}laŋ^{45} 的中心，这个中心就是男女成婚即成就的新家屋。而 pa：i^{21}na^{33} 在当地语言中指的是人体的前半部，pa：i^{21}laŋ^{45} 指的是人体的后半部，因此，男女成婚即成就的新家屋就代表人体的心脏或中心，是 pa：i^{21}na^{33} 和 pa：i^{21}laŋ^{45} 这两大亲属群生机与活力的源泉。与此相对应，家屋的“空间—社会”秩序，在婚、生、寿、丧等礼仪上也被二分为男人和女人、儿子与媳妇、同胞兄弟与同胞姐妹、pa：i^{21}na^{33} 和 pa：i^{21}laŋ^{45} 等范畴，但不管如何二分，他们又都有一个统合的中心——ha：k^{31}tiŋ^{24}。而 ha：k^{31}tiŋ^{24} 的建房过程是一个谋求男女同体的过程，诸如成为人类自身世代绵延的联结点和分支点，成为祖先神灵受祭的神圣之所，具有世俗人间居所的凝聚力与象征等的功能价值，因此，ha：k^{31}tiŋ^{24} 也如人体的中心——心脏一样，是社会关系生成与演化的中心点，与男女成婚即成就的新家屋一样，代表着社会存在和不断再生产的生机与活力。

综上可知，闭村的亲属关系、居住空间都存在二分与统合的特征，二分与统合的中心一方面展示在男女成婚即成就新家屋的亲属关系之中，另一方面展示在家屋的二元结构及其中心 ha：k^{31}tiŋ^{24} 之中。

三　通过“二分统合”建构“中心型社会”

列维-斯特劳斯通过对美洲、澳大利亚土著神话及亲属关系、饮食习惯、宗教仪式等社会文化现象的考察分析，同时吸收索绪尔的结构语言学模式而创立的结构主义学说认为，二元结构是人类大脑中思维结构在社会文化中的反映，普遍存在于人类的思想进程和社会文化的创造之中。

而闭村关于那和兰、男和女、生与死、"pa：i^{11}laeŋ^{45}"与
"pa：i^{11}na^{33}"、su：n^{45}va^{45}与ra：n^{13}等的社会文化创造，显然为该
地区传统壮族社会的重要二元结构单元。这些二元结构单元在当地
的亲属关系、居住空间的两大轴心的运作之下，创造出男女成婚即
成就新家屋这一亲属关系结构的中心和介于神与人、世俗与神圣之
间另一个中心 ha：k^{31}tin^{24}，说明当地的社会结构具有通过"二分统
合"建构"中心型社会"的建构规则或逻辑。

这一建构规则或逻辑，与埃灵顿（Shelly Errington）通过对家
屋社会中同胞关系以及婚姻交换形式的比较，将岛屿东南亚社会划
分为中央岛群的中心型社会（concentric）和东印度岛群的交换型
社会。即前者表现为"二分中心型"（dualistic centrism）的"同"
与"统合"，后者表现为"中心二分型"（concentric dualism）的
"异"与"交换"[①]，东南亚中央岛群的中心型社会有自己一整套的
权威建构策略，即把世界分为有关的—欣慰的—有帮助的—同盟
者—"我们"，和无关的—敌对的—可怕的—靠不住的—"他们"
两大阵营，于是，在"我们"的世界中没有对"他们"的分类和
认知，"我们"要么对"他们"视而不见，要么联合起来对抗"他
们"[②]。根据这一理论，再结合郭立新通过对广西龙脊壮族村寨家屋
社会的考察分析并得出的"壮族属于二分中心型或异中求同型社
会"的结论[③]，本研究认为，闭村壮族关于"pa：i^{11}laeŋ^{45}"与
"pa：i^{11}na^{33}"两大阵营亲缘团体的建构，类似于埃灵顿岛屿东南亚
中心型社会的权威建构策略。

综上可知，闭村一带壮族的传统社会结构具有通过二分与统合

---

① Shelly Errington，"Incestuous Twins and the House Societies of Insular Southeast Asia"，in
Cultural Anthropology，Vol. 2，No. 4，1987，pp. 432.

② Ibid. .

③ 郭立新：《折冲于生命事实和攀附求同之间：广西龙脊壮人家屋逻辑探究》，《历史人类
学学刊》2008 年一、二集合刊。

的权威策略来建构自己"中心型社会"的逻辑或规则的特点，也因如此，闭村的社会文化结构具有男女两性性别平等的特质，这就意味着嫁出去的女儿并不是泼出去的水，而是与男人一样成为社会建构的中心，成为社会生机与活力的力量源泉。

附一：土改前后闭村土地变化情况表（共5个表）

表附1-1　　　　　　土改前后闭村各阶层的土地占有情况表

（采四舍五入，总和未必是100%）

户主姓名	土改前（亩）	土改后（亩）
覃雄才	148.54	9.48
韦世畅	97.24	9.24
韦世业	31.99	9.44
韦世能	72.15	8.88
覃克己	20.45	5.09
黄尚文	10.2	4.05
黄焕辉	11.03	3.75
韦天年	24.74	5.72

表附1-2　　　　　　　土改前后地主土地占有情况表

项目\阶层	户数		人口		耕地占有（亩）					
					土改前			土改后		
	户数	%	人数	%	耕地合计	%	人均	耕地合计	%	人均
地主	9	2.43	26	1.5	283.28	11	10.9	42.13	1.7	1.62
富农	12	3.2	57	3.2	191	7.5	3.35	166.98	6.6	2.92
中农	183	49.46	968	54.66	1343.37	52.75	1.39	1712.33	67.23	1.77
贫农	160	43.24	650	36.7	269.5	10.58	0.41	692.66	27.2	1.07
雇农	7	0.2	6	0.9	0.4	0.025	0.025	18.89	0.7	1.2

表附 1 - 3　　　　　　　土改前后富农土地占有情况表

户主姓名	土改前（亩）	土改后（亩）
潘明晓	51.54	51.54
韦文德	26.32	24.66
韦文雄	11.96	12.06
韦文英	19.82	9.22
黄士通	21.87	19.11
黄士才	7.16	7.16
黄姆挨	6.72	6.72
韦德宜	11.22	11.22
韦世荣	24.16	14.2
黄书睦	6.48	6.48
邓姆饮	4.6	2.26
黄赐文	2.32	2.32

表附 1 - 4　　　部分中农土改前后土地占有对比表（以陈家为例）

户主姓名	土改前（亩）	土改后（亩）
陈超旺	12.12	12.12
陈宏雁	11.26	11.26
陈书院	7.35	7.26
陈超鉴	6.90	6.90
陈书德	4.7	4.7
陈书轩	9.22	11.22
陈超畅	7.32	7.32
陈超煜	9.9	7.9
陈书保	14.25	13.65

表附 1 - 5　　　土改前后部分贫农土地占有对比表（仍以陈家为例）

户主姓名	土改前（亩）	土改后（亩）
陈超贤	4.6	5.78
陈耀记	4.1	7.4

续表

户主姓名	土改前（亩）	土改后（亩）
陈超升	4.88	10.06
陈超恒	2.35	5.75
陈生	1.44	2.04
陈耀升	0	2.46
陈书瑜	2.76	3.76
陈书宜	1	3.36

附二：闭村亲属称谓表（共 17 个表）

表附 2 - 1　　　　　　　　　闭村间接称谓表

编号	称谓	系谱关系
1	koŋ^{45}la：u^{11}	FFF（+3）FFFB（+3）
2	pu^{13}la：u^{11}	FFM（+3）FFM（+3）
3	ta^{45}la：u^{11}	MFF（+3）
4	ta：i^{53}la：u^{11}	MFM（+3）
5	pu^{13}ba：n^{33}la：u^{11}	FFFZ（+3）
6	koŋ^{45}ba：n^{33}la：u^{11}	FFFZH（+3）
7	koŋ^{45}	FF（+2）HF（+3）
8	pu^{13}	FM（+2）
9	koŋ^{45}+排行	FFB（+2）
10	pu^{13}+排行	FFBW（+2）
11	pu^{13}ba：n^{33}	FFZ（+2）FFZHBW（+2）FMBW（+2）
12	koŋ^{45}ba：n^{33}	FFZH（+2）FMB（+2）
13	ta^{45}	MF（+2）WMF（+2）HMF（+2）
14	ta：i^{53}	MM（+2）WMM（+2）HMM（+2）
15	ta^{45}+排行	MFB（+2）WMFB（+2）HMFB（+2）
16	ta：i^{53}+排行	MFBW（+2）WMFBW（+2）HMFBW（+2）
17	ta^{45}：ba：n^{33}	MFZH（+2）
18	ta：i^{53}ba：n^{33}	MFZ（+2）
19	koŋ^{45}ta^{45}	MMB（+2）MMZH（+2）

续表

编号	称谓	系谱关系
20	$pu^{13}ta$：i^{53}	MMBW（+2）　MMZ（+2）
21	te^{13}	F（+1）
22	mi^{21}	M（+1）
23	$lou^{11}ta^{53}$	WF（+1）
24	$ja^{21}ta$：i^{53}	WM（+1）
25	ja^{21}	HM（+1）
26	$lu\eta^{13}$	F（+1）　FBe（+1）　MBe（+1）　MZeH（+1）
27	pa^{33}	M（+1）　FBeW（+1）　MBeW（+1）　MZe（+1）
28	$lu\eta^{13}$ + 排行	FBe（+1）　MBe（+1）
29	pa^{33} + 排行	FBeW（+1）　MBeW（+1）
30	a：u^{45}	F（+1）　FBy（+1）
31	liu^{13}	M（+1）　FByW（+1）
32	a：u^{45} + 排行	FBy（+1）
33	liu^{13} + 排行	FByW（+1）
34	ku^{11}	FZy（+1）
35	a：$u^{45}ba$：n^{33}	FZyH（+1）
36	$lu\eta^{13}ba$：n^{33}	FFZSe（+1）　FFZDeH（+1）　FMGSe（+1）　FMGDH（+1）
37	$pa^{33}ba$：n^{33}	FFZSeW（+1）　FFZDe（+1）　FMGSeW（+1）　FMGDe（+1）
38	$liu^{13}ba$：n^{33}	FFZSyW（+1）　FMGSy（+1）
39	$ku^{11}ba$：n^{33}	FFZDe（+1）　FMGDy（+1）
40	na^{11}	MBy（+1）　MByW（+1）　MZy（+1）　MZyH（+1）
41	ko^{45}（pei^{31}）	Be（0）
42	cou^{33}	BeW（0）
43	ko^{45}（pei^{31}）+ 排行	Be（0）
44	cou^{33} + 排行	BeW（0）
45	nu：$\eta^{11}ca$：i^{45}	By（0）
46	nu：$\eta^{11}bwk^{35}$	Zy（0）
47	nu：$\eta^{11}baw^{11}$	ByW（0）
48	nu：$\eta^{11}kvui$	ZyH（0）
49	tse（ta）^{13}	Ze（0）
50	$vi\eta^{45}$	ZeH（0）

编号	称谓	系谱关系
51	ta^{21}nu：ŋ^{11}	FFBC（0）
52	mi^{21}ja^{21}	W（0）
53	koŋ^{45}na^{11}	WB（0）
54	ja^{21}na^{11}	WZ（0）
55	pu^{13}kva：n^{45}	H（0）
56	ka^{33}luŋ^{13}	HBe（0）
57	ka^{33}a：u^{45}	HBy（0）
58	pa^{33}liu^{13}	HBW（0）
59	ja^{21}cou^{33}	HBeW（0）
60	ja^{21}liu^{13}	HByW（0）
61	ja^{21}ku^{11}	HZy（0）
62	ta^{21}tse^{33}	HZe（0）
63	tsen^{45}	SWP（0） DHP（0）
64	lwk^{33}	C（-1）
65	lwk^{33}ca：i^{45}	S（-1）
66	lwk^{33}bwk^{35}	D（-1）
67	ŋo：i^{11}ceŋ^{45}	DC（-2）
68	lwk^{33}la：n^{45}	GC（-1）
69	piu^{33}	FFZCC（-1） FZC（-1） MGC（-1） FMGCC（-1）
70	la：n^{45}	SC（-1）
71	la：n^{45}lei^{33}	SSC（-2）
72	la：n^{45}lei^{33}lei^{33}	SSSC（-3）

表附 2-2　　　　　　　　　**直接称谓表**

编号	称谓	系谱关系
1	koŋ^{45}la：u^{11}	FFF（+3） FFFB（+3）
2	pu^{13}la：u^{11}	FFM（+3） FFM（+3）
3	ta^{45}la：u^{11}	MFF（+3）
4	ta：i^{53}la：u^{11}	MFM（+3）
5	pu^{13}ba：n^{33}la：u^{11}	FFFZ（+3）

续表

编号	称谓	系谱关系
6	$ko\eta^{45}$ ba：n^{33} la：u^{11}	FFFZH （+3）
7	$ko\eta^{45}$	FF （+2）
8	pu^{13}	FM （+2）
9	$ko\eta^{45}$ + 排行	FFB （+2） WFF （+2） HFFB （+2）
10	pu^{13} + 排行	FFBW （+2） WFFBW （+2） HFFBW （+2）
11	pu^{13} ba：n^{33}	FFZ （+2） FMZ （+2） FFZHBW （+2） FMBW （+2）
12	$ko\eta^{45}$ ba：n^{33}	FFZH （+2） FMB （+2） FMZH （+2）
13	ta^{45}	MF （+2） WMF （+2） HMF （+2） WMFB （+2） HMFB （+2）
14	ta：i^{53}	MM （+2） WMM （+2） HMM （+2） WMFBW （+2） HMFBW （+2）
15	ta^{45} + 排行	MFB （+2） WMFB （+2） HMFB （+2）
16	ta：i^{53} + 排行	MFBW （+2） WMFBW （+2） HMFBW （+2）
17	ta^{45}：ba：n^{33}	MFZH （+2）
18	ta：i^{53} ba：n^{33}	MFZ （+2）
19	$ko\eta^{45}$ ta^{45}	MMB （+2） MMZH （+2）
20	pu^{13} ta：i^{53}	MMBW （+2） MMZ （+2）
21	$lu\eta^{13}$	F （+1） WMBe （+1） WF （+1） WMZeH （+1） HF （+1） MBe （+1） WFZeH （+1）
22	pa^{33}	M （+1） HM （+1） FBeW （+1） MBeW （+1） MZe （+1） WM （+1） WMZe （+1） WMBeW （+1）
23	$lu\eta^{13}$ + 排行	FBe （+1） WFBe （+1） HFBe （+1）
24	pa^{33} + 排行	FBeW （+1） WFBeW （+1） HFBeW （+1）
25	a：u^{45}	F （+1）
26	liu^{13}	M （+1）
27	a：u^{45} + 排行	FBy （+1）
28	liu^{13} + 排行	FByW （+1）
29	ku^{11}	FZy （+1） WFZy （+1） HFZy （+1）
30	a：u^{45} ba：n^{33}	FZyH （+1） FFZSy （+1） FMGSy （+1） FFZDyH （+1）
31	$lu\eta^{13}$ ba：n^{33}	FFZSe （+1） FFZDeH （+1） FMGSe （+1） FMGDeH （+1）
32	pa^{33} ba：n^{33}	FFZSeW （+1） FFZDe （+1） FMGSeW （+1） FMGDe （+1）
33	liu^{13} ba：n^{33}	FFZSyW （+1） FMGSyW （+1）
34	ku^{11} ba：n^{33}	FFZDy （+1） FMGDy （+1）

续表

编号	称谓	系谱关系
35	na^{11}	MBy（+1） MByW（+1） MZy（+1） MZyH（+1） WMByW（+1） HMByW（+1） WMBy（+1） HMBy（+1）
36	ko^{45}	Be（0）
37	cou^{33}	BeW（0）
38	ko^{45}（pei^{31}）+排行	Be（0） FFBSe（0）
39	cou^{33}+排行	BeW（0） FFBSeW（0）
40	tse（ta^{21}）^{33}	Ze（0）
41	viŋ^{45}	ZeH（0）
42	tsen^{45}	SWP（0） DHP（0）
43	piu^{33}	FFZCC（−1） FZC（−1） MGC（−1） FMGCC（−1）

表附 2 - 3　　　上一辈父方、母方平表、交表亲属称谓组合表

辈序	父方				母方			
	交表		平表		交表		平表	
	大	小	大	小	大	小	大	小
	pa^{33}	ku^{11}	luŋ^{13}	a：u^{45}	pa^{33}	na^{11}	luŋ^{13}	na^{11}

表附 2 - 4　　　　　父方直系与旁系亲属称谓组合表

辈序	直系		旁系			
	男	女	男	女	男	
+3	koŋ^{45}l：au^{11}	pu^{13}la：u^{11}	koŋ^{45}la：u^{11}	pu^{13}la：u^{11}	koŋ^{45}ba：n^{33}la：u^{11}	
+2	koŋ^{45}	pu^{13}	koŋ^{45}	pu^{13}	pu^{13}ba：n^{33}la：u^{11}	
+1	te^{13}（luŋ^{13}、a：u^{45}）	mi^{21}（pa^{33}、liu^{13}）	大	小	大	小
			luŋ^{13}	au^{45}	pa^{33}	liu^{13}	luŋ^{13}	au^{45}ba：n^{33}
0			ko^{45}	nu：ŋ^{11}	cou^{33}	nu：ŋ^{11}baw^{11}	viŋ^{45}	nu：ŋ^{11}kvu：i^{13}
−1	lwk^{33}ca：i^{45}	lwk^{33}bwk^{35}	lwk^{33}la：n^{45}			
−2	la：n^{45}ca：i^{45}	la：n^{45}bwk^{35}				

表附 2-5 　　　　　　　母方直系与旁系亲属称谓组合表

辈序	直系 男	直系 女	旁系 男	旁系 女	旁系 男
+3	ta^{45}la：u^{11}	ta：i^{53}la：u^{11}	ta^{45}la：u^{11}	ta：i^{53}la：u^{11}	ta^{45}ba：n^{33}la：u^{11}
+2	ta^{45}	ta：i^{53}	ta^{45}	ta：i^{53}	ta^{45}ba：n^{33}
+1			大 luŋ^{13} / 小 na^{11}	大 pa^{33} / 小 na^{11}	大 luŋ^{13}ba：n^{33} / 小 na^{11}ba：n^{33}
0	piu^{33}				

表附 2-6 　　　　　　　父方男性与配偶长幼排行称谓表

辈分		男 长	男 2	男 3	男 ……	男 幼	配偶 长	配偶 2	配偶 3	配偶 ……	配偶 幼
+2		koŋ^{45} ta：i^{21}	koŋ^{45} ŋei^{21}	koŋ^{45} sa：m^{45}	……	koŋ^{45} ȵae^{33}	pu^{13} ta：i^{21}	pu^{13} ŋei^{21}	pu^{13} sa：m^{45}	……	pu^{13} ȵae^{33}
+1	大	luŋ^{13} ta：i^{21}	luŋ^{13} ŋei^{21}	luŋ^{13} sa：m^{45}		luŋ^{13} ȵae^{33}	pa^{33} ta：i^{21}	pa^{33} ŋei^{21}	pa^{33} sa：m^{45}		pa^{33} ȵae^{33}
+1	小		a：u^{45} ŋei^{21}	a：u^{45} sa：m^{45}		a：u^{45} ȵae^{33}		liu^{13} ŋei^{21}	liu^{13} sa：m^{45}		liu^{13} ȵae^{33}
0	大	ko^{13} huŋ^{45}	ko^{13} ŋei^{21}	ko^{13} sa：m^{45}	……	ko^{13} ȵae^{33}	cou^{33} huŋ^{45}	cou^{33} ŋei^{21}	cou^{33} sa：m^{45}	……	cou^{33} ae^{33}
0	小					nu：ŋ^{11} lwn^{13}					
-1		lwk^{33} gjau^{33}				lwk^{33} lwn^{13}	baw^{13} go：n^{53}	baw^{13} ŋei^{21}	baw^{13} sa：m^{45}		baw^{13} laŋ^{45}
-2		la：n^{45} gjau^{33}				la：n^{45} mei^{11}	baw^{13} la：n^{45}				

表附 2-7 　　　　　　　父方女性与配偶长幼排行称谓表

辈分		女 长	女 2	女 3	女 ……	女 幼	配偶 长	配偶 2	配偶 3	配偶 ……	配偶 幼
+1	大	pa^{33}					luŋ^{13}				
+1	小	ku^{11}huŋ^{45}	ku^{11}ŋei^{21}	ku^{11}sa：m^{45}		ku^{11}ȵae^{33}	a：u^{45}ba：n^{33}				

辈分		女			……		配偶
0	大	tse³³huŋ⁴⁵	tse³³ŋei²¹	tse³³sa：m⁴⁵	……	tse³³n̠ae³³	viŋ⁴⁵
	小					nu：ŋ¹¹lwn¹³	nu：ŋ¹¹kvu：i¹³
-2		la：n⁴⁵gjau³³				la：n⁴⁵mei¹¹	la：n⁴⁵kvu：i¹³

表附2-8　　　　　　　　母方男性与配偶长幼排行称谓表

辈分		男			……		配偶			……	
		长	2	3	……	幼	长	2	3	……	幼
+2		ta⁵³ ta：i²¹	ta⁵³ ŋei²¹	ta⁵³ sa：m⁴⁵	……	ta⁵³ n̠ae³³	ta：i⁵³ ta：i²¹	ta：i⁵³ ŋei²¹	ta：i⁵³ sa：m⁴⁵	……	ta：i⁵³ n̠ae³³
+1	大	luŋ¹³ ta：i²¹	luŋ¹³ ŋei²¹	luŋ¹³ sa：m⁴⁵	……	luŋ¹³ n̠ae³³	pa³³ ta：i²¹	pa³³ ŋei²¹	pa³³ sa：m⁴⁵	……	pa³³ n̠ae³³
	小	na¹¹ huŋ⁴⁵	na¹¹ ŋei²¹	na¹¹ sa：m⁴⁵		na¹¹ n̠ae³³		na¹¹ ŋei²¹	na¹¹ sa：m⁴⁵		na¹¹ n̠ae³³
0	大	piu³³ko¹³					piu³³cou³³				
	小	piu³³					piu³³				

表附2-9　　　　　　　　母方女性长幼排行称谓表

辈分		女			……		配偶			……	
		长	2	3	……	幼	长	2	3	……	幼
+1	大	pa³³					luŋ¹³				
	小	na¹¹huŋ⁴⁵	na¹¹ŋei²¹	na¹¹sa：m⁴⁵	……	na¹¹n̠ae³³	na¹¹				
0	大	piu³³tse³³					piu³³				
	小	piu³³					piu³³				

表附 2-10　　　　　　　讨妻方与给妻方亲属称谓表

世系	讨妻方				给妻方			
	男		女		男		女	
	大	小	大	小	大	小	大	小
+2	$koŋ^{45}ba：n^{33}$		$pu^{13}ba：n^{33}$		$ta^{45}ba：n^{33}$		$ta：i^{53}ba：n^{33}$	
+1	$luŋ^{13}ba：n^{33}$	$a：u^{45}ba：n^{33}$	pa^{33}	ku^{11}	$luŋ^{13}$	na^{11}	pa^{33}	na^{11}
0	$viŋ^{45}$	$nu：ŋ^{11}kvu：i^{13}$	tse^{33}	$nu：ŋ^{11}bwk^{35}$	piu^{33}		piu^{33}	
-1	$lwk^{31}kvu：i^{13}$		$lwk^{31}bwk^{35}$		piu^{33}		piu^{33}	
-2	$lwk^{31}la：n^{45}kvu：i^{13}$		$lwk^{31}la：n^{45}bwk^{35}$					

表附 2-11　　　　　　父方晚辈直系与旁系亲属称谓表

辈序	父方直系		父方旁系
	男	女	
-1	$lwk^{31}ca：i^{45}$	$lwk^{31}bwk^{35}$	$lwk^{31}la：n^{45}$
-2	$la：n^{45}ca：i^{45}$	$la：n^{45}bwk^{35}$	$lwk^{31}la：n^{45}$
-3	$la：n^{45}lei^{33}$		$lwk^{31}la：n^{45}lei^{33}$

表附 2-12　　　　　　　父方亲属称谓组合表

辈序	直系		旁系			
	男	女	男		女	
+3	$koŋ^{45}la：u^{11}$	$pu^{13}la：u^{11}$	$koŋ^{45}la：u^{11}$		$pu^{13}ba：n^{33}la：u^{11}$	
+2	$koŋ^{45}$	pu^{13}	$koŋ^{45}$		$pu^{13}ba：n^{33}$	
			大	小	大	小
+1	te^{13}（$luŋ^{13}$、$a：u^{45}$）	mi^{21}（pa^{33}、liu^{13}）	$luŋ^{13}$	$a：u^{45}$	pa^{33}	ku^{11}
0			ko　$nu：ŋ^{11}$ $ca：i^{45}$	tse^{33}	$nu：ŋ^{11}$ bwk^{35}	

表附 2 – 13　　　　　　双旁系平表、交表亲属称谓的组合

辈序	父方				母方			
	交表		平表		交表		平表	
	大	小	大	小	大	小	大	小
+2	$pu^{13}ba$：n^{33}		$ko\eta^{45}$		ta：$i^{45}ba$：n^{33}		$ta^{45}ba$：n^{33}	
+1	pa^{33}	ku^{11}	$lu\eta^{13}$	a：u^{45}	pa^{33}	na^{33}	$lu\eta^{13}$	na^{33}

表附 2 – 14　　　　　　双旁系姐妹及配偶的亲属称谓组合表

辈序	父方				母方			
	姐妹		配偶		姐妹		配偶	
+3	$pu^{13}ba$：$n^{33}la$：u^{11}		$ko\eta^{45}ba$：$n^{33}la$：u^{11}		ta：$i^{53}ba$：$n^{33}la$：u^{11}		$ta^{45}ba$：$n^{33}la$：u^{11}	
+2	$pu^{13}ba$：n^{33}		$ko\eta^{45}ba$：n^{33}		ta：$i^{53}ba$：n^{33}		$ta^{45}ba$：n^{33}	
+1	大	小	大	小	大	小	大	小
	pa^{33}	ku^{11}	$lu\eta^{13}$	a：$u^{45}ba$：n^{33}	pa^{33}	na^{33}	$pa^{33}ba$：n^{33}	$na^{33}ba$：n^{33}
0	tse^{33}	nu：η^{11} bwk^{35}	$vi\eta^{45}$	nu：η^{11} kvu：i^{13}	piu^{33}		piu^{33}	

表附 2 – 15　　　　　　绝对性别与相对年龄的对应称谓

相对年龄	男	女
婴幼儿期	ηae^{53}	
青少年期	lwk^{33}	ta^{21}
壮年期	ae^{53}	ja^{21}
老年期	$ae^{53}la$：u^{11}	$ja^{21}la$：u^{11}

表附 2 – 16　　　夫方、妻方上一辈直系与同辈第一旁系亲属称谓表

辈分	夫方				妻方			
	男（配偶）		女（配偶）		男（配偶）		女（配偶）	
+1	$ko\eta^{45}$（ja^{21}）				$lou^{11}ta^{45}$（$ja^{21}tai^{53}$）			
0	大	小	大	小	大	小	大	小
	$ka^{33}lu\eta^{13}$ （$ja^{21}cou^{33}$）	$ka^{33}a$：u^{45} （$ja^{21}liu^{13}$）	pa^{33} （$lu\eta^{13}$）	$ja^{21}ku^{11}$（a：$u^{45}ba$：n^{33}）		$ko\eta^{45}na^{33}$ （$ja^{21}na^{33}$）		$ja^{21}na^{33}$

表附 2-17　　　　闭村 si^{43}、ba：n^{33}、kjo：k^{33}、ra：n^{13} 关系表

si	中团社	新兴社	新安社	安泰社	大兴社
ba：n	ba：n^{33}ta：ilien	ba：n^{33}六塘	ba：n^{33}新兴	ba：n^{33}安泰	ba：n^{33}大兴 ba：n^{33}kaeu^{53} ba：n^{33}mo^{53}
kjo：k	kjo：k^{33}kwn^{13}	kjo：k^{33}tsum^{13}	kjo：k^{33}da：w^{45}	kjo：k^{33}ro：k^{11}	kjo：k^{33}kum^{13}
ra：n	梁、邓、韦、潘、周	覃	黄、陈、韦	黄、韦	黄

参考文献

1.〔美〕路易斯·H. 摩尔根：《印第安人的房屋建筑与家室生活》，秦学圣等译，文物出版社 1992 年版。

2.〔美〕戈登·威利（Gordon Willey）：《秘鲁维鲁河谷史前聚落形态》，美国种族事务局通报（155），华盛顿区：史密斯索尼亚研究所，1953 年。

3.〔美〕凯文·林奇：《城市形态》，林庆怡等译，华夏出版社 2001 年版。

4. Michael Camille，"Image on the Edge—The Margins of Medieval Art（Reaktion Books—Essays in Art and Culture）"，*Reaktion Books*，2004 年 8 月第 1 版。

5.〔法〕克洛德、莱维－斯特劳斯：《结构人类学》第 2 卷，俞宣孟、谢维扬、白信才译，上海译文出版社 1999 年版。

6. 阿兰·巴尔纳（Alan Barnard）、安东尼（Anthony Good）：《亲属研究的实际方法》（*Research Practices in the Study of Kinship*），刘子恺译，Academic 1984 年版。

7. 马林诺夫斯基：《两性社会学：母系社会与父系社会之比

较》，李安宅译，上海人民出版社 2003 年版。

　　8. 周振鹤、游汝杰：《方言与中国文化》，上海人民出版社 1986 年版。

　　9. 林耀华：《金翼》，生活·读书·新知三联书店 1989 年版。

　　10. 庄孔韶：《银翅》，生活·读书·新知三联书店 2000 年版。

　　11. 费孝通：《江村经济：中国农民的生活》，商务印书馆 2001 年版。

　　12. 郑超雄：《壮族文明起源研究》，广西人民出版社 2005 年版。

　　13. 陆学艺、王春光、张其仔：《中国农村现代化道路研究》，广西人民出版社 1997 年版。

　　14. 王铭铭：《社会人类学与中国研究》，生活·读书·新知三联书店 1997 年版。

　　15. 何星亮：《中国图腾文化》，中国社会科学出版社 1992 年版。

　　16. 贵港市志编撰委员会：《贵港市志》，广西人民出版社 1993 年版。

第 三 章

犀牛·稻·家屋：建构安全的
生命共同体之舟

在当代瓯骆遗裔壮侗语民族的语言中，va：i^2 和 çw^2 既具有专有名词的性质，如 va：i^2 特指水牛，çw^2 特指黄牛，又具有类指示词作用，如 va：i^2 可单独泛指所有的牛类动物，çw^2 可单独泛指所有的黄牛类动物，也可以 va：i^2 和 çw^2 合在一起组合成泛指所有牛类动物的词项 va：i^{2}çw^2，也可以分别与犀牛、狮子、麒麟等吉祥瑞兽组合成文化动物 va：i^{2}Sae（水牛狮）、çw^{2}Sae（黄牛狮）等。对这类文化动物的考察发现，以犀之"独角"为识别标志的，兼具犀、狮、水牛、黄牛合成图腾特质的文化动物，遗留了远古瓯骆人犀牛图腾崇拜的心理过程或历史过程。

这种心理过程或历史过程大致可分为三个阶段：第一阶段是石器时代以丛林为主要生计场的古人类，出于求安的本能需求而首选犀牛作为他们的崇拜对象；第二阶段是随着稻作农耕文明的兴起，被驯化为役牛的水牛、黄牛因能减轻稻作农耕的劳作之苦而逐渐上升为人们的主要牛崇拜对象；第三段是在牛、稻、家屋的互动演化过程中，人们对犀牛、水牛、黄牛的图腾崇拜意识渐渐融为一体，汇成一流，并在这一过程中，犀之独角被神微化为稻与家屋安泰、安定、吉祥的象征，或被政治借代为王权、王城、家—国的象征。

第一节　瓯骆自古就是犀牛栖息的家园

研究表明，气候温暖湿润，森林植被丰茂、水网密布的瓯骆大地自古是犀牛栖居的理想家园，它体形硕大，食草，有角蹄，是古人类重要的狩猎对象和肉食来源，同时也是他们图腾观念赖以产生的重要物质基础。

一　考古发现的犀牛化石

迄今，中国境内出土的犀牛遗存分布相当广泛，北京、河北、山西、江苏、浙江、安徽、福建、江西、台湾、河南、湖北、湖南、广东、广西、重庆、贵州、陕西、甘肃都有发现。[①]而在瓯骆故地，自第三纪到更新世、全新世各个时期的犀牛化石都有发现，说明从犀牛遍布全球的第三纪起，瓯骆故地便呈连续性有犀牛分布。

（一）考古发现的第三纪（Tertiary Period）犀牛化石

犀牛是奇蹄目群中的最大类，在距今6500万—180万年的第三纪，已广泛分布全球。地质学、古脊椎动物学、古人类学的相关研究表明，中国南方的第三纪、更新世和全新世哺乳动物群中的犀牛化石相当丰富，具有从第三纪到更新世到全新世的连续性。

距今6500万—180万年，为地球上含犀类在内的哺乳类、鸟类和真骨鱼类动物兴起且高度繁盛的时代，同时也是广西考古发现的早期犀类动物尤其是本区特有种犀得到高度发展的黄金时代。1973年，中国科学院脊椎动物与古人类研究所汤英俊、计宏祥、尤玉柱等与广西博物馆赵仲如、广西石油普查队胡炎坤等组成的考察队，

---

① 杨伟兵：《历史时期长江三峡地区野生动物分布与变迁》，《重庆社会科学》1998年第1期。

通过对百色盆地那读组、公康组脊椎动物化石的种属、层位的具体分析，发现其中的犀牛化石并鉴定为 Rhinocerotidae gen 为第三纪本区特有属种。[①]

后来尤玉柱继续对这些化石进行研究，发现永乐盆地晚江村、田阳新周、田东那巴屯犀牛化石点的犀类臼齿化石为地质时代中的早第三纪，为很特化、个体巨大的华南两栖犀（Huananodon gen nov），在时代上比同一属型的蒙古人民共和国艾吉尔敖包的高冠两栖犀稍早；其中的真犀科桂犀（Guixia gen nov）与广泛分布北美的三角犀（Trigonias）有相似之处，桂犀中的右江桂犀（Guixia youjiangensis sp. nov）为目前我国渐新世地层中发现的唯一的一个种，其个体大小与欧洲渐新世 Epiaceratherium 属相近，但亲缘关系比中国南部及附近地区的 Chilotheriumg 更近。这些犀类的层位、种属是：

下渐新统公康组：

高冠华南两栖犀（Huananodon hypsodonta）

右江桂犀（Guixia youjiangensis）

上始新统（中一晚期）那读组：

副两栖犀（Paramynodon sp）

新脊犀（Caenolophus sp）

胡金华南两栖犀（Huananodon hui）

简饰桂犀（Guixia simplex）

上始新统（早期）洞均组（据丁素因、郑家坚等）：

似巨两栖犀（ef. Gigantamynodon sp）

两栖犀（Amynodon sp）

似副两栖犀（cf. Paramynodon sp）

---

① 汤英俊、尤玉柱等：《广西百色盆地永乐盆地下三系》，《古脊椎动物与古人类》1974 年第 4 期。

方氏犀（Forstercooperia spp）

原蹄犀（Prohyracodon sp）

宜良犀（Iliangodon sp）[1]

与此同时，1957 年，周明镇从俞齐平、祝隆魁在广西百色盆地的田东、田阳一带搜集的大量脊椎动物化石中发现的一副残破的犀牛上二臼齿种属鉴定为原始真犀的始新世[2]；南宁盆地第三纪地层也曾发现一颗似为奇蹄类的残破牙齿和一块不完整的犀牛肱骨。

由上可知，在犀牛已遍布全球的第三纪，瓯骆故地并不寂寞。

（二）考古发现的更新世犀牛化石

更新世分早、中、晚三期，距今 2588000—12000 年，为地质时代的第四纪早期。20 世纪 50 年代，裴文中、贾兰坡、周明镇等院士主持开展了对广西 300 多个山洞的动物化石探查，从中采集到大量地质时代为更新世早、中、晚三期的犀牛化石材料，为华南"大熊猫—剑齿象动物群"化石堆积的常见种，并分别与巨猿化石、古人类化石共生：

1. 与巨猿共生

截至目前，除印度、巴基斯坦、越南、泰国各发现一个巨猿化石点外，我国桂、琼、鄂、黔、渝等 5 省市都有巨猿化石的发现。其中，广西发现的巨猿化石点最多，共有 7 处，分别是大新黑洞、柳城巨猿洞、武鸣甘圩步拉利山、扶绥岩亮洞、巴马弄莫山、崇左三合洞、田东幺会洞等。这些巨猿化石点全部具有与犀牛化石共生的特点。分别是：

广西大新牛睡山黑洞：属中更新世早期。1956 年发现的广西最

①　尤玉柱：《记广西百色地区早第三纪犀类两新属》，《古脊椎动物与古人类》1977 年第 1 期。

②　周明镇：《云南广西发现的几种始新世和渐新世哺乳动物化石》，《古脊椎动物与古人类》1957 年第 3 期。

早巨猿化石点，与巨猿共生的中国犀（Rhinocerossinensis owen）颊骨化石7个。① 柳城巨猿洞：属更新世早期。发现3个巨猿下颌骨和近千枚牙齿化石，同时发现由裴文中鉴定的中国犀（Rhinocerossinensis owen）化石。② 武鸣县甘圩步拉利山：属更新世中期，发现巨猿牙齿12枚及其与巨猿伴生的哺乳动物化石14种，其中，含典型的中更世大熊猫—剑齿象动物群的常见种中国犀（Rhinocerossinensis owen）化石。巴马弄莫山遗址：属更新世中期，采集到中国犀（Rhinocerossinensis）下臼齿2枚，乳上前臼齿1枚。③ 崇左三合洞：属早更新世中期或早更新世晚期，发现与巨猿共生的哺乳动物类10目、24科、64种，其中含中国犀（Rhinocerossinensis）。④ 田东幺会洞：属早更新世早期，发现与巨猿共生的中国犀Rhinocerossinensis颊骨化石9枚，其中5枚为乳齿。⑤ 广西崇左扶绥高眼山岩亮洞的独角犀（Rhinoceros）：属早更新世早期，发现至少代表12只个体的独角犀种属化石。经研究这些真犀化石与步氏巨猿共生，计有151颗完整牙齿及十几件头后骨骼化石，专家学者依据化石个体小、齿板低、缺失小刺等特征及与第四纪中国犀和已知的化石种和现生种类的比较研究，认为其代表独角犀属新种类，被命名为扶绥犀新种（Rhinoceros fusuiensis sp. nov）。⑥

以上表明，距今2588000—12000年前的瓯骆故地，曾是独角犀栖居的乐园。

---

① 韩德芬：《广西大新黑哺乳动物化石》，《古脊椎动物与古人类》1982年第1期。

② 周明镇：《华南第三纪和第四纪初期哺乳动物群的性质和对比》，《科学通讯》1957年第13期。

③ 张银山等：《广西巴马发现的巨猿牙齿化石》，《古脊椎动物与古人类》1975年第3期。

④ 参见金昌柱等《广西崇左三合大洞新发现的巨猿动物群及其性质》中的表一"广西三合洞巨猿动物群属种名单与我国南方含巨猿的主要哺乳动物对比"，《科学通讯》2009年第6期。

⑤ 王頠：《广西田东幺会洞早更新世人猿超科化石及其在早期人类演化研究上的意义》，硕士学位论文，中国地质大学，2005年。

⑥ 严亚玲：《广西扶绥早更新世独角犀（Rhinoceros）化石的系统研究》，硕士学位论文，中国科学院大学，2005年。

2. 与古人类共生

目前，广西发现的时代为更新世晚期，属于晚期智人的人类化石点有：宾麒麟山人、柳州柳江人、柳州白莲洞人、桂林甑皮岩人、都安干淹岩人、都安九楞山人、桂林宝积岩人、隆林的德峨和那来洞人、田东定模洞人、荔浦的硝岩洞人、柳江土博的甘前洞、忻城古蓬的牛岩、靖西的宾山、灵山的东胜岩、葡地岩和洪窟洞、柳州都乐山、柳州九头山、扶绥南山洞、田东县幺会洞、崇左木榄山等。① 从考古材料看，这些古人类化石点，十之八九均发现与古人类伴生的犀牛化石。只是与这些古人类化石共生的犀牛化石，大多缺乏化石材料的具体描述和测量数据，也基本没有犀类层位、种属的分析材料，因此，大多只能以中国犀 Rhinoceros sinensis 笼统称之。如扶绥南山洞遗址，除发现包括 2 枚下臼齿（左下第三臼齿和右下第二臼齿）的人类化石外，还同时发现与其共生的更新世灭绝种中国犀等动物化石。

与此同时，广西周边的古人类也并不罕见犀牛。如距今 13.5 万—12.95 万年的广东唯一的旧石器时代人类化石遗址马坝人遗址，也同时发现地质时代为中更新世之末或晚更新世之初的犀牛下颌骨化石；云南省曲靖市富源县大河乡古文化遗址 2 号洞发现距今 10 万—4 万年的犀牛化石；四川华蓥山地区发现距今 70 万—10 万年含犀牛、剑齿象等 13 种动物化石的化石坑②；四川绵阳发现距今八九万年的古犀牛化石；泰国玛省塔昌的那空叻差发现正型标本为一具成年头骨，副型为一具完整下颌骨，距今 740 万—590 万年的披氏无角犀（Aceratherium piriyai sp. nov.）化石。

由上可知，进入晚期智人阶段的广西古人类，他们的物质生存资源与中国南方大熊猫—剑齿象的常见动物种属犀牛关系密切，他

① 参见王颔《二十世纪广西古人类学研究综述》，《广西地质》2000 年第 9 期。
② 邱海鹰：《华蓥山 10 万年前有人类生活》，《广安日报川东周末》2005 年 2 月 27 日。

们的家园与犀牛共生。

（三）考古发现的全更新世犀牛化石

进入全新世，南中国与东南亚大地仍有大量的犀牛繁衍生息。如距今 13000 年的广东独石仔遗址有绝灭种犀和现代种犀化石的共存；距今约 11000 年中南半岛山韦文化早期的"大熊猫—剑齿象动物群"化石有犀牛化石；广西百色市革新桥遗址、南宁豹子头贝丘遗址、广西扶绥县江西岸、敢造山，浙江河姆渡、浙江诸暨楼家桥等新石器时代遗址均出土距今 6000 年的犀牛遗骨，其中，仅广西出土：

广西百色市革新桥遗址：地址位于广西百色市百色镇东笋村查林屯南，2002 年 10 月发掘，共挖出动物遗骨 12349 件，其中，种属鉴定为犀科（Rtinocerotidae）的标本材料有 7 件，代表 1 个个体，有重达 12.5 克的犀牛上颊骨外冠残片，部分骨骼（如犀牛右侧距骨）等。[①] 南宁豹子头贝丘遗址：经 1964 年、2004 年两次发掘，发现可辨认的动物遗骸有象、虎、犀牛、猪、鹿、獐、牛、獾、箭猪、猴、竹鼠等陆生动物以及鱼鳖等水生动物的遗骨。

广西扶绥县江西岸、敢造山遗址：属新石器时代中期，其中的敢造山遗址发掘出水牛、犀牛、象、鹿、麂、野猪、猴、龟、鱼等多种动物遗骨；其中的江西岸遗址，发掘出包括水牛、犀牛、象、鹿、麂、野猪、猴、龟、鱼等的动物遗骨。[②]

白莲洞遗址：1951 年在裴文中主持下，在遗址中发现与人类化石共存的动物有鬣狗、虎、马、中国犀、东方剑齿象等。据碳 14 测定，为距今 7000 年左右。

此外，龙州金龙镇、都安加图、仙洞、九楞山，柳江新兴农

---

① 宋艳波、谢光茂：《广西革新桥石器遗址动物遗骸的鉴定与研究》，《南方文物》2016 年第 1 期。

② 龚文颖：《考古专家对扶绥两处史前遗址进行抢救性发掘，有惊人发现》，《南国早报》（南宁）2014 年 9 月 4 日。

场、凭祥机务段、大新下雷马鞍山、灵山葡地岩、都安巴独牛洞、
南宁地区贝丘遗址、上林县石南海、横县西津西竹溪、邑宁长塘、
桂林资江河朝天洞、武宣大龙洞遗址等古人类遗址，有关于犀牛下
颌骨、蹄骨、牙齿等的一些描述。由此说明，进入新石器时代，瓯
骆与东南亚仍然还是犀牛栖居的家园。

（四）犀牛的灭绝

据《广东新语·兽语》记载，清代岭南犀角已从暹罗、占婆进
口，但这并不意味着当时的广西犀牛已完全灭绝，因为直到 1939
年方光汉编撰的《分省地志·广西》（1939，第 44 页）还有：“广
西野兽有犀”记载，说明起码在 78 年前，广西还有犀牛存在，只
是非常罕见罢了。这意味着从犀牛开始遍布全球的第三纪起，至 78
年前瓯骆故地仍有犀牛的记载，从地质时代到历史时代，从远古到
近现代，瓯骆人及其后裔一直与犀牛共生共存，瓯骆故地自古就是
犀牛栖息的家园。

二　历史文献中的犀牛

文焕然等研究认为，从商代到战国以前，太行山南麓等地有相
当数量的野生犀牛存在，在今山西西南部到渭河下游的镐京均有野
犀的生存；从战国到北宋，四川盆地、贵州高原北部、长江中下
游的大部分地区都有犀牛的分布；经汉唐到宋代，这些地区的犀牛
数量发生急剧变化，除湖南的衡州和宝庆府外，四川、湖南、湖
北、贵州的大部分地区，犀牛都走向灭绝；从南宋到 19 世纪 30
年代，温暖湿润的岭南地区（主要是今天的广东和广西地区）的犀
牛因过度开发而趋向灭绝。[1] 由此可知，历史时期的瓯骆故地，依
然是犀牛栖居的家园。

---

① 　邹逸麟、张修桂主编：《中国历史自然地理》，科学出版社 2013 年版，第 223—227 页。

（一）历史文献中的瓯骆犀牛

古瓯骆地处东南海际，不仅是我国重要的稻作农业发祥地，同时也是古代由中国沿海港口，经南海、印度洋至东南亚、南亚诸国的海上丝绸之路的重要门户。在这条自古兴盛发达的海上丝绸之路上，生犀、犀角曾是历史上瓯骆与东南亚、南亚进贡中原各朝代王朝的重要方物，曾在贸易、社会地位、邦交活动中发挥重要作用，为远古西瓯、骆越方国建构政治安全命运共同体的重要元素。

成书于西周战国时期的《尔雅》《淮南子·地形训》记载："南方之美，有梁山之犀象焉""南方阳气之所积，暑湿居之……其地宜稻，多兕犀"，其中的"梁山""南方"，"包括或专指岭南一带……岭南是我国历史时期野犀栖息最久、分布范围最广的地区之一"①，汉代，岭南遍地犀牛，桓宽《盐铁论》："夫犀象兕虎，南夷之所多也"，"唐以前，桂林、蒙州、广州、英州及郁林州南流县等地都有野犀分布"②，这些说明，进入历史时期，瓯骆依然是兕犀栖居的家园。

由于盛产野犀，瓯骆的犀角、甲革被中原的历代王朝指定为重要的方物贡品，于是，犀角、甲革甚至生犀通过朝贡、贸易等途径被源源不断送往中原，备受历代中原王朝、权贵富豪的青睐。

1. 犀角

犀角有"以兕角为觗"（《考工记》）的美学价值和"犀角，味苦寒，主百毒虫蛀……久服轻身"的药用价值（《神农本草经》），有文彩的犀角被称为文犀，最早被列为含瓯骆在内的中国正南方各诸侯国的方物贡品。

---

① 文焕然、文榕生：《中国历史时期冬半年气候冷暖变迁》，科学出版社 1996 年版，第 69 页。

② 文焕然、何业恒、高耀亭：《中国野生犀牛的灭绝》，唐人陈陶：《番禺道中作》"常闻岛夷俗，犀象满城邑"等。直到 1939 年方光汉编撰的《分省地志·广西》，1939 年，第 44 页。

据《逸周书·卷七·王会解》载："伊尹受命，于是为四方令曰：正南，瓯邓、桂国、损子、产里、百濮、九菌，请令以珠玑、玳瑁、象齿、文犀、翠羽、菌鹤、短狗为献。"可见，距今约3600年的商周时期，瓯骆"文犀"被列为进贡商王朝的方国珍宝。而据《后汉书·卷二十四·马援传》："及卒后，有上书谮之者，以为前所载还，皆明珠文犀。马武与于陵侯侯昱等皆以章言其状"；储光羲为《述韦昭应画犀牛》而作的《遐方献文犀》诗："遐方献文犀，万里随南金。大邦柔远人，以之居山林。食棘无秋冬，绝流无浅深。双角前崒崒，三蹄下駸駸"；明梁佩兰的《绿砚诗为严藕渔赋》："文犀紫贝囊中珍，大笑南来尽俗人"等可知，这种来自于南方边陲的文犀贡品，不绝于史。

多数情况下，犀牛是瓯骆与中原王朝交好的见证。如《汉书》载："南越王赵陀献文帝犀角十。"南越王献给汉文帝的犀角，可能来自汉《盐铁论·力耕》所载："珠玑犀象出桂林"（郡治布山，今广西贵港），即瓯骆权贵的馈赠。而得到瓯骆文犀、犀角的朝廷权贵，多有丰厚回馈，且这种回馈又成为瓯骆酋帅们谋求权势、巩固权势的重要法宝，如《隋书·食货志》记载："岭南酋帅，因生口、翡翠、明珠、犀象之饶，雄于乡曲者，朝廷多因而署之。"

到南宋时期，由于犀牛的大量捕杀，瓯骆故地出现了《图书集成·方舆汇编·职方典·廉州府部汇考》引《府志》所记载的"山犀，间有"渐趋消亡的现象，以至于宋王朝不得不"禁闽、浙、川、广贡珍珠文犀。"（《宋史·高宗纪》）这意味着自3600年前瓯骆人向商王朝进贡文犀、犀角至约800年前宋高宗下令禁止进贡文犀、犀角，瓯骆人曾在长达2800年左右的漫长岁月中持续不断地向中原王朝进贡文犀，犀角，这种进贡显然是有组织的、具有国家性质的邦交行为，并由于持续时间长、规模大，从而导致了犀牛越来越少，直至灭绝。

到现当代，据相关报道，与广西相邻的云南省，犀牛的最后灭绝仅四五十年前。[①] 而与南中国相邻的缅甸中部至马来西亚的广袤热带雨林，据统计，目前还有大约60只爪哇犀生活在印度尼西亚，不到40头的苏门答腊犀牛生活在马来西亚的婆罗洲。

2. 犀甲

商周时代，犀甲的冷兵器地位已相当突出。从蔡邕《月令章句》："犀兕水牛之属，以为甲楯，鼓鼙"，孔颖达疏："革之所美，莫过于犀，知革是犀皮也"，《周礼·冬官考工记·函人》载："函人为甲，犀甲七属，兕甲六属，合甲五属。犀甲寿百年，兕甲寿二百年，合甲寿三百年"[②] 等可知，商周时代的中国古战场，犀甲战衣、甲楯、鼓鼙等备受推崇，同时还相应产生了专门从事犀甲制造的函人工匠和五属、六属、七属行业规则。

春秋战国时期，犀甲与剑、戈并列成为兵器之王。如古时的吴人擅长制造兵器，曾以宝剑干将、镆铘闻名于世，因此，出现在《九歌·国殇》"操吴戈兮披犀甲，车错毂兮短兵接"中的"吴戈"应代表当时最先进的攻击性兵器。而楚国人擅长制造犀革，《史记·札书》载："楚人鲛革犀兕，所以为甲，坚如金石"，因此，《九歌·国殇》中的犀甲应代表当时最先进的防御性兵器，而两者并列入诗，除了说明当时在战场上使用的攻防性武器都是精良的吴戈、犀甲之外，还应同时包含诗人对吴戈、犀甲这一对一攻防兵器之王的由衷赞美。而从《战国策·楚策》载：楚王"遣使车百乘、献鸡骇之犀、夜光之璧于秦王"可知，当时的楚国不仅有足够的犀牛来制作精美坚韧的防御性兵器犀甲，同时还有批量的犀牛进贡秦王。与此同时，从《吴越春秋·勾践伐吴外传》（汉赵晔）载："今夫差衣水犀甲者十有三万人"可知，当

---

① 罗铿馥：《犀牛在我国的绝灭》，《大自然》1988年第2期。

② 《十三经注疏》，中华书局影印本。

时楚国东部的吴国拥有一支规模巨大的水犀甲胄军队。这就意味着春秋战国时期雄踞长江中下游的楚、吴两国不仅拥有举世精良的犀甲戎装，而且还因为生犀或犀皮的取之不尽而曾批量地进贡秦王。只是吴楚之地的犀牛尤其是楚王向秦王进贡的鸡骇之犀，据后来唐人刘恂《岭表录异》卷中记："岭表所产犀牛，大约似牛而猪头，脚似象蹄，有三甲，首有二角，一在额上，为兕犀，一在鼻上，较小，为胡帽犀……牯犀亦有二角，皆为毛犀，俱有粟文，堪为腰带……又有鸡骇犀、辟尘犀、辟水犀、光明犀……"为唐时岭南犀类的珍品，因此，楚人献给秦王的鸡骇犀起码有相当一部分来自与之相邻的瓯骆地，否则后来的秦始皇不会因为"利越之犀角、象齿、翡翠、珠玑"（《淮南子·人间训》）而命令屠睢统兵五十万"以与越人战"。

　　综上可知，属东洋界动物区系的中国南方广西，目前发现的犀类化石具有从第三纪到更新世到全新世的连续性。而查之相关文献，早在商周时代，瓯骆文犀便作为地方贡物进贡中原的中原王朝，之后，关于文犀、犀角等的记载不绝于史，直到犀牛在瓯骆故地的渐渐消亡。

（二）历史文献中的东南亚、南亚犀牛

　　《汉书·地理志·卷二十八》载："自日南障塞、徐闻、合浦船行可五月，有都元国；又船行可四月，有邑卢没国；又船行可二十余日，有谌离国；步行可十余日，有夫甘都卢国。自夫甘都卢国船行可二月余，有黄支国，民俗略与珠崖相类。其州广大，户口多，多异物，自武帝以来皆来献见。有译长，属黄门，与应募者俱入海市明珠、璧流离、奇石异物，赍黄金杂缯而往。所至皆廪食为耦，蛮夷贾船，转送致之。亦利交易，剽杀人。又苦逢风波溺死，不者数年来还。大珠至围二寸以下。平帝元始中，王莽辅政，欲耀威德，厚遗黄支国，令遣使献生犀牛。自黄支船行可八月，到皮

宗；船行可八月，到日南、象林界云。黄支之南，有已程不国，汉之译使自此还矣。"

这段航海日志记录的是汉武帝时代中国人从中国最南端的日南、徐闻、合浦出发，经印支半岛，到达印度东海岸的去程和回程，也是中国古代海上丝绸之路的重要文献。根据这一文献中的"令遣使献生犀牛"及同书卷九十九的"黄支自二万蜓贡牛犀"及《后汉书・西域传》"桓帝延熹九年（166 年），大秦王安敦遣使自日南徼外献象牙、犀角、玳瑁，始乃一通焉"可知，来自东南亚、南亚的贡犀，曾乘着横跨南海的古丝路帆船，源源不断地被送往中国的汉王朝，充当着传递和平，表达友好的使者。

到唐代，中国东南亚、南亚这条承载着生犀、犀角的古丝路更加繁荣。据《新唐书・南蛮（下）》载，当时湄南河下游的堕和罗，其"国多美犀，世谓堕和罗犀"。今越南中部的占婆国，其国"多孔雀、犀牛。……民获犀、象皆输于王。国人多乘象或软布兜，或于交州市马，颇食山羊、水兕之肉"。南海诸岛国如室利佛逝："有橐它，豹文而犀角，以乘且耕，名曰它牛豹。"阇婆国：谓犀为"低密"。因犀牛众多，中南半岛和南海诸岛各国频向中国的中央王朝进贡生犀、犀角，其中又以今越南的进贡最多，几乎每年一小贡，三年或六年一大贡，每贡少不了生犀、犀角。如据《新唐书・卷二二三下・南蛮下・环王》（第 6298 页）记载，林邑王头黎的儿子范镇龙曾遣使向唐王朝"献通天犀、杂宝"。贞观初，向唐王朝进贡两头生犀；《宋史》列传卷二百四十八记载，这些涉洋过海而来的生犀、犀角，对巩固唐王朝与东南亚、南亚诸国的政治、经济联系起到了重要作用，就如白居易诗中描绘："海蛮闻有明天子，驱犀乘传来万里。一朝得谒大明宫，欢呼拜舞自论功。……"同时，也使得当时的中原大地虽然已没有野犀出现，但犀牛文化却没有因为犀牛的灭绝而灭绝，如林邑国于贞观初年向唐王朝进贡两头生犀，唐高宗李渊非常喜欢，后这两头生犀死于严冬，唐太宗李世民便命人按其原样雕塑成一对石犀，供奉在自己父皇唐高祖李渊的献陵前。

到宋代，占城、三佛齐、大食、交趾、蒲端、三麻兰、勿巡、蒲婆、注辇、阇婆、渤尼、真腊、拂菻等东南亚、南亚国家都与宋王朝建立朝贡关系。其中，来华朝贡最多的为占城56次，交趾45次，大食40次，三佛齐33次，[①] 从而出现《宋史·张逊传》所记载的太宗二年："阇婆、三佛齐、渤尼、占城诸国亦岁到朝贡，尤是犀象香药珍异充溢府库"的现象。其中，来自今越南的贡犀记载有：开宝八年（975），安南都护丁琏遣使"贡犀、象、香药等"[②]；建隆二年，占城王遣使"贡犀角、象牙、龙脑、香药、孔雀四、大食瓶二十"[③]；乾德四年，占城"其王悉利因陀盘遣使团因陀玢李帝婆罗贡驯象、牯犀、象牙、白氎、哥缦、越诺"[④]；淳化元年，"贡驯犀方物"；淳化三年，占城国遣使李良莆、副使亚麻罗婆低来贡螺犀、药犀、象牙、煎香、龙脑、绞布、槟榔、山得鸡、椰子。至道元年正月，贡"犀角十株"；咸平二年："以犀象、玳瑁、香药来贡"；天禧二年"以象牙七十二株、犀角八十六株、玳瑁千片……来贡"。皇祐二年正月："贡象牙二百一、犀角七十九。"宣和二十五年，占城国贡"犀角二十株"；绍兴二年（1132）"贡沉香、犀、象、玳瑁等"[⑤]；天圣八年，占城王遣使贡木香、玳瑁、乳香、犀角、象牙等。而来自其他东南亚、南亚国家的贡犀记载也很

---

① 周宝珠：《宋代东京研究》，河南大学出版社1992年版，第583—587页；李云泉：《万邦来朝：朝贡制度史论》，新华出版社2014年版，第38页。

② （清）徐松：《宋会要辑稿·蕃夷七》。

③ 《宋史》卷四百八十九，列传第二百四十八 ·外国五。

④ 同上。

⑤ 脱脱等：《宋史》第119卷，中华书局1977年版。

多，如宋元嘉十二年，阇婆国遣使朝贡犀装剑；太平兴国五年，三佛齐国王夏池遣使"乘舶船载香药、犀角、象牙至海口"；八年，又"遣使蒲押陀罗来贡通犀、大食锦、越诺布、琉璃瓶"。（《玉海》）天禧二年，"三佛齐贡龙涎一块三十六斤，珍珠一百一十三两，珊瑚一株二百四十两，犀角八株……"[①] 由于这些南洋方物及随贡犀而来的商人、商品频繁在广州登陆，促使当时的广州知州向宋王朝建议："海外蕃国贡方物至广州者，自今犀、象、珠贝、香、异宝听赍赴阙。其余辇载重物，望令悉纳州帑，估值闻奏。非贡举物，悉收其税算。"（《宋会要辑稿·蕃夷》）

到元代，有印度东海岸的马八儿国于至元十六年（1279）六月遣使来贡大象、犀牛各一；至元十七年八月，又遣使来贡宝物、犀牛、大象。至元十八年八月，南海诸国来贡犀象方物。到明代，朱元璋规定占城、安南、暹罗、爪哇等为三年一贡。到清代，安南、暹罗、缅甸、南掌、廓尔克等东南亚国家继续向清王朝进贡犀角、象牙等南洋方物，少则二三支，多则八九支。如乾隆三年（1738）暹罗一次就进献犀角五十四支。同治十二年，（1873）越南国王遣贡"犀角二座"[②]。

由上可知，在中国经南海的古丝绸路上，活跃着充当和平使者的贡犀。这些贡犀既是东南亚、南亚诸国向历代中国封建王朝表达向慕归化的重要礼品，同时也是历代中国封建王朝"耀威德"或"柔远人以饰太平"（《文献通考》卷325，《四裔考三》）的重要代表或象征。因此，犀牛虽然与稻作文化、家屋文化的关系远没有水牛、黄牛密切，但由贡犀而被注入的稳固、友好、和平的政治学深意，同样使犀牛成为美好家园的象

---

① （清）·徐松：《宋会要辑稿·蕃夷七》。
② 阮文进：《如燕驿程帮表》，贾臻：《接护越南贡使日记》，丛书集成（第83册），新文丰出版社1985年版。

征，并深刻影响着瓯骆人的生产生活甚至精神心理、人文品格等。

第二节 瓯骆最早的牛图腾崇拜对象：犀牛

法国学者布封在其著述的《自然史》一书中把犀牛视为自然进化的最神圣不可侵犯的巨兽之一，并对它的巨无霸身躯、力量及巨大的抵御、防卫、进攻能力，进行了细致的描绘。具体如下：

在四足兽中，犀牛的力量仅仅不如大象的力量，排名第二，犀牛的身材庞大，从嘴部到尾部的长度不会低于 15 尺，高度是 6 尺多，躯的周长大约等于身体的长度，所以无论是体型还是重量，犀牛都与大象很相似；不过，在人们眼中，总是觉得犀牛要远远小于大象，因为根据身体比例来说，犀牛的腿要比大象的腿短得多。

在本领和智力方面，犀牛远远没有大象厉害。虽然犀牛具有四足兽的一般特征，皮肤上不含感觉系统，缺乏手和专门触觉器官，但它没有像象鼻一样的长鼻子，只是两片嘴唇比较灵活，所以它的灵敏性比较差；与其他动物相比，它的优势是力量和身躯，而且它的鼻子上有着坚硬的犄角，可以用来当作攻击武器，这个犄角的位置要比反刍动物犄角的位置更加有利，因为反刍动物的犄角只能保护它们的头部和脖子上部，而犀牛的犄角能够保护嘴的整个前部，保护鼻子、嘴巴、脸部不受到攻击，因此，老虎宁愿去攻击大象，也不愿意去攻击犀牛，因为攻击犀牛可能会被开膛破肚。

此外，犀牛的身体和四肢的外面包裹着一层皮，这层皮坚硬无比、刀枪不入，所以它能够抵抗猎人的铁器和火器，也能够抵抗虎爪和狮爪。犀牛的皮肤黝黑，类似于大象皮肤的颜色，但比大象的皮肤厚得多、硬得多；大象对蚊虫的叮咬非常敏感，但犀牛不是这样。犀牛的皮无法皱缩，只有颈部、肩部、臀部的皮有着褶皱，这种结构便于它的头部和腿部的运动，它的腿部非常粗壮，脚上有两只巨大的爪子。对于身体比例而言，犀牛的头部比大象的头部要长，但眼睛比较小，而且始终处于半睁开状态；上颌比下颌突出，上唇能够移动，而且能够拉到六七寸长；嘴中央是一个尖尖的东西，这个东西是由肌肉纤维构成的，类似于人手或者大象的鼻子，虽然不是很完整，但依然可以触摸、抓握物体。大象的防御是长长的牙齿，而犀牛的犄角和四颗锋利的门牙是最好的武器；除四颗门牙之外，它还有24颗臼齿；它的耳朵是竖着的，形状类似于猪的耳朵，但对于它的身体而言非常小——犀牛的耳部是唯一一个有鬃毛的部位；犀牛的尾端类似于大象的尾端，有一束很结实、坚硬的粗鬃。

犀牛主要食用质量比较差的草、带刺的灌木等，与鲜美的青草相比，犀牛更喜欢粗粮；还喜欢食用甘蔗和种子，但不喜欢食用肉类，所以它不对小动物造成威胁；而且，它也不害怕大型动物，甚至能够与老虎和睦相处，老虎都不敢攻击它；犀牛不是群居动物，更不会聚集在一起行动；它的性格比较孤僻，野性比较强，所以很难被猎捕、驯服；如果没有受到挑衅，它们绝对不会攻击人类，但受到挑衅之后，它们会非常愤怒，而且超级恐怖；它的皮非常厚，大马士革利刃和日本军刀都无法割破，标枪长矛无法刺透，甚至子弹都无法伤害它；铅弹碰到它的皮时会被撞扁，铁制柱形子弹也无法穿透它的皮。对于犀牛来说，它就像穿着一件铠甲，只有腹部、眼睛、耳朵周围是薄弱的部位，所以猎人不敢与它发生正面冲突，只能跟踪它，等到它休息时进行偷袭。

——［法］布封：《自然史》（*Natural History*），沈玉友译，新世界出版社2015年版，第47页

从布封的描述可以看出，犀牛的力量虽仅次于大象，但防御能力超过大象，可无惧于人类用铜铁打造的弓箭、军刀甚至枪械等武器，与此同时，它食用粗糙的草、带刺的灌木，不食肉等的食性特点，使它在丛林中对包括人类在内的其他小动物不造成威胁，甚至天然成为人类的保护神，所有这些，远远超出与其相类似的水牛、黄牛，因此，堪称神圣不可侵犯的牛中之王。

作为牛中之王，自然成为远古初民最早的牛崇拜对象。如按照狩猎术语，大象、犀牛、花豹、水牛、狮子为丛林中最难狩猎的"五大个"动物。其中的犀牛、水牛为角型动物，它们食草，头上的锐角进可攻，退可防，因此，在远古的石器时代，在丛林中以采集狩猎为主要生计来源的古人类，很可能曾为逃避肉食动物如豺狼虎豹的追杀而躲避到犀牛、水牛的身后，并因此获救，于是对犀牛、水牛心存感激，产生崇拜心理。而犀牛比水牛身躯更为庞大，锐角更具杀伤力，丛林草莽中的成年犀牛除人类外几乎无天敌，而水牛则不一样，它们即使结群抱团也常常成为肉食动物们的捕杀对象，落单的水牛更是没有胜算的可能，因此，仅从这一点上来说，以丛林为主要生计场的古人类，当首选犀牛作为他们的救命稻草，当然也首选犀牛作为他们的崇拜对象。

而从前文知道，自犀牛开始遍布全球的第三纪起，从地质时代到历史时代，从远古到近现代，古瓯骆人及其后裔一直与犀牛共生共存，因此，基于求安的本能需求，神圣不可侵犯的犀牛，自然成为古瓯骆人首选的最早牛崇拜对象。

一 瓯骆族裔把犀牛当作亲属、祖先和神

何星亮先生研究认为，虽然世界各地所保留的图腾文化现象差别较大，但都有一个共同的观念——图腾观念，即把图腾当作自己的亲属、祖先和神。[①] 根据这一理论，我们发现，把犀牛当作自己的亲属、祖先和神的观念意识，为瓯骆牛图腾文化中的原生层次或结构。

（一）壮族始祖神布洛陀的神话形象为犀牛

壮族史诗《布洛陀》提到，壮族的始祖神布洛陀把天下分为十二国，分别是"一国蛟变牛，一国马蜂纹，一国声如蛙，一国音似羊，一国鱼变蛟，他国暂不讲"。显然，这十二国全以蛟、牛、马蜂、青蛙、羊、鱼等的动物图腾形象出现，而布洛陀为十二国的首领，因此，其原型也应该是动物图腾形象。

只是查《布洛陀经诗》的所有经文及布洛陀的所有画像，到目前均未发现布洛陀的动物图腾形象。不过，布洛陀经书手抄本《麽汉皇一科》《麽兵甲一科》《麽王曹吆塘》等发现地点的广西田阳县玉凤镇的亭怀传说，却向我们透露了布洛陀与犀牛的神秘联系：

> 广西田阳县玉凤镇有个亭怀屯，据该屯年近六旬的陆恩光老人说，该屯的名称就与布洛陀有关。"亭怀"在壮语里意为看牛栅。在该屯的正对面有一座山坡叫坡坑，意思是圈。靠近山顶的地方有一个天然的大土坑，方圆约5亩，坑里遍布许多形状如牛的大岩石，传说250年前，此坑原是个大牛圈，圈里面有布洛陀养的九十九头牛。这些牛当地人叫独角牛，即犀

---

① 何星亮：《中国图腾文化》，中国社会科学出版社1992年版，第55页。

牛。这些牛每天早上自己出去吃草，到傍晚又自己回圈。每年到农历九月初九，布洛陀都要杀一头牛祭神，要杀哪一头牛由布洛陀挑选，其法是用柚子叶蘸水洒出去，碰上哪头牛就杀哪一头。奇妙的是，当天杀了一头牛，到了第二天牛圈里又是九十九头牛了。后来有一天，牛圈里的牛从早上出去一直到天黑了还没有回来，看牛人很是着急。点着火把四处寻找，路上碰见一个过路人，看牛人问他是否见过牛群，过路人回答说没有见牛，只见一块块大石头。第二天天亮的时候，牛圈里已没有牛，有的只是一块块形状如牛的大石头。

也就在亭怀屯的西北面约一公里处，有一条通往巴马燕洞的山路，路边有一面突出的巨型石崖，其形状酷似男性生殖器，附近壮族村民都把它当作布洛陀生殖器。每年农历正月初四这天，附近壮族村寨的民众成千上万人，都自发来到这里举行祭拜布洛陀活动。平时每月初二、十六，都有人来此烧香。尤其是那些新婚不久，尚未生育的年轻夫妻，来得更频繁，祭得更虔诚。传说从前凡是走这条路的人经过此处时，撑伞的人要收伞，骑马的人要下马，穿白衣服的人要脱下白衣服才能顺利通过，否则会被坡坑栏圈里的牛下来把这个人抵死，侥幸不死的回去以后也会招来灾难。

——摘自黄桂秋《桂海越裔文化钩沉》第二辑《论壮族主神布洛陀》，中国书籍出版社 2011 年版

以上遗迹及传说说明，壮族集体记忆中的"独角牛"即为犀牛，壮族始祖布洛陀为牧养犀牛的主人，他的神力主要表现为两个方面：一是让图腾动物犀牛的数量保持九十九不变的神力；二是让人口数量繁殖兴旺的能力。为施展这两方面的神力，他很可能会扮演成犀牛的形象，并表演犀牛繁殖、降生的仪式，然后杀

死犀牛，举行犀牛图腾圣宴，以求图腾与人口的快速繁殖，平衡发展。如果是这样，那么，亭怀屯实为远古瓯骆犀牛图腾繁殖仪式的重要遗迹之一，布洛陀很可能是一位主持这一图腾繁殖仪式的巫师。而根据"图腾祖先观念不是别的，而是群体统一的情感、群体起源的共同性及其传统的继承性在神话中的表现。图腾祖先——是宗教和神话中的形象"[①] 的理论，我们大致可推测，布洛陀所扮演的犀牛形象，实际上也是犀牛图腾的祖先形象，这既是瓯骆人曾盛行犀牛图腾崇拜的有力证据，同时也是布洛陀的形象为犀牛形象的最好说明。

（二）瓯骆遗裔壮侗语民族的英雄血脉扎根犀牛潭

丁桦春风十里博客：《从文化之根解读洪秀全与犀牛潭之谜》[②] 透露：桂平市金田镇金田村的犀牛岭，每隔60年，犀牛潭里就会出现一次"犀牛戏水"，只有"有福气"的人才能看到；犀牛潭曾形成制度化的犀牛祭礼：一年一小祭，五年一中祭，十年一大祭。小祭是用鸡、鸭，中祭用的是头牛，大祭是用人，这人不是成人，而是小孩子；太平天国北王韦昌辉曾在犀牛潭梦见犀牛，然后把祖先遗骨安葬犀牛潭，之后发达富足，资助了太平天国起义，并当上太平天国的北王；太平天国领袖洪秀全来到犀牛潭之时，正遇上金田人的十年一大祭。当人们正准备把祭犀牛的孩子放下潭时，洪秀全拦住了，并自己下潭。以前，下潭的人几乎没有生还，而下潭的洪秀全居然活着回来。于是，大家把洪秀全看成犀牛神的化身，并因此追随他成就了轰轰烈烈的太平天国起义。

桂平金田村的犀牛潭传说实为瓯骆犀牛图腾祭祀古风在口传文学中的遗存，其中，犀牛潭被视为英雄胆魄、勇气、财富之源泉的

---

① C. A. 托卡列夫：《宗教的早期形成及其发展》，莫斯科·苏联百科全书1964年版，第68页。

② http：//blog. sina. com. cn/s/blog_ 506fab090100sn59. html.

观念，成为瓯骆后裔壮侗语民族英雄神话传说的主要原型结构之一。如流传在广西罗城县仫佬族山乡的《稼》，又名《吴王大平》《木洛大王》《七里英王》《石览王》，传说中的英雄人物稼出生的地点为犀牛潭边的犀牛村，他父亲被冬头害死葬犀牛潭，化身为头上长着一只独角，身上有三根又粗又长金毛的大独角犀。大独角犀赠稼三根金毛，一根被做成牛鞭，牛鞭具有神力，可让牛群听话，可赶走石山种田；一根变成三脚马，可驮稼大闹京城造皇帝的反；一根金毛可让草人变兵马，与官兵打仗。[①]

流传在河池市一带壮族史诗英雄莫一大王，父亲因违抗圣旨被杀，尸首被扔入犀牛潭，化身犀牛，莫一寻父进入犀牛潭，因吞珠而具赶山造海，竹节孕兵马的神力；流传广西贵港、武宣、来宾一带的独齿王传说，独齿王遵父临终嘱托，把父亲遗骨安葬犀牛潭，安葬后30天便获"龙泉宝剑"，获宝弓宝箭及金竹孕兵马等；流传云南广南府的侬智高传说，广南坝子（壮语叫春邓）的荷花池有一头犀牛，该坝子是神仙为助侬智高起事而专门移山造海而成，只因侬智高没有听神仙的安排，神仙叫他生下三天学骑马，五天学射箭，但他不到三天就骑马，不满五天学射箭，所以起兵才失败。[②]

以上的莫一大王、独齿王、稼、侬智高等，都是瓯骆后裔壮侗语民族英雄神话传说中的英雄群像，他们不仅是当地师公唱本中的英雄神，同时也是独具民族特色的土俗神，而他们的神力、神助都源于犀牛潭的共同情节说明：（1）犀之住所犀牛潭曾被瓯骆人视为犀牛灵魂的居所，并由此成为远古瓯骆人举行犀牛图腾祭祀的中心或圣地；（2）桂平犀牛潭的制度化祭礼：一年一小祭，五年一中祭，十年一大祭，大祭时用人做供品，说明远古时期的瓯骆人曾盛

---

① 参见《稼》中国民间故事集成，广西卷，中国 ISBN 中心 2001 年版，第178—187 页。
② 《女神·歌仙·英雄——壮族民间故事新选》，广西民族出版社 1992 年版，第89 页。

行强烈的崇犀之俗；（3）英雄们都因父亲的遗骨葬在犀牛潭而获得
犀牛的神力、法力与权力，说明在瓯骆人的思想观念体系中，犀牛
具有神力、法力、权力的象征意义，同时说明这些英雄与犀牛存在
着某种血缘、亲缘上的亲密联系，他们最初的神话原型很可能就是
犀牛图腾祖先神；（4）传说认为只有英雄或有福气的人才可看到犀
牛潭的异象如犀牛戏水，只有英雄或有福气的人才可从犀牛潭生
还，犀牛潭可以给有福气的人带来财富，等等，说明远古瓯骆人曾
把犀牛视为灵异的神兽，具有神奇的力量。

（三）犀牛具有让亡灵得到安息的神奇功能

贵港罗泊湾出土的西汉漆绘提梁铜筒为巫师超度亡灵图，图中
有把头发盘于头顶如犀牛角状的人物画像，漆绘画中还出现一只独
角神兽（见图3－1）。

图3－1 罗泊湾出土的西汉漆绘提梁铜筒

说明在远古瓯骆人的观念中，犀牛曾是他们建构九泉之下安宁世界的重要守护神，且这种观念至今在瓯骆族裔壮侗语民族的丧葬习俗中有遗存。如贵州惠水、平塘、长顺、罗甸等县布依族的灵堂画像为巫师为死者布置的灵堂神物，下图是丁朝北、丁文涛《欢悦灵魂的徽章——贵州少数民族葬礼工艺品》一文刊载的一幅布依族灵堂图①：

图3-2　布依族灵堂图

从图3-2可以看出，犀牛至今是瓯骆遗裔布依族建构美好安宁的彼岸世界的重要神物。该灵堂图共分9层，自下而上的第一层是"过海"，由灵船和前导的龙、鸡、马、犀牛、大象组成，为孝子护送亡灵穿越茫茫大海的情景；第二层为奔跑的马、麟、乌龟、鹤、兔等动物仪仗队；第三层为跃马扬戈，比武尚武的武士仪仗队；第四层是灵堂前的粑棒舞、织布舞、簸箕舞、竹竿舞、踩高跷等；第五层是砍黄牛祭祀亡灵的情景再现；第六层为出殡时孝子跪拜、举幡者、打伞者、锣号手云集的出殡情景再

---

① 《民族艺术》1994年第4期。

现；第七层为赶路的骑马人；第八层为举幡、扛枪、吹号、打伞的仪仗队在一只公鸡、一头神牛的引导下走向奈何桥，只是引魂牛的头部有一弯曲开岔的双角，似水牛角，又有三支前后排列、直立短小的三角，似犀牛角，脊背有驼峰隆起，似黄牛；第九层为亡灵进入天堂后的美好生活的反映。① 该灵堂画像显示：①犀牛出现在亡灵奔赴黄泉第一站，说明在布依族建构的亡灵世界中，犀牛的神圣性高于水牛、黄牛；②布依族的灵堂图与贵港市罗泊湾出土的西汉提梁铜筒上的漆绘图意境相承，尤其是其中犀牛护灵的意境非常相似。

从以上可以看出，犀牛可建构安宁美好的来生世界的观念，不仅非常古老，且具有很强的生命力。引导亡灵走向奈何桥的神牛集犀牛、水牛、黄牛于一身，说明在牛图腾崇拜的发展演变过程中，犀牛、水牛、黄牛曾融为一体，汇成一流。

二 犀牛、水牛、黄牛图腾崇拜融为一体，汇成一流

在瓯骆的民间传说和图腾信仰中，犀牛的神圣不可侵犯性使犀牛很早就被瓯骆人视为民众生命的佑护神，是吉祥如意的象征。但由于犀牛无法终被人类驯服，无法进入家畜、畜力之列，因此，随着稻作农业和定居村落的出现，瓯骆人的牛图腾崇拜逐渐从远古采集狩猎经济时代的求安需求转向对水牛、黄牛对瓯骆农耕社会主要劳动力的功用和价值的追求，于是，出现在神话传说中的犀牛常以"独角黄牛""独角水牛"或"神牛"出现，原本居于首要地位的犀牛图腾崇拜渐渐退居水牛、黄牛之后，在这一过程中，犀牛、水牛、黄牛图腾崇拜渐渐融为一体，汇成一流。

---

① 参见丁朝北、丁文涛《欢悦灵魂的徽章——贵州少数民族葬礼工艺品》，《民族艺术》1994 年第 4 期。

（一）《布洛陀经诗》中的动物"犈"（çw²）集犀牛、水牛、黄牛于一身

在壮族古籍《布洛陀经诗译注》中，有一种大型动物与造天地及远古壮族先民的生产生活、精神生活密切相关，这种大型动物的古壮字书写为"犈"，国际音标为çw²，《布洛陀经诗译注》有时译为黄牛，有时译为水牛，有时译为牛。如《布洛陀经诗译注》第一篇《造天地（一）》：

    ……

Li³ ku：n³ de：u¹ ka² kok⁷   剩下一块石头孤零零

Pok⁷ Pai¹ sa：m¹ ja：m⁵ ro：n¹ 它滚去三步远

Pi：n⁵ pan² me⁶ çw² mak⁸   变成黑色的母黄牛

Pi：n⁵ pan² dak⁸ çw² ram⁴   变成一头公水牛

çw² mak⁸ çiu⁶ ko：n⁵ hoŋ¹ 从前黑黄牛长很高

çw² ram⁴ çiu⁶ la：u⁴   从前的公水牛长得很大

Ta⁶ ha：i³ çip⁸ som¹ lak⁸   那时河海有十庹深

Ram⁴ taŋ² aek⁷ çw² la：ŋ² 水淹到黄牛的胸

Ta⁶ ça：i² çip⁸ som¹ kvu：ŋ⁵ 那时河海有十庹深

Ram⁴ taŋ² ba⁵ çw² ram⁴   水淹到水牛的肩

Ram⁴ pit⁸ pai¹ pi¹ ma¹   水荡去荡来

Ca：u⁶ pan² ŋa：n² ta⁶ loŋ⁶ 造成大山坳

Ram⁴ pit⁸ pai¹ pi¹ ma¹   水荡去荡来

Ca：u⁶ pan² toŋ⁶ ta⁶ la：u⁴ 造成大垌田

Pak⁷ çw² dum⁵ taŋ² law² 牛在哪里喷鼻息

Ca：u⁶ pan² tiŋ⁶ çak⁷ çam⁶ 那里就造成小潭

Tin¹ çw² çam⁵ taŋ² law² 牛蹄踩到哪里

Ca：u^6　pan^2　ram^4　çi^6　çi：ŋ^6　那里就造成小水洼

Ri：ŋ^1　çw^2　ra：k^8　ta ŋ^2　law^2　牛的尾巴甩到哪里

Ca：u^6　pan^2　ron^1　to^4　ço^6　那里就造成条条道路

Ca：u^6　pan^2　lo^6　to^4　to ŋ^1　造成条条相通的路

　　从以上经文可以看出，被远古壮族先民称为"猹"çw^2 的这种大型动物，可同时被翻译为汉语的"黄牛""水牛""牛"。这种翻译上的混融性，很可能渊源于这种动物本身既有可能是黄牛，也有可能是水牛，抑或是如今已经灭绝但远古的时候却可常见的某种比黄牛、水牛更大的犀牛。

　　若是犀牛，则这种大型动物很可能就是《说文》"犀，南徼外牛，一角在鼻，一角在顶，似豕，从牛，尾声，先稽切"所描述的似牛身猪头的双角大犀牛。理由是，现代的壮侗语民族依然称黄牛为 çw^2，称水牛为 va：i^2，因此，如果这种大型动物是黄牛，古籍整理者就没有必要把它翻译为水牛。之所以有时把它翻译成水牛，是因为现代壮侗语民族所看到的黄牛为清张宗法《三农纪》所描述的"北人呼牛秦""牛为黄牛，黄者言可祀地也，又云旱牛，与水牛别也，不喜浴也"的黄牛，而不是《布洛陀经诗》所描绘的具有黑颜色，生活在水中，形体非常高大，鼻息重，尾巴长等特征的黄牛。由此说明，这段经文中的 çw^2 只具有黄牛的称谓特征，却不具备黄牛的形体特征和生活习性。否则壮族祖先不会选择它作为开天辟地的大神。

　　另外，如果是水牛，为什么诗经原文不是 va：i^2 而是 çw^2？这是很令人费解的。不过，从它的读音 çw^2 与《说文解字》关于兕"从牛，尸声，先稽切"和犀为表意"牛"与表音"尸""七"切的读音相同来看，这种大型动物也不是水牛，而是一种与水牛、黄牛都有点相似的犀牛。再从《布洛陀经诗》的神话情境来看，这种大型动物非常高大，十庹深的河海只淹没到它的胸部和肩部，力量非常大，水中前行时带动引发的荡来荡去的水波浪，可造出山川大地；鼻息很重，鼻息喷到哪里，哪里就会形成深潭湖泊；体重很大，脚蹄踩到哪里，哪里就会涌出大小水潭。显然，这种大型动物又很可能是一种水犀。而这种描写很可能根源于古瓯骆人对野犀平时"哧""哧"的喷气喘息之象，力拔山河的巨无霸之躯等长期观察的结果。

进一步的证据是，《布洛陀经诗》第三篇的《赎水牛魂、黄牛魂和马魂经》有这样的一段经文："三样三王安置，四样四王创造，过去未曾造牛，没有牛耕田，没有牛拖耙，没有牛犁地，顺王已知道，盘古会制造，在塘边造黄牛，两角向前倾，在河边造水牛，两角往后斜……十头角开岔的牛魂回来吧，五头角斜生的牛魂回来吧，双角竖生的牛魂回来吧，干瘦的公牛魂回来吧，白牛群的魂回来吧，黑牛群的魂回来吧，跟着茅郎神一道回来，白黄牛和斑黄牛魂一起回来。"① 显然，布洛陀所造的"两角向前倾"的牛，"双角竖生"的牛既不是黄牛，也不是水牛，而是如今已经在中国灭绝的苏门答腊双角犀。

刘恂《岭表录异》载，唐时岭南生活着一种被称"胡帽犀"或"牯犀"的双角犀。宋王象之《舆地纪胜·广西南路·郁林州·景物上》对这种生活在岭南郁林州一带的双角犀进行了具体描述："有角在额上，其鼻上又一角。"可见，苏门答腊双角犀即水犀曾长期生活在瓯骆故地。

综上可知，《布洛陀经诗》中的"徐"（çw²）除了读音上应为黄牛外，其余的如形体特征、生活习性等方面却具有犀牛，尤其是双角水犀或水牛的特征，因此，布洛陀经诗中的"徐"（çw²）既

---

① 《布洛陀经诗译注》，广西人民出版社 1991 年版。

可能是双角水犀，又有可能是水牛。

（二）《布洛陀经诗》中的盘古原型为犀牛

盘古是中华万帝之宗，在中国南方壮侗语与苗瑶语等诸民族中，有关人类起源的神话传说往往与盘古神话、葫芦神话、洪水遗民神话共存，壮族《布伯的故事》及流传各地的盘古师公唱本，毛南族的《盘和古》《创世歌》《盘古歌》，布依族的《洪水滔天》布依族神话用犀牛角撑天，黎族的《人类起源》，仫佬族、茶山瑶的《伏羲兄妹》，山子瑶的"盘王歌唱"，坳瑶的"盘王坐席神唱"，荣山瑶的"盘王神唱"等，都把盘古看成是一位化身型开天辟地的大神，再造人类的祖神。

如广西武鸣壮族师公"跳神"中的"盘古歌赞"歌词：

> 泰山盘古是我屋，大岭盘古是我身，
> 庚子其年造天地，盘古出世到如今。
> 自我盘古初出世，造化天盘及地盘。
> 左眼化为日宫照，右眼化为月太阴。
> 骨肉化为山石土，头脑化为黄金银，
> 肚肠化为江河海，血流是水去无停。
> 手指化为天星斗，毛发化为草木根，
> 只是盘古有道德，开天立地定乾坤。

山子瑶的"盘王歌唱"：

> 日月在天定爷眼，日月双排定乾坤。
> 头便是天脚是地，儿孙正在腹中心。
> 梁山树木爷头发，石头便是牙齿根。

江水长流爷肚肠，深潭鱼龟是肝心。①

只是盘古的化身原型，历来说法不一。《广博物志》和《乩仙天地判说》中的盘古化身原型为龙首蛇身、人面蛇身的半人半兽形象；广西龙胜瑶族《评王卷牒》中的盘护，即"盘瓠"，为犬图腾形象；马学良、今旦、唐春方、燕宝、吴晓东通过对苗族古歌《开天辟地》中的貅狃形象的考证认为盘古的化身原型为犀牛。吴晓东认为，盘古神话起源于原来居住在中原地区的三苗集团中的犀牛部落或氏族，盘古的原型为犀牛，其垂死化身的情节来源于早期的犀牛图腾化身信仰与传说。② 由此推论，壮族的《布洛陀经诗》第一篇《造天地（一）》叙述，天地是由两块磨石分开变成的，其中一块往上升形成天空，一块往下沉形成大地，另有孤零零的一块大石头往前滚三滚，变成一公一母的两个大"狳"（$çw^2$），那两个大"狳"（$çw^2$），很可能就是两个大水犀。这就意味着壮族的盘古原型也是犀牛，只是壮族盘古原型中的犀牛是从磨石、砺石化生而来的。这也是为什么瓯骆后裔之一壮人会认为盘古原型为磨石的缘故。

以上说明，瓯骆后裔壮侗语民族曾把犀牛看成是一位开天辟地的大神。这位开天辟地的大神与汉古籍《三五历纪》《述异记》《五运历年纪》等文献中所记述的盘古形象，具有共同的化身造天地情节。

（三）莫一大王融犀牛、黄牛、水牛于一身

莫一大王是壮族神话传说中的英雄神，在壮侗语民族的师公教神灵系统中，号称"通天大圣"，在壮族民间，"依僮……尤以莫

---

① 胡仲实：《试论盘古神话之来源及徐整对神话的加工整理》，中国哲士网（http：//www. 1 - 123. com/works/Modern/P/pangukaitiandi/56966_ 2. html）。

② 吴晓东：《盘古原形与苗族犀牛图腾》，《中南民族学院学报》2001 年第 7 期。

一大王为最尊，王之外尚有莫二、莫三、莫四、莫五大王。僮人祀
王于香火堂，惮王之灵，敬畏无所不至，称'八庙神'，其木主为
'敕奉通天圣帝莫一大王'等字。"（刘锡蕃《岭表纪蛮》）"在迎
请神圣的仪式活动中，一师公要戴着其面具跳'莫一舞'……在桂
中和桂西地区，过去几乎每个较大的村寨都曾建有莫一庙……龙胜
各族自治县和平乡龙脊壮族聚居区，过去也有莫一大王庙，相传莫
一大王神灵能拯救、保护人畜平安和五谷丰登，所以每年农历六月
初二莫一诞辰日举行小祭，每隔六年的这一日举行一次大祭，大祭
时要杀猪宰羊，并将牺牲按 12 月份分为 12 味依次奉上。当地各家
各户的神龛上，也出现了莫一大王的名字。"[1]

　　由上可知，在壮族民间的师公教中，莫一大王是一位名号响亮
的重要神灵，进村可独享庙堂的香火、祭礼和节日；入户可与各宗
亲家族的祖先神平起平坐，共享香火。也就是说，莫一大王不仅登
上了具有血亲感情色彩的祖先神神位，同时又在超越村社或氏族、
部落的一定地域范围内，成为可保佑一方平安的神灵，这就意味
着，集祖先神、家族神、氏族神、民族神、英雄神于一身的，并能
适应社会的重组和再生的莫一大王的神格，已初步成长为初级社会
神的神灵。

　　可这个初级社会神是从图腾神演化的，其初始原型很可能是牛
图腾。依据是：①莫一大王中的"莫"为壮语的黄牛之意，"一"
为壮语排行的"老大"之意，"莫一大王"为壮语的"牛老大"
"牛头人""牛首领"之意。因此，从名称上看，莫一大王与牛息
息相关；②神话传说关于莫一大王身世、神力、法力的解释具有牛
图腾的基本特征，如说他从小就是个放牛娃，"跟牛结下好人缘"，
四岁时生割牛腿肉，煮食后再用黄泥敷上，结果牛腿恢复如初；十

---

① 杨树喆：《师公·仪式·信仰——壮族民间师公教研究》，广西人民出版社 2007 年版，
第 144 页。

二岁时抛牛粪下河筑坝拦水给百姓灌田，又在牛角岭获得具有赶山造海法力的神鞭；长大后，潜入深水潭打捞父亲遗骨，却意外得到化身为神牛、大水牯或犀牛的父亲赐予的一颗大珍珠，他因吞珠而获得诸如压日、竹鞭赶山、竹节孕兵马等的神力、法力及斗妖、当王的胆魄和勇气。这些情节内含了丰富的牛图腾文化元素，除了反映莫一大王与牛的某种特殊的、天然的亲近关系外，还同时意味着莫一大王的英雄神迹实际上是神牛、大水牯或犀牛图腾神力转化的结果。这些显然是图腾祖先观念、图腾化身信仰的反映，也是莫一大王实际上是由牛（犀牛）图腾演化的神的反映；③从图3-3可以看出，莫一大王傩面具为头顶一枝独角的犀牛形象，由此推断，犀牛无疑是莫一大王的初始图腾形象之一。

图3-3　莫一大王面具的独角面具

综上可知，虽然犀牛无法终被人类驯服，无法进入家畜、畜力之列，犀牛角又因被赋予种种神奇色彩而导致犀牛被人类持续猎杀继而灭绝，但是，在瓯骆人的牛图腾崇拜还是逐渐出现了犀牛、水牛、黄牛图腾崇拜的融为一体，汇成一流，并在这一过程中，远古采集狩猎经济时代的求安需求也逐渐转向对水牛、黄牛对瓯骆农耕社会主要劳动力的功用和价值的追求，于是，原本居于首要地位的犀牛图腾崇拜渐渐退居水牛、黄牛之后，甚至，犀牛图腾崇拜的诸成分也渐被融解分化到水牛图腾崇拜、黄牛图腾崇拜之中。

三　牛狮文化动物"çw²"为犀牛解

壮语称水牛为 va：i²，黄牛为 çw² 或 mo⁴，牛属动物总称为 va：i² 或 çw²va：i²，狮子称为 sae。查阅 20 世纪 80 年代出版的《古壮字字典》《壮汉词汇》《汉壮词汇》发现，壮语中似乎没有一个特殊词汇表示"犀牛"。可从犀牛开始遍布全球的第三纪起，至宋代瓯骆故地的犀牛渐趋消亡，从地质时代到历史时代，从远古到近现代，瓯骆人及其后裔壮侗语民族一直与犀牛共生共存，因此，按照语言的发生原理，瓯骆族裔壮侗语民族的语言不可能不留下有关犀牛的任何信息。

（一）çw² 为古瓯骆语的犀牛称谓

现代壮语的黄牛称谓有 çw² 和 mo⁴ 两种读法，çw² 音近汉语的泽、执、且、除、主、齿、祖、姐、石、初等，mo⁴ 音近汉语的莫、么、磨等。其中的 çw² 称谓很可能演变自古瓯骆语的犀牛称谓，理由如下：

1. çw² 在上古和古代汉语中与犀、兕相通

高本汉（丁骕《契文兽类及兽形字释》[①]）的音韵学研究表明，上古和古代汉语的牛、犀和兕的读音分别是：

牛　ngiŭg　ngiəu　（998a）

犀　siər　siei　（596a）

兕　dziər　ziː　（556a）

现代壮侗语民族与拉萨藏语的黄牛读音是：

壮语：$çw^2$、tsw^2、sw^2

布依语：$çie^2$

侗语：$sən^2$

拉萨藏语称黄牛与公牛杂交所生公犏牛 tso，母牦牛 tsi，野牛 tso：ŋ。

从音韵学的角度看，上古和古代汉语的"牛"读音与瓯骆语的水牛 va：i^2 没有任何联系，说明上古汉语和瓯骆语的"水牛"称谓是各自起源和发展的。而壮语、布依语、侗语及拉萨藏语的黄牛读音与上古和古代汉语的犀、兕相通说明，它们的起源与发展存在相关性。

这种相关性可能与黄牛属于引进型家畜有关。如据薄吾成先生的考证，黄牛起源于我国青藏高原上的牦牛及其祖先原牛。青藏高原上的原始黄牛，是古羌人东征、西进、南下而向全国辐射扩散去的。[1] 又据陈小波考证，史前至商周时期的岭南几乎都是水牛的天下，春秋时期才开始有少量的北方黄牛传入，战国时期封牛（包括高岭封牛和低领封牛）才从云南传入。[2] 西汉时期，广西尚未有黄牛，即使有数量也很少，进入东汉时期，岭南黄牛数量日趋增多，宋代才得到广泛发展。[3]

由此可知，直到宋代，黄牛才在瓯骆故地得到广泛发展，也正在这一时期，岭南犀牛出现了诸如"山犀，间有"的渐趋消亡之势，正是由于这样的此消彼长，得到快速发展的黄牛被广泛应用于宗教祭祀，也渐渐地被赋予犀牛一样的通神、通情感心灵的特定文化意义。如出现在布依族灵堂图第五层的所有牛形象，全部是脊有

---

① 薄吾成：《试论中国黄牛的起源》，《农业考古》1993 年第 1 期。

② 陈小波：《岭南地区牛的考古发现与研究》，《学术论坛》1999 年第 4 期。

③ 陈小波：《壮族牛崇拜出现时间的考古学考察》，《广西民族研究》1998 年第 4 期。

瘤峰隆起的黄牛形象，云南文山、广南等地壮族还有专门的丧事礼仪经书《故落磨》（意为"公黄牛"），经书规定孝子要精心挑选各部位都生得好生得合适的好黄牛给老人送葬，并提到玉帝为减轻稻作农耕的劳作之苦而在人间造的第一头牛是黄牛。这些表明，在瓯骆族裔壮族、布依族的观念世界中，人死后的来世，与黄牛直接相关，送魂黄牛的好坏将决定逝者来生的好坏，送魂黄牛还可减轻逝者来生的劳役之苦，让逝者来生过得舒适安逸。

而春秋战国时代才由岭外引进，宋代才得到快速发展的黄牛，如何获得如此殊荣？本研究认为，这除了黄牛较犀牛、水牛温顺，较易驯化为役牛之外，还可能与它作为牺牲的通神、通情感心灵的神性特征暗合了犀牛的通神、通情感心灵的神性特征有关。在两者相通相融的前提下，被用于宗教牺牲的黄牛，当然也同样获得原来犀牛的所有神性地位，包含可以在名称上借用犀牛之称来意指黄牛之谓，正因如此，后来的黄牛、犀牛称谓都叫 $çw^2$，再后来，随着犀牛的逐渐消亡罕见，犀牛图腾祭被黄牛取代，于是，黄牛首先在通灵、通神、通情感心灵的祭祀功能上取代了犀牛，然后又在称谓上完全借代，以至于后来的人们只知道黄牛叫 $çw^2$，而不知道黄牛的 $çw^2$ 源于犀牛的 $çw^2$。

2. "犀"为雄，"兕"为雌可壮语解读

关于"犀""兕"的区别，《集韵·旨韵》之说是："兕，一说雌犀也。"《本草纲目》五一《兽》也说兕是雌犀，《公输》对犀兕的解释是雄性为"犀"，雌性为"兕"。只是这种解释令人费解，不知道依据何在？而南方少数民族的语言却能给出很好的解释。如《说文解字》："犀南徼外牛。一角在鼻，一角在顶，似豕。从牛尾声。先稽切。"这意味着犀为表意"牛"与表音"尾"相结合而形成的文字。其中的"尾"通古汉语的"微"，与现代壮语的男性生殖器"vae"及壮族大姓"韦"读音相通，因此，从壮语的角度看，

"犀"很可能指的是雄性犀牛。与此同时,兕的上古汉语读音:dziWər 或 zi:,与壮语的女性生殖器读音 dze:d,布依语称 ci:t,临高语称 se,拉萨母牦牛的读音 tso 相通,因此,在南方少数民族的语境之下,与《公输》的雄性为"犀"雌性为"兕"的说法相吻合。

3. 上古汉语的犀称谓暗合南方少数民族的语言

据方国瑜①,王敬骝、陈相木②,杨文辉③的考证,《云南志》"犀谓之矣"原注云"读如咸"系"驯读"自汉越语、高棉语、佤语、西双版纳傣语、泰国泰语、越南语,并由此认为,华夏语中的"犀"来自古越语、白蛮语的"矣"。

另外,藏语称野牦牛为 vbrong,经驯化成家畜,藏语按公母分别称"雅"(gyag)和"执"(zhi);彝语称水牛为 z_1 ɳi;湘西苗语称牛为 ta z_u,其中的 zhi、z_1、z_u,都与"兕"的上古音 ziei(邪脂)相通,因此,这些南方民族的母牦牛、水牛的称谓也有可能是上古汉语犀牛的读音来源。

由上可知,上古汉语的犀牛称谓很可能源自我国南方少数民族的语言。

(二)壮族师公教的"师""犀"解

在现代壮语中,$çw^2$、va:i^2、sae 既具有特指性,即 $çw^2$ 特指黄牛,va:i^2 特指水牛,sae 特指狮子,但也有混融性,如 sae 可与 $çw^2$、va:i^2 分别组合成一种文化动物 va:i^2sae 和 $çw^2$sae,并可翻译成汉语的黄牛狮、水牛狮,为壮族群众狮舞表演的特殊道具。对这些文化动物的研究表明,其中包含大量的犀牛图腾崇拜的文化

---

① 方国瑜:《洱海民族的语言与文字》,云南人民出版社 1995 年版,第 167 页。
② 王敬骝、陈相木:《傣语声调考》,中国民族古文字第二届学术年会(1983)论文。
③ 杨文辉:《南诏大理时期洱海地区的白蛮语考释》,载《新凤集》云南大学《2000—2002 届中国民族史硕士研究生毕业论文集》,林超民主编,2003 年。

因子。

1. 壮族师公教的"师"与"犀"相通

壮族民间普遍盛行一种被称作"梅山教"或"三元教""师公教"的原始宗教，"梅山教"或"三元教""师公教"的从业巫师壮语叫"师公"，巫师主持的盛大仪式，壮语叫"古师"，巫师主持仪式时要边唱边跳，其中的唱壮语叫"唱师"，其中的跳壮语叫"调师"，由巫师跳神演变而来的地方戏叫师公戏或傩戏。由此可知，"师"为壮族师公教的神秘性、古老性之所在。

只是"师"为何物，目前学界尚无定论。从文献记载来看，"师"与"尸""筛"通音义，如清乾隆二十九年的《灵山县志》："六月六日，多延师公，击土鼓以迓田租，众皆席地而饮。九月，分堡延尸公禳灾，名曰'跳岭头'"的"延师公"和"延尸公"是音义相通的，即"师"通于"尸"。而从清道光二十六年的《贵县志》所引梁廉夫《城厢竹枝词》："遥闻瓦鼓响坛坛，知是良辰九九期，三五成群携手往，都言大社看跳筛"及《贵邑竹枝词》："放下腰镰力未疲，喜邀同伴看跳筛"中的"筛"来看，也应与"师""尸"音义相通。在现代汉语中，"师""尸""筛"只是谐音，意思各不一样，而在现代壮语中，"师""筛"念 sae，"尸"念 sei。其中的 sae 对应于壮语词素的"螺蛳""狮子""犀牛""老师"等，其中的 sei 对应于壮语词素的"丝""尸"等。过去有一种观点认为，"师"是"尸"的同音假借，"师"起源于古代汉族的"立尸"，但也有人完全否定这样的观念，认为壮族师公的宗教职能并不具备古代汉族的"立尸"之法，因此"将壮族民间师公教的师公与汉族古代的'尸'联系起来，认为前者是后者的孑遗，是片面和错误的"。由此可知，汉文献中的"尸""师""筛"为同音假借。

与壮语词素 sae 对应的汉语有"螺蛳""狮子""犀牛""老师"等，其中，与螺蛳对应的 sae，很容易让人联想起广西史前的贝丘文明及由采集螺蛳、食螺蛳、敬螺蛳而产生的对螺蛳的崇拜，并由此演化出跳螺蛳、唱螺蛳及专门的神职人员"公蛳"的贝丘文化。当然，这种联想不是不可能，只是本书最想探讨的是 sae 与"狮子""犀牛"的关系。从上文知道，在两广地区，粤语与壮语的狮子与犀牛读音相同或相近，都念 sae 或 sai，两广的舞狮实是舞犀的演化，因此，从这个角度讲，壮族的师公文化很可能就渊源于远古的崇犀信仰。

2. 壮族巫觋的"燃香"与"燃犀"相承

至今活跃壮族民间的女巫与师公有"燃香"通神之俗："女巫与师公都要烧香烛，摆供品。尤其是香，是必不可少的，谓香能通神。"① 而师公女巫燃香烛以通神、通天的文化背景，有可能是燃犀（牛角）以通神通天观念的转换或延续。

据《山海经》载，有一种犀牛长三只角，一角长在头顶上，一角长在额头上，另一角长在鼻子上。其中长在头顶上的角叫通天角，里面有一条白线似的纹理贯通角的首尾，也连通心灵，故称"灵犀"，民间因此有"心有灵犀一点通"的成语。晋葛洪《抱朴子·登涉》载："得真通天犀角三寸以上，刻以为鱼，而衔之以入水，水常为人开。"谓犀有分水之神力；《异苑》卷七载："晋温峤至牛渚矶，闻水底有音乐之声，水深不可测。传言下多怪物，乃燃犀角而照之。须臾，见水族覆火，奇形异状，或乘马车着赤衣帻。其夜，梦人谓曰：'与君幽明道阁，何意相照耶？'峤甚恶之，未几卒。"谓犀照可沟通人鬼神。

只是汉文古籍关于犀牛具有通神、通鬼、通天、通情感心灵的灵异特性的观念虽然由来已久，可这种观念渊源何处？目前却已无从考证。不过，根据《列子·符子》的"楚人鬼而越人机"，《史

---

① 顾乐真：《广西傩文化撷拾》，民族艺术杂志社 1997 年版，第 11 页。

记·孝武本纪》的"越人俗信鬼，而其祠皆见鬼"，邝露《赤雅》："汉元封二年平越，得越巫，适有祠祷之事，令祠上帝，祭百鬼，用鸡卜。斯时方士如云，儒臣如雨，天子有事，不昆命于元龟，降用夷礼，廷臣莫敢致诤，意其术有可观者矣"等记载可知，远古时期的楚越之地巫风盛行，只不过楚巫的巫术是看不到鬼神之体的，但越巫却可以看到，由此可知，汉文古籍《山海经》《抱朴子·登涉》《异苑》所记载的燃犀牛角可以看到阴间鬼怪之体的这种巫术，很可能渊源于南方的越巫而不是北方的楚巫。

而至今活跃于壮族民间的巫与师"燃香"通神之俗，是建立在燃香可产生超自然力量；可穿越人神空间的观念，很可能就是汉文古籍《山海经》《抱朴子·登涉》《异苑》等所记载的"燃犀"巫风的遗风。只是汉文古籍中的"燃犀"很可能因为犀牛的渐趋灭绝及犀牛角的极其珍贵性，早已被后来的女巫师公们用"燃香"所取代。

3. 师公通灵法器牛角为犀角的延续

牛角是师公的通灵法器，普遍被运用在南方少数民族的巫觋法场上，并往往配有牛角论、敕角论唱词。从这些唱词推论，南方少数民族的师公法器牛角，最初应该是犀牛角。如广东瑶族巫觋吹牛角的请神唱词是：

> 吹角便问角根源，此角不是非凡角，
> 角是犀牛头上生……五师吹起上天庭，
> 一吹东海龙王动，二吹四海犀牛惊；
> 一吹上界百鬼哈哈笑，二吹上界有鬼断踪由。
> ——江应梁：《广东瑶人三宗教信仰及其经咒》，载《民俗》
> （复刊号）第一卷，第三卷，国立中山大学出版社，民国
> 二十六年（1937）六月三十日

　　黔北仡佬傩仪的吹牛角唱词：

太上老君西天去学法，撞着一对犀牛在打架。
左一角来右一角，左角落在地埃尘。
张郎过路不敢捡，李郎路过不敢沾。
只有李主二师佛法大，行罡步诀到跟前。
千人路过不敢捡，万人路过怕捡得，
只有行坛弟子学了茅山法，才把左角来捡起。

　　上承"三苗"，下启苗瑶侗的湘中地区梅山教吹牛角唱词：

牛在西天佛国主，马在九州界上生。
混沌年间牛发战，混沌年间牛发瘟。
七十二只牛该死，内有一只角朝天。
张赵二郎来设计，神仙来锯使罗牢。
锯得左边犀牛角，锯角年间角出身。

　　　　　　　　——湖南新化县道教传承人秦国荣家传的师公唱本

　　　　　　　　　　　　　　　　《根祖源流》

　　而壮族师公属于梅山教派，牛角也是壮族师公尤其是武坛师公的主要通灵法器，一些壮族地区民间，如云南文山的壮族女巫，还遗存牛角卜：她们截下并剖开牛角尖部，卜卦时，右手掷牛角，一阴一阳卦者吉，全阴全阳卦者凶。因此，虽然壮族师公的通灵法器牛角，没有如湘中梅山教师公牛角论所追溯的"张赵二郎制造的犀牛角"的牛角论，也没有广东瑶族、黔北仡佬族傩仪所论述的牛角就是犀牛角，但从壮族师公、女巫们燃香时必不可少的牛角法器来看，牛角依然是他们通灵请圣的信号，而这牛角通灵、通神、通情感心灵的观念，很可能就是远古犀牛角通灵、通神、通情感心灵观念的延续。

4. 汉文献中的"师""犀"相通

金刚从语言文化学角度对图腾动物独角兽的考察发现，独角兽原型为虎类猛兽，其独角源于犀角，其兽可视之为虎身犀角的动物，或称之曰虎犀合成的综合图腾，也即所谓麒麟。同时根据兽名狮（师）【∫iei】（山脂切）与虎之读音【sia】、独角兽之读音【kian】、犀之读音（心脂切）【siei】、"驨"之读音"户圭切"【Yiwei】、"觟"之读音【ki-wei】（古攜切）的对应关系，认为兽名"狮"（师）【∫iei】（山脂切）并非源于西方语言，而是源于图腾名称。①

第三节　犀牛独角的神徽化：
稻与家屋的安全之舟

基于求安的本能需求，犀牛在形体上的巨无霸和领地观念上的不可侵犯性，使它的独角常被神徽化为稻与家屋的安全之舟，或被政治借代为家—国安泰和吉祥的象征，并在这一过程中，不断丰富和发展它的宗教民俗文化学意义。

一　犀牛代表家—国的安泰祥和

在我国的文化发展史上，犀牛具有安泰、安定、祥和的象征意义，犀之器也自然成为我国庙堂宫室、人间住所驱邪避灾、迎福纳祥的吉祥物。如1963年在陕西出土的错金银云纹铜犀尊为西汉庙堂宫室的重器，代表国泰民安、国运昌盛；《蜀王本纪记》载"江

---

① 金刚：《图腾动物独角兽原型考》，《内蒙古大学学报》（人文社会科学版）2005年第1期。

水为害，蜀守李冰作石犀五枚，以压水精"是犀能治水、能保一方平安的观念反映；至今仍大量存在的渝东南土家族地区酉水流域的犀牛望月、犀牛潭、犀牛洞土司坟、犀牛救民、犀牛地葬母佑孝子等民间神话、故事、传说、民歌、民俗事项等，为土家族人民祈盼犀牛永驻人类居所的反映。而瓯骆人自定居开始，便着力塑造自己的美好家园，在这个过程中，犀牛的形大体重、勇武、威猛及其以"独角"为标识的神圣不可侵犯；犀牛的居所犀牛潭、犀牛栏所代表的胆魄、力量和财富意义；犀牛的足迹、形影、声音所代表的吉祥、富足和安康等，都成为瓯骆人建设自己的美好家园，建造家——国安全共同体的重要文化符号。

（一）犀牛代表安居乐业

左右江流域曾是人类文明的摇篮，右江河谷发现的距今约 80 万年的百色手斧，左江流域发现的规模宏大的史前花山岩壁画，等等，都有力说明，远古时期的左右江河谷，很可能也是人类最为古老的图腾崇拜产生的地方。这里残存的大量关于犀牛神话传说、遗物遗迹等，说明这里很可能也是远古瓯骆人举行犀牛图腾祭祀的圣地之一。

1. 右江百色石龙河段的水犀栏传说

　　水犀栏传说：在很古的时候，右江的百色石龙河段，生长着一对水犀牛。附近村民百姓，都把它们当成吉祥之物。一直敬奉着它们。一年闹饥荒，水犀牛没有水草吃，便爬上河岸边躺着。一位新过门的媳妇来河边挑水时，水犀牛以为是挑东西来喂它，便紧紧咬住水桶。新媳妇不知道是神牛，打了它一扁担，回到家里告诉婆婆。婆婆说，那是我们敬奉的神牛，不能打的。于是她便去割稻谷喂水犀牛以表示赎罪。那根打过水犀牛的扁担放在稻田里，那田里的稻谷便总是割不完。后来，荒年过去，村民百姓又安居乐业，五谷丰登。一天晚上，这对水犀牛"哞哞"地高叫，人们知道它们饿了，大家马上挑灯打火去割草喂它们。可是天亮时到江边一看，那对水犀牛已不知去向，只有水犀栏的四根柱在碧波里挺立，为了纪念水犀牛，附近村民百姓，一直保护着水犀牛住过的栏子——水犀栏，直到如今。

——广西百色市三套集成编辑组编：《百色故事集》
（资料本）

以上说明，历史上的右江河谷曾有犀牛出没，这里的远古居民曾视犀牛为神，可带来田园丰产，家屋吉祥。为此，他们热切希望犀牛永驻人间，希望犀之住所留住已经远去的犀牛魂，继而留住幸福和吉祥。由此可知，流传右江河谷的犀牛栏传说应该只是犀牛图腾崇拜的心理遗存，其中，人们割稻谷喂水犀牛以求稻谷丰登，认为把打过水犀牛的扁担放进稻田可使稻田丰产等的习俗心理，都说明进入稻作农耕时代的古瓯骆人，依然视犀牛为他们建设美好家园的精神纽带。

2. 左江流域的龙州犀牛传说

龙州犀牛传说：传说有一年农历正月十五，水陇屯水陇泉边发现一头形似黄牛的独角兽，壮语叫"莫里列"，意为独角黄牛。这一年农业获得丰收。第二年莫里列却没有出现，农事歉收。于是农民为求五谷丰登，第三年正月十五，塑其外形，扛而游至水陇泉边祭祀祈祷风调雨顺。

——蒙宪硕士学位论著：《壮族歌圩称谓的语言民族学探讨》，转引自李锦芳《壮族姓氏起源初探》，《广西民族研究》1990年第4期

　　龙州的"独角黄牛"即犀牛的神话传说，至少包含以下三个方面的文化内涵：一是在当地壮族的文化情境中，稻作的农耕意象蕴藏在犀牛的文化意象之中；二是当地壮族的春牛舞，渊源于犀牛舞；三是犀牛有黄牛之称但没有黄牛的双角之实，两者在称谓上有从属关系。

（二）犀牛代表安泰、吉祥

　　瓯骆人喜居干栏，干栏一般分上下层，下层关养猪、牛、羊等牲畜，上层住人，这种建筑固然与瓯骆先民防水、防虫蛇猛兽的建造理念相关，但广泛流传广西的犀牛栏、犀牛潭传说则向我们透露，建造离地而居的干栏还很可能与瓯骆人对犀之住所犀牛栏、犀牛潭所代表的安宁、美好与富足等信仰心理有关。

　　1. 牛栏为牛魂的安居之所

　　流传广西东兰的女神姆六甲神话师公唱本把牛列为神造之物，叙说神始造牛之时并没有同时造牛栏，于是，公牛母牛只能夜游山林，晚上被虎豹惊吓，失去魂魄。为此，姆六甲请云仙帮忙，云仙嘱咐：你们黑夜要关牛，不要放牛游荡。牛有牛栏来关住，魂魄自然收。从此家家修牛栏，从此牛群不夜游，牛在牛栏住得安稳，虎叫牛不怕，狼嚎牛不愁，牛住牛栏牛胆壮，魂魄不飞走。[1] 由此可知，牛栏为牛魂的安居之所，瓯骆人创造发明的上层住人，下层住牛的干栏居住格局，除了与瓯骆先民防水、防虫蛇猛兽的建造理念相关之外，还应与瓯骆人的牛魂崇拜尤其是犀牛魂崇拜有关。

　　2. 犀牛栏佑护着稻与家屋安宁

　　虽然犀牛从来没有被人类驯服为家犀，但用犀牛栏关住犀牛魂，进而留住安宁、富足的理想，一直是瓯骆人重要的心理特征之

---

① 《壮族神话集成》，广西民族出版社 2007 年版，第 20 页。

一。如壮族建干栏房时唱《破土谣》：手拿锄，脚踏土。在摇摇，响咕咕。龙王开金柜，犀牛开银柜。金子三百三，银子五百五。[①]桂平县金田镇金田村犀牛潭传说，韦昌辉因梦见犀牛潭有犀牛出没而带来富足的生活等，都是瓯骆人视犀牛为财富的象征的心理反映。

3. 犀之角可镇寨保平安

贵州镇远报京山区侗族二月二的"接龙仪式"：所谓接龙，其实接牛。这天一头幼小的牯牛被一群芦笙队簇拥着从丰收的村寨走到自己的村寨，寓意把丰收、吉祥带回本村。半路空地上，巫师围绕小牛念经后，把小牛宰杀掉，把牛肉平均分给本村的村民，俗称"吃龙肉""图腾宴"。最后把牛角埋在村寨中心的犀牛塘地下，表示犀牛还寨，神龙归位。[②] 这一仪式中的犀牛角，代表平安、吉祥，是瓯骆族裔美好家园的象征，这显然是由犀牛的形大体重、勇武、威猛及其以"独角"为标识的神圣不可侵犯性延伸发展出来的一种安全文化策略。

4. 犀之角可防火护宅

瓯骆人喜居干栏，干栏一般分上下层，下层关养猪、牛、羊等牲畜，上层住人，这种建筑能够防水、防虫蛇猛兽的侵袭，但最怕火烧，而犀牛不怕火，传说犀牛看见哪里有火就条件反射般冲过去踩灭火苗，也因如此，犀牛灭火文化现象在中国南方及东南亚、南亚的马来西亚、缅甸、印度等地的语言文化、习俗文化中有保留。如马来语对会灭火的犀牛有专有名词叫 badak api ，其中，badak 为"犀牛"之意，api 为"火"之意。而瓯骆后裔之一的云南傣族，传统居住的竹楼竹屋最怕火灾，也因为这样，对犀牛防火灭火的心

---

① 《中国民歌集成·广西卷》，中国社会科学出版社 1992 年版，第 152 页。

② 戈梅娜：《壮族牛文化的民俗学研究》，《中国知网学位论文库（广西民族大学）》，2015 年。

理依赖使他们长期保留在家里挂犀角和犀蹄的习俗，并有一首傣语叫"骇糯菲"（Hea no Fei），直译为"不怕火的犀牛"的情歌流传：

> 姑娘啊
>
> 六月是森林起火的季节
>
> 恁大的火呀！也烧不焦犀牛的毛
>
> 八月是老虎带儿的时候（注：带儿虎是最凶的虎）
>
> 凶猛的老虎看到犀牛也得逃跑
>
> 姑娘啊！只要你爱我
>
> 你家火塘里恁大的火呀
>
> 也燎不到我们的汗毛
>
> 你们村子里带儿的老虎呀
>
> 碰到我们也会逃跑……

由此可知，犀牛灭火、踩火的习性，与竹木结构干栏的防火需求，曾使瓯骆人对犀牛的蹄与角产生敬仰。

综上可知，虽然犀牛从来没有被人类驯服为家犀，但用犀牛栏关住犀牛魂，进而留住安宁、富足的理想，一直是瓯骆人的家—国之梦。

二 神圣不可侵犯的犀之角

犀牛角是犀牛神圣不可侵犯的象征，在瓯骆后裔壮侗语民族的神话传说中，犀之角的神圣不可侵犯性一方面表现为神话传说中的独角兽与兽之角被赋予神奇的功能和色彩；另一方面表现为犀牛角成为民族的重要图腾标志。

（一）犀之角被赋予神奇的功能和色彩

如壮族女巫关于十二层海的描述，把第七层海描述为犀牛生活的地方，而关于犀牛的描述，仅描述它的角："牛角像把刀，无人敢侵犯"[①]；流传广西东兰大同乡一带的神话《姆六甲审水牛》[②] 把远古野牛的野性好斗归结为它的角是直的，姆六甲为了让野牛听人话，帮人类犁地干活，就把直角野牛变成角向后弯曲的水牛。而姆六甲能把直角野牛变为弯角水牛背后的神话思维，应该是姆六甲把远古壮族先民从狩猎采集经济时代带入农耕文明时代的历史回音，而其中的直角牛很可能暗指犀牛；流传广西龙州一带的形似黄牛的独角兽传说：传说有一年农历正月十五，水陇屯水陇泉边发现一头形似黄牛的独角兽，壮语叫"莫里列"，意为独角黄牛。这一年农业获得丰收。第二年莫里列却没有出现，农事歉收。于是农民为求五谷丰登，每年正月十五，塑其外形，扛而游至水陇泉边祭祀祈祷风调雨顺[③]；流传德宏地区的泰族民间故事《花水牛阿銮》："从前的花水牛头上长两支角，一支角朝上，一支角朝下，谁得到朝上的角可以飞，谁得到朝下的角想要什么就有什么"；傣族民间故事《独角黄牛》有"独角黄牛的独角可以医治龙公主的臭头病"的情节，等等。所有这些，说明在瓯骆人民的观念思维中，独角兽、独角牛同时又是犀牛的代名词，说明在瓯骆文明体系中，犀牛和水牛、黄牛，犀牛与独角兽具有互通性，即后人所说的黄牛、独角兽很可能就是他们祖先所说的犀牛。

（二）犀牛角成为图腾标志

犀牛角被赋予的神奇功能和色彩，使其自然成为人们观念意识中的神力、法力的象征，并由此进入瓯骆人的民俗生活。其中，人们把头发结成独角犀牛的模样以区别于其他族群，或希望通过这样

---

① 韦兴儒：《女巫》，贵州人民出版社 2001 年版，第 133—134 页。

② 《中国民间故事集成广西卷》第 10 页，中国 ISBN 中心 2001 年版。

③ 蒙宪硕士学位论著：《壮族歌圩称谓的语言民族学探讨》，转引自李锦芳《壮族姓氏起源初探》，《广西民族研究》1990 年第 4 期。

的打扮使犀牛不伤害自己甚至得到它的保护，为目前所发现的瓯骆犀牛图腾崇拜的重要遗存。如黎族为瓯骆的重要遗裔，古代海南岛黎族男子的结发鬃习俗，将结发绾于前额或头顶，状如犀牛之角，就是为了区别于当地野人及免遭其伤害，便以结发鬃为标志。有的于鬃上插发簪或木梳，用宽约半寸的银片或铜片掩之，再缠以黑巾，当地俗称为"包鬃"。其中，海南岛保亭县驳白岭和九曲岭以北的杞黎支系"生铁黎"男子结小鬃于额前，用丈余长的红布或白布缠头，海南昌化江中游乐东盆地及宁运河、望楼溪流域，属侉黎支系的"四星黎"男子结大鬃于额前作角状，白沙县的"本地黎"男子结鬃于后。① 流传于镇宁自治县黄果树一带布依族斗犀夺珠故事。叙述布依族三代求法、夺珠、制犀，使布依山寨获得光明的故事。反映了布依族先民不怕困难的创业精神。② 挽戴牛角形花帕的来历布依语第一、二土语区故事，流传于镇宁自治县六马一带。由洪水滔天、雅米救众人、犀牛牺牲、挽牛角帕四个部分组成。叙述远古时候，布依族遭受洪水灾害，少女雅米及犀牛王竭尽全力营救大众，犀牛由于过度劳累而死，人们为了纪念犀牛王而挽戴牛角帕，反映布依族对犀牛的崇拜。以上这些对研究布依族民族起源、历史、图腾崇拜、历史人物、服饰文化、宗教、哲学有参考价值。③ 历史文献记载的中国南方及东南亚民族的"椎髻跣足""椎髻左衽"中的"椎髻"之俗，据金刚考证，源于草原民族和南方少数民族神化犀牛角的反映④；现代云南文山、富宁一带的壮族，头上用头帕扎两根两角向上耸起的头饰（参见图

① 参见梁钊韬主编《文化人类学》，中山大学出版社 1991 年版，第 183—189 页。

② 贵州省民族事务委员会，黔南布依族苗族自治州文艺研究室，中国民间文艺研究会贵州分会编，民间文学资料第四十四集。布依族神话传说故事寓言，1980 年 5 月，第 72 页。

③ 安顺市民族事务委员会编：《中国民间故事集成——镇宁布依族苗族自治县卷》，贵族民族出版社 2013 年版，第 125 页。

④ 金刚：《图腾动物独角兽原型考》，《内蒙古大学学报》（人文社会科学版）2005 年第 1 期。

3-3)，等等，很可能都是远古瓯骆人为使犀牛图腾不伤害自己或希望得到犀牛图腾的保护，而把头发结成犀牛角状以象征自己是犀牛族类的犀牛图腾标志。

综上可知，在瓯骆的文明进程中，很可能曾盛行犀之角崇拜，并由此形成对犀之角的浪漫幻想和崇拜习俗。

三　犀之角的神徽化

据《汉书·西域传》记载："乌弋山有离国王有桃拔、师子、犀牛。师子即狮子，此是百戏化装，非真兽。"可知我国早在汉代就有狮舞和犀舞，后来，中国的狮舞分为南北两大派别，其中的北狮派别重要特征之一是他们所舞的狮子头上没有犀牛的独角标志，而南狮则以头上的独角作为身份和威武的象征。

（一）独角狮："狮"与"犀"合成的综合图腾

狮子是随"丝绸之路"从西域传入中国的，汉章帝章和元年月氏国、二年安息国遣使贡狮为目前所知最早的西域贡狮。之后，狮子成为联结中国与中亚、西亚乃至东非文化交流的重要桥梁。在这一过程中，狮子的侨居和狮舞精神的侨易，在中国以至整个东亚演绎出博大精深的狮子文化。其中，当狮和龙、麒麟一样成为中国神话传说的瑞兽并自然融入中国的民众之心后，狮子因被赋予人格化的超自然力而在中国人民的精神世界中成为威武、守护、避邪、吉祥的象征，并成为中华文明结构中最富于生命力和创造力的重要组成部分。而狮子分南狮、北狮两大类。其中的独角狮为南狮的一种，目前主要流行华南、东南亚及海外。研究表明，独角狮头上的独角为犀牛的象征性符号，独角狮为西域的狮文化、中国北方的狮文化与南方的犀牛图腾文化异质互动留下的文明印记，且这种互动至今依然还在继续。

1. 从语言文化学角度看,"狮""犀"音义相通

今天,广西玉林地区的古狮子,用玉林地区方言来说为"犀"[sai],舞狮子被称"撑犀"。撑犀的头部有一只前锋略弯的大角,双眼大而凸,炯炯有神,鼻子像蛤蟆又像龙,如玉林州珮社区明善堂的独角狮头(见图3-4)。

图3-4 玉林州珮社区明善堂独角狮头

这类狮头,"玉林人也叫它们犀头。以前人们舞狮,习惯叫舞犀。数百年来,在玉林民间每逢重大节日、重大祭祀活动,都少不了舞犀助兴。"①"玉林地区舞犀头一共分三个内容,舞单个犀头的叫'彩扮瑞犀';舞两个犀头的称为'双瑞犀';舞一大两小犀头的称为'太少犀'。每一种形式都有相应八音曲牌伴奏。"② 见图3-5。

① 刘赛:《还记得舞起来虎虎生风的犀头吗?》,《玉林晚报》2015年6月15日。
② 邱临:《凤鸣山村的古朴舞蹈——太少犀》,《玉林日报》2012年1月11日。

图3-5 玉林民间的彩扮瑞犀、双瑞犀、太少犀

　　笔者2016年8月29日在越南西贡第五郡华人区的天后宫考察时发现一幅反映侨居越南西贡的广东、潮州、福建、客家四个华人帮会的狮舞盛会壁画，见图3-6。

图3-6 越南西贡天后宫的独角狮舞壁画（潘春见摄于2016年11月）

　　从这幅壁画可以看出，其所舞的狮子为华南两广特有的独角狮，即一种亦狮亦犀的合成神兽。而据美国汉学家谢弗的考证，狮子的称谓狻猊（suān ní），由梵语"simha"转译而来，而狮子一词源自伊朗古波斯语"ser"的音译①。其中，梵语"simha"与古波斯语"ser"，都与犀的汉语古读［siei］（心脂切）有［si］或［zi］的对应关系，说明在古代汉语中，"狮""犀"为同音异义。而在现代汉语中，犀［xī］为《广韵》先稽切，平齐，心。狮

---

① ［美］谢弗：《唐代的外来文明》，吴玉贵译，中国社会科学出版社1995年版，第191页。

［shī］为《广韵》疏夷切，平脂，生，为异音异义，不过，在一些现代方言中，如在现代广东、潮州、玉林及壮语（文读）方言中，狮、豺、师、犀的读音一样，都念 sai，这就意味着，狮、犀的读音无论在古代汉语还是在现代汉语方言中，都具有同音特点。不仅如此，在现代汉语的广府语言文化中，狮、犀同音又同义，也因如此，在两广尤其是桂东南一带的地方方言中，舞狮与舞犀音义相同，他们所舞的独角狮子实为亦狮亦犀的独角狮。

今天桂东南地区的玉林、博白、北流、陆川、兴业、容县，广东廉江，钦州浦北，河池南丹等地仍盛行舞独角狮，这种亦狮亦犀的独角狮造型，很切合叶隽在《变创与渐常——侨易学的观念》一书中提出的"物质位移导致精神质变"的理论。即当狮子从原产地西域位移中国后，侨居的狮子与本土的犀牛在文化上的互动而导致的精神质变的结果。

2. 从民俗学角度看，独角狮为犀狮合成的综合图腾

视犀为有灵异的神兽，可辟邪除害，祈福禳灾，为瓯骆非常古老的观念。如根据宋乐史撰《太平寰宇记》卷一百六十五这段文字"犀牛有角，在额上，其鼻上又有一角，食荆棘，冬月，掘地藏而出鼻，辟不祥"可知，古时的两广出产犀牛，古时的西瓯骆越人把犀牛看成可以"辟不祥"的瑞兽，为求吉避害，他们很可能把自己打扮成犀牛，并模拟犀牛的习性动作进行取悦于犀牛或犀牛神的舞蹈。

从他们所舞犀牛血缘文化特性来看，如：（1）当地有"不是一个族人不舞一条犀"的俗语流传，表明在当地的文化传统中，犀具有血亲认同上的符号或象征意义；（2）犀舞的套路、鼓点有因姓氏的不同而有所差异的特点，表明犀舞具有区分群体的功能，很可能是犀舞由氏族图腾向家族图腾演化的表现形式；（3）有以宗族堂号给舞犀队命名的习惯，规模较大的犀舞最常出现的场合是立祠堂

和清明拜山等。如目前活跃的犀舞队：广西博白合江镇的陈氏舞犀队、博白潭头刘氏宗祠舞犀队 、玉林州珮社区明善堂犀舞、广西博白县谢氏犀堂、广西浦北官垌镇独木村犀等，多与宗亲堂号相挂钩，这些成立有自己犀舞队的宗族，在立祠堂或清明祭祖活动中，也少不了隆重的独角狮舞，见图3-7。①

图3-7 玉林独角狮博白谢氏立祠堂狮舞

从以上看出，桂东南一带的社会组织制度或文化制度具有犀牛图腾崇拜与祖先崇拜相混融的特点。而桂东南，为古西瓯骆越地，汉人是秦汉以后，主要是明清以后才大量迁入，因此，独角狮舞的犀牛图腾崇拜文化基因在当地客家人祖先崇拜上的表现，很可能同时也是汉与瓯骆后裔壮侗语民族文化相碰撞融合的结果。

黄芝冈《谈两广人的舞狮》提到："最奇怪的是两广人的狮头顶上会生出一枝独角，围在角旁有四枝更短的角，这好象是'辟邪'，又名叫吼的一种动物，其实是南中产的犀牛，狮子到两广已非本来的面目了。"② 由此可知，由于文化的异质互动，瓯骆的舞犀"辟不祥"观念也逐步融入了来自北方狮舞的积极因素，并形成南狮派传统，但文化的交融并没有因此淹没岭南犀牛舞"辟不祥"的古老观念，从而使犀牛的重要特征独角成为南方民俗文化不可磨灭

---

① 陈康：《舞狮舞犀文化》（ttp：//www. wendangxiazai. com/b－21ed4adc1711cc 7930b716a5－9. html）。

② 黄芝冈：《谈两广人的舞狮》，《文化遗产》2013年第4期。

的基因型文化。也就是说，今天我们所看到的南方狮为北方狮文化与南方犀文化交融的产物，独角狮为狮、犀合成的综合图腾。

（二）犀之独角成为中国南方文体艺术中一种地域特征明显的文化徽号

通过吸收北方狮舞的积极因素而形成的南狮传统，虽然在后来的文化交融中更多地传承与发展了北方的狮文化，但这并不意味着犀牛图腾文化基因的消失，相反，犀牛的重要特征独角成为南方体育文化、民俗文化不可磨灭的文化基因。

1. 梧州木犀舞传承的崇犀文化

查阅文献发现，历史上的桂东南一带，称舞狮为舞犀。如清光绪二十三年版《容县志》有载："由元日迄下弦止，各乡竞为狮鹿采茶鱼龙等戏，凡舞狮曰跳犀，舞马曰跳马鹿，总谓之跳故事。"[1] 说明早在清光绪年间，广西桂东南乡下民间盛行的狮舞，就叫"跳犀"。查清代版《郁林州志》："元宵以前乡村中有装扮竹马春牛者，竹马则唱采茶歌，春牛则唱耕田曲，又有舞狮猴跳龙门引凤等戏沿村唱舞，谓之贺新年""民间艺人对舞狮贺新年的说法是：孔子出生，麒麟入孔家，得赐花红，出去后，接着有一只独角狮进屋，把家具撬翻打烂。家丁用刀、棍打狮，赶出门。此狮转身向孔家拜三拜，孔家人一回头看到刚才打烂撬翻的家具全部复原。于是，当地流行起舞狮贺新年的习俗，其中的舞狮又叫打狮，据说打狮可逢凶化吉。当时打狮的盛况是：千村万峒锣鼓响，九家十户闹红狮"。[2] 1985 年被编入《舞蹈集成·广西卷》的梧州木犀舞，比玉林犀舞更古朴别致，以下是采集自姚受尧《富具武功特色的木犀舞》关于梧州县沙头镇木犀舞来源的介绍：

---

① 丁世良、赵放主编：《中国地方志民俗资料汇编》（中南卷），书目出版社 1991 年版，第 1059 页。

② 钟杨莆、梁绿波：《郁林县民间舞蹈概述》，载《玉林市文史资料》第 9 辑，政协玉林市委员会办公室编 1985 年版。

　　沙头木犀舞，是苍梧北部的一种民间艺术。通过木犀的表演，体现出一个壮族青年降服野兽的故事。相传古时候，在八桂的森林中，有一独角野兽，窜出山野践踏庄稼，村民怕其凶悍，少数人不敢到田间耕作。生产受到影响，农家不得安宁。其时，有一壮族青年路过此地，闻村民说及兽害，该青年武艺高超，即决定留下来为民除害，翌日即到山边田野察看，果然有野兽出现，壮族青年静观其行动。后野兽发觉青年，即猛扑上来，青年即与野兽展开搏斗，野兽巨凶力猛，青年不与其斗力，用智斗与其周旋。待野兽精疲力竭乃将其降服。青年将野兽驯化，地方恢复安宁。为答谢壮族青年，并开联欢晚会。在篝火中，壮族青年带野兽上场，声言此兽鼻上长角，形似犀牛，它来自森林，可称木犀。言毕即指挥木犀表演各种动作，晚会尽欢而散。据说后来当地群众为了纪念壮族青年为民除害的功劳，每年秋收后，仿制木犀，化装降兽英雄，在晚会中表演，共庆丰收。于是木犀舞乃流传至今。①

　　"木犀舞"于2007年被列为梧州市第一批市级非物质文化遗产名录。而木犀舞用的"木犀"道具头部有犀牛的独角标志，见图3－8。

图3－8　广西梧州木犀舞的道具

————————————

① 中国人民政治协商会议苍梧县委员会文史资料研究委员会：《苍梧文史资料》第7辑，1990年6月第1版，第56页。

遗传木犀舞的梧州地，为古苍梧国所在地，古苍梧国在周代青铜器上的铭文写作"仓吾"，《集韵》云："牾音吾，古兽名，亦牛之属也。""仓吾是一个以苍黑的独角牛与封猪为混合图腾的族群。"① 由此可知，苍梧、仓吾、仓黑、吾的族别国名，均与犀牛图腾崇拜有关，而古仓吾地至今遗存的木犀舞，很可能就是远古犀牛图腾崇拜的遗风。

2. 云南广南民俗节日"弄娅歪"的神牛之独角

"弄娅歪"为云南广南、西畴、马关一带壮族为祈求丰衣足食、风调雨顺或为过世女长辈送终而世代相传的民俗节庆活动。其中的"弄"为当地壮语"舞"，"娅"为"女性长辈"，"歪"为"水牛"的意思，"弄娅歪"为壮语"母牛舞"之意。

"弄娅歪"的民俗节庆活动一般从正月的第一个属马日开始，连续活动 12 天，以最后一天为最隆重。根据兰天明、韦海涛的描述，"弄娅歪"的"歪"为独角神牛，即犀牛。具体如下：

流行于广南、西畴、马关等县壮族侬支系"牛头舞"，娅歪鼻尖上有角，像犀牛。关于广南"弄娅歪"的来历，流传着一个美丽的传说：远古时代，广南东面森林茂密，莲湖及其附近都是大洼塘。小广南当地壮族头目经常看见一头大牛，角长在鼻尖上，是只犀牛，在大洼塘里打滚。有一天突然狂风大作，雨下了九天九夜。村前的落水洞被洪水冲来的树枝和泥石堵住，洪水不能流泄，九天后广南变成了一片汪洋大海。

犀牛在汪洋里转了几圈后对准那糯村下面那座大山，用角拼命拱山，拱了六天六夜才把大山拱开一条大沟。第七天，角断裂了，犀牛筋疲力尽地睡在半山腰，角掉在山腰上。第八天，犀牛站立不稳，掉到河里顺水漂走。

---

① 参见刘伟铿《西瓯史考》，见广东省封开县文学艺术界联合会编印《广信文化论文集》，2007 年，第 241—250 页。

水干后，当地壮族头目带领部下到大山丫口视察时才发现犀牛角，于是用红布包了收藏起来，当作镇寨之宝。后来有 36 个宗族跟着陆尚岸大将征服小广南，当地壮族为保住性命，把犀牛角献给陆尚岸大将军。36 个宗族村民也不管姓王、姓李、姓刘，为了得到陆大将军的保护，不受外来的侵略和屠杀，都改姓陆了。

依智高进广南，小广南村民为保住陆姓氏，不跟依智高姓依，又将镇寨之宝犀牛角献给了依智高。

从此以后，为了纪念犀牛的功劳，每年在元宵节前，村民都要用 10 多种兵器保住神牛，要上六七天。元宵节黄昏时，才将神牛送到小广南大河边，祝神牛一路平安。"弄娅歪"传统习俗活动已被列为云南省非物质文化遗产名录，并成为广南壮族群众精神文化生活中不可缺少的重要组成部分，在社会发展进程中，一直鼓舞着壮族民众生产生活的信心和斗志，激励着人们去追求和实现完美的理想生活。①

图 3-9　云南广南、西畴、马关一带壮族的"弄娅歪"

从以上可以看出，"弄娅歪"的娅歪原型为犀牛，民俗节日"弄娅歪"演变自犀牛图腾舞，并至今遗留犀牛的独角文化基因和

---

① 参见兰天明、韦海涛《广南壮族牛头舞——"弄娅歪"》（http：//www. wszhuangzu. com/mfms/fs/201411/295. html）。

相关传说。

3. 犀之独角在我国南方文体艺术中的运用

现在的广东、广西一带，独角狮已演变成为体育艺术、民俗文化的徽号。如2000年在广州举办的中华人民共和国第九届运动会吉祥物威威；2006年在广东佛山兴办的第十二届广东运动会吉祥物鸿鸿；2007年在广州举办的全国大学生运动传经吉祥物跃跃；2016年春节的广东白云山福狮（见图3-10）。

图3-10 由犀之独角演化而来的现代我国南方文体艺术的徽标

从他们的造型看，均有一个很可能是远古瓯骆犀牛图腾崇拜之孑遗的基因型文化元素"独角"，并由此形成独具地域风情特质的独角狮舞形式，而这个大独角，显然是由独角犀演化而来。

第四节 瓯骆的布山古城曾是一座犀牛王城

斯特劳斯在《图腾制度》一书中指出，"在原始社会时期，各民族都会或多或少崇拜自然界一些东西，把一些本民族认为比较重要的动、植物或者自然现象作为图腾"[①]。虽然犀牛已在中国灭绝，但瓯骆人曾与犀牛悠悠共生的千万年历史，必然使犀牛的威武强壮在壮族先人西瓯骆越人的精神世界中烙下不可磨灭的印记。而当这

---

① 斯特劳斯：《图腾制度》，民国十三年（1924）铅印本。

种印记中的那种形象、那种力量成为人们集体记忆中"某种异己的、神秘的、超越一切的东西"的情况下，处在人类童年期阶段上的瓯骆人，必然也与世界上的其他民族一样，迈步进入以人格化的犀兕为主要特征的，视犀兕为自己兄弟、亲属的图腾神话新时代，并由此产生以犀牛精神为政治借代的关于家—国安全命运共同体，关于王权、王城的思想与实践。

一　环北山的牛图腾圣地

北山，为贵港市莲花山脉及龙山山脉的统称，为郁江平原的最高山，它"上盘武宣，下连浔郡，错综百余峰，延袤数百里"，为贵港市北部的天然地理屏障，主体由大平天山和小平天山两大山脉组成。主峰大平天山海拔 1157 米，不仅是贵港市的自然地理地标，同时也是贵港市的人文精神地标。环北山的核心文化圈包括今天贵港的覃塘、桂平、平南及来宾、武宣、象州等地。

环北山一带的壮人视北山为神山，北山山下的很多壮族村落都分布有供奉北山公、三界公、冯四公等神灵的神庙，这些神灵、神庙虽然年代久远，但其中的牛崇拜遗迹、遗风尚存。

（一）金牛星战化为石牛的遗迹、遗风

由明代李鳌记述的《贵县北山庙碑记》载："贵治之北距百步许曰北山，三侯庙盖古者，相传周穆王时有金牛星降与北山之神物，战化为石，一坠山阳，一坠山阴，一坠于潭，人惊异之，立庙以祀，曰石牛庙，遇疾疫、寇盗、旱涝，祀之皆应。唐宋间有司，以事闻累加褒崇，我朝赐以九月九日之祭，前人述之碑详矣。"由此可知，古时的北山一带，曾出现三石坠落，石牛呈瑞的神奇异象，现调查发现，由三石坠落而形成的三个石牛神庙的遗迹、遗风尚存。

1. "一坠山之阴"的石牛神庙

地处距龙山圩不远的中里乡秀地村。该石牛神庙又称北山祖庙

或北山石牛庙，庙内供奉懋、顺、祐三尊神像，庙旁的三合水边各遗形似石牛、石马的两块巨石，传说那块似牛巨石为周穆王时由懋、顺、祐三兄弟中的大哥懋公从北山抛下，此后懋公遵从冯四公的旨意定居龙山盘古头。现神石周边的盘古、秀地、陆屋等村村民视该神石为瑞石，心有所求便拜石求懋、顺、祐三公侯佑护，过年过节也携香火、供品前往祭拜。每年的农历九月二十九日，为北山石牛庙诞日，界时，秀地村、盘古村及其周边群众、巫觋汇聚庙前庆祝，巫觋们供上染红的鸡蛋，信徒们供上三牲、果品，以祈求风调雨顺，人丁兴旺，人畜平安。据说过去曾有人在石牛庙附近看到懋公穿白衣、戴白帽蹲在草丛中，但被人发现后很快又消失在草丛中。图3-11依次是石牛庙、（懋、顺、祐）神像、庙内铁钟、似牛巨石、村民乐捐碑。

图3-11　贵港中里乡秀地村的石牛神庙、神像、铁钟、石牛、碑记

（邓怀津、潘春见摄于2017年5月）

2. "一坠山之阳"的石牛神庙

该神庙位于贵港龙山口的蓝田村。该庙见诸文献最多，如光绪《贵县志》"金牛石，在县北十里龙山口"。"世传石牛神每岁祷雨无不应，祭则杀牲取血和泥于牛背，以咸卤涂牛，口歌牧牛之歌，以乐之，祀毕即雨。""北山庙，即石牛庙，原在城北一里，后迁至龙颈，光绪间迁于祖庙旁。""石大夫庙，在城北十里龙山口，旧志云，凡旱瘴疫求祈此石，乃吉，立庙覆石，邑人奉为香火，有三石。唐开元封清源、惠泽二侯。宋淳熙间加封石大夫为灵应侯，见庙门碑刻敕文。"

从文献可知，古时的蓝田村石牛神庙供清源、惠泽、灵应三个北山公。据村民介绍，石牛遗物已在20世纪五六十年代建石牛水库时沉入水库中，现只遗石牛神庙、石牛水库、石牛村等古地名。图3-12依次是蓝田村的石牛庙及庙内供奉的神像、石牛庙前的永安社、石牛。

图3-12　贵港龙山口的石牛神庙、神像、永安社、石牛
（邓怀津、潘春见摄于2017年5月）

调查得知，这里的石牛祖庙曾在"文革"间被毁，后群众又自

发捐款重建。现该石牛祖庙前还遗有一头被摸得锃亮的石牛,被蓝田、石牛、石桥、岭脚四村村民视为神物,过年过节时四村村民们都来庙中祭拜,四村以外的周边群众也常有人在过年过节时携香火、供品来祭祀,因此,香火一直很旺。遇上天旱,石牛村人就出头组织求雨大祭,方圆几十里的村民也踊跃参加。祭祀完毕,大家用树枝撩拨庙前的牛石,以求下雨。庙前还立有永安社,代表着安定、安宁与吉祥。

3. "一坠于潭"的石牛神庙

该庙位于东龙镇古达村,20 世纪 60 年代建古达水库时把该庙和一块似牛巨石压在坝底,2002 年,村民集资在古达水库坝首附近重建此庙。据该村韦开书收藏的师公唱本《北山唱》透露,该庙原名北山庙,供奉懋、顺、祐三兄弟。其中的老三顺公为古达庙的庙主。传说懋、顺、祐三兄弟生在石家,幼时丧父,靠替人放牛为生。后在北山放牛时遇上冯四公,冯四公让三兄弟登上北山顶,往下扔石头号地,于是,把石头扔到盘古头的大哥懋便定居盘古头,扔到龙山口的二哥祐便定居蓝田村,扔到古达山口的顺定居古达村。村民世代相传,古时的每年农历五月初四,古达庙附近总有一头不知从哪里来的野牛到处游荡,村民称野牛为"tsw",音近汉语的"泽、执、则"等,为当地现代壮语的"黄牛"之意,村民围而杀之,以祭石牛。后来,村民有感于每年游荡而来的野牛品相太好,商议不杀留下做牛种,但从此之后,野牛不再出现。现每年的农历五月初四为庙诞日,届时古达及周边巫觋云集于此做法事,为群众禳灾除难,祈求平安。据说古达神庙忌白色,进庙祭拜甚至路过都不能穿白衣白帽白鞋甚至扎白头巾、白帽带,据说犯忌可带来身体不适甚至生命危险。图 3 - 13 是古达庙及庙内神像和壁画。

图 3 - 13　贵港东龙镇古达村的石牛庙、神像、壁画

（邓怀津、潘春见摄于 2017 年 5 月）

（二）环北山石牛崇拜的遗迹、遗风

调查发现，由三石坠落而形成的三个石牛神庙构成了环北山最核心的牛崇拜文化圈，在这牛崇拜文化圈内，存在大量的牛文化遗迹、遗风。

1. 马曹山下六屯峒的石牛神庙

隔照镜山与龙山口的石牛神庙遥望相对的贵港东龙镇闭村的马曹山口，有一个很大的田峒，叫六屯峒。传说六屯峒的中间曾有一个石牛庙，只不过这个石牛庙叫六屯庙。据传说，古时候每年的五月初四，便有一母带两仔的三头神牛进闭村一带的田峒吃青稻，村民们便去追杀，追到六屯峒，神牛化石，村民觉得神奇，便在石牛化石之处立庙祭祀。老人们回忆，原来此庙有房子，庙前供奉三头一母两仔的石牛，中华人民共和国成立前，闭村人每年的五月初四必须进庙祭祀石牛，并给石牛披上用纱纸剪成的一串串彩铃，平时禁忌坐到石牛上。中华人民共和国成立后，有人把石牛挖走，把庙拆除，原因据说是这一带的稻谷因这石牛庙的存在而总是一片黄一片青，年年轮转不一样，现此庙已不存在，但八九十岁以上的老人都见过此庙。

2. 昌平村的牛神石像

北山山下的昌平村，有一天然的人头石像，石像旁有一块四方石。见图3－14。

图3－14　贵港东龙镇昌平村的牛神石像
（邓怀津、潘春见摄于2014年春节）

人头石像旁，有三潭相连，其中一潭叫"潭民"，一潭叫"潭王"，一潭叫"潭怀"，都是当地的壮语音译。其中的"潭"为"水塘"之意，"潭民"的"民"不知何意，而"潭王"的"王"有"王者"之意，"潭怀"的"怀"有"水坝"之意。人头石像位于"潭王"与"潭怀"之间。传说之一是该人头石像为一个放牛娃，他手里牵着一条牛绳，这牛绳子就是"潭王"与"潭怀"之间自然分布的一条长长的天然石梁，当三潭之水少时，该石梁露出水面形成一条上可通行的石梁路，当水多时，则隐没水中，使

"潭王"与"潭怀"连成一体。上图正好拍摄于枯水期，因此，传说中的这条牛绳石梁正好显现出来，即上图牛神石像上方显现于泥潭中间的一条线。

传说之二是该人头石像为冯四公遗忘的雨伞，当地的社王传说、"koŋ¹lum²li：ŋ³"（其中的 koŋ¹ 为祖父、祖先之意，lum² 为忘事、忘记之意，li：ŋ³ 为雨伞之意）传说，三顶山的来历传说、冯四公传说都提及此石。其中的社王传说的前半部叙述社王 3 岁丧父，7 岁丧母，在叔父家放牛，从此"他每天把牛放到水草丰美的河边，钓几条小鱼，抓几只蚱蜢，采几支野花，哼几句山歌，苦中作乐。到了天气暖和时，他就脱得赤条条的，赶着喜欢泡水的水牛，下到河里洗澡，洗完澡，牛自管吃草，他自己却躺在河边的一块大石头上闭目养神。这是一块形状古怪的大石头，黑漆漆的，有两张八仙桌那么大，中间稍微隆起，像一个硕大的牛背，靠岸的一方伸出一道石梁，就像一条牛尾巴，另有一方一半泡在水里，一半露出水面，宛如牛头，社王就给这块石头取名为'水牛石'……"①后半部分的情节与独齿王、莫一大王的情节基本相同，主要叙述社王把风水先生祖上的遗骨和自己父母的遗骨都葬到了水牛石下的风水宝地，但神牛只吃了社王用菜叶子包着，生稻草扎的父母遗骨，社王被玉帝封为王，可社王热恋家乡不愿意远行，玉帝只好把他封为社王，掌管一方福泽。该传说关于"水牛石"的描述暗合昌平村的牛神石像遗迹。

koŋ¹lum²li：ŋ³ 传说：传说有一年冯四公在农历七月初七、十四回来接受子孙祭拜返程时，忘拿随身携带的雨伞，为拿雨伞又于七月十六返回，子孙们又备供品隆重祭拜一番，并相沿成习。只是 20 世纪的五六十年代，由于人们忙于建水库又恰逢夏季的抢收抢

---

① 何福书口述，何群、梁丽容整理，载《中国民族民间舞蹈集成·广西卷》：《壮族舞蹈（上册一）》附：《面具故事·社王》。

种大忙，生产队的队长们便商议并禀告冯四公取消了这一节日。

三顶山传说：传说人头石像是位牛神，赶牛群路经此地，见天色已晚，便把牛变成一块块黑色的石头。第二天，村里一位起早老人路过此地，惊呼"哪来这么多的石头！"于是，牛神所赶之牛变成一块块牛石。据说这些牛石在"大跃进"时期，几乎全部被炸掉用来烧石灰，只留下人头石像、四方石及"潭王"左上方叫"仙冢"土堆的一块大石。这块大石据说为东龙镇三顶山原址，三顶山被牛神如赶牛一样赶到了现在的三顶山位置后，原址就只剩下这块孤零零的石头了。

现在的每年正月初二，昌平村及附近村民，尤其是命中五行缺金之人家，都要携带一碗白米及三牲、果品等供品来祭祀这个人头石像。

3. 龙湾庙的断头石牛、牛鼻泉

龙湾庙位于东龙镇高龙村旁，庙内供奉的主神是冯四公。现该庙的左前方遗有一断头石牛。传说古时候的这头石牛会叫，叫声会引发对面龙广村失火、失盗，龙广村的村民很恼怒，便暗中派人砸掉这石牛的头。与此同时，龙湾庙有个后山，后山的山脚有两眼清亮的酷似牛鼻的双泉，双泉日夜长流，可灌溉方圆几十个村庄万亩良田。据传说，该牛鼻泉为冯四公用三界公留下的神杖把牛鼻挖开而成。现每年五月初四的龙湾庙诞日，高龙村及其周边村民都会聚龙湾庙供祭冯四公，祭毕，用自己从家里带来的葫芦、水壶等取水工具到牛鼻泉舀水喝并带回家，据说这样可以消灾除难，延年益寿。

4. 大农村的黄牛舞传说

距离昌平村牛神石像最近的两个村屯为昌平屯与大农屯，传说牛神石像最上方的"潭民"曾叫"潭大农"，在现行的村镇建制中，大农村与昌平村合并为农昌村。关于两个村屯与牛神石像的关系，有一句世代相传的俗谚："昌平狮子大农石（即 tsw^2）"（汉意为"昌平村人舞狮子，大农村人舞黄牛"）。相传前朝古代之时，东龙镇一带的民众都在每年的春节、四月八、七月七等重要节日举行舞"石（即 tsw^2）"祭三界公大典，可后来由于受到外来文化的影响，别村屯的人们都在这一盛典上改舞狮子以取代原来的舞"石（即 tsw^2）"，就连这个庆典举办地昌平村也改舞狮子了，但大农村的人还依然坚持舞"石（即 tsw^2）"，于是，在隆重的祭典上，出现别具一格的"昌平舞狮大农舞石（即 tsw^2）"的现象。也因为大农村人的坚持舞"石（即 tsw^2）"，后人又把大农村人称为"石（即 tsw^2）"，大农村人也欣然接受大家的这一称谓。因为这一称谓在当地语言中并没有贬义，而是代表犀牛、黄牛及其延伸义强壮、勇猛之意。而大农村的舞"石（即 tsw^2）"，显然是犀牛舞古俗的遗风。

5. 桂平金田村的犀牛潭传说

根据丁桦春风十里的博客：《从文化之根，解读洪秀全与犀牛潭之谜》①，可知，当地世代相传，桂平市金田镇金田村的犀牛岭，每隔 60 年，犀牛潭里就会出现一次"犀牛戏水"，只有"有福气"的人才能看到；犀牛潭已形成制度化的犀牛祭礼：一年一小祭，五年一中祭，十年一大祭。小祭是用鸡、鸭，中祭用的是头牛，大祭是用人，这人不是成人，而是小孩子。太平天国北王韦昌辉曾在犀牛潭梦见犀牛，然后把祖先遗骨安葬犀牛潭，之后发达富足，资助了太平天国起义，并当上太平天国的北王。太平天国领袖洪秀全来到犀牛潭之时，正遇上金田人的十年一大祭。当人们正准备把祭犀牛的孩子放下潭时，洪秀全拦住了，并自己下潭。以前，下潭的人几乎没有生还，而下潭的洪秀全居然活着回来。于是，大家把洪秀全看成犀牛神的化身，并因此追随他成就了轰轰烈烈的太平天国

---

① http：//blog. sina. com. cn/s/blog_ 506fab090100sn59. html.

起义。

6. 石卡乡牯牛湾的"犀牛望月"

贵港石卡乡泥湾村的村背，有一湾江水叫牯牛湾，传说古时候，玉帝赶九牛路过这里，一牛不慎在此跌断左前脚，玉帝只好把它留了下来，变成可在这一湾江水沉浮的石牛。从此，每有水牛过江，石牛便浮出水面与过江水牛做伴，于是，这里的江面上常看到水牛数总比实际下河的水牛总数要多出一头的神异现象。每当夜明星稀，这浮起的石牛还状如犀牛望月，又如一头肥大的牛牯，也因如此，该湾江水被称为牯牛湾或犀牛望月风水宝地。后来这一带出了个武士状元叫甘其束，传说甘其束小时候常在牯牛湾放牛，有一次，一位远道而来的风水先生求他把自己用红布包裹的祖先遗骨放到犀牛望月风水宝地，以求荣华富贵。当甘其束把风水先生的祖先遗骨挂到牛角上时，也趁机把一包用莲叶包裹的自己的祖先遗骨塞入牛嘴中。结果神牛吞下甘其束的莲叶包后便沉水而去，身后留下一个大大的旋涡，这旋涡生成之处，就是犀牛望月的龙穴宝地，于是，成就了甘其束的武状元大业。

除了以上的石牛遗迹，环北山的很多壮族村屯、庙宇以 mo 或 tsw^2 命名，如东龙义合村有莫屯、大牟庙，三里镇与五里镇交界处有"大泽庙"，东龙镇闭村有"民主庙"，这些村名、庙名均有可能是犀牛、黄牛图腾崇拜的遗存。且这种遗存在壮族地区相当普遍，如唐代的广西东兰叫朱兰，其中的"朱"为 tsw^2，为古瓯骆语犀牛，现代壮语的"黄牛"之意，因此，"朱兰"可直译为犀牛、黄牛之家。另外，广西武宣的同志村，柳城的龙莫村，鹿寨的六则村，融安的东宅村等村名地名，均遗存了犀牛或黄牛的文化信息。而云南马关县阿峨新寨把村背祭布洛陀的神树叫"东处"或"者处"，20 世纪 50 年代以前，每祭布洛陀神树都要杀一头黄牛，这独特树名和习俗，则透露云南马关县阿峨新寨很可能是远古瓯骆人进行牛图腾祭祀的圣地。另外，北山山下还有很多被称为水牛地、黄牛地的村落地名，在此不一一列出。

以上大量分布的石牛崇拜遗迹及其相关的神话传说启示我们：一是历史上的环北山一带，曾出现过全民性的牛图腾崇拜活动，而北山很可能是这种全民祭祀的中心，而环北山下的牛图腾圣地遗迹显然是围绕北山中心而展开，这种规模如此之大，等级如此之分明的祭祀活动，说明组织当时牛图腾祭祀的社会组织应该已经具备高等级的甚至是国家形态的组织形式，而这个国家之形态的组织之形式很可能就是古西瓯骆越方国；二是北山石牛神庙所供奉的石牛神很可能就是北山的众神之王，只是这头北山石牛神兽并不是现在我们所常见的水牛、黄牛，而是已经在岭南大地灭绝了的犀牛。与此同时，环北山一带信仰的土俗神三界公、冯四公，显然是牛神的化身，而北山显然是他们眷恋的乐土；三是从北山石牛祭的"牧牛之歌"和大农村的舞牛传说可以看出，传唱牛歌和举行牛舞为历史上环北山一带的重要古俗，而这些古俗大致上都是从牛祭祀演化而来。

二　环北山的石牛原型为犀牛

环北山存在大量的石牛文化遗迹、遗风表明，这里曾盛行牛图腾崇拜，而他们最早的牛崇拜对象有可能是犀牛，依据是：

（一）犀牛位居环北山的石牛神话谱系之首

从以上我们知道，北山一带存在一个体系较为完整的石牛神话谱系：……金牛星→战化为三石→三石坠落为三石牛→牛人格神的出现……三界公→冯四、冯远→社王→独齿王→莫一大王→刘三姐……

其中的金牛星之前可能脱落了有关开天辟地、人类起源、稻作农耕起源等类型的开端神话，三界公人格神之前则可能脱落了布洛陀、姆六甲类的始祖神话。因为从《布依族古歌》："翁戛最聪明，用犀牛犁地，犀牛犁一铧，成一条大江，犀牛犁两铧，成两条大沟，犀牛犁三铧，成三个山谷。"我们知道，同是瓯骆遗裔的布依族把犀牛当成开天辟地、农耕起源的大神。同样是瓯骆族裔的壮族，当也有可能把犀牛列入开天辟地的神话谱系之中，并位居谱系之首。

　　这种推论是有依据的，如壮族的《布洛陀经诗》无论叙述天地万物起源，还是描绘人间万象，每一篇章的开篇无不从"三界三王造"开始，只是唱词中的三界三王何指？至今无人说得清。但流传北山山下的金牛星坠落山之阳之阴之潭的神话传说，却能把三界三王都说清楚了。一是从天外坠落北山的三巨石，分别坠入了阴、阳、水三地，正好与壮人哲学观念中的天、地、水三界或上、中、下三界相合，说明三巨石的坠落地点与壮族的天、地、水三界哲学观可能存在文化上的演变关系。二是环北山是西江流域三界公信仰的中心，传说中三界公的神杖可赶石如牛造海造田园，并演化出其子孙冯四、冯远用他留下的神杖把一座山从现在的昌平村赶到寺村，在龙湾庙的后背山凿出牛鼻泉等的神话传说，透过这些神话传说我们发现，三界公的神力是可以把石变为牛，把牛变为石，并在这一过程中造出泉水田园。而石变牛的神话情节，正好是北山石牛神话的核心组成部分，因此，三界公的神格原型也有可能演变自坠落北山的三石。三是《布洛陀经诗》在描述人类耕牛起源时，除了把它归功于布洛陀、姆六甲之神造之物外，还同时说明它们是由一块孤零零的大石变来。由此说明，在北山的石牛神话谱系中，在人格神三界公出现之前，还可能曾经出现诸如布洛陀、姆六甲造天地万物，当然也不失造牛的情节，只是由于最初的北山石牛神话是由汉人记述，因此，遗漏了这些情节。四是环北山的冯三界、冯四、北山石牛的神话传说都提到冯四是冯三界的子孙，因此，从神话谱系上来讲，冯四公应该是冯三界的第二代神。五是北山石牛神庙供奉的懋、顺、祐三兄弟，传说是在北山遇冯四公才羽化成仙，才取得庙食北山之阳、之阴、之潭的神格身份，因此，可视为冯三界的第三代神。六是北山一带的壮族人称鬼或神为 fang，音近汉语的"房""方""冯"等，因此，传说中的冯三界、冯四、冯远的"冯"原意应指由天外坠落的三巨石形成的鬼或神，而不是传说中在北山得两弈棋仙人赠无缝仙衣而羽化登仙的冯克利的"冯"。

而调查发现，环北山一带的壮族称水牛为 va：i^2，黄牛为 tsw^2。与金牛星坠落直接相关的三个石牛，当地壮人传说是野牛，叫 tsw。联系上古时期瓯骆语的"犀""兕"读音与现代壮语的黄牛读音相通，再联系黄牛为外来物种，犀牛为本地产物种，我们可以推断环北山的石牛原型很可能是犀牛或野牛。如果是这样，犀牛或野牛自然位居北山石牛神话的谱系之首。

（二）郡北石牛为犀牛、野牛考

据史书记载，贵港市的北山有石牛神庙，晋代顾微《广州记》对这座石牛神庙的记述是："郁林郡北有大山，其高隐天，上有池，有石牛在池下，民常祀之。岁旱，百姓杀牛祈雨，以牛血和泥，厚泥石牛背，祀毕，天雨洪注，洗石牛背，尽而后晴。"与此同时，史籍曾记载北山山下的古布山大地曾生活一种嗜盐的与蛇同穴的"糖牛"："大宾县，汉布山县地。有糖牛与蛇同穴，牛嗜盐。俚人以皮裹手涂盐，入穴探之，牛舐之出外，则不得入，取其角为器，一曰糖牛。"① 因布山糖牛嗜盐，北山的民众便"世传石牛神每岁祈雨，无不应，祭则杀牲，取血和泥于牛背，以咸卤涂牛口，歌牧牛之歌，以乐之，祀毕即雨"②。虽然以上史料并没有说明北山石牛

---

① 《太平御览》卷一百七十二，《州郡部》十八。
② 见孙府志、光绪版《贵县志》卷三"纪地·坛庙"第23页B面。

庙所供之牛为犀牛、水牛或黄牛，但从"以咸卤涂牛口"的祭祀仪式来看，其所供奉之牛很可能是嗜盐的犀牛。

据罗铿馥《犀牛在我国的绝灭》①一文介绍："犀牛喜欢去回水塘游泳，爱喝含盐碱的硝塘水，在山坡吃草。"同时，以"犀牛"为关键词的网上搜寻发现，在犀牛的生活世界中，盐田具有社交的功能，雄犀可通过巡视盐田来寻找雌犀。因此，"以咸卤涂牛口"的史料信息透露，北山石牛庙"以咸卤涂牛口"的祭礼，很可能就渊源于犀牛嗜盐的生活习性与社交习性。如果是这样，贵港北山的石牛神庙为犀牛神庙，远古时期布山大地上生活的一种嗜盐的、与蛇同穴的"糖牛"，也很可能是犀牛。

而古人之所以在北山建石牛神庙，原因很简单，一是当时人们已把野犀、野牛视为亲属、祖先和神，因此，有野犀、野牛经常出没的北山大池，当然被他们看成是神灵们驻守和眷顾之所，当然要建庙加以供奉以建立与它们的牢固关系，并借此希望得到它们的佑护；二是由于他们视犀牛为亲属、祖先和神，因此，平时严禁伤害捕杀野犀、野牛，但举行图腾繁殖仪式时不仅可以捕杀它们，同时还可以通过举行图腾盛宴方式，使每一个图腾成员获得野犀、野牛的超人力量和勇气，而北山石牛神庙很可能曾是这样的一个图腾圣地；三是北山盛产的野犀、野牛为当时国之宝、民之福利之所在，而进山捕杀野犀、野牛显然与视野犀、野牛为祖先的观念自相矛盾，为解决这一矛盾，人们希望通过进山时的牛祭，或定期举行的牛祭来减轻自己的负罪感；四是从晋代顾微《广州记》记载的北山石牛祭来看，当时的这种祭祀行为已经仪式化、制度化，显然有一种力量在运作，而这种力量很可能是当时瓯骆联合地方政权的国家政治和行为。

---

①　罗铿馥：《犀牛在我国的绝灭》，《大自然》1988 年第 2 期。

（三）北山古称"宜贵山"有"犀牛"之意

光绪《贵县志》即梁志载："北山在郭北郭西北山山东各里，县北二十里，又名宜贵山，有银矿或名银山。瀑布千仞，错综百余峰，延袤数百里。""唐贵州牧教植茶树，土人赖之。羽客仙人多聚此山，宋施才亦隐此，冯克利尝入山采药，遇仙成道。其绝顶高可并天，中有巨潭，昔一老人采药山中偶遇石潭忽见一白龙戏水，复往失所在。"可见，贵港市的北山又名宜贵山，为传说中的羽客仙人风云际会之所，山中巨潭曾现白龙戏水之奇观。

而宜贵山之名，后来曾成为贵港古城的另一古称来源。史载，唐太宗贞观八年（634年）在郁林郡设贵州，之所以称为贵州，明郭子章《郡县释名》广西卷：贵县"以宜贵山名也。宜贵山在县北，故又名北山"。说明唐代建置贵州，乃取北山当地土语的"贵"字命名。而"贵"为瓯骆语"ke^5"，为汉语的"老""大""尊贵"之意。如历史上的壮族把年长的男性长辈老人称为kon^1ke^5，村社的社会组织实行由kon^1ke^5管理的"都老制"，因此，kon^1ke^5的"ke^5"又具有头人、大人、首领、君王之意。而"宜贵山"之"宜"，为瓯骆语犀牛$çw^2$、tsw^2、sw^2的译音，因此，"宜贵山"的"宜贵"两字很可能是音译自当地的土语$çw^2 ke^5$、tsw^2ke^5、sw^2ke^5，而$çw^2 ke^5$、tsw^2ke^5、sw^2ke^5的汉语义为"老黄牛""老犀牛"，延伸义为"犀牛王""犀牛首领"等，因此，贵港古称"贵县"的得名"贵"，应源于其社会组织上的以老为贵的头人制。而能被称为"宜贵"即老犀牛的人，很可能只有西瓯骆越的方国之君或大致同等级的首领人物。

与此同时，中国古人把白龙戏水视为大吉祥瑞之兆，视龙为帝王的象征，而梁志《贵县志》所载的北山巨潭的白龙戏水现象，可能也隐含着大吉祥瑞之兆与帝王之意象，只是这种龙图腾意象很可能来自北方龙文化的影响。如果是这样，"郁林郡北有大山，其高隐天，上有池，有石牛在池下"的"白龙戏水"之象，实质为白犀牛戏水之象。而由于白犀牛比一般的犀牛尊贵，因此，有白犀牛出没的北山被认为是高贵的山，用瓯骆语称即为"宜贵山"。

综上可知，北山曾为远古野犀、野牛提供栖息的乐土，曾出产野犀作为国之宝进贡中原，也因为这样，人们把常有野犀、野牛出没的北山视为犀牛神山，并以犀牛为精神图腾，营造、命名贵港古城。

（四）环北山的"石龙"地名有"大牛""大犀"之意

明代李鳌的《贵县北山庙碑记》："贵治之北距百步许曰北山，三侯庙盖古者，相传周穆王时有金牛星降与北山之神物，战化为石，一坠山阳，一坠山阴，一坠于潭邦，人惊异之，立庙以祀，曰石牛庙，遇疾疫、寇盗、旱涝，祀之皆应。唐宋间有司，以事闻累加褒崇，我朝赐以九月九日之祭，前人述之碑详矣。成化十六年，义官吴纲、舍人汤义率其众捐资，鸠工重修，岁十七年春，工方告成，正殿两廊拜亭、后宫及其神像焕然一新。"既描述了北山石牛神庙的来历和变迁，同时陈述了重修北山牛神庙的动机和过程。其中提到周穆王时期"有金牛星降与北山之神物，战化为石"，笔者怀疑这段文字可能记载自当地少数民族的神话传说，其中"战化为石"的"石"可能音译自古瓯骆语的"犀牛"称谓 cw^2、tsw^2、sw^2。

因为根据战国时的魏国史书《竹书纪年》记载，周穆王三十七年，"大起九师，东至于九江，架鼋鼍以为梁，遂伐越，至于纡"。而周穆王的这一南征，有可能起因于其父王周昭王的南征荆楚，即《史记·周本纪》所载："昭王之时，王道微缺。昭王南巡狩不返，卒于江上。其卒不赴告，讳也。"只是周昭王为什么"南巡狩不返"？又为什么死后"不赴告，讳也"？着实令人费解。而《初学记》（卷七地部下）载："周昭王十六年，伐楚荆，涉汉，遇大兕。"却似乎给出了答案，即周昭王之死很可能不是死于征战，而是死于"遇大兕"，即被大兕攻击而死。而由于被野兽踩死、咬死等的非正常死亡，被当时的周王朝认为不吉祥，因而才"其卒不赴告，讳也"。

《贵县北山庙碑记》中的"相传周穆王时有金牛星降与北山之神物，战化为石"的神话传说，是不是与周昭王的"遇大兕"有关，目前已无从考证。但"周穆王时有金牛星降与北山之神物，战化为石"的"石"很可能指的就是骆越语的"犀"之意，这除了瓯骆语的犀牛 $çw^2$、tsw^2、sw^2 读音与汉语的"石"shi 音近之外，还因为至今的环北山一带，存在大量以汉字"石"出现的古地名，尤其是"石龙"地名最为玄妙。

玄妙之一，现在的贵港市环北山山下，遗留三处古老的"石龙"地名，分别是武宣、来宾交界的石龙，桂平与原贵县交界的石龙，贵港东龙镇的旧称石龙。由于"石龙"地名的密集分布，民间把东龙镇的石龙叫山东石龙，把桂平石龙叫桂贵石龙，把武宣、来宾两县交界的石龙叫金鸡石龙或象州石龙，加以区别。而环北山分布的这些"石龙"地名，很可能与周昭王的"遇大兕"有关，因为"大犀"之"大"，瓯骆语叫"hoŋ"，与汉语的雄、龙等近音，大犀之"犀"，瓯骆语叫 $çw^2$、tsw^2、sw^2，与汉语的石、除、志等近音，因此，史载中的周昭王"遇大兕"如果用瓯骆语来讲就是遇"石龙"。

玄妙之二，在北山山下的"石龙"地名分布区，同时也是瓯骆"天子梦"型神话传说《独齿王》流传的地区。而独齿王的"独"与表示动物的词头或独用作动物量词的 tu^2 同音，"齿"与犀牛、黄牛的 $çw^2$、tsw^2、sw^2 同音或近音，因此，从字面上看，瓯骆语言中的《独齿王》可译为汉语的《犀牛王》，瓯骆语的"石龙"可译为汉语的"大犀牛"。而大者为王的观念是瓯骆人的重要观念之一，因此，《独齿王》与"石龙"的本义一样，都是远古瓯骆人对犀牛图腾政治权威化的君王的称谓。"石龙"地名很可能就是远古瓯骆的君王们希望获得犀牛的超自然力量而举行集祭司与王权于一身的犀牛图腾祭祀的重要遗迹。

玄妙之三，流传广西百色一带的"水犀栏"传说。前已述及，在很古的时候，右江的百色石龙河段，生长着一对水犀牛。附近村民百姓，都把它们当成吉祥之物。一直敬奉着它们。一年闹饥荒，水犀牛没有水草吃，便爬上河岸边躺着。一位新过门的媳妇来河边挑水时，水犀牛以为是挑东西来喂它，便紧紧咬住水桶。新媳妇不知道是神牛，打了它一扁担，回到家里告诉婆婆。婆婆说，那是我们敬奉的神牛，不能打的。于是她便去割稻谷喂水犀牛以表示赎罪。那根打过水犀牛的扁担放在稻田里，那田里的稻谷便总是割不完。后来，荒年过去，村民百姓又安居乐业，五谷丰登。一天晚上，这对水犀牛"哞哞"地高叫，人们知道它们饿了，大家马上挑灯打火去割草喂它们。可是天亮时到江边一看，那对水犀牛已不知去向，只有水犀栏的四根柱子在碧波里挺立，为了纪念水犀牛，附近村民百姓，一直保护着水犀牛住过的栏子——水犀栏，直到如今。该传说中的水犀栏地名为一个叫"石龙"的河段，这又是"石龙"为"大犀牛"的一个例证。

（五）北山下的社王原型为犀牛

在环北山一带，民间有立村先立社之说，因此，每个村寨都建一个或多个社王神庙，社王神庙多由一棵大榕树、香樟树和几块石头彻成的小神台或小屋组成。当地群众凡添丁、娶亲、嫁女、起屋等都须禀告社神，求社神保佑。每年的春社、秋社、春节等重大节日，也必隆重祭拜。而当地的社王传说①提到，社王原为放牛娃，因父母遗骨葬了神牛风水宝地而被玉帝封为社王，以保一方平安。同时当地的社王传说与独齿王传说、莫一大王传说有很多类似情节，而中华人民共和国成立前的北山一带，几乎每个较大的壮族村寨都曾经建有莫一庙，如"文革"期间被毁坏的石卡莫一庙，始建于明代，内置莫一大王木雕神像。相传莫一大王能保护人畜平安和五谷丰登，每年农历六月初二的莫一诞辰日，这里的群众都要举行莫一祭，每隔六年举行大祭，大祭时要杀猪宰牛，将牺牲按十二月分成十二味依次供祭。现石卡莫一庙遗址还存在碑刻文字记载。因此，社王、莫一大王、独齿王很可能原本就是同一神系。而这一神系很可能就渊源于当地的犀牛、野牛崇拜，因为当地壮语称黄牛为tsw，tsw 近似汉语的泽、执、则、社、石等，即"社"为 tsw 犀。

三　刘三姐的犀牛神格原型

刘三姐是广西久负盛名的歌仙，同时兼具祖神、地方保护神、巫神等神格特征，半个多世纪以来，借助电影《刘三姐》和大型山水实景演出《印象·刘三姐》，由歌神转化而来的天才歌手刘三姐形象名扬海内外，风靡东南亚。然而，刘三姐是实有其人，因越传越玄而成为歌仙，还是古老的神祇？至今是学术界的千古之谜。

要弄清楚刘三姐的千古之谜，很可能要追溯到壮族的远古祖先西瓯骆越人的犀牛动物图腾崇拜，追溯到一种渊源很深的由巫师主持的以歌为敬，以歌为礼的国祭、国礼。这种国祭、国礼最早很可能只是犀牛的图腾入社、繁殖仪式，后加入水牛图腾崇拜、黄牛图腾崇拜后进一步演化为古西瓯骆越人通天、通神的神话梦想，并由

①　见何福书口述，何群、梁丽容整理，载《中国民族民间舞蹈集成·广西卷》编辑部编《壮族舞蹈（上册一）》附：《面具故事·社王》，1988 年 10 月。

此建构出一套完整的犀牛图腾信仰和礼仪传统，并一直延续到现在。其演化中心很可能为古布山大地，演化的轨迹是：犀牛图腾信仰—王权政治—王权礼仪—歌唱盛典—巫师—歌仙—刘三姐。分析如下：

（一）刘三姐的文化原型为犀牛

现代人多认为刘三姐中的"刘"为姓氏"刘"之意，"三"为兄弟姐妹中排行"第三"之意，"姐"为姐妹中的年长者之意，"刘三姐"为"刘家排行第三的姑娘"之意。其实不然，"刘三姐"仅是汉语谐音，在壮侗语民族的语言中，"刘三姐"中的"姐"为壮侗语民族语言中的"黄牛""犀牛"之意，刘三姐中的"刘"为"我们"$raeu^2$之意，"三"为 ça：m，为"问询、问候、请示、恭请"之意。"刘三姐"为"我们恭请犀牛王"之意。

1. "刘三姐"中的"姐"为古汉字壮记音的"犀牛"

在壮侗语民族语言中，黄牛读音：$çw^2$、tsw^2、sw^2（壮语）；$çie^2$（布依语）；$sən^2$（侗语）；$ŋu^2$、$ŋou^2$、$ŋeu^2$（临高话）；ho^2（傣语）；kho^2、ko^2（泰语）；拉萨藏语称黄牛与公牛杂交所生公犏牛 tso，母牦牛 tsi，野牛 tso：ŋ，这些音近似汉语"除、主、祖、姐、齿、社、且、宜、石、初、梧、乌、锅"等。

刘付靖先生根据上古汉语犀 sizi 兕 ziei 的读音相通，壮侗语、藏缅语的黄牛读音相近，再根据《说文解字》关于"犀"："南徼外牛，一角在鼻，一角在顶，似豕，从牛尸声，先稽切"，犀为表意"牛"与表音"尸""七"切相结合形成的字意及读音相结合而成的文字的特点，认为《山海经》中的兕犀读音为少数民族壮侗语民族、藏缅语民族语言兕犀读音 $çw^2$ 的近似音。而刘三姐中的"姐"与布依语的 $çie^2$ 读音相同，又同时接近壮语的 $çw^2$、tsw^2、sw^2，藏缅语公犏牛 tso，母牦牛 tsi，野牛 tso：ŋ 的读音，接近《说文解字》关于兕"从牛尸声，先稽切"和犀为表意

"牛"与表音"尸""七"切的读音。因此，从语义学上看，刘三姐中的"姐"很可能最早是壮侗语民族关于犀兕这一类动物名称的称呼。

而"姐"为犀牛的称谓之所以已在民间湮没，除了犀牛越来越稀少直至灭绝的历史原因外，还可能同时与黄牛、水牛在整个牛群及人们的生产生活中的优势地位上升并逐渐取代了原来犀牛的历史地位的缘故。

2. 刘三姐的"三"为神巫之问

流传广西贵县西山、桂平、平南、梧州、柳州、宜州及广东肇庆七星岩、广东阳春县铜石岩等地传说中的刘三姐形象，既是一个智慧浪漫的歌仙形象，也是一个能用手煎软石头，能把双脚放进炉灶当柴烧，能遁形隐身，能使救命藤断了又生等的神巫形象。刘三姐的这种神巫形象，《广西特种部族歌谣集》引同治《苍梧县志》有记载："三娘神须罗乡人，姓刘氏，生于明季上巳日，被除溪中，风雨骤至，弟妹皆走避，独与神遇，端坐石上，衣不濡。由是能歌，成文理，言人幽隐，皆奇中，出入必歌。使纺织而故棼（乱）其丝，随歌随理，即有治。使治田，歌如故，须臾终亩。恒数日不归，莫知其踪。使拾溪石为炊，启釜视之，柔脆如粉，里人皆神之。求为祷雨辄应。一日告其家：'终仙去，每年上巳日必归，若有求，在前坐溪石呼之，必福汝。'遂不知所终，里人立庙以祀。"广西《富川县志》也有记载："刘三姐生于富川之淮溪，尝夜守鱼梁，与白蛇交，蛇驱鱼入梁，所得独伙，后生子，俱为龙，会蛮人来侵，三妹剪纸为蜂，散入空际，噬蛮人尽死。三妹卒，邑人以为神，遂祀之。后屡著灵异，有司闻于朝，敕醮淮南王。"

乾隆以及道光年间的广东《阳江县志》载："六月村落中，各建小棚，延巫女歌舞其上，名曰跳禾楼，用以祈年。俗传跳禾楼即效刘三妈故事。闻此神为牧牛女得道者，各处多有其庙。"由此来看，"刘三妈"显然是刘三姐在广东阳江、茂名等地的另一别称。只是根据这一记载，我们不得不问：为什么效"刘三妈故事"的民间歌手被称作"刘三"不叫"刘四"？对于这一问题，高雅宁博士所描述的靖西壮族女巫仪式表演中的一个程序，或许能给我们启示。高雅宁笔下的该仪式是："仪式进行到这一个地方是高潮的一段，几乎所有来参加仪式的人都会围到妈培（女巫）身旁，因为妈培这时候一到主家祖先们的坟地，就会遇到他们的祖先。此时，妈培一定是盖下面巾的，让该家祖先认清楚她的身份，并且妈培的手不再抖颤，也不再扇扇子，取而代之的是见到该家祖先表示尊敬的鞠躬动作。接着摇身一变，该家户的祖先就透过妈培的口说出自己的要求，以及回答子孙提出来的问题。……""鞠完躬，妈培的身份变成了这家的祖先，开始问话，周围的女人，像是来帮忙的婆陶、伊格的 ta：i^5（指外婆），马上凑近到妈培的旁边，回应祖先的问题。……"①

而以上由妈培之口说出的祖先的要求，以及祖先回答子孙提出来的问题这一过程，壮语称为"三"ça：m，具有"问询、问候、请示、恭请"之意。而问询的对象有主家的大祖先，有行巫路上所遇的各路神仙，而问询、请求的内容以求偶、求人丁兴旺、求财为最多。由此可知，如果"刘三姐"中的"姐"为壮侗语民族语言中的犀牛称谓即 çw^2 的话，刘三姐中的"刘"为"我们"即 raeu^2 之意的话，那么，"刘三姐"之"三"即"问询、问候、请示、恭请"的最初情景很可能是以犀牛为图腾标志的氏族、胞族、部落、民族或家庭等社会组织举行的通过对犀牛"三"即"问询、问候、请示、恭请"而实现的禳灾除难、人丁兴旺的图腾繁殖仪式。只是后来，随着氏族部落的解体，父系大家庭的出现，刘三姐中的

---

① 高雅宁：《广西靖西县壮人农村社会中 me^{211} mo：t^{31}（魔婆）的养成过程与仪式表演》，台湾：唐山出版社 2002 年版，第 194 页。

"三"即"问询、问候、请示、恭请"的对象才从最早的氏族部落祖先神，演化为家户祖先神。也就是我们今天还可以看到的并在高雅宁博士笔下形成人类学个案的那种聚集女巫周围的，有求于女巫通神的众人，与变换为祖先或各路神灵的身份以后的女巫进行问询、对答，以祈求偶得偶、求子得子、求财得财的情景。

可见，在广西的巫文化情境中，"三"并不是汉语的数量词"三"，而是"问询、问候、请示、恭请"的神巫之问，正因为这样，广东《阳江县志》的刘三姐叫刘三妈，不叫刘四妈、刘五妈，依此类推，广西的刘三姐叫刘三姐，不叫刘四姐、刘五姐。

3. "燃香"为"燃犀"通神、通天、通情感心灵的巫傩遗风

以上高雅宁博士关于靖西县女巫的人类学个案，不仅展示了"问询、问候、请示、恭请"的神巫之问，同时还展示了为实现"神巫之问"而进行的"燃香"礼仪。

根据高雅宁的描述，靖西女巫开展巫术活动的一个必要程序是"请插香者"："做巫时请的插香者一定是女性，一般不会是主家里的任何一人。就魔婆的说法，插香者可以不是寡妇，但必须是手脚灵活的人，因为在仪式的过程中，所有的香都是由她插上，不能让香熄灭或者烧完。另外，凡是插香的米碗都得经由她将米打到碗里。插香者必须协助整个仪式的进行。在仪式的过程中，插香者是必须与妈培（指魔婆）一同上天的。……"① 除此以外，靖西女巫的巫术活动是完全在一个由香桌配置而成的虚拟空间中进行，对于这一虚拟空间高雅宁博士用一个专门的香桌配置图表示，通过这个香桌配置图和相关的文字介绍，我们发现，靖西女巫举行巫术展演的各个程序如请鬼、穿衣戴帽、报年纪、上路、休息、点甘蔗、找魂收魂、过海、过坟地、赶集、送茅郎等，都要求插香者或顺时针

① 参见高雅宁《广西靖西县壮人农村社会中 me^{211}mo^{31}（魔婆）的养成过程与仪式表演》，第四章"魔婆的仪式表演"，台湾唐山出版社 2002 年版，第 177—178 页。

或逆时针地在需要插香的香桌上插上点燃的香烛，而香烛插到哪，鬼神就请到哪，巫婆和插香者的巫术就行到哪。在这期间，巫婆不仅能够借助"燃香"而看到阴间的各路神鬼，还可以跟他们打招呼，给他们衣服、酒、食品等以求得他们的放行或恩泽。这就意味着，女巫们用香桌配置而构成的虚拟空间，既是一个具有超自然力量的社会空间，同时又是一个可与人们日常生活的世界发生联系的空间，而"燃香"显然是把这两个空间进行沟通连接的重要媒介，女巫显然只有借助"燃香"才可施展通神、通天、通情感心灵的神巫之术。而这一切，与汉文古籍《山海经》《抱朴子·登涉》《异苑》等所记载的"燃犀"具有异曲同工之妙。

只是汉文古籍上的燃犀牛角可照见阴间鬼魂的通灵之说，若是如前面所述（参见第290—291页）是"楚人鬼越人礼"的产物，是古代越巫区别于楚巫的一个重要特征的话，那么，至今遗留靖西壮族民间的女巫燃香能够创造一个通灵情境，能够看见阴间鬼怪，能够与祖先对话，能够与冥府中的各路鬼神打交道的超自然能力，显然既有远古越巫的遗韵，又同时兼有《异苑》卷七所记载的"犀照牛渚"的遗风。

而如果"刘三姐"中的"姐"为犀牛的话，那么，作为通灵使者的女巫们的通灵术，最初是不是有可能是汉文所载的通天犀、灵犀或犀照？其中，壮族女巫燃香烛以通神、通天的文化背景，是不是燃犀（牛角）通神通天观念的转换或延续？如果是这样，我们有理由相信，汉文古籍所记载的犀牛通神、通天、通情感心灵的本领，燃犀可助阴阳相会的诸如此类的观念，很可能就源于南方民族的犀牛图腾崇拜。

而至今活跃壮族民间的巫与傩"燃香"通神之俗："女巫与师

公都要烧香烛，摆供品。尤其是香，是必不可少的，谓香能通神。"① 及由燃香而建构的具有超自然力量的社会空间与人们日常生活的世俗空间可以发生超越时空的神巫之问，无疑就是汉文古籍《山海经》《抱朴子·登涉》《异苑》等所记载的"燃犀"巫风的遗风。如果是这样，靖西女巫的"燃香"极有可能是汉文古籍所记载的燃犀牛角可以看到阴间鬼怪的源头，只是汉文古籍中的"燃犀"很可能因为犀牛的渐趋灭绝及犀牛角的极其珍贵性，早已被后来的女巫们用"香能通神"的"燃香"所取代。

综上可知，"刘三姐"很可能是南方越文化中一种非常古老、庄严、盛大的祭祀犀牛神宗教仪式的遗风，也是后来广西巫与傩通过燃香通神，燃香建构人神的虚拟空间的源头，而由于犀牛通神、通天、通人类情感心灵的观念已根深蒂固，因此，伴随燃犀、燃香而来的歌以通神、通天、通情感心灵的歌唱礼仪成为后来壮侗语民族好歌习俗的重要文化源头之一。

（二）刘三姐文化背后的牛文化

西方人类学家埃里奇·纽曼在概括图腾创世在历史过程中对"人格化"产生的影响时指出："图腾崇拜的对象，常常是一个会巫术的人，一个长者，一种力量，一种智慧和一种神秘知识的拥有者"②，而刘三姐很可能是瓯骆人在犀牛图腾模拟仪式基础上，抽象出来的超人格的富有浪漫色彩的犀牛神人形象，一个集巫者与歌者于一身的歌仙形象，而这一形象不仅是古贵港的文化之根，同时也是古贵港的重要精神原型之一。

1. 六乌婆婆信仰背后的牛图腾繁殖仪式

六乌婆婆庙地处北山的龙山余脉六乌山的山口，内供一对和歌七日合欢而死的男女，男的姓林，尊称林公，生前做牛贩生意，女

---

① 顾乐真：《广西傩文化撷拾》，民族艺术杂志社 1997 年版，第 11 页。
② 埃里奇·纽曼：《意识的起源与历史》，普林斯顿大学出版社 1973 年版，第 8 页。

的姓覃，尊称覃奶，贵县覃坤村人。传说两人都能歌善唱又浪漫多情，很早便在歌圩场上情投意合，私订终身。可女方父母爱财，强迫覃奶嫁给一个六十多岁的财主做妾，覃奶不从，逃婚来到常与林公约会的六乌山口，两人在此对歌七天七夜，最后合欢而死。后人感叹他们的多情和不幸，在他们合欢而死之处建六乌庙纪念。

民间相信，六乌公、六乌婆无所不能，十分灵验，行人路过若不进庙祭拜，或胆敢背向庙门而立，就会行路遇蛇拦路，无故肚子痛。为祈求平安，这里的壮族群众经常举行六乌神出巡、和歌等仪式活动，每两年或三年举行两次的社公安龙、打醮仪式，以祈求六乌公、六乌婆的佑护。道光年间来到六乌山区传播"拜上帝会"的洪秀全，当听到有人说他的"拜上帝会"只敢捣毁村中神像而不敢侵犯六乌神时，便发起了一场志在捣毁六乌神庙以建立上帝神绝对权威的毁庙挑战，并留下"举笔题诗拆六乌，该诛该灭两妖魔。满山人类归禽类，到处男歌和女歌。坏道竟然传得道，龟婆无怪作家婆。一朝霹雳遭雷打，天不容时可若何"一诗。据传，洪秀全与石达开曾以六乌庙为据点开展拜上帝会活动，太平天国起义时，石达开曾率部在六乌庙前祭旗。

从六乌庙宗教信仰特征来看，林公覃奶的故事显然不是六乌神庙故事的原型。原因是"六乌"携带的文化密码要比林公覃奶的故事古老而深远。据中央民族大学教授覃晓航对"六乌"的研究，认为"六乌"是个音译词，音译自当地壮族人的"乌鸟"之意，因此，六乌信仰实为瓯骆的乌鸟图腾信仰。而笔者认为，"六乌"为音译词没错，只是音译的不是乌鸟而是犀牛或黄牛。因为当地壮族人称黄牛为 tsw^2，而 tsw^2 为"六乌"的反切得音，即瓯骆语黄牛 tsw^2 的读音是由"六乌"连读发音的音变结果。按此原理反切得音的还有《后汉书·灵帝纪》载：建宁三年（170 年）"郁林乌浒民相率内属"中的"乌浒"，率军反抗秦始皇的西欧君"译吁宋"中的"译吁"都有可能是对瓯骆语 tsw^2 的反切记音，其中的"乌浒"之意实指"黄牛""犀牛"。"译吁宋"为"大犀牛""大黄牛"之意。之所以要用两个字来记录瓯骆语言中的一个字，原因很简单，就是汉人壮记音者，无法在汉语中找到与瓯骆语"犀牛""黄牛"tsw^2 的同音汉字，于是采取双音反切记音法进行记音的结果。

另外，传说中的歌仙刘三姐与"六乌婆婆"有三个方面的不解之缘：一是清初学者吴淇所辑《粤风续九》中提到，有人称刘三妹为"六乌婆婆"或"六乌娘娘"；二是刘三姐的重要文化遗址之一的广东阳春县春湾，在明以前叫"六乌堡"；三是刘三姐有一句经典山歌："刘三姐，秀才郎，望见大茶江水茫，江水茫茫过不得，浸湿几多伶俐郎。"其中，"大茶江"之"大茶"，很可能是个半意译的词，其中的"大"为意译，而"茶"为犀牛"tsw^2"的音译，"大茶"即瓯骆语的"大犀牛"，"大茶江"很可能是指原有大犀牛出没的江河。

而如果刘三姐的文化原型为犀牛、黄牛，"六乌"又是对瓯骆语黄牛、犀牛的反切记音，那么"六乌"庙很可能就是人们犀牛图腾祭祀的圣地遗迹，也是犀牛图腾圣地向土地神社演化的一个活化石。而之所以原型为犀牛神的六乌神，被后来的以歌择偶的偶像神林公、覃奶所取代，其原因有三：

一是从瓯骆犀牛祭礼中的"歌牧牛之歌"及"延巫女歌舞其上"等尚歌之俗看，由巫师主持的以歌为敬，以歌为礼的犀牛图腾祭礼，很可能已上升为全民性的国祭、国礼，也因如此，善唱者普遍成为人们崇拜的偶像，而林公覃奶很可能是善唱者中的佼佼者，因此自然被当时的社会树为尚歌之明星而受到人们的爱戴。

二是在早期人类自身的生产仪式中，为集体举行的旨在加速整个群体繁衍壮大的图腾繁殖仪式最为常见。而按照顺势的或模拟的巫术原则，男女两性交媾是实现图腾繁殖、人丁兴旺的重要手段，因此，与祭祀活动同时进行的男女两性和歌活动，成为当时社会赋予每一个社会成员所应尽的道德和义务，而林公覃奶的合欢而死，正是践行这种道德和义务的典范，因此受到社会的尊重。

三是过去六乌山一带的壮族群众经常举行六乌神出巡、和歌等仪式活动，每两年或三年举行两次的社公安龙、打醮仪式，以祈求六乌公、六乌婆的佑护。而其中由巫师主持的以歌为敬，以歌为礼的"和歌"祭礼，很可能就是刘三姐兼巫师、牧牛女、歌女于一身的犀牛人格神形象的文化渊源。

2. 神奇的"三姐"巫风

属于环北山地理文化范畴的贵港、武宣、来宾一带的壮乡女巫被直接称为"三姐"，调查发现，这些"三姐"为清一色女性，有少女、少妇和老年妇女。她们的"成巫"过程往往是大病一场而自然成为某神灵的代言人。这些神灵多为附近乡、村或荒山野岭中各庙、寺的男神女神。如贵港市东龙镇闭村有两个三姐，其中一个七十多岁，十几岁时因大病一场成为三姐，是白马娘娘神灵附的体，白马神灵在蒙公乡有专供的庙堂；一个是三十多岁的中年妇女，前几年成为三姐，是效山婆神灵附的体，效山婆在来宾县有专供的庙堂。农昌村有一个"三姐"七十多岁，为三界公神灵附的体，昌平村有专门供奉三界公的庙宇。

有了神灵附体，"三姐"可上天入地替人间查花、查家宅、查坟山、查村落福祉等。查花是察看天国花园里的花树是否结蕾开花，是否需要浇水、施肥、除虫等；查家宅是察看阳宅是否吉祥，是否有阴间鬼怪作祟等；查坟山是察看祖先阴宅是否舒适，祖先是否安宁等；查村落福祉是查看村落是否有鬼怪入侵；等等。

所有"三姐"都在自家屋内设有神坛，当有人求问，三姐必燃香求神附体，然后头伏神案，当手或脚自动地、有节奏地如奔马蹄声一样地击打起桌面或地面来的时候，表示三姐已神灵附体。当马蹄声骤停，说明三姐已经进入问者所需查询的阴间世界，并或唱或说地描述所看到的情景，或成为问者死去亲人的替身与问者对话。问卜结束后，三姐还要燃烧纸钱把附体的神灵送走。

而如果"姐"就是通天犀、灵犀或犀照的话，至今还在贵港一带盛行的"三姐"巫风，很可能就是这种远古巫风的遗韵。

3. 贵港为刘三姐的第一故乡

贵港为刘三姐的第一故乡，南宋王象之《舆地纪胜》卷九十八《三妹山》记载的"刘三妹，春州人（今广东阳春县）"为迄今所能看到的最早的刘三姐文字记载，而这一记载中的刘三妹，据清人王士祯《粤风续九》"有刘三妹者，居贵县水南村"，《阳春县志》"到当地传歌的刘三妹，来自广西贵县"等的文献记载，广东阳春的刘三妹，为古贵港市人。

覃桂清在《刘三姐纵横》中把搜集得到的刘三姐传说资料编制成历史和地域两个系统，其中的地域系统资料显示，广西是刘三姐传说资料的地域中心，贵港是中心的中心。广西辑录到相关资料最多，有38条，其次是广东，辑录到相关资料17条，再次是湖南，辑录到相关资料3条，另外的江西、贵州、云南、台湾、香港等，各辑录到相关资料1条。而在广西辑录到的38条资料中，原贵县的贵港最多，有8条，加上属现贵港的桂平2条，属现贵港的平南2条，共12条；其次是宜山和金秀瑶族自治县，各有6条；再次是扶绥、恭城，各有5条；玉林、柳州象州、平乐、昭平各有3条；其他县市则只有1—2条或没有。

从上可知，古贵港不仅是最早文字记载中的刘三姐的第一故乡，同时也是刘三姐文化传播的中心。

4. 刘三姐集巫师、牧牛女、歌女多重身份于一体

光绪版《贵县志》载："世传石牛神每岁祈雨，无不应，祭则杀牲，取血和泥于牛背，以咸卤涂牛口，歌牧牛之歌，以乐之，祀

毕即雨。"道光年间广东《阳江县志》载："六月村落中，各建小棚，延巫女歌舞其上，名曰跳禾楼，用以祈年。俗传跳禾楼即效刘三妈故事。闻此神为牧牛女得道者，各处多有其庙。"可知，远古瓯骆人的犀牛图腾祭祀礼仪具有"歌牧牛之歌""延巫女歌舞"的崇歌、尚歌特征，同时歌仙刘三姐身兼巫师、牧牛女、歌女多重身份于一身，很可能是从犀牛图腾的尚歌祭礼中演化出来的犀牛人格神。

四 独齿王：瓯骆王权的牛图腾人格神

《独齿王》为瓯骆"天子梦"型神话传说的代表，主要流传于贵港、武宣、来宾的环北山一带。从情节上看，《独齿王》与流传广西各地的神话传说《莫一大王》《蜜蜂王》《稼》《简宜》《吴勉》《侬智高的故事》等为同一类型题材，都内含竹节孕兵马、人头割了再生、人死后化蜂等情节。同时内含的还有瓯骆人视犀牛为祖先和神的民族心理特征，并由这一民族的心理特征演化发展出诸如犀牛风水传说，英雄之父安葬犀牛福地，英雄们都因父亲的遗骨埋葬犀牛宝地而获得种种非凡的神力，并因此创造了一番虽未成功但影响深远的业绩等等的故事情节。不过，《独齿王》与同类型题材的不同之处是，其身上的犀牛图腾政治权威化人格神的特征更为明显。表现在：

（一）《独齿王》的传说

《独齿王》传说的一个完整版本是韦便玲、陆云生在武宣桐岭田台村、大祥村等搜集的版本，全文如下：

> 相传明朝洪武年间，山东省有个名叫韩东仙的地理先生，精于看风水，善于寻龙点穴。当年因家乡连年闹旱灾，弄得民不聊生，逼得他离乡背井逃荒。他长途跋涉，穿州过府来到武

宣县田台村背时，双腿疲惫不堪，便到路边树荫下歇息，他举目四望，心里暗暗称奇：那雄伟的群山，有如游龙起舞；左侧的麻绒山，神似麒麟舞爪；右边的圆岭，犹如雄狮腾跃；后面纳劳岭，活像一把交椅；前面三座山峰，恰似三员大帅并坐；远处的巴马山，恰如仙女仰卧，中间还耸起一座乌纱帽似的奇峰。他不禁啧啧赞叹："呵，妙哉，壮哉！真王侯之地也。"于是止步定居于王官山下，改名易姓，把"韩"字改为"韦"字，"东仙"改为"有无"，后来因他经常给人寻龙点穴来安葬祖先遗骸，人们便尊称他为韦地仙。

韦地仙定居后，便在房屋周围开荒栽种黄竹，不久便娶亲成家了。由于白手起家，生活困苦不堪。夫妻俩白天到财主家打工，晚上就连夜护理竹子。一年后，满园竹子，长得枝修叶茂，翠绿成荫。奇怪的是，林中有枝兀立金竹高耸入云，迎风招展，分外妖娆。韦地仙婚后三年就得一子，孩子坠地后，便会说话走路吃饭，更奇怪的是他嘴里长的两排牙齿，白晃晃的，没有牙缝，因此取名叫韦独齿。这孩子长相不凡，两耳垂肩，双眉倒竖，脸庞方正，鼻直而高，天真活泼，聪明伶俐。韦地仙爱如掌上珠，终日形影不离。儿子稍大了，白天送进私塾习文，晚上托给拳师授武，且对儿子学习要求极严，丝毫不苟。儿子二十岁时，眉清目秀，魁梧英俊，身高八尺，虎背熊腰，并精通四书五经，熟读各种兵书，十八般武艺，样样皆精。后人传说，王官山上有一陷入石壁一寸多深的掌痕，是当年他练功留下的遗迹；岜灵山石壁上的飞人，是当年他月下练飞檐时留下的投影。因他文武双全，有九牛二虎之力，人们赞叹道：

箭百步穿杨，力可摧城墙。

会飞檐走壁，善泅水渡洋。

韦独齿性格开朗，平易近人，爱憎分明，对穷苦人亲如手足，对贪官污吏，则恨之入骨。他生性好客，广交四方英雄好汉，如桐岭寨村的廖六，乌龙村的韦三，高椅村的谢阴阳，通挽古例村的韦大，贵县就造村①的韦二等五位武林高手，更为莫逆之交。由于他仗义守信，文武双全，远近青壮年都慕名前来向他学文练武，跑马射箭②，亲切地叫他"独齿哥"。

韦地仙为有这个儿子而感到自豪，他预料到这儿子日后将成大器，只恨自己年迈多病，可能看不到其成就了。有一天，他把儿子叫到床前，语重心长地嘱咐道："儿呀，如今为父病情日重，看来将离人世，但愿我儿成其大业，为民造福，为父虽在九泉之下，亦安心瞑目矣。"独齿含泪说："孩儿谨遵父命。但孩儿有一事时刻惦念在心：你一生给人寻龙点穴，如今自己年事已高，可曾点有佳地留为己用？"

韦地仙捋须答道："坟地一事，为父早已备有，现有几件要事嘱咐于你：第一，我用的坟地叫'犀牛望月'，位于下伏马村背的岜马山脚下，那里有十二个牛练坑。我死后，可用茅草包裹尸体，出丧那天，用十二条绳子捆好往外拖，拖到十二个牛练坑时，逐个环绕一周，到哪个坑绳子断就扔在哪里，莫须掩埋。第二，送丧回来，你直往回走，不得回头。第三，还山后，你得在家服孝，满一百二十天，方可出门。第四，我死后，你要护理好竹子。那枝独立金竹，要等竹尾垂地再翘起四尺高，方可砍回使用，弯者为弓，翘者为箭把。第五，近日内，你先挖回竹笋剥皮切碎，装入十二个大缸严密封好，一百二十天后才能打开，每缸将孵化出十万只天王蜂、地王蜂，天王蜂为兵，地王蜂为马。另外，所有黄竹每节内都藏有宝贝，此乃天机，不可泄漏，届时自有分晓。只要吾儿遵循行事，定能成全大业。切记，切记！"韦独齿一一点头应诺。

不几天，韦地仙便悄然离开了人世。

韦独齿遵命封好十二缸竹笋。

出丧那天，拖曳其父遗体环绕到第六个牛练坑时，绳子就断了。骤然狂风大作，飞沙走石，天昏地暗，电闪雷鸣，大雨滂沱，地动山摇。桐岭圩背的螺蛳山逐渐移来做坟堆，田寮山也逐步移来做墓碑。

独齿及送丧者即刻回家，回到半路，疾风暴雨迎面袭来，吹掉了独齿的孝帽。他忙掉头捡起，猛然霹雳一声雷，风停雨霁，山峦停止移动，大地恢复了宁静。糟啦，固如金汤的坟墓落了空，还酿成日后坟山遭破坏一系列的惨祸。

韦独齿在家刚守了八十天孝，正值重阳节，田台村的村民照例开大潭打鱼来过节，这大潭的水从岩洞中流出，清澈见底，大大小小的草鱼、鲢鱼、罗鱼、鲤鱼满潭皆是。村里人纷纷去打鱼，各得十斤二十斤不等。独齿的母亲年老力衰不能去打鱼，心里焦急极了，她对独齿说："儿呀，今早又开大潭坝口来打鱼，村头巷尾飘溢着煎鱼香气，你何不去打几条回来解解馋？"

"娘亲，我父临终时曾嘱咐，要我在家守孝满一百二十天后方可出门，你忘了吗？"独齿解释说。

"得啦，得啦！即使你守两百天，你父亲也再不能回生了，你不想吃鱼我想吃，你快给我去！"

独齿从来很孝顺父母，见母亲这么一说，就拿起一把大刀，噔噔地跑到大潭边，蹲在岩口等待着，忽见一条百来斤的红鲤鱼从岩洞里冒出来，他立即跳下水，对准红鲤鱼连砍了几刀，就把红鲤鱼扛回了家。回到家里，剖开鱼腹一看，发现有一把箭头和一把闪亮的宝剑。剑柄刻有"龙泉宝剑"字样，十分锋利，只是软如铁皮。这时恰有几只鸡闻到鱼腥跑来觅食，独齿连忙挥剑撵走它们，岂料银光一闪，那几只鸡立即倒地。独齿得如此神威的宝剑，那高兴劲儿就甭说了。再一看箭头，发现上面刻有"田台村独齿王"字样，更不胜惊喜，啊！此乃天意，封我为王也！

有了箭头还缺少箭把和弓，他兴冲冲地拿着宝剑去砍那株独立金竹，可是竹尾还未垂到地面，但他制弓箭心切，便不顾先父嘱咐了，举刀一砍下去，金竹应声倒地，连周围十步的竹子也"哗啦"地齐倒了一大片。他破竹制弓，忽地张口结舌，怎么每节竹筒都有个未开眼的小人儿？再连破几株，株株如此。他想起父嘱，想起这些小人长大后是辅佐他打天下的神兵神将，呆了半天，悔之晚矣。

再说独齿母亲看儿子破鱼，见那又大又厚的鱼肠鱼鳔，自忖：拿来炒酸笋味道多美呀。于是拿碗去要酸笋，揭开大缸一看，哎呀，不好了，酸笋生蛆啦，再逐缸检查，缸缸全生满指头粗的幼蛆在上下蠕动，多难看呀，立即烧来一大锅开水，灌进十二个酸笋缸，幼蛆全被烫得直挺挺的。完啦，韦地仙规划的一百二十万兵马，全付诸东流。

韦独齿做成了弓箭，第二天清早便兴致勃勃地到门前试箭。"嗖"的一声，宝箭直冲云霄，飞向北方去了。当时恰巧皇帝正在洗脸，"喤"的一声，射中脸盆，吓得皇帝面如土色。他拾起利箭一看，发现箭头刻有"田台村独齿王"字样，不禁毛骨悚然，内心暗叹："哎呀，可不得了，韦独齿这妖王，竟敢暗算寡人，幸亏皇祖保佑，免遭其害呀！"皇帝正在叫苦不迭，突然太监来报："外面护国军师求见。"皇帝忙道："来得正好，叫他进来。"护国军师仓皇上前禀报："皇上，不好了，臣昨夜观察天象，发现两广方向有一股妖气直冲宫廷，依臣推算，南方已有妖王谋反，如何平息，望皇上裁夺。"皇帝听了赞道："爱卿确有先见之明。适才朕险些儿丢掉性命哩！"随即把刚才遭害之事诉诸军师，并把利箭递给他看。军师看了说："此乃皇上洪福，圣朝江山永固之兆。箭上既有姓名地址，待我详察地图，看田台村属于何省何县后，便可发兵前往清剿。"说完即告退，翻查地图去了。

话说韦独齿在鱼腹中得宝剑后，众门徒知道了，当晚集聚一堂，异口同声地说："师傅，天意既封你为王，我们就来个揭竿起义，杀尽贪官污吏，直捣京城，除掉昏君，让师傅登基当皇帝，岂不是好！"说完，一齐跪拜，三呼万岁，拜韦独齿为"独齿王"。

韦独齿称王后，封韦大为宰相，兼管财粮；封廖六为大元帅，统领全军；封韦二为右翼大将军；封韦三为左翼大将军；封谢阴阳为先锋大将军。随即积极招兵买马，建营盘③练兵习武。并规划贵县龙山一带造大海，建宫殿于拔良村右侧的塘王山④。

再说，明朝皇帝查明韦独齿系广西承宣布政使司右江道柳州府象州武宣县田台村人后，便派数千官兵前来围剿。独齿王闻讯，便集中民军准备迎战，令宰相韦大备足粮草；令主帅廖六指挥全盘作战；令先锋大将军谢阴阳埋伏于乌龙村边；令韦二、韦三两大将军分别列阵隐蔽于通道两侧。独齿王调兵遣将，号召民军：同心协力，奋勇杀敌打江山。

第二天早上，朝廷官兵浩浩荡荡杀奔田台村来了，民军早已摆好阵势，待官军入阵，左右翼伏兵突起，主帅廖六一马当先，冲入敌阵，挥舞长柄大刀，左劈右砍，所向披靡，官军阵势大乱，倒下不少人马；左将韦三，趁敌骚乱，立即扬鞭策马，握紧红缨枪，如神龙戏水，纵横刺杀，官军死伤无数；右将韦二，抡起双锤，从侧面冲入敌阵，勇不可挡，打得官军盔裂脑溅。三员大将横冲直撞，全体民军喊声震天，蜂拥猛冲，官军抵挡不住，只得向后溃退，又被先锋大将谢阴阳伏兵截拦厮杀。这一仗，杀得官军人仰马翻，尸横遍野，缴获不少兵器马匹，首战告捷。

官兵吃了败仗，再调重兵，扎下营盘与民军对峙，几次交锋，均不能取胜。当时官军中有人献计，说先挖其祖坟，断其村龙脉方能置之于死地。于是，官军头领立即派一百多人去挖其"犀牛望月"坟地，派一百多人去挖田台村龙脉。可是，他们当天挖下深坑，明早却填平如故，第二天增加几百人再挖，翌晨，依然如此，急得官军头领束手无策，只得贴出告示："……谁能毁独齿王的坟山龙脉者，赏银一千两……"

却说独齿王有个老同，姓谢名元，此人阴险奸猾，见钱眼开，独齿王封官时不重用他，因而怀恨在心，此时见官军悬重赏，便起歹心，把过去从韦地仙处听得的秘诀向官军告密领赏去了。官军大喜，便按秘诀行事，找来孕狗孕猫各十二只，杀来取血淋上龙脉、坟地，再增人力去挖。果然应验，第二天去看深坑，再也不会自然填平了。当晚地动山摇，全村鸡不啼、狗不吠、婴儿不啼哭。在最后一次交战中，主帅廖六被官军一支毒箭射中腹部，翻下马来，幸好右将韦二、左将韦三飞马挥刀，杀退官军，扶他回营急救。

民军见主将受伤，已无心恋战，节节败退。独齿王和宰相韦大闻讯，立即率众反攻，他挥起龙泉宝剑，杀死官军一大片，天色将黑，才收兵回营。当晚把廖六抬到寨村背岩洞⑤治伤，后来官军追击甚紧，又把他转到上安村背的大岩洞⑥。不几天，主帅廖六因毒气攻心，医治无效而亡。民军失了主帅，不断吃败仗。众将领商议，为了保存实力，伺机再起，决定暂时分散隐蔽，宰相韦大化装到东乡避难；右将韦二回家隐匿；

左将韦三回到贵县亲戚家躲藏；先锋大将谢阴阳也回高椅村潜藏了。这些将领后来先后被奸细告密而全部被俘殉难，此是后话。

各将领分散后，独齿王避难于村边岩洞中，谢元早晚给他送茶饭，但他还不知道谢元是个出卖者。一天早上，谢元趁独齿王吃饭之机，悄悄解开神马的肚带，就去向官军告密。官军闻报，立即出兵围捕。独齿王自知孤掌难鸣，决意远走高飞，伺机重整旗鼓，东山再起，即跨上神马腾飞。不料刚到大保山上空，便连人带鞍滑下马来，幸好他有飞檐走壁之功，立即张开双臂飘然而下，躲进岩洞⑦去了。

此时官军急速追捕，地面官军一片黑压压。正在这时，神马在官军顶空飞腾，边嘶叫，边拉下屎尿。屎尿到处，顿时燃起熊熊大火，把众官军一个个烧得焦头烂额，尸横遍野，十里之外，尚闻号哭哀声。

一个漆黑的晚上，谢元又摸到岩洞对独齿王说："老同哥，外面风声很紧，官军用狼狗到处搜索，要活捉你回京报功，另找个安全的地方来藏身吧。"独齿王神色镇定地说："不怕，我有隐身法，他们来了，我就钻进藤蔓，看他又能奈我何？"谢元探出秘诀，忙离开岩洞，又向官军头领告密去了。官军头领立即增派兵员，把整座山包围得水泄不通，然后唆狼狗进岩洞搜索，但毫无踪影，又派兵员进去细心搜查，果然发现有一条米筒粗的猫爪刺，藤根垂下石缝。一官兵拔刀一砍，藤断血溅，染红了整个岩洞，血溢出流下山脚，染红了一线大大小小的石子，从此，人们称这岩洞叫红岩。

独齿王被内奸谢元出卖而身亡，顿时乌云遮天，群山失色，草木同悲，万民垂泪。这场轰轰烈烈的反抗皇朝的斗争，终于失败了，只留下这个神奇的故事，世世代代流传于祖国南疆的壮乡。

　　注：

　　①今属贵港市达开乡。

　　②今田台村背尚存跑马道、养马场和一块刻有"养马场"的石碑。

　　③今尚有营盘遗址四个，分别在伞岭山顶、横岭山脚、古忱坪及观音漕等处，墙宽一米余。

　　④今称宫殿山。

　　⑤今称廖六岩。

　　⑥也称廖六岩，岩中有块草帽化石，传说是廖六戴的草帽。

　　⑦今该岩口还遗下独齿王的两只脚印。

　　——《广西民间文学作品精选（武宣卷)》，广西民族出版社
1991 年版

　　以上《独齿王》传说中的几个关键地名：田台村、武赖村、就造村均地处北山山下，都为壮族村落，地处武宣、来宾、贵港三县交界，说明《独齿王》传说很可能就发生在现武宣、来宾、贵港三县交界的北山山下。

　　（二）《独齿王》的"独齿"具有古瓯骆语犀牛，壮语黄牛之意

　　对于以上《独齿王》传说中的"独齿"的含义，传说有特定交代："他嘴里长的两排牙齿，白晃晃的，没有牙缝，因此取名叫韦独齿。"可从《独齿王》神话传说的主题内容看，独齿王的任何业绩、神迹和法力都没有与他的"独长一颗牙齿"有关。从神话传说的情节结构上来看，独齿王的出生、成长及性格特征、悲剧命运等都没有与他的"独长一颗牙齿"发生关系，再考之南方民族的神

话传说、习俗传统等，也没有《独齿王》以外的另外"独长一颗牙齿"的神或神话传说，民族习俗中也没有崇拜独长一颗牙的神，由此可知，在瓯骆文化体系中，"独长一颗牙齿"的文化基因具有不可复制性。究其原因，最大的可能是《独齿王》只是少数民族语言的音译，而"独长一颗牙齿"是根据这种音译而望文生义的结果。

既然是音译，那么《独齿王》的真正含义，只有当地少数民族的语言才能破解。考之北山山下的壮语，独齿王的"独"与表示动物的词头或独用作动物量词的 tu 同音，"齿"与犀牛、黄牛的 $çw^2$、tsw^2、sw^2 同音或近音，因此，从字面上看，《独齿王》为瓯骆《犀牛王》的译音。

另外，《独齿王》为《犀牛王》还有两个方面的依据：一是从神格上看，《独齿王》的神格与《莫一大王》《简宜》《稼》等的神格最为接近，都共同出现葬父于"犀牛望月"坟地的情节，都隐含英雄人物与动物神兽犀牛的血脉相通的犀牛图腾文化基因；二是瓯骆人崇拜独角犀，如流传右江百色石龙河段的水犀栏传说和水犀栏崇拜，流传龙州的"莫里列"，意为独角黄牛的传说和每年正月十五举行的独角黄牛舞，都是演变自瓯骆人的独角犀崇拜，当然这也很可能是《独齿王》中的"独齿"的含义，即"独齿王"之"独齿"实为瓯骆人所敬畏的犀牛之"独角"。

综上可知，从语言学、文化学的角度去看，《独齿王》的"独齿"指的都是"犀牛"，《独齿王》之意，实为《犀牛王》或《独角犀牛》之意。

（三）《独齿王》为犀牛（黄牛）图腾人格神

从目前所搜集到的材料来看，北山山下的《独齿王》神话传说，除了韦便玲、陆云生搜集整理的版本之外，还有梁宁搜集整理的版本，虽然两个版本大同小异，但梁宁版本突出了独齿王"要将龙山犁成海，要将武赖作京城"的雄心壮志。而流传贵港市东龙镇一带的《独齿王》传说虽与之大致相同，但已把梁宁版本中的"要将龙山犁成海，要将武赖作京城"变成"要将龙山犁成海，要将闭村作京城"。

从东龙镇闭村六屯垌的六屯庙供奉有石牛神，与闭村比邻而居的大农村、昌平村的"昌平舞狮大农舞 tsw^2"的犀牛舞、黄牛舞古俗，昌平村的牛神石像崇拜，环北山的"石龙"地名蕴含的"大犀牛""大黄牛"含义等等来看，《独齿王》很可能是瓯骆人希望借助犀牛通神、通天的神话梦想，以隐喻犀牛的人格化君王通神、通天的业绩创造或历史回音。也就是说，《独齿王》神话传说蕴含了令人着迷的"天子梦"文化基因。

如果是这样，独齿王实际上是一个犀牛政治权威化的人格神，是兼祭司与王权于一身的世俗统治者。关于这一点，宋代周去非《岭外代答》"方言，古人有之，乃若广西之蒌语。如称官为沟主"中的"沟主"可向我们提供这方面的文化信息。也就是说，在历史上，瓯骆人有曾称自己的长官为"沟主"的习惯，而"沟主"之"沟"实为瓯骆语的"头"之意，而"主"则是瓯骆语犀牛 tsw^2 的音译，因此，"沟主"在瓯骆语言中具有"犀牛头"即"犀牛王"之意，而独齿王很可能就是被瓯骆人视为官的"沟主"。

五 布山古城为一座犀牛王城

原广西区古籍办主任罗宾先生曾在自己的家乡今广西马山县搜集到两句壮族行旅歌诀：

Song ngoenz daengz fou 两天到府

Ha ngoenz daengz ging 五天到京

Gvaq Liu bincou 过了宾州

Muengh Raen Vuengz Cingz 望见皇城

据罗宾先生考证，第一句歌诀中的"两天到府"中的"府"指古代平果旧城，或武鸣府城，第二句"五天到京"中的京城，与第二段歌诀中的到了"宾州"，就望见皇城的皇城，都指骆越国的国都布山，即今贵港。① 可推断，骆越的政治权力中心在由西向东、东南，由山地、陆地向沿江、沿海迁延发展的过程，曾在贵港有过相当长时期的兴旺发展时期，而这一时期很可能是骆越与西瓯的联合发展时期，即汉武帝之前的秦汉时期曾瓯骆并称出现中国史籍的岭南西部的地方联合地方政权。

（一）布山：瓯骆的政治、经济、文化中心

史学界的研究表明，秦始皇平定中原六国后，于公元前219年秋冬兵分五路挺进岭南，在岭南西部受到西瓯人的强烈抵抗，交战中，西瓯君译吁宋阵亡。余部"皆入丛薄中……莫肯为秦虏，相置桀骏以为将"②，取得斩杀秦军主帅尉屠雎，使秦军"伏尸流血数十万"③ 的胜利，秦军也因此由战略进攻进入"三年不解甲驰弩"④ 的战略防备状态。为扭转战局，秦始皇派史禄开凿灵渠以运送粮草、士卒，在粮草充足，兵卒源源不断得到补充的情况下，公元前214年秦始皇统一岭南，在岭南设置桂林、南海、象三郡。1985年《广西市县概况》一书根据各县市的明确记载，把今贵港市、桂平市、平南县、玉林市、容县、桂林市、柳州市、南宁市、梧州市、钦州市、河池市以及上思、田东、平果、乐业、宜山、罗城、天峨、凤山、东兰、都安、邕宁、横县、宾阳、柳江、柳城、临桂、阳朔、龙胜、永福、隆安、马山、扶绥、忻城、灵川、平乐、恭城、鹿寨、合山、来宾、武宣、象州、融安、融水、三江、凭祥等

---

① 罗宾：《骆越·布山历史文化考察与探析》，载梁庭望、谢寿球主编《古丝路上的骆越水都——贵港市历史文化研究》，广西教育出版社2016年版。

② 《淮南子》卷18《人间驯》。

③ 同上。

④ 《史记》卷112《平津侯主父列传》。

县市均纳入秦桂林郡地。

在秦瓯之战前，西瓯、骆越已形成自己强大的方国地方政权，其中西瓯方国的政治经济文化中心在西江流域的中游一带，骆越的政治经济文化中心在环大明山一带，为抗击秦军，西瓯、骆越组成瓯骆联合地方政权，并可能由于联合的过程太仓促，联合实权实际掌握在当时更为强大的西瓯方国人的手中，因此，作为对抗秦军的主体瓯骆联军只以联军的主导者西瓯出现在司马迁的《史记》之中，此后史书不断出现的"瓯骆"并称的记载，主要有：

《汉书》卷九五《两粤传》载元鼎六年（前111年）汉武帝平南越后"越桂林监居翁，俞告瓯骆四十余万口降"，同一事件同是瓯骆并称还出现在《史记·南越列传》："越桂林监居翁，谕瓯骆属汉，皆得为侯"，《索引》注谓："案《汉书》，瓯骆三十余万口降汉"，《汉书·景武昭宣元成功臣表》："湘成侯监居翁，以南越桂林监闻汉兵破番禺，谕瓯骆民四十余万降侯，八百三十户"中。

《史记·建元以来侯者年表》关于下郦侯左将黄同载："以故瓯骆左将斩西于王功侯。"

《史记·南越列传》："其（指南越国）西瓯、骆、裸国亦称王。"

《汉书·南越尉佗传》："后南越王尉佗攻破安阳王，令二使典主交趾、九真二郡，即瓯骆也。"

西汉桓宽《盐铁论·地广篇》："荆楚罢于瓯骆。"

西晋文学家张协《杂诗》："行行入幽荒，瓯骆从祝发。"（《汉魏六朝诗三百首译析》，沈文凡编著，2014年）

南朝人顾野王的《舆地志》："贵州（今广西贵港），故西瓯骆越之地，秦属立郡，仍有瓯骆之名。"

以上史料说明，直至南朝，瓯骆之名仍在古西瓯骆越地的今广西贵港市一带使用，往前追溯，若从《汉书》卷九五《两粤传》

载元鼎六年（前 111 年）瓯骆的第一次出现，再到公元 420 年南朝宋的出现，则史籍中瓯骆并称出现的时间长达 500 多年。

近年来的研究表明，骆越方国在公元前 1520—前 1310 年建国，都城在今广西南宁市北郊的大明山西南角，后迁至东边的贵港，南边的合浦、钦州一带。而由骆越方国与西瓯方国联合而成的瓯骆地方政权建于何时，建都何处，目前还是史学界之谜。但从秦始皇三十三年（前 214 年）统一岭南并在岭南设置桂林、象郡、南海三郡及 "据后人考证，桂林郡治所在布山（今广西贵港市），其郡所辖区域主要在广西境内，四至为东起于今广东肇庆，与南海郡西界犬牙交错；西抵今广西田东右江以北；北至今广西兴安县以南；南面濒临南海，其地包括今桂林地区中部和南部、柳州地区、河池地区东部、百色地区东北部、南宁地区中部和北部、玉林地区北部、梧州地区西北部以及广东西部"① 的史实及以下关于桂林郡治地史书记载可知，瓯骆联合地方政权曾长期存在于我国南方的岭南西部，其地望包括今广东、广西、贵州及越南北部，其政治、经济、文化中心处于郁江流域的今贵港市一带。

《汉书·地理志》郁林郡条载："郁林郡，故秦桂林郡，属尉佗。"

光绪癸巳年（光绪十九年即 1893 年）修贵县志记载（原文，无标点符号）：汉郁林郡本桂林郡地元鼎六年开郡更名郁林今浔州府贵县即郡治领布山（今贵县及桂平兴业地）阿林（今桂平县地）中留（后作溜今武宣县地）等十二县后汉因之惟领少雍鸡一县历吴晋宋齐皆沿袭郡名治布山及梁始易郡置定州后改南定州领县三治布山（今贵县）郁平（今兴业县）阿林（今桂平县）陈仍梁制隋平陈废郡改为尹州大业初改为郁州旋复为郡废武平龙山怀泽布山四县

---

①　张声震主编：《壮族通史》（上），民族出版社 1997 年版，第 260 页。

入为郡治（今贵县）考其时尚领有阿林一县（今桂平县）据此则布山当为郁林郡治（即今贵县）而阿林（今桂平县）乃郁林郡属邑也故与地广记载桂平县本汉布山县地郁林郡所治也犹之兴业县亦载布山县地其地同归布山管辖实非布山旧县水经注云郁水东迳布山县北郁林郡治也又东入阿林县潭水（即今桂平县北江）注之则布山附郡在上流而阿林在下愈觉晓然盖布山之在郁林郡治譬今之府城首邑后割布山地并阿林为县而旧名亦屡易然古郁林郡既在今贵县治则旧布山县即在今贵县治若徒以布山之地而论又不独桂平一县为然耳广西通志载郡县沿革布山县之下皆分注贵县及桂平兴业县地此一证也又通志沿革表于贵县之下大书布山县者五均注郁林郡治而桂平县之下分注布山县地者四而阿林县则大书直书焉古人详为分别若此似不为无见虽通志撰于前明而广西郡邑图志（宋李上交著）早见于宋史其时去古未远图籍堪稽后人慎勿执意见而曰订古人之误可耳（按今贵县城即古贵州城在郁江之北唐代迁建者旧郁林郡城在郁江之南汉陆绩所筑故水经注载郁水东迳布山县北云云）。

民国二十三年即 1934 年版《贵县志》"布山县续考"：贵县为汉郁林郡治，亦即布山县治。按汉书地理志：郁林郡领县十二，首布山。后汉下迄六朝。虽领县损益不常，其治布山如故。

《旧唐书·地理志》载邕管下都督府贵州（今广西贵港）郁平县条"汉广郁县地。属郁林郡，古西瓯骆越所居"。同书潘州茂名条"州所治，古西瓯骆越地，秦属桂林郡，汉为合浦郡之地"。

唐杜佑《通典·卷184》："贵州今理郁平县，古西瓯骆越之地。秦属桂林郡，徙谪人居之，自汉以下，与郁林郡同。"

宋乐史撰《太平寰宇记·卷166》"贵州"条："郁平县，汉广郁地，属郁林郡，古西瓯骆越所居，后汉谷永为郁林太守，降乌浒人十万，开置郁林县也，在郁江之左"。

另外，从 1976 年在贵港罗泊湾汉墓考古发现的大量底部正中烙印有"布山"二字的漆盘、漆耳杯及有的铜器上的"布"字刻痕等可知，秦汉时期瓯骆的政治、经济、文化中心在郁江流域的今贵港市一带。今贵港为广西古桂林郡、贵州、郁林郡所在地，郡治古称布山。布山古城是广西的第一古城，距今已经有2200多年的历史。

（二）古桂林郡曾是犀牛栖息的家园

据西汉桓宽《盐铁论·力耕》载："珠玑犀象出桂林"（即桂林郡，今广西贵港）；宋王象之《舆地纪胜·广西南路·郁林州·景物上》对郁林州双角犀的描述："有角在额上，其鼻上又一角"，可知，远古贵港出产的犀牛，在西汉时已闻名中原。而古贵港出产的犀牛既有可能是《山海经》所载"兕在舜葬东，湘水南。其状如牛，苍黑，一角"的独角犀，又有可能为《说文》所载"犀，南徼外牛，一角在鼻，一角在顶，似豕"的双角犀。

而贵港罗泊湾出土的西汉漆绘提梁铜筒中出现把头发盘于头顶状如"一角在顶"犀牛角的人物画像，漆绘画中出现一只状如犀牛的独角神兽，这些现象很可能意味着远古住在贵港市城内的王族、贵族有以盘犀牛角发饰为犀牛图腾标志的犀牛图腾崇拜形式，有人死后的灵魂需要犀牛图腾保护才得以安宁的观念。

而贵港北山，延绵数百里，既是郁江平原的北部屏障，又是黔江水系与郁江水系的天然分水岭。北山主峰平天山，势高入云，但山顶却地势平坦，水草丰美，有一个面积达3000多亩天然的广西最大的高山大草坪，有上龙楼、下龙楼、大坑、北山等瀑布水池，加上气候温暖湿润，因此，很可能原本就是远古野犀、野牛栖息繁衍的天然乐土，当然也是史籍《盐铁论·力耕》《舆地纪胜·广西南路·郁林州·景物上》等所记载的古桂林郡、玉林郡犀牛的天然牧场，及人们想象中的饲养耕牛、菜牛的鼻祖三界公的仙人牧牛场。

（三）冯四公传说中的九牛古城

环北山一带的壮族群众世代相传，冯四公是三界公的后代，因家穷到财主家放牛，做过牛贩，有脚当柴烧、把牛变为石头，又把石头变为牛的神奇本领，同时他又是个孝子，为能让母亲吃上龙肉，他上北山捉龙，下郁江追龙，直追到古桂林郡的城池底下。他还关心民生疾苦，用先祖三界公传留下来的权杖造泉水田园，等等。其中的捉龙、追龙、砍龙尾巴是冯四公传说的核心情节，对这些核心情节的考察发现，冯四公传说中的龙很可能是由天外坠石演化而来的牛，冯四公看到的古城地下很可能隐含着大量的关于这座古城的历史文化信息。

1. 冯四公传说

流传环北山一带的冯四公传说有很多版本，以下是由潘启松、覃昆玉口述，向群、梁丽容搜集整理的一个版本，传说的原文如下：

> 冯四小时候聪明过人，疾恶如仇。听到附近莲花山有一个财主总是变着法儿欺压和剥削穷人，想惩治他一下。就请求母亲和三个哥哥让他到财主家去放牛。……
>
> 冯四拿了三年的工钱回到家里，恰逢母亲生日。冯四恭恭敬敬地问母亲想吃些什么？母亲打趣说想吃龙肉，冯四记住了，苦思捉龙的办法，忽然想起三界留有一根仙杖，想试试能否把龙赶出来，就和兄弟冯远一起去到北山，在那儿找到一个大石洞。冯四吩咐冯远在洞口等着，见龙出来就抓，他自己则扛仙杖进洞去赶龙。不一会，冯四果然把藏在洞里的龙一条一条地赶了出来。守在洞口的冯远，只见一阵阵的狂风大雨，铺天盖地地向他袭来。每一次风雨，都听见冯四喊一次"抓住它！"可冯远却连一片龙鳞也没见着，八条龙已逃得无影无踪

了。冯四急了，在洞里巡查了一遍，发现还有一条躲在石缝里。他改变了主意，自己守洞口，叫冯远拿着仙杖到洞里去赶。冯远把龙赶了出来，冯四一伸手就抓住了龙须，用芦笛竹穿了龙鼻，拖着回家，绑在门前的大榕树上。龙发怒了，东翻西滚，搅得满城风雨、地动山摇，城里的父老经受不住，纷纷向冯母求情，请求她把龙放了。冯母立刻去解开牵鼻索，巨龙脱手而去，在如今贵县东湖那个地方打了几个滚，把鼻子里的芦笛竹甩掉，从地下潜逃了。冯四得知这个消息，赶紧循着龙逃走的路线追去，岂知巨龙的身子已经钻进了郁江，他只抓到了尾巴，砍了下来，母亲生日时，还是如愿以偿地吃了一顿龙肉。从此，龙打滚的地方变成了一个大湖。由于龙逃走时，在地下钻了一个洞，直通郁江，所以东湖的水终年常清，不管怎样干旱，只要郁江有水，就不会干枯。

冯四追龙时，发现县城地下是空的，只有几根柱子支撑着，于是便产生了迁居的念头。那一年，天大旱，他就爬上北山去察看迁居地点。爬到半山，觉得有点累了，就坐了下来，掏出横笛箫吹起悠扬的山歌小曲。笛声惊动了一位白发银须的老翁，老翁称赞他笛子吹得好。冯四说，我口干，笛子也太干燥，如果有点水喝，再冲洗一下笛子，声音会更清亮些，老翁听了，就把装水的葫芦递给他。冯四接过，喝了几口，把笛子冲了一遍，再一吹，从笛管里飞出的水汽冉冉上升，一瞬间便凝成乌云，不久，就哗哗地下起大雨来。旱情解除了，老翁也不见了踪影。冯四上到北榄山顶，举目一望，只见石龙方向的一片草地上，有九只水牛在滚澡，他心里一动，知道那是一块风水宝地。他顺手捡起一块石头，甩了下去，作为标志，然后匆匆下山，到那个地方一看，哪里有什么牛滚澡，只见遍地都是又粗又黑的石头。冯四不服气，再上北山，看到的仍然是九牛滚澡的情景。有了丢石头的教训，这次他折了一枝生荆木，丢了下去。待到那里一看，原本光秃秃的地方，居然长满了遍地生荆木！他才承认自己无福消受这块地方，只好另找立足之地。于是一路走去，到了龙岩，觉得地方不错，仔细一看，发现已经有了寺庙，立了佛像，早为释家所占，无可奈何，又只好往前再走，一直走到现在的旗鼓山。这旗鼓山，山形奇特，左边为旗山，右边为鼓山，旗山峰峦高峻，山后拖着长长的山梁，看去宛若一面正在展开的旗帜；而鼓山则为矮矮的一座圆岭，状如铜鼓，旗鼓山后还有一座大山，三山之间是一片平坦的土地，正好向着江口，壮人韦文耀一家人就住在这里，冯四看中了这个地方，就与韦文耀打了老同，先在韦文耀家住了下来。

冯四与韦文耀及这里的壮族乡邻相处得亲密无间，有工同做，有饭同吃。当时韦家和各位乡亲的生活都相当困难，冯四建议贩牛来卖。韦文耀和乡亲们都担心贼多，贩回来的牛没处关，会被贼偷走。冯四说，不用担心，我自有办法处理。就这样，他邀上乡亲开始做牛贩。每买回一批牛，就在附近的草地上放牧，到了夜间，冯四把牛赶拢来睡在一起，每只牛摸一下，就回家睡大觉。外人眼中，就只见草地上一堆硕大的黑石头；天亮以后，那堆石头"活"了，又变成一群活蹦乱跳的水牛、黄牛、公牛、母牛、大牛、小牛。由于做牛贩攒得了一笔钱，冯四建了一间大屋，并将韦文耀的屋也翻修一新。冯四没有婚配，因此与韦家约定，如果他先去世，房产等一切财产，交给韦家管理，但韦家的儿子要有一个姓冯，以接继冯家香火。有冯四定居作邻，韦文耀和乡亲无不欢喜，但又担心，这个地方石多土薄水缺，不好做吃（意为"民生维艰"），使冯四受苦。冯四说，水好办，于是，韦文耀把一切条件答应下来。

　　冬去春来，该是要水春耕的时节了。冯四约了韦文耀一起来到后山，后山有一眼小泉水，泉口窄小，流水量少、四周被块大青石堵住，根本不能用来灌溉。冯四看好了地方，双膝跪下，取出三界传下来的仙杖，猛力向状如牛鼻的地方插进去，待到拔出仙杖，一股清澈的泉水就从牛鼻里喷涌出来，弯弯曲曲流入龙潭，储了起来；龙潭的水，再分东、西两个出口，分别流向壮、汉聚居的七八个村子，从此，这方滴水贵如油的干旱之地，再也不用为水发愁了，不久，就成了旱涝保收、人畜兴旺的宝地。

　　水利修好后，冯四却患了一场大病，卧床不起。韦文耀一家和附近的村民像服侍亲人一般，为他请来医生治病，请来道公、师公送鬼驱邪。冯四心中感激，但也深知自己大限已到，就对韦文耀说，如果我病好了，那一切都不必说，万一好不了，我死去以后，就得烦劳你和乡亲处理后事。果真那样，你们也不用选墓穴，只管将棺材抬了去，到什么地方绳索断了，就把棺材留在那里，其他的一切都不用操心。韦文耀点头答应，谁知冯四刚把话说完，便溘然长逝了。

　　冯四死后，韦文耀和众位壮、汉乡亲为他风风光光地办了丧事，便抬起棺材出殡。刚过后背庙，突然刮起大风，下起暴雨，抬棺的绳索也忽然绷断了，送葬的人们只好四散避雨，暂时让棺材搁置在那里。不一会，雨过天晴，大家到原来放棺的地方一看，棺材已无踪无影。韦文耀心中有数，便劝乡亲们回去。因为冯四生前为众乡亲办了不少好事，乡亲们就在停棺的地方建了一座庙，以纪念他的功德。

　　——传说原文：潘启松、覃昆玉口述，向群、梁丽容搜集整理，载《中国民族民间舞蹈集成·广西卷》：《壮族舞蹈（上册一）》附：《面具故事·冯四》

2. 冯四公砍龙尾巴孝母解

传说提到，冯母打趣说要吃龙肉，冯四便带上兄弟冯远前往北山捉龙。结果，藏在北山山洞里的八条龙都潜下郁江，逃往广东了，只有一龙在逃跑过程中被冯四抓住并砍下一截龙尾，冯四用砍下来的一截龙尾巴为母亲炖汤吃，体现了冯四的"孝"。

这"孝"文化可能有两个来源：一是渊源于环大明山的龙母文化。因为冯四公传说中砍龙尾孝母情节与环大明山的断尾龙孝母情节，有共同的"断尾龙""孝"和"龙母"文化元素，说明环大明山的断尾龙故事与环北山的冯四捉龙断尾孝母故事有共同的文化源头；二是渊源于贵港市有名的梁子孝文化。在今贵港市的东湖与蒙塘之间，有一座登龙桥，为宋代贵县人梁昭在广东做官期间因母卒而辞官返乡守墓表孝的遗址，名孝子里。光绪《贵县志》载"梁昭，少孤，事母孝，举孝廉，元丰中任广东提刑司干官，母卒，庐墓建罔极亭，手莳松柏久之成林，有甘露降于树，芝草生庭侧，苏轼自海外归，闻其孝行枉道，见之名林曰瑞林，改题亭曰甘露，昭命二子谒轼，轼勉以力学，以薰风二字署其读书处"。梁子孝文化在环北山壮乡深得人心，因此，他们心目中的圣神冯四也被塑造成为孝传天下的梁子。

冯四的砍龙孝母的文化源头很可能是当时以"孝"为表征的社会进步，促进了以"断尾龙"为文化符号特征的社会变革和文明进步。只不过在这共同的"孝"文化之下，冯四公传说中的北山寻龙、赶龙、追龙，发现王城池下的白牛，搬家石龙村，在石龙村开出牛鼻泉等情节，却与环大明山的断尾龙传说完全不一样。两者情节上的差异表明，古贵港在以"孝"为表征的社会变革和文明进步中，可能遇上了诸如秦始皇军队压境、南越国"以兵威边"等的生死存亡危机。

在危机面前，北山九龙有八龙潜入郁江，奔向广东的情节，很可能隐含当时瓯骆王城内的重臣们，已十之八九暗中与广东的南越国交好，而大势已去的瓯骆联合地方政权已无力支撑那即将倾斜的大厦的历史回音。

3. 冯四公传说的九牛部落、九牛城

传说提到，冯四、冯远携祖传的三界宝杖来到北山的一个山洞，先是冯四手拿仙杖进洞赶龙，冯远在洞口捉龙。可当冯四把一条条龙往洞口赶的时候，守在洞口的冯远都只听到冯四"捉住它"的喊叫声和铺天盖地的风雨呼啸声，却连龙的影子也没有见到，一片龙鳞也没抓到，而这些从北山逃脱的龙据说有八条潜入了郁江，奔向了广东。

冯四为此很着急，改由冯远赶龙，他来捉龙，结果捉到一条躲在石缝里的巨龙。冯四用芦笛竹穿龙鼻子把龙拖回家，缚在门前的榕树上。龙发怒，东滚西翻，把整个贵县县城滚得地动山摇。冯母见状，把龙的牵鼻索解开，巨龙得以脱身，在如今贵港东湖一带连打几个滚，滚出了东湖，然后，甩开鼻子里的芦笛竹索，从地下潜入郁江。

九龙中已有八龙逃往广东的故事情节，很可能是当时的王城内部已经出现九龙中的八龙为绝大多数的政治团体，持续向广东的南越国议和交好，瓯骆方国的国运和王城的命运岌岌可危的历史回音。且这故事情节正好与《史记·南越列传》中记载的："越桂林监居翁，谕瓯骆属汉"，即南越国桂林郡的长官名叫居翁的，劝服西瓯、骆越归降汉朝的史实相呼，同时也与环北山一带的"祖九"地名和九牛滚澡传说相印证。

现环北山的昌平、古达等壮族村屯有"祖九"地名，关于"祖九"，为壮语音译词，其中的"祖"为黄牛、犀牛之意，"九"有数字九和壮语"头"之意，因此，"祖九"有"九牛"或"牛王"之意。而冯四公传说的中心主线，实际是关于九牛的去留传说，如传说提到，有一次，冯四公登北山山顶看见石龙方向的一片草地，有九头牛在滚澡，可来到山下又不见了。而传说中的九牛滚澡之地，很可能暗示原布山古城为九牛城，或瓯骆联合地方政权由九个牛部落成员组成，因此，依此类推，由冯四捉龙、追龙而造成的八龙逃往广东，只剩一龙被砍掉尾巴的情节原型很可能意味着九个牛部落中已有八个部落归附广东的南越国，剩下的一龙或一个部落通过断尾的文明演进，通过东湖与郁江的连通工程开发等而争取得到的生存权的历史回音。

由此可知，古贵港很可能是由九牛部落建成的九牛城。

4. 冯四公传说的白牛撞柱、白牛城

冯四公传说提到，冯四为追九龙中仅剩的一条龙，只身潜下郁江，来到贵县城的地下，发现县城地下已空陷，只剩几根石柱顶着，于是不得不迁居现东龙镇石龙村，与壮族人韦文耀用三界传下的仙杖开出牛鼻泉，为当地壮族人找到了水稻灌溉的水源，为感谢冯四公，石龙村人在牛鼻泉边建龙湾庙，现每年的五月初四，当地群众纷纷前往龙湾庙祭拜牛神，祭祀完毕，还要从牛鼻泉中掬水喝，传说喝了牛鼻泉水，可清洁身体，健康长寿。

另外，流传贵港东龙镇一带的师公唱本《贵港市冯四古传》提到，冯四来到古城地下时见到城池下生活着一头白牛，白牛总是拿角撞向城池铜柱，师公关于白牛撞铜柱的唱词是：

> 我下去才知，它是头白龙，
> 下面有白牛，总是撞铜柱。
> 贵县水牛地，讲实情给咱，
> 四条柱顶头，牛撞角都伤。
> 贵县别开榨，下面柱会翻，
> 若不信我讲，有难到就知。

不是我乱讲，木榨地会翻……

师公唱词还提到，冯四从北山捉龙回来，绑在家门口的榕树上，龙拼命反抗，弄得整个古城都不得安宁，众人见状，劝说冯四：

老四啊老四，害我气得死，
四处老街坊，说你牛够凶。[1]

由上可知，白龙或白牛撞铜柱之说，很可能是古布山大地曾经经历的社会动荡不安，人心惶惶不可终日的一段历史的反映，也可能是原布山古城曾掌握在白牛图腾部落或首领的统辖之下的反映，同时也是城池落入他手后，神勇而不甘屈服的白牛只好躲到城池底下，只能以撞柱度日，即只能暗出搞破坏的一段历史现实的反映。

如此推断，有四个依据：

一是光绪《贵县志》有关于北山白牛的记载："唐贵州牧教植茶树，土人赖之。羽客仙人多聚此山，宋施才亦隐此，冯克利尝入山采药，遇仙成道。其绝顶高可并天，中有巨潭，昔一老人采药山中偶遇石潭忽见一白龙戏水，复往失所在。"可知，冯四、冯远上北山捉的龙及昔有一老者在北山石潭看到的白龙，均为白牛类动物。

二是根据唐刘恂《岭表录异》记载的"岭表所产犀牛……又有劈水犀"及原注说明的这种劈水犀可"行于海，水为之开"的劈水神功可知，古贵港民间传说中能潜入郁江及贵港古城地下的白牛，不可能是不喜水的黄牛，而是当地壮语叫 tsw^2 的，可以劈水的白犀或白水牛。

三是传说北山秀地村石牛神庙的主神懋公显圣时全身衣服、胡

---

① 韦捷主编：《大五山区师古》，贵港市覃塘区壮学会编，2015 年 8 月，第 24—25 页。

须都是白色，古达庙的顺公则最忌白色，传说若有人穿白衣与他冲撞，轻则小病或大病一场，重则一命哀哉，由此说明，北山坠石化成的 tsw^2 不是黄牛，而是白犀、白牛类野牛。

四是传说提到，冯四为了生存，只好逃往民间，隐没民间，而他隐没的地方叫"石龙村"启示：环北山一带密集分布的"石龙"地名，不仅有"大犀牛""犀牛王"之意，同时还有"王子居其中"之意。

综上可知，冯四公传说中的城池空陷、白牛撞柱等情节及如今环北山大量残留的牛图腾崇拜的遗迹、遗风说明，古贵港很可能是以白牛或白犀作为图腾崇拜对象的古老城池。

（四）西瓯王的赶石筑城传说演变自北山石牛传说

环北山一带的壮族群众世代相传，古时候，西瓯国王曾想定都郁江岸，便号令各路神仙把石头驱赶到郁江边，各路神鬼半夜把石头滚滚赶来，但由于土地神不服西瓯王，未到五更天就学鸡啼，神鬼们听到鸡啼便以为天亮了，于是赶快逃跑。因为天一亮他们的神力就会失效，他们的原形也会暴露。神仙们消失后，他们赶到半路的石头便散落在郁江南岸，形成现在的南山二十四峰。

这西瓯王的筑城神话与环北山一带的三石坠落传说中的石与牛可以互相转化的情节应属于同一神话谱系的演化系列，表明西瓯王城实为一座牛城。

（五）历史上的布山古城为九牛王城

历史上的布山古城又有牛城之称。古布山历史上曾有怀安、怀泽、怀城等别称。其中的怀安之称源于南北朝的宋朝时期在今贵港南部建的怀安县，怀泽源于南朝的梁朝时期把怀安县改为怀泽县，怀城源于1853年广东天地会首领陈开的大成国把原贵县改为怀城。现贵港南部还遗有怀江及以怀江为坐标的怀北、怀南、怀东、怀西及怀泽驿、怀泽山等地名。而"怀"为当地壮语的"水牛"之意，

"泽"为当地的"黄牛"之意，因此，古布山的怀安、怀泽、怀城等古地名应与古贵港壮族群众的崇牛习俗有关。

综上可知，古瓯骆人的城池选址，很可能以白牛地为吉，而这白牛，很可能演变自北山的石牛神话，演变自古老的白犀、白牛信仰。

六　古贵港是一座犀牛王城

广西贵港市为古西瓯骆越的政治、经济、文化中心。公元前214年，秦始皇在岭南设置桂林、南海、象郡，其中的桂林郡治设在布山即今贵港。此后的820年间，布山先后为秦桂林郡、汉郁林郡的郡治所在地。唐、五代十国、宋元期间，布山先后为南尹州总管府、贵州统管府治所在地，明、清、民国及解放初期，为贵县县治所在地。

著名民族学家徐松石先生指出："那"的最早开拓者骆越人曾祖居并建都中国郁江平原和越南红河平原，他们的王都"一说都今广西贵县，一说都今越南东京河内"①。而透过罗宾先生搜集翻译的两句从其家乡白山（广西马山）前往"京城""王城"的行旅壮话歌诀："两天到府，五天到京"；"过了宾州，望见王城"② 可知，古贵港曾是远古广西的"京城""王城"。

按照中国"天子所宫曰都""凡邑，有宗庙先君之主曰都"等概念，作为瓯骆王城的古贵港，须具备：一有王者居其中，二有王者之庙堂这两个最基本前提。而从考古发现的罗泊湾一号墓及出土大量明显具有王者等级的文物来看，古贵港显然曾有王者居其中，且这个王很可能就是西瓯骆越的方国之君，否则，秦始皇不会无缘无故地把桂林郡郡治设在古贵港的。只是到目前为

① 《徐松石民族学文集》，广西师范大学出版社2005年版，第346页。
② 罗宾：《骆越·布山历史文化考察与探析》，载广西骆越文化研究会、中共贵港市委宣传部编《广西贵港市历史文化研讨传统论文集》，2015年2月。

止，关于这个王者的资料很少，而关于这个王者之庙堂的资料就更少，因此，古贵港到底是什么样的一座王城，一直是广西民族和历史的千古之谜。

顾颉刚先生"层累地造成的中国古史"说认为，在中国传说的古史系统中，传统不是自古就有的，而是"层累式"由不同时代的传说所造成，因此，"我们要辨明古史，看史迹的整理还轻，而看传说的经历却重"①。而瓯骆王城的古史，也应该是这样一座"层累式"地由不同时代的传说所形塑的历史，因此，我们要复原瓯骆王城的古史，也应该是"看史迹的整理还轻，而看传说的经历却重"。

依据以上的理论，贵港古城的精神本质为犀牛王城。依据是：

1. 古贵港的精神原型为"犀牛—刘三姐"型

古贵港为刘三姐的第一故乡，也是独齿王神话传说流传的中心，瓯骆牛图腾圣地遗迹最为集中的地区之一。研究表明，远古的贵港，文化上曾强盛地生长着三支生生不息的文化血脉：古稻、犀牛、歌仙。其中的古稻，壮族古籍《布洛陀经诗》有关于古稻再生的描绘：远古时代，壮族祖先经历了一场三个月洪水不退，人类赖以为生的稻种全部灭绝的灭顶之灾，布洛陀派鸟兽上郎汉、鳌山、州眉、香炉等高山峡谷寻找谷种，最后在这些高山峡谷中找到了洪水遗留的稻种，人类因此得以重生。而布洛陀经诗所描绘的洪水遗稻古地名香炉山，据考证为贵港市北山的龙头山，这就意味着，贵港市北山很可能就是《布洛陀经诗》所描绘的古稻再生的重要家园。

这三支文化血脉中的另外两支：犀牛、歌仙，为同源异流的两支相融相生的血脉。所谓同源，是指两者都共同渊源于远古西瓯骆

① 赵吉惠、毛曦：《顾颉刚"层累地造成中国古史"观的现代意义》，《史学理论研究》1999 年第 2 期。

越人的犀牛图腾崇拜，所谓异流，则一方面指由犀牛图腾崇拜的政治权威化而产生的犀牛的王权统治，出现犀牛人格化的神或君王；另一方面指"一个会巫术的人，一个长者，一种力量，一种智慧和一种神秘知识的拥有者"即犀牛图腾的政治权威化人格神，总会在某一个或多个的犀牛图腾圣地，在年复一年的某一个固定的时日，举行犀牛图腾盛典以强化自己的王权权威，而其中的崇拜巫术和歌唱礼仪等宗教行为，很可能就是歌仙刘三姐赖以产生的文化土壤。而由于两者是如此血脉相通，因此，长期的交融共生不仅孕育了西瓯骆越的犀牛王城，还同时产生了影响深远的歌仙刘三姐文化现象。

交融共生的中心舞台很可能就发生在贵港的环北山一带，并由此形成环北山的"犀牛—刘三姐文化圈"。"犀牛—刘三姐文化圈"启示我们：西瓯骆越人很可能曾在这里建造过一座以犀牛为精神图腾的王城，即犀牛王城。在这座巍峨壮丽的犀牛王城之中，歌仙刘三姐因犀牛图腾精神的浸润而活力四射，而犀牛图腾则借助歌仙刘三姐以歌通神、通天、通情感心灵的本领而生生不息，两者的相辅相成，造就了古贵港"犀牛—刘三姐"的精神原型。

2. 古贵港的牛图腾信仰是古瓯骆牛图腾信仰的一个重要组成部分

陈小波考证认为："壮族最早崇拜的牛图腾为本地产犀牛和水牛，战国时期，随着黄牛从我国西北地区的传入，黄牛与犀牛、水牛一起成为人们的崇拜对象。"[1] 而根据"图腾崇拜是人类初生氏族的宗教"，"它发生在旧石器时代晚期"，"是世界上所有部落和民族在一定社会发展阶段上所固有的文化现象"[2] 等的图

---

① 陈小波：《壮族牛崇拜出现时间的考古学考察》，《广西民族研究》1998 年第 4 期。

② 苏联学者 Д·Е·海通：《图腾崇拜》一书的主要观点，【苏】Д·Е·海通著，何星亮翻译，上海文艺出版社 1993 年版。

腾主义观点，石器时代的壮族图腾崇拜对象为犀牛和水牛，而水牛图腾崇拜、黄牛图腾崇拜之所以在后来壮族的牛图腾崇拜中越来越占据上风，这完全由它们在后来壮族先民发明和创造的稻作农耕文明中的地位和作用所决定。并在这一过程中，由于犀牛的无法终被人类驯服，无法进入家畜之列，犀牛角又因被赋予种种神奇色彩而导致犀牛被人类持续猎杀继而灭绝等的原因，从而导致原本居于首要地位的犀牛图腾崇拜渐渐退居水牛、黄牛之后，甚至犀牛图腾崇拜的诸成分渐被融解分化到水牛图腾崇拜、黄牛图腾崇拜之中，也因如此，出现在神话传说中的犀牛往往被称为"独角黄牛""独角水牛"或"神牛"。不过，因为"图腾文化是人类历史上最古老、最奇特的文化之一，是与现代文化渊源关系较多的一种文化，同时也是最复杂的一种文化"[1]，所以远古瓯骆人犀牛图腾信仰的古老信息，是可以从其后裔壮侗语民族的当代社会中寻找到踪迹的。

　　而环北山的大量牛图腾崇拜遗迹、遗风说明，古贵港是远古瓯骆牛图腾崇拜的一个中心。

　　3. 布山古城的牛图腾演化史，同时也是瓯骆牛、稻、家屋的互动演化史

　　犀牛为壮族先民信仰的远古动物图腾。由梁庭望先生编著的《壮族风俗志》列举了壮族人曾崇拜过的诸多动物图腾有："鳄鱼、蛇、野鸡、鸟类、犬、蛙类、牛、犀牛、熊、虎、鹿、猴等"[2]，其中的水牛、犀牛被列为远古壮族的动物图腾。丘振声先生的《壮族图腾考》一书第六章"壮族牛图腾"一节，把犀牛、水牛、黄牛都纳入远古壮族先民牛图腾崇拜的重要组成部分，指出："随着黄牛部族势力的扩大，以水牛、犀牛为图腾的部族也加入进来了，成

---

①　何星亮：《中国图腾文化·引论》，中国社会科学出版社1992年版。

②　梁庭望：《壮族风俗志》，中央民族大学出版社1987年版，第78页。

为一个强大的部族，即牛图腾部族。"①

这意味着犀牛曾是瓯骆最早的牛崇拜对象之一。它大概产生于氏族公社时期人们求食、求安的本能需求。后来，随着稻作农耕文明的兴起，犀牛图腾崇拜渐与能够减轻劳役之苦的水牛、黄牛图腾崇拜融为一体，汇成一流，犀牛的原型文化基因也因犀牛的渐趋灭绝而被分解到后来的水牛、黄牛崇拜之中。其分化的大致途径是：①由犀能行于水，不怕火的神异特性而向职掌风雨水旱之水牛神的方向发展。历史上瓯骆族裔壮侗语民族盛行的打春牛祈雨等的民俗节庆活动，神话传说中的水牛、黄牛及其具备的雷、龙等神格特征等，当是这种演化的遗迹；②向人牛互助，牛升格为神的方向发展。由于牛对于农业生产和社会发展的重要作用，因此，人们对牛产生的感恩之情也自然被升腾演化为一种人们对牛的崇敬之情，演化出敬牛、爱牛的民俗文化和独齿王、莫一大王、刘三姐等牛图腾人格神；③牛文化与稻作文化、家屋文化相融合，牛文化中的犀牛独角文化基因，被演化成瓯骆建构稻与家屋安全的重要文化密码，并至今具有文化生成上的强大生命活力；④在牛、稻、家屋的互动演化过程中，布山古城被打造成为以犀牛的勇猛精神为根本，以水牛、黄牛、狮子等为基本建构图式的犀牛王城。

参考文献

1. 文榕生：《中国珍稀野生动物分布变迁》，山东科学出版社2009年版。

2. 文焕然等著，文榕生选编整理：《中国历史时期植物与动物变迁研究》，重庆出版社1995年版。

3. 王子今：《秦汉时期生态环境研究》，北京大学出版社2007

---

① 丘振声：《壮族图腾考》，广西人民出版社2006年版，第261页。

年版。

4. 郭璞注：《尔雅·释兽》，商务印书馆 1927 年版。

5. 刘恂：《岭表录异》（卷下），广东人民出版社 1983 年版。

6. 李时珍：《本草纲目》（卷五十一上），人民卫生出版社 1982 年版。

7. 贾臻：《接护越南贡使日记》（丛书集成第 83 册），新文丰出版社 1985 年版。

8. 丁世良、赵放主编：《中国地方志民俗资料汇编》（中南卷），书目文献出版社 1991 年版。

9. 尤玉柱：《记广西百色地区早第三纪犀类两新属》，《古脊椎动物与古人类》1997 年第 1 期。

10. 严亚玲、金昌柱、朱敏、刘毅弘、刘进余：《广西扶绥岩亮洞早更新世独角犀年龄结构的分析》，《人类学学报》2014 年第 4 期。

11. 金纲：《图腾动物独角兽原型考》，《内蒙古大学学报》2004 年第 1 期。

第 四 章

稻米文化合作推进中国—东盟
跨文化交流研究

在郁江北岸壮族农村，稻米是亲属社会的文化承载者，在生命仪礼中，由特定亲属赠送的带壳的稻谷、去壳的白米及其他米制品，是成功塑造人体/家、解构人体/家、重构人体/家的亲缘合力。稻米的流动与象征是形成亲属社会的重要条件，在生命仪礼中，来自后家的稻米具有让体/家屋生殖繁衍、生生不息的能力；来自虚拟性父母的稻米具有让体强壮，让体/家屋的生命特质得到理想改造的能力；亲属间流动的稻米具有祝福、吉祥，促进家屋兴旺再生的能力；流动的谷种具有成就新家，促进新家兴旺发达、绵延不绝的能力。稻作农耕是形成亲属社会的重要基础，劳动与仪式中的性别分工与合作可成功打造生命，打造家。米饭的共食或分食，是社会结缘认亲的基本法则，也是形成家屋、村落、他群、我群，建构理想社会的重要途径。

与此同时，笔者对东南亚国家的初步调查发现，郁江北岸壮族农村以稻米为转换中介的社会文化建构，在东南亚稻作农耕国家与人民中具有共通性，东南亚的泰国、柬埔寨、缅甸等佛教信仰国家的传统布施文化，与郁江北岸壮人如何在生命仪礼中，运用稻米生命史上的不同阶段和形式，进行关于生命、家、社会的构想具有本质上的相通之处，因此，本章节希望通过彼此稻文化的揭示，寻找中国—东盟跨文化交往的文化切合点。

第一节 郁江北岸壮族农村的稻米文化

一 相关背景材料简介

（一）郁江北岸壮族农村简介

在广西，属珠江西水系的郁江横贯贵港市中部，横县南部，桂平西部。在贵港市，人们习惯以郁江为界把郁江流域分为北岸和南岸两个区域，北岸主要包括覃塘区的六镇五乡及港北区的三镇五乡，总人口约 105 万人，其中，壮族人口超过一半，一些乡镇如中里、奇石、古樟等的壮族人口达 98% 左右。而南岸主要包括港南区的 12 个乡镇，总人口约 41 万，其中，汉族人口占总人口的 98.36%，壮族人口只占当地人口的 1.64%。

今天的贵港市，在秦、汉、三国、晋、南北朝时期称布山。布山为秦时桂林郡治所在地。汉武帝至隋、唐、五代十国、宋称郁林郡或郁林县，汉武帝时的郁林郡治仍在布山（自汉至南北朝、贵港市境内与布山同时并设的还有广郁、郁平、怀安、怀泽等县）。元代称贵州，贵州州治设在今贵港。明、清、民国及中华人民共和国成立后，称贵县。1988 年撤贵县建贵港市。

据《贵港市志》记载，贵港市的壮族由秦汉时代的西驱骆越发展而来，隋唐宋时代被称为俚人、乌浒人，明清至民国时代被称为壮人、土人或村人，中华人民共和国成立后被称为壮族。至今，壮族仍为郁江北岸农村的主体居民，他们聚村而居，世代从事农耕稻作，在他们的语言中，称水田为 na^{13}，称稻谷为 haeu^{21}，称稻米饭为 ŋa：i^{13}，这些称谓在壮语中通用，在泰语、老挝语、掸语中也有使用。

历史上的郁江北岸农民，出于最易开发、最易灌溉、最省劳力的生计考虑，一般把村落设计在就近有土地可以开垦，有水源可以自流灌溉，有柴草可以砍伐的地方，因此，有溪水不断涌出的山脚，耕作区不断扩大，村落人群也越聚越多，形成大型村落与大片耕作区之间的不可分割的联系。

现在，郁江北岸的壮族农村大多数为大型村落，大多数的村落人口在 2000—3000 人之间，少数村落人口超过 4000 人。在那里，毗邻的屋檐，密集的村落，绵延伸展的田野，变化无穷的四季，构成了一幅幅妙趣横生的画卷。

（二）稻作文明简介

1978 年至 1980 年间，由广西农业科学院组织 188 个单位协作完成的广西野生稻普查发现，郁江流域至今仍有大量野生稻分布：全区的野生稻共有 758 处，覆盖面积约 316.7 公顷，其中，连片达 3 公顷以上的有 13 处，其中最大的一片是贵县新塘乡马柳塘，覆盖面积 28 公顷。有 4 个县的覆盖面积都分别超过 33.3 公顷，其中，来宾县 53.3 公顷，贵县 46.7 公顷，武宣县 40 多公顷，桂平县 33.4 公顷。[①] 这四个县中的贵县、桂平两县属郁江流域，另外的武宣、来宾与郁江流域北岸的覃塘区连成一片。2002 年在玉林市福绵区的石山塘又新发现 150 多亩连片野生稻，经广西农科院水稻研究所专家考证，石山塘野生稻连片生长面积属广西之最，在全国罕见。而石山塘连片野生稻区，也与郁江流域区连成一片。中国的稻作农业史研究表明，野生稻是栽培稻的近缘祖先，中国的农业史专家丁颖认为，中国栽培稻起源于华南热带的野生稻，它是由野生稻通过长期自然选择和人工栽培而演变形成的。而郁江流域零星分布的大量野生稻的事实说明，这里曾是野生稻的理想家园，这里的远古居民具有采食野生稻、培育野生稻，进而进入农业文明的得天独

---

① 吴妙桑：《广西野生稻资源考察报告》，载《野生稻资源研究论文选编》，中国科学技术出版社 1990 年版。

厚的条件。

考古发现，早在汉代，郁江流域便有了发达的稻作农业：在贵港市罗泊湾一号汉墓出土的木牍《丛物志》上记载，该墓主有锸、锄、钺共计数百件之多的陪葬铁制农具，有"仓禾童及米厨物五十八囊""客山米一石"的谷种、稻谷陪葬；贵港市风流岭西汉墓还有以稻谷、谷种陪葬的考古实物出土；① 贵港市北郊汉墓出土的陶质屋，呈曲尺形，正面开二门，门侧有男女两俑，男俑持杵作舂米状，女俑持簸箕站立于舂臼旁，这是贵港市稻谷储藏与加工的实物证据。以上这些，说明早在汉代，郁江流域已普遍使用铁制农具，已主食大米，行谷种、稻谷陪葬的丧葬习俗，同住一屋的男女亲属有从事稻作生产和加工的性别分工和合作。

查阅相关文献还发现，郁江流域自古就是中国南方重要的商品粮生产基地，水稻种植最迟在宋代便已成为农业生产的主导产业，如宋人王象之《舆地纪胜》中说：贵州（今贵港）"民以水田为业"②。由于盛产水稻，郁江流域成为南方重要的稻米输出地，有大量稻谷运往广东。如明末清初的文献有"东粤少谷，恒资于西粤，西粤之贵县尤多谷然"③ 的记载；有"广西贵县仓所贮之粮，年久溃烂，簸出成灰，不堪食者五百九十三石有奇，累为勘实，宜为除豁"④ 的奏折。因为有大量吃不完的富余稻米，郁江流域成为明清时期我国西米东运的重要产地，大量的稻谷经郁江下游苍梧县的戎圩、桂平县的江口圩、平南县的大安圩等圩镇渡口而源源不断地运往广东，为此，民谚有"粜不尽戎圩谷、斩不尽长洲竹"之说。

---

① 广西壮族自治区博物馆：《广西贵县罗泊湾汉墓》，文物出版社1988年版；广西文物队：《广西贵县北郊汉墓》，载《广西文物考古报告集》，广西人民出版社1993年版。

② 谢启昆：《舆地略》，"广西通志"卷八十七。

③ （清）屈大均：《广东新语·卷十四·食语》，中华书局1985年版。

④ 明正统八年户部奏折，《明英宗实录》卷一〇三。

（三）生产节律与性别分工

郁江北岸农村的气候特点是气温高，雨量多，雨热同季，无霜期长，植物可全年生长，水稻可一年两熟。

关于水稻两熟制的通行时令，《郁林月令》[①] 有详尽描述：

> 孟春之月，犁始毕，茶芽坼，柳怀胎，荔枝吐蕊，小麦黄，冬禾熟，土膏动，农始耕具。
>
> 仲春之月，蔗初芽，蚕始生，柔桑可采，鱼苗生，草木赛，青蝇蚋拂其羽，蛙部鼓吹。
>
> 季春之月，杨梅熟，烟草秀，温风至，布谷鸣，鹧鸪分山，田功毕作，秧针刺水。
>
> 孟夏之月，大雨时行，早稻秀，梅子熟，桑红绽，高榕荫口，蛤蚧鸣。
>
> 仲夏之月，荔枝丹，早稻实，元鸟再乳，苦瓜入馔，甘薯初生，蚊雷聚榴，花吐焰。
>
> 季夏之月，溽暑，农事忙，早稻悉登，晚秧随插，龙眼垂珠，膏菽落，花生茂，藕荇新。
>
> 孟秋之月，酷暑大，火西流，香粳秀，竹笋丛生，蟋蟀吟。
>
> 仲秋之月，新芋香，梨栗熟，白榄落，木樨香闻，凉风至，芙蓉三醉。
>
> 季秋之月，晚稻始获，篱菊绽黄，纸鸢翻风，薯蔗流甘。
>
> 孟冬之月，柑橙红，橘柚黄，秋谷入廪，八蚕功毕，霜始寒，徒杠成蚑，不绝吟。

---

① 《郁林月令》的来历：《郁林州志》说"岭南有月令二篇，一见《粤东通志》，钮秀《觚滕》《省志》有陆川月令，今取三篇参考增删为郁林月令"。转引自李炳东《广西农业经济史稿》，广西民族出版社 1985 年版。

　　　　仲冬之月，遇晴暖，凝阴寒，木叶微脱，梅吐毕，白菘结
成葩。

　　　　季冬之月，涸塘以鱼，桃李贺春，水仙含芽，山茶舒锦，
寒山酿雪。

　　郁林月令是一首脍炙人口的谚语民瑶，它长期流传在郁江流域
及整个桂东南地区，歌谣的内容虽依月份和季节的时间流动来变
化，但整个体系却是以稻作生产的各个环节为中心，并对应芋麦薯
蔗、瓜果桑茶、花鸟虫鱼、风霜雨雪等的农事活动及物候万象的宇
宙图景来安排，基本上反映了当地农民水稻生产的全过程。

　　民族志调查发现，郁江北岸农村的稻作生产实行亲属间的两性
分工和两性合作，分工合作往往从核心家庭的父母、子女开始，然
后由近及远进一步扩展到父母的兄弟姐妹、堂兄弟姐妹、表兄弟姐
妹；子女的兄弟姐妹、堂兄弟姐妹、表兄弟姐妹等。一般来说，浸
种、播种、插秧由女性亲属完成，铲秧、拔秧、挑秧由男性亲属完
成；耕田是水稻生产重要环节，包含犁、耙、平三套程序，这些工
作完全由男性亲属完成；施肥和田间管理是水稻生产的重要内容，
《贵县志》有："农历三时，谷收两造，秧既入田，薅二次，惰农
薅一次"[1]，薅田与施肥一般同时进行，这些工作由男女亲属合作完
成；另外的收割、储藏、稻米加工，也由男女亲属合作完成。

二　生活习俗中的稻、米、饭

　　以稻作为本的郁江北岸壮族农民，视稻、米、饭为生命之本，
日常生活中，有诸多关于稻、米、饭的认知类别，并依此有不同的
文化心理和行为规范，情形如下：

_____

① 　民国时期《贵县志》。

（一）稻谷

在郁江北岸壮族人的生活情境中，头季稻、谷种、秧苗的最初生命形式具有不同的文化类别意义，分别是：

1. 头季稻

当地的水稻为一年两熟制，分头、晚两季，头季是春种夏收，晚季是夏种秋收。一般来说，头季稻没有晚季稻香软可口，人们的日常大米消费多倾向于晚季稻，但晚季稻在当地的生活习俗中没有文化上的类别意义，相反头季稻有着非同寻常的意义。如人们入住新房时要设祖先香炉，一定是用头季稻的稻草或稻谷烧成灰放入新香炉，更换祖先香炉中的灰烬也是这样；农历七有节，人们一般使用头季稻煮出的新米饭祭奠新亡灵，而取头季稻的用意除了取一年之计在于春外，还有另外的一个用意，就是头季稻一头连着万物生长的春天，另一头连着夏收夏种，这种季节时间上的连绵起伏使当地人不自觉地把它和人们所企盼的世代绵延，生生不息的生命意象相联系，并依此对头季稻产生敬仰和向往。

2. 谷种

郁江北岸农民认为谷种具有绵延之力，这种力既是稻作农业的起点，同时也是生命的源头，在生命礼中，关系到个体生命和家屋生命血脉绵延或轮回再生的场合，人们赠送的是谷种，日常生活中，人们若拿稻种去卖，或去跟别人借稻种，换稻种，交易完成后，交出稻种的一方要再跟对方讨回一点自己的谷种，这样做的目的是，不希望谷种的绵延之力在交换中流失。

3. 秧苗

在当地，人们对秧苗敬若神明，平时绝对禁止秧苗从人的身体上跨越，认为秧苗跨越身体，会夺走命粮，轻则会让人大病一场，重则能置人于死地。劳动生活中如果出现有人不小心被秧苗跨越，解决的办法是给被秧苗跨越的人举行添粮仪式，添粮仪式有两种，一种是与老人的添粮祝寿一样，在亲朋中筹集稻米，并择日举行仪式；另一种是让抛越秧苗的人背着被秧苗跨越的人走过十二垌田，象征用十二垌的稻米来补充命粮的缺失。

（二）去壳的白米

在白米方面，郁江北岸壮族人有关于命粮、集米、福米、财米等的类别，有关于糯米和粳米的人情区别，有与这些类别有关的习俗禁忌，等等。

1. 命粮

郁江北岸壮族人认为，一颗白米养上百种人，有的人强壮，有的人多病；有的人生育力旺盛，生男又生女，有的人生育力差，一辈子无儿无女；有的人善良，有的人恶毒；有的人勤劳，有的人懒惰；有的人富贵，有的人贫贱；等等。人与人之间之所以千差万别，原因是各人与生俱来的命粮不一样。如有的人出生时命粮带得多一点，有的人带得少一点，有的人质地好一点，有的人质地差一点。民间认为，命粮带得多的人一生不缺命粮，一辈子少病少灾，多子多福，健康长寿，而命粮带得少的人，则多灾多难，病痛缠身、生育力差。同样，出生时命粮质地就很好的人，则一辈子吉星高照，平安多福。而命粮质地差的人，除了表现为身体不好，生育力差之外，还表现为克夫克子或鳏寡身残等。

民间认为，命粮质地在很大程度上取决于花婆所赐的花的品色和质地。传说花婆花园中的花，品种色彩各异，有的品色高雅，倾国倾城，有的芬芳迷人，惹人喜爱，但也有的平凡寂寞，甚至苦涩残败。一般来说，由高贵的花转生而来的人长相好，人缘好，一生快乐；而由带苦带刺的花转生而来的人则命中诸多不顺，一生劳碌奔波。不过民间又认为，花婆所赐的花是可以改良的，民间的很多仪式就是致力于这一方面的工作，如民间举行的架桥搭花、求花、解关、契养、托养等仪式，就属于这一方面的工作。民间相信，这些仪式虽很难从根本上改变人与生俱来的命粮质地，但可以趋利避害，在一定程度上改善或提高命粮的质地。其中，通过命好的契养父母、托养父母所赠送的白米，使身体得到滋养，进而改善与生俱来的"命粮"质地的不足；亲属间通过生命礼互赠白米，也可以提高"命粮"的滋养之力，减少疾病；在关系到生殖繁衍及生命打造的所有生命礼中，让"命好"的人充当主要人事，如结婚成家时，让命好的人主持煮猪油糯米饭仪式，让命好的人去接新娘；因身体原因不能生儿育女的，到命好的人家里吃餐饭，讨点米；有人过世，后家让命好的人带去"米魂"，并主持让家屋转生、转旺的安龙仪式等，都被当地人认为是改造"命粮"的有效办法或途径之一。而对命好的人判断是：身康体健，才貌双全，儿女夫妻双全，名声好，人缘好，生活富足安康，儿女成人成才等。

解决命粮少的办法是举行添粮仪式，让生命力旺盛的晚辈亲属赠送白米，以达到补充命粮的目的。有些人一辈子要举行三五次的添粮仪式，有些人则一次也不用举行，这便与命粮的多寡有关。

2. 集米

郁江北岸的壮族农民认为，集众人之米也聚众人之福，因此，民间除特定的仪式如安龙立社、十盟聚餐、丧礼、添粮等需要集中众人之米外，在平常的日子里，人们也喜欢举行集众人之米的会餐活动，这种活动当地人叫作 gu^{11}go：b^{33}li：m^{33}（其中的 gu^{11} 为做之意，go：b^{33} 为合众、合伙之意，li：m^{33} 为筹集钱米之意）。这种活动一般为成年人活动，活动的最好时机是正月十五晚，届时，志同道合的三五个人相约拿出一些白米，待夜深人静便潜入人家的菜地偷些葱和菜，然后再到事先商量好的一个人的家里把集中来的米和偷来的葱和菜煮熟，然后大家聚吃。据说聚吃后大家会变得聪明，出门办事顺利。平时，有人出远门，或有人计划干大事，或农忙，人们也喜欢集众人之米举行众人的会餐活动，但平时的会餐是不能去偷人家的葱和菜的。人们之所以热衷于 $gu^{11}go：b^{33}li：m^{33}$，原因是人们相信众人的集米有神奇之力，可以让需要力量的人得到理想的力量，需要帮助的人得到帮助。

3. 福米

当地民间除信仰自己的祖先外，还信仰多神，为了求得神的福佑，在每年的开年之初，一般是农历的正月，上了年纪的妇女便手拿一些白米和一些糖果到传说中较为灵验的某神灵所在地去求福，如想生儿育女，可到巫婆三姐处请求三姐进花园求花婆赐花，求赐白花生男孩，求赐红花生女孩；想家业兴旺，儿孙勤劳能干等，则在院子外向初升的朝阳祭拜；等等。祭过神的白米当地人称为 $haeu^{21}fuk^{35}$（$haeu^{21}$ 指的是白米，fuk^{35} 为"福分"之意，$haeu^{21}fuk^{35}$ 指"福米"）。福米拿回家，放进米缸，便意味着福进家门，全家将因此身康体健，万事顺意。一般来说，岁初求福，岁末还福，也有些过几年或几十年才去还福。

4. 财米

当地人把入住新屋各方亲属（含后家亲属）送来的白米；丧礼上，死者媳妇取众人之集米撒回屋子，最后撒满卧室四个屋角的白米等都称为财米，财米象征家屋的富足安康。

5. 其他的米

年轻人出远门或去办什么重要之事，为求吉利，出门前长辈亲属递送个红包，红包里放进几粒白米；请别人帮大忙，如建房子、建厨房里的火灶、犁田种地等，主家答谢的红包中放进几粒白米；老人见到久别的儿子、女儿、孙子、外甥等的晚辈，见面时给些见面礼，见面礼中伴上几粒白米，等等，这些白米具有祝福吉祥之意；后家给孕妇送去白米，给产妇送去甜酒，给满月第一次回娘家的妇女送个红包，红包内放上几粒白米等，这些白米具有生养之力；等等。也就是说，在亲戚朋友之间流动的白米具有种种助人之力。

6. 糯米

在当地，婚、生、新居大吉、寿、丧等的仪式场合，都有充当"礼"的白米流动，而白米有糯米和粳米之分，因此，充当"礼"的便有糯米和粳米之分。一般情况下，后家或母亲才赠送糯米，但如果后家或母亲没有糯米，以粳米相送也具有同等的意义，而其他亲属则一般送粳米，调查中没有发现送糯米的其他亲属。人们对此的说法是，送米要看亲疏，如果给一般的人送两斤米，则给较亲的人送三斤、四斤或更多，而给最亲的人则要两倍三倍地送，而且如果觉得这样还不够，则最好是送糯米。当地人认为糯米能够承载更多的人情，只有最亲的人才能受得起以糯米相赠的人情，而不亲的人虽然平时可以互送些糯米，也可以拿糯米做买卖，但在生命礼仪的场合，则一般不赠送糯米。

7. 对白米的禁忌

郁江北岸的壮族人认为，去壳的白米有灵魂，可沟通人、鬼、神，因此，平时禁止拿白米放在手心手背玩，认为这样会引发肚子痛；禁止拿白米到太阳底下晒，认为晒白米会引诱鬼魂入屋，对家人不利。另外，刚结婚的人，刚入住新居的人，感到身体不舒服的人，坐月子的人，忌给别人送白米，特别是不给举行添粮仪式的人送白米。原因是当地人认为，这些人最需要各方的滋养之力，而送出白米，就等于送出了力，会使身体受到亏损，对身体不利。

（三）饭

在郁江北岸壮族人的观念中，米饭是有生命的，可以养护身体，养护生命，也可以伤害身体，伤害生命，因此，对米饭有诸多规范，诸多禁忌，情形如下：

1. 一勺饭和满碗饭

在当地，厅堂祭祖和屋外祭鬼所用的米饭一般都只装一碗一勺，而平时给成年人装饭，忌只装一勺的饭，而清明节上坟祭祖、结婚成人礼、安龙立社等重要活动，祭品中的米饭则不能装一碗一勺，而是尽可能把饭夯实、装满。习俗认为，阳间的人身体重，因此必须有相应分量的米饭才能承载成人之体，如果只装一勺，则无法承载成人之体，这样，容易给他（她）带来身体上的不适，甚至有生命危险。而鬼神的身体轻，只装一勺饭便可。另外，未成年的小孩，特别是还吃母乳的小孩，他们的身体轻，则不存在只装一勺饭的禁忌。而清明节上坟祭祖、结婚成人礼、安龙立社等重要活动，米饭不仅与"体"发生关系，同时也与家、完美等的概念发生关系，因此，这类场合出现的米饭以"满"和"实"出现，具有代表"家""完美"之意。

2. 一般白米饭和糯米饭

在当地，平时的主食一般是用粳米煮成的白米饭，但也不忌讳吃糯米饭，只是平时如果不是来客人、干重活等，一般人家是舍不得吃糯米饭的。一些重要节日，习俗要求人们用糯米饭或糯米制品祭神，如春节，一般家家户户包粽子，用粽子供神，女儿、女婿拿粽子孝敬娘家人，祭娘家祖神，亲戚往来互赠粽子；农历七月初六晚，家家户户做糯米糍粑供神，年三十晚，也有些人家要用糯米糍粑供神；清明节，家家户户用枫叶汁泡糯米煮成黑色糯米饭上坟扫墓。重要生命礼，如结婚成人礼、灵前饭祭、灵前分饭礼等也一般使用糯米饭。民俗资料的调查搜集发现，一般以一勺饭出现的祭祀场合，使用都是一般的白米饭，而以满和实出现的祭祀场合，则一般使用糯米饭或糯米制品；有关滋养性质的生命礼，使用一般的白米饭，而关系到"家"的生命礼，则使用糯米饭。

3. "夹生饭"

所谓"夹生饭"指的是煮成半生半熟的米饭，这种米饭一般都被当地人认为不吉利。如过年时，如果把饭煮成夹生饭，则被认为当年家运不幸，或有人生病、或有凶险之事发生，解决办法是向巫婆三姐问卜，求巫婆禳灾除难；如果出远门或出门办事，吃到夹生饭，则认为不吉利，不顺利，解决的办法是不出门或求神保佑后再出门。

4. 热饭和冷饭

习俗认为，凡是阳间人所吃的米饭都叫热饭，凡是阴间的人所吃的米饭都叫冷饭，而其中的热和冷不含温度上的意义。热饭又分自家的饭和别家的饭，自家饭代表的是一个人与生俱来的关于身体和生命上的特质，如身体上是强壮的还是虚弱的，成人后是否能够生男生女，生命过程是否顺利等，如果一切都是理想的，就说明自家的饭足够滋养身体，滋养生命，如果相反，则说明自家饭有某些欠缺，解决的办法是通过寻找虚拟性父母，象征性地到虚拟性的父母家吃餐饭及吃由虚拟性父母赠送的一碗白米煮成的饭而达到修正先天身体和生命上的不足，而在仪式过程中由虚拟性父母喂食的饭及每年正月初二在虚拟性父母家所吃的饭及由虚拟性父母所赠送的白米煮成的饭都属于别家饭。

三　仪式中的稻米

郁江北岸壮族人认为，理想人体的长成，家的打造，需要多种力量的参与，这些力量被分派到各亲属团体，成为各亲属团体应尽的义务和在亲属社会中应享的特权，也当然地成为人们互赠稻米的理由。

人们互赠稻米一般有两种情形，一种是在生命仪式的过程之中，另一种是在年节仪礼之中，以下分别阐述：

（一）稻米与生命仪礼

一般来说，在仪式中流动的稻米都具有祝福吉祥之意；具有让体质变得强壮，变得理想，变得延年益寿的能力；具有让家屋变得美满，让体、家屋生殖繁衍的能力等。

1. 婚嫁（成家）仪式与稻米

一对男女从相亲到结为夫妻，有许多程序使用到稻米，并内含不同的文化意义：

（1）合八字

在当地，老一辈人（中华人民共和国成立前结婚的）的传统婚礼要经过合八字程序，过程是：经提亲、相亲，男女双方的老人和年轻人都彼此满意后，女方的母亲便遣媒人给男方送女儿的生辰八字，与女儿生辰八字一起送的还有从女方家的米缸中取出的两三斤白米。男家父母收到女家的生辰八字和白米后，便把男女双方的生辰八字拿去给算命先生算，如果算出男女双方没有相克现象，则说明两人可以结为夫妻，反之则不能结为夫妻。而女方送来的白米则取出一点点，与男女双方的生辰八字一起放在厅堂神台的香炉底下，其他的白米则倒入男家米缸。如果在三天到七天之内，男家没有出现夹生饭，也没有不好的意外之事发生，则说明男女双方的结合将是顺利的，幸福长久的，否则，就可能是多灾多难的，双方老人可以根据这些预测决定男女青年是否结婚。不过调查发现，多数求偶心切的男家，往往不会把不好的算命结果和米卜结果告诉女家，而嫁女心切的女家，因担心女儿的"命"配不上男家也多数是把假的女儿生辰八字送给男家。因此，合八字事实上合的是两家的稻米，通过两家稻米是否相合决定男女姻缘。

（2）选吉日

到女儿即将出嫁，为配合男家选择良辰吉日，母亲或其他长辈女亲属又遣媒人把女儿的生辰八字写在一张红纸上送往男家，陪送女儿八字前往的还有一两斤白米。男家收到白米后，要放入自家米缸，这样做的目的是让女方的心更靠近男方或男家。调查发现，一般人家仍在这个时候送假的生辰八字，母亲们的说法是，女儿还没住进男家，女儿的"命"也不应该过早地放到男家。也就是说，这一婚姻程序的关键也不在于女方的生辰八字，而在于女方的白米。

2. 生养仪式与稻米

在郁江北岸农村，从女人怀孕，到生下孩子，再到孩子成长，有一系列的生养仪式与稻米有关，在生养仪式中流动的稻米具有助生殖、助成长、助理想体质形成的能力，情形如下：

（1）生殖仪式

为了让女人婚后怀上孩子，母亲要在新婚第一年的正月初二，给新人准备一对一公一母的小鸡仔和一个红封包，封包内放几粒白米，白米和小鸡都有祝福女人尽快怀孕之意。也有一些人让母亲或家婆拿些白米到巫婆三姐处查花、探花，请求花婆赐红花、白花，其中的白米就具有引花、育花的目的和功能。

女人怀上第一个孩子后，母亲或后家的其他长辈女亲属再向男家送女人的生辰八字（据说，只有女人怀孕后女家送的生辰八字才是真的，之前如合八字、择良辰吉日全是假的），同样也有一两斤白米陪同前往。习俗认为，母亲的白米具有生养之力，可以佑护女儿在新家中获得生殖、健康和幸福。而收到女家白米的男家要把白米放入米缸，与全家的米一起煮饭吃。

头胎婴儿出生满三朝或满月，外婆率众女亲戚携白米、甜酒、项鸡、小孩背带、衣帽前往庆贺，其中的白米由外婆（如果没有外婆可由舅母等其他女亲戚代替）亲手准备或从亲戚中筹集，可几两、几斤、十几斤不等，这些白米放入产妇的米缸与其他的白米一起煮饭吃，可以佑护产妇身康体健，多生贵子，佑护婴儿茁壮成长、聪明伶俐。

（2）要契仪式

在郁江北岸的壮族人意识中，认为人体的生长发育除了来源于生物性的父母之外，同时还源于米饭这一滋养性的父母。当地有一种生养习俗叫"要契"，就是人体的生长发育来源于米饭这一滋养性父母的概念的展示与实践。

要契的过程是：孩子刚生下不久，父母便找算命先生算孩子的命中五行，如果命中五行缺了哪一行，算命先生便会告诉主家小孩应契什么，如命中缺金，则契大石；缺水则契泉水、河流；缺火则契太阳；缺木则契大树；缺土则契人。受契的人和物成为人们精神意念中专司滋养的父母，可以辅助一个人长大成人。而如果一个人命中什么都不缺，则意味着专司滋养的父母已在他（她）出生时就从娘胎带来，并辅助他（她）长大成人，因此父母就不用为他（她）举行"契"的生命礼，不过考察中发现，这样的人极少，只占当地人口的20%左右。

而一般的人（占当地人口的80%以上），只要他（她）的体还处于生长发育的成长阶段，即还未长大成人，父母一般都要为他（她）举行"契"的生命礼。过程是：如果是契自然界的太阳、河流、泉水、树木、石头等，则在选好的吉日备上一碗白米、两碗白米饭、一挂熟猪肉、一些糖果，先祭土地神，并给土地神贴上一张红纸，然后再祭所契的自然之物，并贴上一张红纸（如果是契太阳，则在院子中央贴红纸），最后祭自己家里的祖神，这一过程叫要契。

"要契"的祭祀礼仪要在以后的每年正月初二重复一次，直到小孩成家。祭祀后，除了那两碗白米之外，其他的祭祀食品可在当天便拿来与全家分享，但那碗白米需留在米缸里，放上三天或七天以后才拿来给小孩煮饭或粥吃，也有倒入米缸与全家的口粮合在一起煮吃的。这碗白米当地叫作"haeu^{21} gei^{53}"（haeu^{21} 为米之意，gei^{53} 为契之意），haeu^{21} gei^{53} 是每年正月初二所有"要契"礼仪的核心内容，它代表大树、泉水、太阳、大石等的自然之物，就像父母生育、抚养子女一样，去庇护、滋养尚未成年的小孩健康地生长发育。

而如果是契人，则在吉日由小孩的父母备些礼物，一般是一只鸡、一挂猪肉、一些糖果，到一个同意充当小孩的契父或契母并与小孩的生父或生母同龄的人家里，契父母给契子准备一碗白米，一个红封包，与契子家带来的礼物一起在厅堂祭拜祖神，禀告祖神说契子某某与自己有缘，现来求一碗饭吃，并祈求祖神给予佑护。祭毕，契子来到神台前，由契父或契母亲手喂给几口饭吃，然后与契父母一家一起吃餐团聚饭，然后那碗白米与红封包给契子带回家放入米缸，过三天或七天再由主家拿来给小孩煮饭或粥吃，也可倒入米缸与全家口粮一起煮着吃。这碗白米也叫 $haeu^{21}gei^{53}$，从此的每年正月初二，契子都要携礼前往契父契母家祭拜祖神并与契父契母全家人一起吃餐饭，契父契母也必备一碗 $haeu^{21}gei^{53}$ 给契子带回。

"契"不是终身制，一旦孩子长大成人便可拿下，而孩子长大成人的标志是成婚礼，因此，当家长给孩子举办结婚礼的时候，"拿契"成为婚礼的序曲，过程是：婚礼的前一天下午，主家便请族中的一位妇女备香烛、米饭、熟肉、红丝线去祭土地神。如果是契物，则再去祭所契之物，给所契之物系根红丝线，这便意味着已把契拿下，以后再也不去祭拜这些所契之物及所契之人了。[①]

而无论契人还是契物，在当地人看来，都是为了寻求米饭的喂养和人体的健康成长，也就是说，在人们的意识形态中，人们除了认知人体的生长发育来源于生物性的父母之外，同时还要认知人体的生长发育来源于米饭这一滋养性的父母。也就是说，契对于人体的生长发育具有扶持养育方面的作用。

---

① 但也有些是终身都去祭拜的，这其中没有什么特别的因缘，只是这些人觉得这些所契之物有利于自己，想继续得到佑护而已，不过社会对此的看法不一，有些人认为把契拿下了还继续去祭会恰如其反，不但得不到保佑还会招来不安。

（3）托养仪式

在郁江北岸的壮人观念中，认为改变了米饭滋养的来源，就相当于改变了生殖性的父母，而改变了生殖性的父母，就会改变由生殖带来的人体的状态和特质，人体就会由弱变强，由不生育变成可以生育，由生女不生男或生男不生女变成儿女双全。为此，如果一个人成年以后仍然体弱多病或成婚之后由于体弱多病而不能生儿育女、繁衍后代，或只生女不生男或只生男不生女的，人们便认为这个人的"命"不好，为了改变其命运，这些人便把自己的"命"象征性地寄托到与自己父母相近年龄的人家里。

托养的过程是这样的：物色一对身康体健，与自己父母的年龄相差不大，且生育有儿子、女儿的一对中年夫妇作为自己的象征性父母，并择日举行仪式。仪式过程是：用红纸写上自己的生辰八字，备上一只鸡，一挂约两三斤的猪肉，来到对方家里。对方把送来的鸡、猪肉煮熟，再准备两碗白米饭，两三斤白米，把托养子女送来的生辰八字放置白米上，一起供祭祖神。在祭祀过程中，托养父母要一边祭祀一边说上一些祝福的话，并给站在神台前的托养子女象征性地喂上几口饭。喂饭仪式的完成正式宣告双方的托养关系已经成立。

托养关系成立后，托养子女要在每年的正月初二备上粽子、腊肉到托养父母的家里祭祖，并在托养父母家吃一餐饭。这种来往一直保留到托养父母过世为止，并在这一过程中，托养子女成家的结婚礼、生儿育女的满月酒、儿女婚嫁的喜酒等，都要隆重地请托养父母来为自己祝福。托养父母来的时候也必备厚礼前往，其中必有十多斤的白米。反过来，托养父母家里举办的婚、生、寿、丧等大事，也必把托养子女当成自己的孩子一样请来为自己出谋划策，而托养子女前往的时候，也要备白米、布料等厚礼。

3. 建房、入新居仪式与稻米

建房、入住新居仪式有大量的稻米内容，这些进入仪式的稻米代表的是滋养、富足、安康和生生不息，基本情况是：

家有建房大计，主家要选好开工动土的良辰吉日。动土前，男女家长用自家米缸中的两三斤白米、一个红封包祭新屋的土地神，其中的白米代表滋养、富足、安康；入住新屋，主人家要挑些礼担前往，其中一定有一挑是稻谷，一挑是白米、柴火和水。离开旧屋时，众人先祭旧屋祖神，并每个人从旧屋香炉中拿走一根香，女家长（也可以是男家长）则随身背带一个布包，布包内有用头季稻的稻谷或稻秆烧成的灰，还有一小包用头季稻加工的白米及九枚硬币（其中的"九"代表"长久"之意）。吉时一到，女家长则把从旧屋带来的稻草灰倒入神台上的新香炉，香炉下再压放一些由头季稻加工而成的白米和九枚硬币，于是众人各在新香炉中插入一根香，带来的谷担便供在祖先神台前，男家长则进屋把灶火点燃，这时，点燃鞭炮，入住新居的仪式结束。

入住新屋仪式结束后，各方亲属开始来庆贺。亲属可以带各种各样的礼前往庆贺，但其中一定要有三五斤的白米，而后家则一般携带糯米前往，但如果没有糯米也可携带粳米前往，这些由各方亲属带来的白米，当地人都叫"财米"，当地人认为"财米"具有让新屋富足、安康之力。

4. 添粮仪式与稻米

人生进入暮年，逢61、71、81等年岁，如经常感到身体不舒畅或生大病，晚辈就要为其举行添粮仪式，所谓添粮，就是为老人准备一个寿米缸，众晚辈亲属各放进一些白米而成。也有些寿粮是由老人到街上的米行去讨，讨的方式是从米行的一头开始，依次手抓一把米，直抓到另一头，摊主对讨米的老人一般不指责，有些还会说上几句祝福的话。讨回的白米放入寿米缸，只有身体不舒服的时候才拿出一点来煮，忌把米缸中的白米煮完。习俗认为，从众晚辈或众人筹集到的众人之米能供养人体，延年益寿。

另外，习俗认为，如果被小鸟的粪便掉落头上，或者有秧苗从身上抛过，人的生命就会受到威胁，严重的会得大病或死掉，解决的办法也是举行添粮仪式，过程与给老人添粮祝寿一样。

添粮仪式展示了当地有关米饭的滋养与人的长寿的关系。在当地人看来，人与生俱来的命粮是有限的，因此，人活到一定的年限，就会出现命粮短缺的现象，而命粮短缺意味着人的饭量正在减少，米饭的滋养之力正在减弱，由此造成的人的体力、神力的虚弱是人最终走向死亡的必然过程。而添粮仪式实际上就是通过亲属和晚辈赠送的白米和喂给的米饭而把亲属和晚辈对米饭的旺盛食欲传导给前辈或病人，从而给前辈或病人带来对米饭食欲的增加和滋养之力的增强。

5. 丧礼与稻米

丧礼中的稻米主要有米魂、集米和安龙的稻米饭，情形如下：

（1）米魂

老人过世后，在出殡的前一天晚上，死者的儿媳、孙媳的后家必来两个女亲属守卧室，其中以母亲、伯母或婶母亲自去最显尊荣，其次是舅母辈亲属，其三是同族中夫妻、儿女双全的命好的中年妇女。后家女亲属直接进入卧室，在卧室内摆上从后家带来的一碗（也可装两碗）白米，[①] 这碗白米当地人称为 haeu²¹ hun¹³（haeu²¹为米，hun¹³为魂，haeu²¹ hun¹³即米魂之意）。点上从后家带来的一盏叫财灯的煤油灯，如果卧室女主人还没有生男孩，则再点一盏被称为花灯的煤油灯，如果有未成婚的男孩，则再点一盏被称为媳妇灯的煤油灯。当晚，伴白米之灯彻夜长明，卧室的门通宵敞

---

① 如果房主是长子，白米上再放两个后家送来的染成红色的生鸡蛋，事后生鸡蛋要孵成小鸡让长子饲养。

开，整个晚上，守卧室的两个后家女亲属不靠近灵堂，不参加哭孝、守灵等活动，也不参加第二天的送殡仪式。

之所以让后家来守卧室，并送去象征生旺的米魂，象征添丁发财、娶妻的灯，原因是当地人认为，人一旦死去，人体便由热变冷，家屋也跟着由热变冷。另外，出殡前和出殡后的一个时期内，现在一般是三天到七天，过去（指中华人民共和国成立前）则需七七四十九天或更长的时间，习俗禁止行孝的夫妻同居，这样，在禁止夫妻同居的行孝期间，丧家的家屋便暂时失去生机，解决的办法是让后家守夜以起热家屋，让后家的米魂、财灯、媳妇灯点燃家屋的生旺之力。①

丧礼结束后，米魂放入屋主的米缸，与屋主米缸内的其他白米一起混合煮饭吃，习俗认为，丧事代表衰死，是不吉利的，而米魂则代表健康、生殖和兴旺，是吉祥的，丧家仰赖于后家的米魂佑护，就不会因为老人的过世而失去生机，就能够积蓄力量转生、转旺，因此，丧礼中后家送去守卧室的白米具有兴旺、发达、佑护、生殖、繁衍之力。

（2）集米

在当地的壮族农村，一旦有人过世，除了死者后家以外的所有亲属，含死者生前所在的父系夫居制家屋中各家户的讨妻者/给妻者、契子、认子女、养子女，同村、同一个土地神的代表，死者生前结交的老同、朋友等，他们在奔丧时，都依据亲缘关系组成一个个的团队以群的形式前往奔丧，每一群都共备一个礼担前往，礼担中一定要有约十斤或几十斤的白米。一般来说，丧家要安排专人到大门外接礼担，当一群群奔丧的人静默着跟随礼担进入灵堂的时

---

① 在当地壮语中，出殡前夜后家守卧室仪式有 daw^{13} hou^{35}、remr^{55} hou^{35} 和 ha^{13} thou^{13}、ren^{33} tso：ŋ^{13} 几种说法，其中的 daw^{13} 为守护之意，hou^{35} 为卧室之间，remr^{55} 为"热""暖"之意，ha^{13} 为霸占、抢占、号定之意。

候，司仪便将悬挂在灵堂右侧的铜锣连敲三声，随着锣声响起，守候灵堂的孝男孝女便开声哭孝，奔丧亲属便在锣声、哭声中，点香祭奠死者，祭毕，礼担中的白布悬挂灵堂孝敬死者，礼担中的白米倒入厨房专设的一个集米缸内。

当灵柩抬出厅堂，死者的女婿们要在厅堂外举行屋外祭，这时死者的媳妇们便用衣襟从这个专设的集米缸内装些众人之米，与灵柩抬出的相反方向往回撒白米，一直撒到自己的卧室，撒遍四个墙角，以示借众人之力佑护家屋由死转生，由衰转旺。

送葬归来的当天傍晚，丧家举行代表家屋由衰转旺的安龙仪式，但女儿、女婿不参加兄弟家的安龙仪式，但分得三五斤由众奔丧亲戚所赠的白米及一块约两斤的生猪肉回家。回到家当天，他们便把白米和肉煮熟祭祖，以祈求一家人的健康和家业的兴旺，这一仪式他们称为 aeu^{45}fok^{35}（aeu^{45}为要之意，fok^{35}为福之意）。

（3）安龙的稻米饭

送殡归来，后家要为主家举行安龙仪式，过程是：出殡时，前一天晚上来守卧室的后家女亲属，不参加出殡仪式，在家准备安龙。安龙需要一个簸箕，簸箕中间放满满一碗用众奔丧亲属赠送的集米煮出的白米饭，米饭四周摆放女亲属一家（含丈夫和未成家的儿子、女儿、孙子、孙女）的旧衣服各人一件。后家女亲属亲手操办完这些以后，便把簸箕捧到原先灵柩停放的厅堂，并摆上神台。孝男孝女送殡归来，先在厅堂门口用桃树枝、柚子叶、松柏叶等植物所浸泡的水洗手，然后进入厅堂。成员到齐后，道公揭开祖先神位上的雨伞或竹笠，众人向列祖列宗鞠躬、祭拜，完毕，各房女主人便从后家女亲属手中接过装有米饭与旧衣服的簸箕，旧衣服各归其主，米饭则合家共食，这一仪式意味着因老人过世而衰退的体及家屋将重获生机。

从以上可知，安龙仪式的角色礼物，展示了体/家屋获得再生的力量来源，这力量有来自后家的米魂；有来自各方奔丧亲属送来的白米；有来自后家的母亲、舅母或两个夫妻双全的中年妇女；有道公的生命活化等。

（二）稻米与年节仪礼

郁江北岸壮族农村一般都过春节、二月二春社节、三月三、四月八、五月五、六月六、七月节、八月初二秋社节、八月十五中秋节、九月九重阳节这几个重要节日，其中春节最隆重，七月节次之，春秋社节则根据各村落的不同情况大概每隔三五年就隆重举行一次安龙立社的活动。

一般来说，过年过节，亲属间不赠送稻谷和白米，但互赠些米制品，如春节互赠粽子，七月节互赠糯米糍粑。在所有的节日中，唯有春节和七月节有活物相赠，如春节丈母娘要送给新婚女儿女婿一对一公一母的小鸡，七月节，所有嫁出的本家女亲属要给后家送一对活鸭，这些活物虽然没有直接与稻米发生关系，但间接地通过稻作农耕而呈现当地关于生命、家的宇宙。另外，春秋社节的安龙立社仪式也呈现当地关于生命、家的概念，为此，以下选取七月节和春秋社节的安龙立社分别阐述：

1. 七月节

在当地，如果当年内（当年指从前一年的七月初六以后到第二年的七月初六以前）家中有人死亡，所有嫁出的本家女亲属，每人准备一对活鸭和几张象征是布料的各色纸亲自或托人送回后家，参加后家为新亡灵举行的 $pjaeu^{45} ei^{33} mo^{35}$（$pjaeu^{45}$ 为"烧"之意，ei^{33} 为"衣"之意，mo^{35} 为"新"之意）的祭祀活动。其中她们所送的鸭子要强调成双成对，所送的纸要黑、白、蓝各种色彩都有。死者生前所在的本家也有活鸭、纸、香火献出，但本家献出这些，没有特别的意义。

七月初六一大早，死者的本家男亲属负责杀鸭、烤鸭，女亲属负责把纸剪成纸衣纸裤，负责用当年的头季稻煮成新米饭。午饭时刻，烤鸭、新米饭、纸衣纸裤、香火都一起由年轻人挑到新坟祭奠新亡灵，其他男女亲属也一起前往。人们一边祭拜，一边劝慰亡灵穿上新衣，到另一个世界去投胎转世，成家立业。祭祀完毕，纸衣纸裤放在新坟地上烧掉，烤鸭和米饭则挑回家，让大家聚吃。

而旧亡灵的祭礼则安排在七月初六的晚上，初七的中午，十三的晚上，十四的中午，地点都设在厅堂。而祭品却有晚上和中午的区别，当地规定，七月初六和七月十三晚的祭礼一定要有糍粑，并在做糍粑的过程中有明显的男女分工，一般来说，女的负责浸泡糯米，磨糯米，制成糯米粉，而男的负责搓糯米粉，女的负责给糯米糍粑做馅。糍粑做好后，用水煮熟装碗，一碗只能装一个，每家每户装两碗糍粑祭祖，糍粑在神台上的摆放规定一左一右，神台的中央摆放煮熟的烤鸭、鱼、猪肉等供品。

中午的祭祀安排在初七和十四，中午祭祀的共同特点是没有糯米糍粑，但一定要有整烤鸭和两碗由头季稻煮成的白米饭，一般一碗只有一勺，而不同的是初七的祭祀不用给旧亡灵烧纸衣，而十四是一定要给旧亡灵烧纸衣的，初七祭祀完毕后的那两碗白米饭要放回锅里，让全家人共享，而十四祭祀完毕后，主人要抓一把纸衣的灰烬放入那两碗白米饭，然后倒进猪槽给猪吃，据说这样可以让家里的畜禽丰产。

在整个七月节期间，嫁出去的女亲属或在节前节后，或正是大节的日子备两只活鸭回娘家祭祖，对于大多数的壮族村落来说，七月节到十四便算结束，但有些村落在七月十六仍有点尾声，则在这一天他们仍要杀鸭备供品祭祖，原因据说是他们的祖先在十四那一天辞家离去的时候，忘了拿伞，于是又转身回来拿，子孙们只好再供祭一次送他们离去。

从以上可知，七月节的文化内涵虽然很多，但其中主要是通过活鸭的赠送及活鸭与当地农业的关系而得到展示，关于这一方面可先从鸡和鸭在当地的文化类别中得到启示：

在当地，鸡是家养的最平常、与人最亲近的禽畜之一，因此，在某种程度上成为家屋的一种象征，具有让家屋生殖繁衍的力量，如：男女成婚后的第一年春节，新女婿必备两只大阉鸡在正月初二回丈人家，新女婿返回的时候，丈母娘一定要回送新女婿一公一母的小鸡带回，这对小鸡在当地叫 kaetwn（kae 为鸡之意，twn 为脚之意，全意为跟在脚边的鸡），这对小鸡由这对新婚的夫妇共同饲养，据说等到这对小鸡中的公鸡会啼的时候，新婚的夫妇就可以生儿育女，喜为人父人母了。这对小鸡长大后，不能杀也不能卖，让其自行老死或丢失。而如果女人成家后，没生育或生育的儿女在月中夭折，女人的母亲或婶婶、嫂子就给她再送去一只刚会啼的公鸡，这只公鸡先在刚失去婴儿或没生育的母亲床头捆绑三天再放养，这只鸡同样不能杀或卖。人们入住新房，后家一定要送一只会啼的公鸡，这只鸡同样不杀也不卖，等等，这些鸡之所以不能杀和卖，原因是这些鸡具有与家屋共生的，代表家屋的构成及生殖和繁衍的文化意义。而另外的一个方面，就是这些鸡都是来自后家，而后家是本家的体/家屋的源头。

鸭子不是养在家中的禽畜，它一般是放养在田中，其生命的周期与稻作由种到收的生长节律惊人地相似。一般来说，每年的春插是鸭子孵化成形的开始，秧苗生根抽叶的时节是鸭子快速长大的时节，稻谷黄熟的时节是鸭子长大繁衍的时节。而每年的农历七月，正是春种的稻谷黄熟入仓，夏播的秧苗移植田间的时节，如果收割代表着稻谷的成熟或死亡，那么，夏种则代表着稻谷的新生或复苏，因此，就农耕稻作而言，这一季节是死亡和再生交替进行的季节，对于鸭子而言，这一季节代表着成熟和繁衍。因此，选择这一季节以鸭子祭奠新亡灵，并强调成双成对，其目的就是让死亡的体/家屋得以转生和繁衍。而强调鸭子必须来自本家已嫁出去的女亲属，则是因为讨妻者是后家的体/家屋的欠方，后家是本家体/家屋的源头，因此，强调来自本家嫁出去的女亲属的成双的鸭子则具有让讨妻者返还后家的体/家屋的意义，并希望通过这种契约式的借和还而实现体/家屋的转生和周而复始地无限延伸。

2. 春秋社节与安龙立社

每年农历的二月二和八月二，郁江北岸壮族农民都要过春秋社节，春秋社节的供品与平常节日没有多大区别，一般是米饭、糍粑、熟猪肉和整只煮熟的鸡、鸭等，只是平常的节日一般在自家厅堂祭祀，而春秋社节则先到村头祭社公，然后再回厅堂祭祖。

如果村落发生诸如年轻人意外死亡，村民五谷不成，六畜不旺等，村里的长老便筹集众人的米和钱举行全村性的安龙立社仪式。安龙立社的时机安排多放在春秋社节期间，也可以安排在春秋社节前或后的一两个星期内，过程是：通过向三姐问卜得知要举行全村性的安龙立社仪式，于是去请道公并收集钱米；仪式第一天设幡旗警戒外人不能进村，第二天道公进行花灯间喃巫作法与念婆媳妇经的仪式，男性进行共食的仪式。详细过程兹述如下：

因村落内流行人畜瘟疫，受灾的主家便到三姐处问卜，当一家又一家的问卜结果都与村落的守护神"社公"居住不安有关的情况下，村民们便自发形成一个安龙立社的理事会，理事会上门向各家各户集资筹米，一般来说，各家按每人几角钱、斤把米的原则捐献，但多捐不限。然后择日请来道公进行安龙立社。

头一天，道公在社坛设驱逐村内污秽妖魔的一个净坛，并在村外各路口设高高的幡旗警戒外人（含村人嫁出去的女儿女婿及所有的亲戚）入村。第二天，各家各户的主妇，把全家每人一件洗干净的旧衣服叠好放进一个簸箕，如果家有未生男孩的夫妻，则为他们在簸箕中间放一盏点燃的煤油灯，这盏灯叫"花灯"；如果家里有男儿初长成，并想尽快给儿子娶上贤惠聪明的妻子，其母亲则请本村一个儿女双全的中年妇女点上一盏叫"媳妇灯"的煤油灯，买来一把黑伞，伞顶上扎一条红布，参加安龙立社的喃娶媳妇经的仪式；一般人家则在簸箕中央点一盏叫"财灯"的煤油灯。

仪式开始，道公先在花灯中穿行作法，不断把一些浸泡有柚子枝叶的清水洒向两边的衣服，预祝全村人身康体健，人丁、六畜兴旺。到了晚上，各家的男家长到社坛会餐，各家各户的主妇便去社坛领回自己的花灯和衣服，同时，从主持人手中接过一碗白米饭，米饭上放一块猪肉，这块猪肉叫"社肉"。回到家，米饭和肉每个人都要象征性地吃一点，并分点给猪吃，据说人吃了这祭神的米饭和肉就会长精神和力气，母猪吃了就会多繁殖，肉猪吃了就会快快长大。中华人民共和国成立前，家有女儿初长成的母亲，还在安龙立社的当天请来一位有经验的老年妇女，用社肉上的肥肉擦在女儿的耳垂之处，然后用专门的利器在耳垂处穿洞戴上耳环，戴上耳环的少女开始有了社交的自由。跳花灯仪式后，想娶媳妇的主家便要求跳娶媳妇经，于是道公一边喃巫作法，一边在黑伞和"媳妇灯"之间穿行，仪式完毕，主家请来的中年妇女便一边撑着黑伞，一边护着"媳妇灯"，一边说着"新媳妇回家来吧"，一直把灯和伞护送到主家，先祭祖神，然后放到男孩母亲或男孩自己的房间，黑伞收好放进柜子，以后男孩娶亲时用这把黑伞去接回新娘。"媳妇灯"和"花灯"放在床头或床上点上一个时辰（约两个钟头）便可熄灭，财灯则放在米缸上继续点上三天才熄灭。

可见，在郁江北岸的壮族农村，人们不仅认知稻米具有生命构成的意义，同时认知稻作农耕具有生命构成的意义；不仅认知稻、米、饭具有打造生命，让生命生生不息的意义，同时也认知农民一年四季周而复始的耕耘、播种和收割，交替进行的生命礼，以及生

命礼中由特定亲属赠送的带壳的稻谷、去壳的白米及其他米制品
等，具有生命的意义。

四 米饭的滋养

在郁江北岸壮族农村的生命仪礼中，米饭的喂食养育可以给予
未成年人成长上的滋养、佑护之力，可以改造成年人命粮质地的不
足，米饭的共食养育具有建构人体/家的意义，米饭的不再共食养
育则具有解构人体/家的意义，以下分别阐述。

（一）喂食养育

在郁江北岸的壮族农村，人们虽然认知受孕和生殖是人体构成
上的一个必然过程，但却把这一过程及个人由婴儿到成人的长大过
程都与米饭的滋养联系在一起，认为受孕和生殖既来自生殖性的父
母，也来自滋养性的父母——米饭，只有生殖性的父母和滋养性的
父母两者合而为一，才可造就理想的人体和生命，而只有理想的人
体和生命才可造就理想的家。

基于对生殖性父母及滋养性父母的观念认识，郁江北岸农民的
生命仪礼在稻、米、饭的层面上自成一体。其中，米饭的滋养特质
及稻米在亲属间的流动，构成了当地人关于生殖—滋养—人体—家
的文化观念及与其相关的礼仪规则。

以下按照一个人由出生到年老的过程，呈现当地的生养习俗及
米饭的滋养在人体/家建构方面的逻辑。

1. 契养父母的米饭喂养

从前面"契"的生命礼我们可以看出，"契"实际上寻求来自
自然界以及人间的一种滋养之力，这种力可以弥补一个人与生俱来
的命粮在滋养能力上的不足，而这种力的获得是通过自然的、人间
的米饭的喂养而实现，也就是说，米饭喂养是"契"这一生命礼的
重要构成。

2. 托养父母的米饭喂养

从以上的托养生命礼我们还可以看出，在当地的文化建构之中，虽然认知了父母的孕育和生殖是生命的一个来源，但却同时认知米饭的滋养与父母的孕育和生殖具有同样的意义。也正因为这样，他们希望通过吃托养父母的米饭，便可实现这样的一种愿望：体弱的人，不能生育的人，或只生女不生男，生男不生女的人，都可以从托养父母那里获得强健的体魄及原来体质所不具备的生殖能力。可见，托养关系实际上是一种虚拟的生殖关系，而这种虚拟的生殖关系是通过托养父母给予托养子女的滋养之力和福佑之力而实现。也就是说，米饭的喂食养育是作为孕育和生殖的一个象征而在当地的婚育习俗上得到展示。

3. 成人结婚礼的米饭喂养

当一个人慢慢长大，标志着他（她）成人的生命礼就是结婚礼。结婚礼包含诸多事项，其中，男女双方各自在婚礼的前一天晚上子夜举行的 kwn^{45} ŋa：i^{13} la：u^{13}（kwn^{45} 为吃之意，ŋa：i^{13} 为米饭之意，la：u^{13} 为猪油之意）仪式，事实上就是成人礼，而这成人礼包含了米饭的喂养，其大致过程是：

（1）女方家肉汤、糯米、猪油、葱花的准备

嫁女的前一天，女方家必收到男家挑来的礼，一般是几十斤的猪肉，几十斤的米，十几斤的酒、两鸡两鸭等。在这些礼物中，一定有一挂两三斤、贴上红纸的猪肉，当地人把这挂猪肉叫"红肉"。女方家接到男家的"红肉"之后，便交给同族一位儿女双全的长辈女亲属（女亲属的人选可以是伯母、婶子、姑姑、姑妈、姨妈等），女亲属用这块猪肉所炼的油及煮出的肉汤作为原料，再加入糯米，伴上葱花合煮而成猪油饭。其中，肉汤的质地与母乳相似，象征着猪油饭的母亲特性，代表着出嫁女可以生儿育女，哺育后代；葱花内空外直，代表出嫁女头脑灵活开窍，聪明通达；猪油芬芳亮泽，

象征出嫁女在夫家的好人缘、好名望、好生活。

（2）男方家肉汤、糯米、猪油、葱花的准备

婚礼的前一天晚上，新郎家隆重宴请母亲家的舅公舅母，宴席的名称叫 haem^{21}kwn^{45}ta：ŋ^{45}（haem^{24}为晚上之意，kwn^{45}为吃之意，ta：ŋ^{45}为肉汤之意），即肉汤晚宴。肉汤晚宴开启前，被男方挑选为新郎煮猪油饭的一位儿女双全，贤惠、健康的长辈女亲属（可在伯母、婶子、姑姑、姑妈、姨妈、舅妈等中挑选）事先舀出一盆肉汤备用。晚上子时，长辈女亲属便用由男方母亲准备的肉汤及几根葱、两三斤糯米、猪油一起煮成猪油糯米饭。其中，肉汤的象征意义代表着猪油饭的母亲特性，也代表着新郎成人后能够生儿育女，养育后代。另外，其他如猪油、糯米、葱化的象征意义也与女方家相同。

（3）女方家吃猪油饭的过程

猪油饭煮成后，被邀请做猪油饭的长辈女亲属要一边往碗里装饭，一边说些祝福的话，祝福出嫁女聪明能干，心灵手巧，儿孙满堂，福寿双全等，装饭时要一勺一勺把饭夯实，并高高隆起才罢休，这象征着出嫁女的身体丰满壮健，已长大成人。装好饭后，先在厅堂祭祖神，然后，在厅堂设席，由长辈女亲属先给即将成家的出嫁女象征性喂两三口，一边喂一边祝福她成家后儿女双全，生活美满。[1] 出嫁女象征性地吃过两三口糯米饭后，第二天将要陪伴出嫁女到男家的同龄女伴才入席，她们一边吃一边说些祝福的话。一般来说，参加吃猪油饭的只有出嫁女、出嫁女的同龄未嫁女伴和被请来煮猪油糯米饭的命好的长辈女亲属。出嫁女吃过猪油饭之后，便意味着她已长大成人，可以嫁为人妇，生儿育女了。

---

[1] 在男女各方，如果有同胞的兄姐还未成家，则即将成家的弟妹要让兄姐先吃上两口，然后自己才吃。不过由于兄姐必须站在梯子上才能吃这两口饭，因此，多数的兄姐觉得难为情而宁愿选择躲避在外而不愿意在家站到梯子上去吃这两口糯米饭。

（4）男方家吃猪油糯米饭的过程

男方家的猪油饭煮成后，被邀请做猪油饭的长辈女亲属也是一边往碗里装饭，一边说些祝福的话，祝福新郎体魄健壮、有勇有谋有才华，在家能够传宗接代，在外能够光宗耀祖等。装饭时也是要求一勺一勺把饭夯实，并高高隆起才罢休，这象征着新郎的身体丰满壮健，已长大成人。饭装好后，先在厅堂祭祖神，祭的时候要请道公作法喃仪，不断地往猪油饭上吹气，然后由道公或长辈女亲属象征性地给新郎喂上两三口，一边喂一边祝福他成家后儿女双全，生活美满。

（5）新郎新娘共吃猪油糯米饭的过程

新郎吃过子夜的猪油饭后，便意味着他已长大成人，第二天一早，便随接亲队伍前往新娘家接亲。新郎把新娘接到村口后，便到邻家回避（等新娘祭祖完毕才进入洞房与新娘一起合吃猪油糯米饭），新娘便由儿女双全的长辈女亲属引入家门，先在厅堂祭祖，祭品中有一碗猪油糯米饭，道公对猪油糯米饭作法喃仪，不断往上吹气，作法完毕，儿女双全的长辈女亲属把新娘引入洞房。新娘一入洞房，煮猪油饭的长辈女亲属便把猪油饭捧到新婚洞房，让新郎与新娘都象征性地吃上几口，并在一边说些早生贵子，生活和美的祝福话。礼仪要求，新郎新娘在共同吃这满满的一碗猪油糯米饭时，一定要留下一点点，以示吃剩吃余，富足有余。在这礼仪要求下，新郎、新娘一般都不把这碗猪油糯米饭全部吃完。也有一些新郎新娘因看见道公作法时不断地往这猪油糯米饭上吹气，所以，讲究卫生的他们便只是象征性地动一下筷子就算吃了，或者连筷子都不动，由接亲的妇女偷偷地把几粒猪油饭粘到新郎新娘的衣角，以祝福这对夫妻将来的生活就如糯米饭一样柔顺并永远凝聚在一起，直到白头偕老。

4. 命粮的喂养

当一个人慢慢衰老，一般到了 36 岁以后，如果总感到没力气或总是病魔缠身的时候，习俗则认为他（她）的命粮正在短缺，如果不举行添粮仪式则很快会死掉。添粮仪式很简单，就是由本人发出话，得到信息的晚辈亲属如子女、侄子女、契子女、外孙等便自动送些米和封个红包给老人送来，老人的女儿或儿媳还必须给老人准备一个手镯和一套新衣新鞋，当吉时到来，老人便穿上新衣新鞋，端正地坐到厅堂的神台旁，晚辈点上香火，在神台上摆上亲属们送来的白米、手镯及一碗从亲属送来的白米中拿出的一点点煮熟的米饭，这时，老人与祖先神一起平起平坐，接受晚辈的祭拜祝福，其间晚辈中时不时有一个人上前给老人喂一两口饭，一边喂一边祝老人福如东海，寿比南山。祭毕，由一个晚辈给老人戴上手镯。所有祭过神的白米由老人保管，每当他（她）不舒服的时候便拿一点来煮饭吃，所有红包给老人买吃的、用的，据说，添粮以后，老人便会重新焕发生命的活力。而一旦添了粮，老人或病人还是没办法从衰弱中恢复过来，则表明老人或病人的生命极限已到，已无法继续承受米饭的滋养之力，因此，亲属们就会准备他们的后事。

（二）共食养育

在郁江北岸壮族农村，涉及米饭滋养的生命礼有时强调喂养，有时强调共食，从以上分析知道，强调喂养的生命礼一般与身体的成长发育、身体的特质及延年益寿有关，而强调共食的生命礼则往往与家有关，以下分别阐述。

1. 与契养父母的共食

从第三节的要契仪式我们知道，契子女与契父母的关系除了喂食养育外，还存在一种共食养育的关系，即每年春节，契子女都要象征性地回契父母家并与契父母全家人一起吃餐饭，这餐饭事实上代表着契子女与契父母一家的共食养育关系，这种关系要一直维持到契子女长大成人，也就是说，共食养育也是未成年人的一种成长之力。

2. 与托养父母的共食

从第三节的托养仪式我们还知道，托养子女与托养父母除了喂食养育外，还同时存在共食的关系，这种关系一方面表现为每年春节托养子女都要回托养父母家并与托养父母的全家人一起吃餐饭；另一方面则表现为每逢托养父母家举行重要仪式，如婚、生、寿、丧等，托养子女都要回托养父母家尽儿女之心，如送厚礼、出点子、出力干活等，反过来，遇到托养子女婚、生等重要人生关口，托养父母也必备厚礼前往祝福，所有这些，事实上也是一种虚拟性的共食养育关系，并希望通过这种虚拟以达到人生的某种理想和境界。

3. 夫妻共食

从第三节的稻米生命礼及这一节的结婚成人礼的米饭喂食我们知道，郁江北岸农民的一生大致要经过以成人结婚礼为界的两个共食养育的阶段：一是成人前与契养父母家的虚拟性共食养育，与父母、兄弟姐妹的事实上的共食养育；二是结婚成人礼举行以后的与托养父母家的虚拟性的共食养育，与配偶及未成年子女的事实上的共食养育。也就是说，男女双方共吃猪油饭的结婚仪式除了借助猪油饭的"满"和"实"来象征或祝福男女青年的完美人体，并希望通过这样的象征或祝福，使步入婚姻殿堂的青年男女能够生儿育女，生活幸福美满外，还同时通过男女共吃猪油饭的仪式象征男女共食养育的新家的诞生。

4. 家屋共食

老人过世后由后家主持举行的安龙事项还包含了家屋共食养育的诸多内容：（1）道公用众奔丧亲属赠送的白米煮成饭，然后以家户为单位各分一碗，这碗饭具有聚众人之力、之福的意义；（2）一碗白米饭、全家人每人一件旧衣服，放置同一个簸箕中，如果一碗白米饭代表共食养育的家，每人一件旧衣服代表着各人的体，那么一个簸箕内共享的一碗白米饭和各有所属的旧衣服无疑就是共居共食的"家"意义；（3）生殖力旺盛的后家女亲属直接安排安龙事项，这就说明，与共居、共食、福力、家相关的文化意义，在很大程度上被集中在生殖力上，集中在后家上；（4）安龙仪式的最后程序是让女家长从后家来的中年妇女手中接过簸箕，簸箕内的饭与肉拿回家与全家人分吃，并留点喂猪，各人的衣服便成为各人当天换洗的衣服，据说这样便可以使家屋获得生旺的力量，获得家人的身康体健，六畜兴旺。

以上说明在当地的文化建构中，后家、女家长肩负着更为重要的让体健康、让家兴旺的使命和义务，而要行使这些权利和义务，共食养育为最基本的前提。

（三）丧饭礼

1. 灵前饭祭

丧葬的一个重要主题就是保证死者的体与其灵魂一起走向阴间，其中灵前饭祭的香碗就是这一主题的文化展示。

在当地，危重病人必须抬到厅堂，一旦断气，亲属们则用斗笠或黑伞把祖宗神台盖住。从老人断气闭眼的那一刻开始，老人的儿子便在厅堂摆设灵台：准备一个熟猪头、一只熟鸡、一条熟鱼、一个"香碗"供祭死者。所谓"香碗"是人死后但又还未下葬的特有灵前供品。是从死者断气到出殡期间，由死者的儿子媳妇（一般是长子长媳妇）联手煮好米饭后，再把香火直接插在饭碗上即可。出殡时，香碗由死者的长子双手捧着走在灵柩的最前面，死者下葬后，如果是年轻的死者，则把香碗倒扣在死者的坟墓前，而如果是老人，只需把香碗供在死者的坟墓前即可。①

这一仪式事实上就是在文化上确保死亡的人体消解和让与死亡的人体有关的家屋的消解：

一是断气是人体死亡的最初表征，活灵活现的躯体因断气而无须米饭的滋养，接着变僵变硬并最终在阳间消失，是人体死亡后的终极表现，原来一日三餐都同吃共饮的一家人，因其中某个人的死亡而不再同吃共饮，则是人体消亡给亲缘离散带来的切肤之痛。所有这些，都是人们所恐惧的，但又是无法回避的自然法则，人们既认知这一自然法则，又必须尊重这一自然法则，于是便出现了丧葬仪式中的灵前饭祭。

二是在饭碗上插香，是因为当地人认为，米饭是养身体的，因此，它是人体的一部分，而人的气是养人的魂的，因此，气是人的魂的一部分，当人断气，人的魂便立赴阴间，而人的体由于比魂重，因此是不能与人的魂同时赶赴阴间的，这样在死者入土前，其灵魂已赴阴间，但其肉身则还留在阳间，为了保证死者的肉身与灵魂一起共赴阴间，于是人们便在米饭上插香，以香气象征死者灵魂，以米饭象征死者肉体，两者合而为一，象征着死者灵魂与肉体的相互结合，不可分离。也就是说，饭上插香建构的是肉体与灵魂的关系。

三是下葬路上，死者的灵柩由香碗前引，这象征着死者的灵魂对死者的肉体的牵引，这是保证肉体必须跟着灵魂走的文化举措。"香碗"由长子捧着由厅堂送到坟地，或供或倒扣在死者的坟前，都意味着让死者的肉身与灵魂从家屋中消失。而让死者的肉身与灵魂都离开亲人的家屋，也意味着亲缘的离散。

以上这些，无疑都是围绕着人体消亡与消亡的人体有关的部分

---

① 习俗认为，年轻的死者在人间的日子太短，还没有吃够人间的米饭。因此不愿意走到阴间，把 ŋva: n^{33} yieŋ^{45} 倒扣了，断绝了死者回头阳间的路，这样死者才会在阴间安息。而老年人因为已经享尽天年，吃够了米饭，就不需要做此动作。

家屋的消亡的文化建构。

2. 阴阳饭

在郁江北岸壮族人的观念中，人的死亡意味着不再接受米饭的滋养，意味着不再与自己的亲人共食，同时也意味着与死者有关的体/家屋的消解。围绕着这一观念，当地人有阴阳饭之说，所谓阴阳饭就是人死后但还没有下葬期间，仍可以象征性地与原来共食养育的家同吃共饮的饭。其基本情形是：

家有老人过世，原共食的家人便在灵柩旁放个瓦罐，每逢开饭，共食的家人都先夹些饭菜放入瓦罐，然后才正式开席。出殡前，需举行死者与原共食家屋的分饭仪式。过程是：出殡的前一天晚上，死者的儿子、媳妇、孙子、孙媳妇等直系亲属都聚集灵堂为老人守孝。死者的大儿子和大媳妇要在当晚的子夜时分，夫妻二人互相配合，在自家的厨房，用自家的糯米，合煮一锅糯米饭。糯米饭煮好后，先装入一个事先准备好的簸箕，然后由道公用一把刀把满满一簸箕的糯米饭分隔成两部分，并供奉到死者的灵前。这时，道公做请死者沐浴，请死者吃一餐的法事，做完法事，簸箕半边的糯米饭倒入灵位旁边的瓦罐，另一半分给守孝的孝男孝女们吃。

出殡时，装共食家人分给的饭菜及半边糯米饭的瓦罐由死者的两个媳妇（如果老人只有一个媳妇，或一个媳妇也没有，则请族中同辈分的一个或两个妇女代替）同时抬起，一路上不得换肩，直抬到坟地，放下后旋即回家，不能半路回头，然后，瓦罐由家族中与死者同龄的一位男性，如果没法找到与死者同龄的男性，则由死者儿子的同龄男性把瓦罐与灵柩一起下葬。

以上的分饭仪式意味着死者与生者不再合家共食：由死者大儿子、大儿媳妇联合做成的一簸箕糯米饭实质上是代表着死者与生者原来共食养育的家，代表着"家"这一亲属团体的完整与完美，用刀劈成两半，则意味着共食养育的家的裂变，阴阳两个世界的人不再共食共居。也就是说，被分为两半的放在簸箕内的糯米饭，象征着米饭的分食与亲缘的分离；另一半被倒入灵柩旁边的瓦罐内，最后与死者同埋葬，象征着与死者相关的家屋随之而去，原共食养育的亲缘/家不再共食共居。

另外，分饭仪式还实现了让滋养人体的米饭发生其滋养本质上的解构，解构之一是，让生者与死者不再共食、共居；解构之二是，让与死者共赴阴间的米饭具有一半的特质，如分阴阳两半的米饭、半边簸箕的糯米饭，两人抬瓦罐不能换肩所象征的死者与原家屋的一半，女亲属代表的家屋的一半，等等，都具有一半的特质，也就是说，具有一半特质的米饭，是与亡灵发生了联系，并与年轻人成人结婚之礼的满满一碗、一簸箕糯米饭形成文化上的对应，即在当地人的文化建构中，米饭的满与缺是代表着不同的文化类别的，"满"代表的是"生者"的阳间世界，"成人"的世界，完美的家屋及亲属团体等，而"缺半"代表的是死者的阴间世界，"未成人"的世界，消亡的家屋及亲属等。联系在当地的生活场景中，祭亡灵、祖先的米饭一碗只装一勺，而给活人特别是成年人所装的米饭必须是装两勺饭以上等的习俗或禁忌，我们不难发现，在特质上是一半的米饭具有充当体/家解构的象征意义，也正因为这样，日常生活中的人们常把它看成异类而加以防范。

另外，透过结婚前男女双方必须吃下添得满满的猪油糯米饭的过程，可以回答为什么在当地的一些生活习俗中，人们忌讳给大人装一碗只有一勺的米饭，因为一碗一勺饭象征着这个人还没有长大成人，因此，他（她）端起的这碗饭就没有分量，就不能承载他（她）的体，这样对于成人来说当然是不吉利的，而未成年的人，端起只装一勺饭的碗，则意味着其身体就像没装满米饭的碗一样还在发育长大之中，因此，未成年人特别是还在吃奶的婴儿就不忌讳吃只装一勺的米饭，当然随着年龄的增长和躯体的长大，饭量也是不断增长的，因此，稍大一些的小孩也一般要装两勺以上的饭，这在某种程度上是对他（她）快快长大的祝福。

五 稻种的赠予

当地人结婚，新娘离开娘家时，要从后家背谷种前往男家，人死后，其子女要回后家讨回谷种，入住新居，有挑谷种进入的仪式，老人过世，有为老人撒谷种的仪式，等等，在这些仪式中，使用的谷种都被当地人称为 haeu^{21} tswn^{42}（其中的 haeu^{21} 指的是带壳的稻谷，tswn^{42} 有两层意思：一是指春天的春；二是指开亲的亲）。习俗认为，haeu^{21} tswn^{42} 具有再生绵延之力，这种力可以从生命的源头开始，打造新家屋、新生命，让新家屋、新生命兴旺发达、生生不息。

（一）男女成家的 haeu^{21} tswn^{42}

在当地，有一种婚俗叫 pja：i^{33} tswn^{42}（pja：i^{33} 为"走"之意，tswn^{42} 有两层意思：一是指春天的春；二是指结亲的亲）。习俗规定，新婚的第一个晚上，新郎不能与新娘同房，新婚的第二天，新娘则返娘家。以后要等到春节、春耕插秧、二月初二的春社节才能请回新娘与新郎同居。一般来说，新婚的第一春，新娘回来与新郎共居一个晚上，第二春回来住两个晚上，第三春住三个晚上，以后逐渐增加来往的频度，直到怀孕才长住夫家。这一习俗可称之为不落夫家的行春之俗，目前仍在郁江北岸的大圩乡及港北区的蓝田村一带有较为完整的保留，而整个郁江北岸壮族农村则仍保留新婚之夜不同房的习俗。

同时，当地人把男婚女嫁形容为"开秧田"，民间有"儿女长大开秧田"的谚语，谚语中的农耕意象与男女成亲的意象在男女的婚嫁仪式中有进一步展示：按传统礼仪出嫁的女孩，出门时要随身背一个背包，背包内除一两件换洗的衣服外，还有母亲送的稻种及针线、辣椒、姜等物，其中的稻种就叫 haeu^{21} tswn^{42}，接亲队伍中，走在接亲队伍最前面的中年妇女，是由新郎母亲在同族媳妇中挑选，被挑选的中年妇女要求儿女双全、品貌才智俱佳。这位被选中的中年妇女要从新郎母亲手里接过一个竹篮，篮里装的是一块用红布包裹的铁犁头，接亲路上，这位手挎竹篮的中年妇女自始至终走在接亲队伍的最前面，回到新郎家，这位中年妇女要把这块铁犁头放入灶火中烧红，然后拿到新郎家的大门口，浇上清水，然后让新娘从热气腾腾的铁犁头上跨过，进入新郎家。这些仪式既意味着开春的农耕，同时也意味着开亲的新家。

也就是说，接亲的文化内涵事实上是男的耕地，女的播种的性别分工及新家的诞生，象征这一新家的生计与这一家的生殖如春天般萌动，并预祝这一新家如周而复始的春天一样，生机盎然，生生不息。

（二）入住新屋的 $haeu^{21}tswn^{42}$

当地人入住新屋的礼仪之一是，离开旧屋时，最年长的家长要准备一担稻谷（二三十斤，略多略少不限），担的一边放上一把秤，一面镜子，一把算盘，另一边则放上生命力强又芬芳诱人的松柏、柚树枝等。吉时来临，谷担先祭旧屋祖神，然后由晚辈从旧屋挑到新屋，再祭新屋的祖神。一般来说，这担稻谷要摆放新屋神台7天以上，最后可拿去播种，也可加工成白米煮饭吃。这担稻谷也被当地人称为 $haeu^{21}tswn^{42}$，入住新屋的 $haeu^{21}tswn^{42}$ 有两层意思：一是象征新屋的诞生与稻种转化成秧苗一样，具有生机盎然的勃兴之力，转化之力，生生不息的绵延之力；二是 $haeu^{21}tswn^{42}$ 由旧屋挑到新屋，既意味着新屋对旧屋血脉的传承，意味着承前启后，绵延不绝，同时也意味着富足安康的新生活。

另外，儿女起新屋及入住新屋时，如果还有健在的母亲，其母便在儿女新屋奠基时及入住新屋时给儿女送些稻谷，这些稻谷也叫 $haeu^{21}tswn^{42}$。一般来说母亲给儿女送 $haeu^{21}tswn^{42}$ 不需要举行特别仪式，到时，母亲只需把一两斤的稻谷送到儿女的新屋，交给儿女并由他们摆上神台祭祖即可。母亲给儿女送 haeu^{21}tswn^{42} 大概有两层意思，一是对儿女成家立业的支持与祝福；二是祈求新屋带给儿女生生不息的生命力。

（三）丧礼中的 haeu^{21}tswn^{42}

郁江北岸的壮族农民认为，人生一世就如稻作一春，因此，老人过世，媳妇为死亡的家公、家婆赠送稻种就成为当地丧礼的一个重要内容，习俗称为给老人开春，过程是：出殡前，死者的媳妇各准备一些稻种，合起来有三五斤，由死者的长媳妇用布袋背着与捧"香碗"的长子共同走在灵柩的最前面，而送殡队伍则走在灵柩的后面，长媳妇一边走一边播撒谷种，灵柩便在由谷种撒成的路上抬过，一直到坟地。

到坟地后，死者的长媳妇还向墓穴再撒一些谷种，然后把剩下的谷种连布袋一起放入墓穴与死者同葬。当地人认为，给老人开春便意味着给老人开亲，这样，死去的老人便可以在阴间播种耕耘，娶妻生子，生生不息。而老人能够在阴间生生不息便意味着他的子孙后代也生生不息。①

（四）吃洁净饭的 haeu^{21}tswn^{42}

安葬老人后的第三天，死者的直系亲属，含儿子媳妇、女儿女婿、孙子孙媳妇、孙女及孙女婿等便准备几十斤米、几斤面条、猪头一个，猪肉几十斤来到死者的后家，借后家的火和灶把带来的白米、猪头、猪肉、面条、青菜煮熟，然后拿去祭死者后家的祖神，与死者后家亲属共吃一餐饭，这餐饭当地叫 ŋa：i^{13}seu^{43}（ŋa：i^{13} 是饭之意，seu^{43} 是洁净之意）。饭后，有些地方如古樟一带还有请舅公或与舅公同辈的男性亲属剃头的习俗。吃过饭，又剃了头后，死

---

① 也有一些地方把撒谷种的任务交给为死者播放冥纸的老人，但即使这样，谷种也是由死者媳妇筹集。

者的后家便送给这些来吃洁净饭的人几斤稻种，这些谷种也叫 haeu²¹tswn⁴²。

人死后要向后家讨回谷种，实际上象征在生命的源头上讨回生命，在生命的源头上再创造生命的意义：

（1）儿女是父母身上的肉，也是父母生命的延续，因此，父母死后，其子女要象征性地让舅父把头发剃下，这意味着儿女代替父母向后家偿还父母的体。

（2）煮洁净饭的白米及吃洁净饭的所有菜肴都由死者的儿女自带到舅父家，这说明以米饭为意象的体/家屋的最终归宿是在舅父家，则死者的体/家屋最终要回到他们最初共食养育的家。而从逻辑上来说，父母的体/家屋有一半来自本家，一半来自后家，因此，属于父亲的体/家屋的那一半应回归本家（则父方），属于母亲的体/家屋的那一半应回归后家（则母方），但父母过世后，他们的体/家屋的最终归宿都是后家（母方），这就说明，婚姻的缔结是男人/讨妻方的体/家屋对女人/给妻方的体/家屋的借用，则讨妻方是给妻方的体/家屋的欠方，而体/家屋的死亡则要把欠方的体/家屋偿还给借方。因此，无论是父亲过世还是母亲过世，其子女吃洁净饭、剃头的地方都是在舅父家，即给妻方亲属。

（3）吃了洁净饭之后，舅父要向来吃洁净饭的孝男孝女回赠谷种，而谷种是周而复始的稻作生命的起点，这就表明，体/家屋的死亡是一段亲缘的结束，同时又是另一段亲缘复活的必然开端，体/家屋的复活仍从生命的起点出发，从最初共食养育的家出发，并由此循环往复，生生不息。这是当地把亲缘建构放置在周而复始的农耕稻作的无限生命之中以追求永生的文化策略。

六 结论与分析

综合以上生命礼仪中对稻米的运用及其所展示的文化意义，我们可大致知道郁江北岸壮族农民在农业宇宙世界中建构生命、建构家、解构生命、解构家的文化逻辑，知道他们如何通过米饭的共食分食进行亲属间及人群间的文化界定，结论与分析如下：

（一）稻米就是生命

在郁江北岸农村的稻米文化系统中，稻米的文化意象与生命的意象是难解难分的，当地人的生命仪礼在很大程度上是对两者关系的哲学思考，也是对两者的理想建构，通过两者在生命礼中的表现，我们可以得出稻米就是生命的结论，分析如下：

1. 米饭滋养是生命之源

对以上的生命仪礼进行分析可以得出以下结论：寄养的习俗是让孩子通过别人家米饭的滋养，以弥补先天生命的不足；托养的习俗是通过别人家的米饭而获得自身体质的优良改造，并在此基础上获得孕育和理想生殖的能力；结婚前夕吃添得满满的猪油糯米饭，意味着米饭与人体构成之间不可分割的联系，意味着米饭的多寡与所承载之体的成熟度有关，意味着男女已经成熟的体可以用来承载男女成婚而成就的新家；36岁后的人，通过添粮仪式吃晚辈所带来的米煮成的米饭，可以填补生命粮的短缺，以期人因命粮增加而延年益寿。

以上的结论分析告诉我们，在当地人的逻辑思维中，米饭的喂食养育与父母的孕育生殖具有同等的意义，人体的构成与米饭的滋养之间是不可分割的。也就是说，米饭滋养是生命的根本，是生命的源泉。

2. 后家是生命的源头

综合以上的生命礼我们可以看出，男女成亲来自后家的稻种可以成就新家，让新家兴旺发达，绵延不绝；老人过世后，从亡灵被埋葬起，会有一连串的仪式象征地让死亡的体/家屋再生，再生途径有：来自后家的"米魂"让家屋再生；来自后家的命好的中年妇女主持的安龙仪式让家屋再生；吃洁净饭使讨妻方欠后家的体/家屋得以偿还，后家赠予讨妻方的稻谷使死亡的体、家屋、亲缘绵延伸展，生生不息。

另外，七月节的重要文化内涵也体现了这一方面的思想，表现在：七月节的文化内涵虽然很丰富，但其中的核心是头季稻、活鸭及其中的男女分工和由本家出去的女亲属赠送的成对活鸭。而头季稻在当地的生活情境中具有绵延血脉香火的绵延之力，活鸭具有农业宇宙上的繁衍绵延之力，因此，七月节的供品事实上体现了来自人世间讨妻方的活鸭让后家的体/家屋在稻作生命的循环往复，在农耕季节的节律安排中的永生的意义。而七月节中强调的男女分工则是因为在当地的生活情境中，男的耕田、女的插秧的性别分工与合作具有成家的意义，因此，生活情境中的男女分工与合作也具有成家的意义。而强调本家嫁出去的女亲属赠送成双成对活鸭的意义，事实上是与吃洁净饭仪式形成对应，吃洁净饭后，死者的儿女要让舅父把头发剃下，事实上就是替父母把所欠的后家的"体"进行偿还，而赠送活鸭同样也是一种偿还，也是对后家的偿还。也就是说，在当地人看来，后家是每个人生命的源头，从这源头生出的力可以帮助每个人获得生旺、富足和安康，而关系到后家生殖繁衍的重要关口，回赠后家代表生殖繁衍意义的活鸭便成为人间的一项权利和义务。

也就是说，后家是生命、家屋的源头，也是生命、家屋再生的力量。

3. 米饭的满和实代表完美，代表家

回顾前面的结婚成人礼，我们知道男女双方吃猪油糯米饭的过程及当地人借助猪油糯米饭的"满"和"实"来象征或祝福男女青年的完美人体及在此基础之上成人/成家的意义。而婚礼当天新郎新娘在新婚洞房共吃的猪油糯米饭则象征新家的诞生。在这一过程中，米饭充当的文化角色非同一般，米饭的打造、共食或分食都带有不同寻常的成人、成家的象征意义，归纳起来大致有以下几个方面：

（1）男女联亲的前一天晚上子夜，在各自家所吃的猪油糯米饭实际上是男女成人的生命礼，这一生命礼的重要表征之一就是打造一碗高高隆起的糯米饭，这碗糯米饭对于女方象征着丰满、成熟和聪慧，在男方则象征着健壮、智慧和勇气等，这都是男女成家所必备的前提条件。因此，打造猪油糯米饭也是打造男女成人之体。

（2）猪油糯米饭都不能与自己的父母及兄弟姐妹分享，这说明猪油糯米饭具有与原来共食的亲属团体中分开而食的含义，而新娘进入洞房后与新郎共食的猪油糯米饭则表明新的共食团体的诞生，这新的共食团体的诞生便意味着新家的诞生。

（3）男女双方煮猪油糯米饭的人选都是生育力旺盛的中年妇女，这就清楚表明猪油糯米饭具有代表生殖繁衍之力的意义，并且这繁衍之力除了来自命好的中年妇女外，还要来自男女双方的祖先神的佑护。也就是说，生殖繁衍是人体/家屋理想建构最重要的内容，只有参加猪油糯米饭共食的人才可以参加该家屋的生殖繁衍活动，反过来也一样，家屋的生殖繁衍义务必须由参加猪油糯米饭共食的男女去完成，否则将被视为非法。因此，在当地的社会生活习俗中，主人家绝对不安排夫妻客人同宿一屋，即使是自己出嫁的女儿、女婿回来，也禁止他们同屋而居。

（4）女方家的猪油糯米饭由男方家的肉和肉汤与女方家的糯米煮成，这就表明，女人的成人在构成上有外来的男人的肉做成的汤及代表的母亲特性的加入，即女人成人的体有男女合成的因素。

（5）男女成婚当天在洞房合吃的猪油糯米饭，具有男女共食造就男女同体的新家的意义。其中，司仪的做法是不断地给猪油糯米饭吹气，据人类学的一些民族志资料显示，这种法具有生命活化的意义，因此，象征男女成婚或成家的猪油糯米饭仪式，实际上是给男女成就的新家注入生命的活力，并预示新家的诞生和家屋生命的繁荣；联系当地文化心理中的一勺饭代表着未成年，两勺或两勺以上的饭代表着成年的习俗，我们不难发现，猪油糯米饭的打造和追求"满"和"实"的理想，实际上是当地关于米饭的滋养与人体构成之间的文化构想，其中，男女合吃猪油糯米饭则是在米饭的滋养观念基础上进一步形成的关于家的观念，家的建构。

4. 稻种代表着生命的绵延不绝与生生不息

从第二节生活习俗中的稻、米、饭与第五节的稻种的赠予中我们了解到，人们对稻种的敬畏事实上源于人们对秧苗的敬畏，而人们对于秧苗的敬畏又源于秧苗是谷种的最初生命形式，是谷种的直接转化。这种转化之力，在稻米的生命过程中一方面起着承前启后的作用，另一方面又能使稻谷脱胎换骨，实现再生。而人死后，出殡的灵柩要从播撒的谷种上抬过，事实上就是希望借助谷种与秧苗之间的这种转化之力、再生之力而让死者获得生命的轮回和再生。因此，重要的生命礼场合，如男女成亲、入住新屋、丧礼等，稻种便成为人们关于家屋、生命绵延伸展，生生不息的象征或代表。

5. 米魂代表母亲或母方，是母女情深的习俗化、制度化的升华

从第三节关于米魂的陈述我们了解到，一般来说，米魂是由后家流向本家，以母亲或母亲的代表舅母赠送为贵，其中与女儿有血缘关系的母亲又尤其珍贵。如果没有母亲或舅母，别的同族女亲属虽可赠送，但习俗认为她们赠送的"米魂"没有母亲或舅母的福力强，也因为这样，得不到母亲或舅母"米魂"祝福的女亲属往往被社会看轻，因此，从这一角度讲，"米魂"代表了母亲或母方与女儿之间的血缘纽带，也是母女情深的习俗化、制度化的升华。由于"米魂"具有祝福、佑护、生殖、繁衍等的吉祥之意，后来又延伸

为长辈对晚辈、主家对宾客的祝福，但不管如何，促使"米魂"流动的主角一般是女性，或一家的女主人。

6. 一半的米饭代表死亡与亲缘离散

在当地，家有老人过世，出殡前，需举行死者与原共食家屋的分食糯米饭仪式。这一仪式的主要文化内涵有：

（1）由死者长子、长媳妇合煮的一簸箕糯米饭，是由共食而形成的生者和死者曾经共同拥有的家屋的象征。其中糯米饭在煮的过程必须实行的两性分工和两性合作，是男人的一半和女人的一半共同组成的共食、共居的家屋与亲缘团体的象征。

（2）用刀把糯米饭分成两边，意味着生者与死者的永别，表明共食、共居的家屋与亲缘团体已因死者和生者的不再共食而阴阳两隔，而这种阴阳两隔代表着家屋的裂变，裂变形成的两半意味着阴阳两个世界再不能共聚共食在一个家屋之下。

（3）糯米饭的一半倒入灵位旁边的瓦罐，并与死者一起下葬，另一半则留给生者，这既是生者与死者的分食之礼，同时也是进一步把阴阳两个世界分开的文化策略。

（4）出殡的时候，由老人的两个媳妇在棺枢抬起的同时抬起这个瓦罐，一路上不得换肩，直抬到坟地。最后，瓦罐由死者家族中与死者同龄的一位男性，如果没法找到死者的男性同龄人，则由死者儿子的男性同龄人把瓦罐与灵枢一起下葬。这一抬一葬的男女分工，表明与死者一起赶赴阴间的米饭具有男人的一半和女人的一半的构成特质，这是当地人希望死者有来生，来生有男人的一半与女人的一半共同组成的家的一种理想。

（5）代表着阴间的半边糯米饭，及抬瓦罐不得换肩的人体的一半，抬瓦罐时所强调的女人的一半和瓦罐下葬时男人的一半，其中的不能换肩、不能回头是对生者与死者的分食界线的进一步强化，表明阴阳两个世界永远不可能再共食一屋，其中的半边糯米饭、半边肩、男人的一半或女人的一半都是强调生者与死者的不再共食。

以上清楚表明，以米饭作为意象的一半，在当地的文化建构中有代表着死亡的体／家屋的意义，这也就是为什么在当地的生活情境中，人们害怕吃只装一勺的米饭，规定祭祀用的米饭只装一勺的缘故，而小孩之所以没有这一禁忌，是因为小孩的体还没长成。

（二）共食是家、社、村落共居的基本法则

在郁江北岸农村，米饭的共食与家的共居开始于婚礼中男女共食猪油糯米饭，这一仪式象征着男女同体之新家屋的诞生。从此之后，在这个家屋内所有有关生殖繁衍的活动，都禁止外人参与，重要节日，外人也禁止与该家屋的人共食共居。同样，社、村落的共食仪式也界定了社、村落的共居人群，因此，从这个角度看，共食是家屋共居与人群共居的基本法则。

1. 共食是形成家屋共居权利的法律基础

在郁江北岸的壮族农村，用砖瓦木头建构的有形空间——家屋，往往是同一祖先之下的几代人，几十个人，甚至上百个人共同居住的大空间，这个大空间的核心是厅堂，主要的房子是按男子的辈分和出生排序分配的一间间卧室和厨房，主要的家庭单位是一对夫妻加上他们未成年的孩子。

不管是同一祖先之下的几代人，几十个人，甚至上百个人共同居住的大空间，还是由一对夫妻及他们未成年的孩子居住其间的小空间，在当地都被视为"家屋"的空间范畴。在这一空间范畴之下，当地人绝对禁止这个"家屋"以外的任何男女，包括嫁出去的女儿、姐妹及她们的丈夫在其中发生性关系。在涉及有关家屋生殖、繁衍的共食仪式中，绝对禁止这个"家屋"以外的任何人参与，包括已出嫁的女儿及她的丈夫。

如村落的安龙立社，各家屋在祭社仪式后领回的代表他们家屋兴旺的那碗白米饭，禁止这个家屋以外的任何人，包括由这个家屋嫁出去的女人及她们的丈夫共同分享；安葬老人后当天晚上举行的祈求家屋生还的安龙仪式，各家户分得的那碗白米饭，也是禁止这个家屋以外的任何人包括他们嫁出去的女儿、姐妹及她们的丈夫一起分享；每年的年三十晚和正月初一，是一年当中除旧迎新，祈求家屋生旺的关键时节，因此，年三十晚的晚餐和正月初一的全天，不欢迎家屋以外的人，包括从这个家屋嫁出去的女人及她们的丈夫参与家屋的共食喜庆，其中，嫁出去的女人及她们的丈夫是绝对禁止在正月初一的这一天回家探亲的。

从以上可知，共居与共食是家屋建构的一个根本，只有有共食基础的人群才有共居的权利，只有共食共居的人群才称得上是同一个家屋的人，而其他如血缘、世系是其次的，这既是当地家屋亲缘建构的一个策略，同时也是当地社会在政治组织上的经济基础。

2. 共食是村落共居的前提

在郁江北岸的壮族农村，传统村落的建构是先有社公神，然后才有依风水走向而密集分布的家屋与村落，才有按血缘、世系进行的家屋的延伸和扩展。这种以共同的神灵信仰为凝聚力，又受地缘、血缘因素的影响而形成的聚落景观，是郁江北岸壮族农村村落在时间、文化脉络下发展的一个不可忽视的事实。但人类学的考察发现，深藏在这一事实背后的基础却是由米饭的共食而形成的村落人群的结集。

如安龙立社的一项重要活动，就是集各家屋的米，合成全村的米，煮成全村的米饭，然后举行以男家长为代表的全村共食仪式，及把全村的米饭分到各家屋，举行各家屋的共食仪式等。这些清楚表明村落的共食与家屋的共食之间的关系是建立在彼此的"合"与彼此的"分"的基础之上，彼此的合形成村落，彼此的分形成家屋，并在这一过程中，禁止一切外人加入，包含已出嫁的女儿女婿。这一禁忌又进一步界定了村落与家屋的共食与亲缘的关系，这无疑是当地社会在村落与家屋的共食圈中建构村落与家屋的亲缘的策略，这一策略的最大功能就是把由于婚姻而离开村落与家屋的那部分亲属通过把他们排除在村落与家屋的共食圈之外而把他们区分了出来，这才是村落结群认亲的最根本之所在，也是村落共居的前提条件。

也就是说，在郁江北岸的壮族社会中，血缘、世系固然是社会结群认亲的一个重要条件，但社会的结群认亲仅靠血缘、世系是远远不够的，甚至血缘、世系在不少情况下无法起到社会建构所需要的血缘/地缘、他群/我群、血亲/姻亲等结构议题上的区分和建树。

3. 共食为共居提供身份、权利和义务

在郁江北岸的壮族农村，有一个历史相当悠久的传统习俗就是由社公信仰而形成的十盟组织，十盟是以自愿形式参与，一般每一盟的成员为十个，但也有些盟的成员有十几个或几十个不等，每一盟的成员按规定年龄上相差不能超过 3 岁，并规定必须同村同一个社公。一般来说，男孩长到 16—17 岁，便在盟的组织框架之下过盟的生活，直到 50—60 岁才退出盟的组织。而考察发现，十盟组织的基础就是米饭的共食，然后才由此产生权利的共享和义务的共同承担。

习俗规定，每年的农历五月十三日、八月十五日这两天为十盟共食的日子。这两天的前一天，又被称为青年节，每年的这一天到来，年满 16—17 周岁的男孩只要同一个村同一个社公，年龄相差不超过三周岁，便相邀筹集钱米，买香火、猪肉一起去祭祀本村社公，禀告社公该十盟的成立及其成员，然后在社坛前或某个公共场地举行共食仪式，举行共食仪式以后，属于十盟内的成员便有了相互的义务和权利：盟内有人结婚，十盟成员要各出一份约定的资金，备红包前往祝贺；新婚的当天晚上，盟友要组织歌手前往对歌、赛歌；盟友家有丧事，十盟负责抬棺；盟友家遭不幸，盟友有义务在人力、物力、资金等方面给予帮助等。因此，十盟实际上又是一个互助的团体，在当地的社会生活中发挥非常重要的作用。十盟一旦成立，以后的每年农历五月十三日都要筹钱米祭社并举行共食的仪式，八月十五日又筹钱米祭月亮神并举行共食仪式。

十盟共食圈与权利、义务的关系是相互的，正因为这种相互性，使得没有共食关系的人很难在社会上立脚，如笔者在蓝田村考察的时候，该村刚好发生一件令本村长老、干部都感为难的事，就是本村的一个中年男子因车祸丧生，父母担心媳妇改嫁影响孩子成长，为留住媳妇，家公家婆便为媳妇招一个上门郎，为此，全村人议论纷纷，认为这家人的做法合法不合情，并拒绝上门郎加入同龄的十盟组织，并认为这样做了以后，这个上门郎便无法在当地生活而自动离开。而当笔者问，如果那个媳妇的家公家婆先认了那个上门郎做儿子，先让上门郎入了同龄的十盟组织，然后再把丧夫的媳妇许配给他，是不是村民便可以接受的时候，本村的一个道公思考了一下便说当然可以，并解释说如果先认儿子、先入社盟，其身份就属于本村了，当然可与那寡妇结婚。也就是说，这件事的主要关键就是那个上门郎颠倒了共食与身份、权利、义务间的关系，因此遭到群众反对。也就是说，在当地的文化建构中，共食是社盟身份、权利、义务的前提，其他如血缘、世系都是其次的。

（三）分食是界定亲缘团体的一个基本法则

在郁江北岸壮族农村，人们可以通过稻米的分食手段界定因婚姻而产生的亲缘团体的二分或统合，规则如下：

1. 分食二分原来共食养育的家

回顾前面所述，我们知道男女成婚的前一天晚上分别在各自厅堂吃的猪油糯米饭标志着男人之体和女人之体的长成，但进一步的考察发现，猪油糯米饭的文化意义还远不止这些。猪油糯米饭在家屋的二分和统合及所成就的男女同体的新家的意义方面扮演着更为重要的角色。如那碗猪油糯米饭规定只给即将成婚的男女单独吃，其家里的人，包括父母兄弟和姐妹是不能参与一起吃的，其还未成婚的兄姐虽可以吃，但必须先吃，站到梯子上去吃，而不是一起吃，这就清楚表明，男女成婚的前一天晚上子夜在各自家吃的猪油糯米饭具有把成婚的男女从原来共食养育的家中分离出来的文化意义，则这碗猪油糯米饭预示着成人即成婚的男女与他们成长中的共食养育的家的二分。其中，男方的猪油糯米饭二分了男方共食养育的家即男方与其父母兄弟姐妹共有的家，从此以后，这被二分出来的部分的家则成为新婚男女的 pa：i^{11}na^{33} 亲属（即本家亲属），同样，女方的猪油糯米饭也二分了女方共食养育的家，即女方与其父母兄弟姐妹的共有的家的二分，从此以后，这被二分出来的部分则成为新婚男女的 pa：i^{11}laeŋ^{45} 的亲属（即后家亲属）。

也就是说，在郁江北岸的壮族农村，由家屋的二分和统合而成就的男女同体的新家的诞生，实际上是随着女人的出嫁而把彼此的亲属分成 pa：i^{11}na^{33} 和 pa：i^{11}laeŋ^{45} 两大范畴的结果。其中，米饭的共食、家的共居是家屋亲缘的基础，在这基础上由于男女联姻而产生的原来共食养育圈的二分是社会亲缘上的我群、我方，而没有共食养育的基础，但由于婚姻交换而产生的亲缘为社会亲缘上的他群或他方。

2. 分食成就我方、他方

在当地的壮族语言中，pa：i^{11}na^{33}（pa：i^{11} 指方位的"方"，na^{33} 指人的脸、面）指"前方"或人体的前半部，在亲属关系中，指的是本家亲属，pa：i^{11}laeŋ^{45}（pa：i^{11} 指方位，laeŋ^{45} 指的是排序在后或后方、后背）指的是人体的后半部，在亲属关系中指的是后家。人体的前半部和后半部的交汇处是人体的中心，在亲缘关系中，指的是由男女成婚而成就的家。

这种以人体作为比拟的亲缘建构，是当地有趣的一个文化现象。而就人体而言，米饭的滋养与体的构成间存在着不可分割的联系，因此，米饭与当地 pa：i^{11}na^{33}、pa：i^{11}laeŋ^{45}、我方、我群、他方、他群间的构成便具有不可分割的关系，并由此成为当地亲缘建构的一个重要规则。

规则的基本内容是：由交换女人而产生的本家和后家，他们都相对地把对方称为他群或他方，如相对于本家人来说，后家是他们他方、他群的人，反过来，相对于后家的人来说，本家是他们"他方""他群"的人。而相对男女成婚的家来说，无论本家还是后家，都是他们"我方""我群"的人，反过来也是一样。

3. 分食制造"己"和"异己"

对于当地的社会建构来说，同胞兄弟姐妹在起源上是同源或一体，而同胞兄弟姐妹的婚姻是对这同源或一体的二分，而二分的表征就是即将成婚的男女必须象征性地食用没有兄弟姐妹及其父母参加的吃猪油糯米饭仪式，而一旦二分成立，由二分的两个半交汇构成的"中心"便随之产生。这"中心"产生的标志是，双方吃猪油糯米饭的地点都设在厅堂，而平时吃饭一般是在各自的厨房吃，而厅堂是父系夫居制家屋几代人，几个或几十个家户共同拥有的政治、经济、文化的中心，是祭祖先神和平时举行重要仪式的地方，因此，在厅堂举行的婚前男女的饭食仪式，表明该男女已从共食养育的家中分离出来，这分离的标志就是由原来以父母为标志的家屋走向以自己为标志的家屋，而新的家屋的诞生同时也是家屋的另一个中心的诞生，这诞生在仪式中的表现就是吃猪油糯米的地点转换。

二分的结果还制造"己"和"异己"两个范畴的亲缘，而其中，对于二分的任何一半而言，即无论是 pa：i^{11}na^{33}（身体的前半部）或 pa：i^{11}laeŋ^{45}（身体的后半部），他们事实上都与中心/男女成婚的家在构成上不可分割：如果以中心为"己"，即 pa：i^{11}na^{33}

和 pa：i^{11} laeŋ^{45} 都是 "己" 的 "我群" 或 "我方"；而如果以 pa：i^{11}na^{33} 为己，即 "中心" 被拉入 pa：i^{11}na^{33} 的 "己" 即 "我群" 或 "我方" 的范畴，另一半的 pa：i^{11} laeŋ^{45} 为 "异己"，即 "他群" 或 "他方" 的范畴；反过来，如果以 pa：i^{11} laeŋ^{45} 为己，即 "中心" 为 pa：i^{11} laeŋ^{45} 的 "己"，中心与 pa：i^{11} laeŋ^{45} 都是 "己" 的 "我群" 或 "我方"，而 pa：i^{11}na^{33} 则为 "异己"，是另一半的 "他群" 或 "他方"。而对于中心的 "我" 即男女成婚的新家而言，二分产生的两半 pa：i^{11}na^{33} 或 pa：i^{11} laeŋ^{45} 都是 "我" 的组成部分，即为 "我方" 或 "我群"。

第二节　稻米文化合作推进中国—东盟跨文化交流研究

稻米能够承载水稻民族的精神与追求，能够在中国与东南亚之间的广袤土地上，形成一条可促进中国与东南亚国家与人民之间心意相通的 "稻米之路"，这条 "稻米之路"，从远古的蛮荒时代绵延至今，是建构中国—东盟命运共同体，推进中国—东盟 "一带一路" 互联互通的宝贵资源。

一　"那"（稻田）具有民族性、区域性、国际性历史文化价值

"那" 为壮语 "田" "稻田" 之意。"那" 在中国—东南亚的壮侗语、泰语、老挝语、掸语中通用。"那" 文化即稻文化，含稻米生产·加工·饮食及在此基础上孕育生成的精神文化。研究表明，"那" 为中国—东南亚密切往来的见证和纽带，"中国—东盟命运共同体" 的共享文化资源，可在中国—东盟 "一带一路" 中发挥民族性、区域性、国际性的社会文化资源

优势。

（一）"那"身处水稻与人类、中国与东南亚互动进化的史学文化学的中心地位

据研究，从先秦到后魏的中国古农书以黄河流域的禾麦为研究对象，至南宋才出现以稻为研究对象的《陈旉农书》。[①] 20 世纪 40—50 年代，以万国鼎、石声汉、王毓瑚等为先驱的"稻"起源与初期发展的文献学研究，与考古学界开展的对旧石器时代晚期至新石器时代早期人类古稻遗址的研究，开启了文献学与考古学相结合的中国稻史研究的先河。

中国稻史研究关注：稻作起源于何处？如何传播？前者形成了以游修龄、童恩正、严文明、陈文华、刘志一、卫斯、向安强、安志敏等为代表的长江中下游说，李昆声、柳子明等的云贵高原说，丁颖等的华南说，龚子同等的华中说等。后者形成学界的两派：一是由我国华中地区经朝鲜半岛传入日本的"华中说"；二是由我国福建、台湾，经琉球群岛到达日本九州的"华南说"。目前较一致的看法是，包括中国浙江、福建、广东、海南、台湾、江西、广西、云南及越南、老挝、泰国、缅甸北部和印度阿萨姆在内，即从中国杭州湾到印度阿萨姆的这一大弧形地带，为人类稻作起源与传播的"稻米之路"。

稻史研究同时关注是哪个民族发明了水稻栽培。目前学界普遍认为，是百越遗裔的南方少数民族发明了水稻栽培。如游汝杰的《农史研究》，游修龄的《中国稻作史》《中国农业通史·原始农业卷》等论证了亚洲栽培稻的起源与传播与广泛分布中国—东南亚的南方少数民族的关系。覃乃昌、梁庭望等明确指出以壮族为主体的壮侗语民族发明了水稻栽培。

---

① 石声汉：《试论我国古代几部大型农书的整理》，《中国农业科学》1963 年第 10 期。

水稻 DNA 研究进一步支持壮侗语民族说。如 2012 年 10 月 4 日韩斌等在英国《自然》杂志上发表的《水稻全基因组遗传变异图谱的构建及驯化起源》报告认为，人类祖先首先在中国的珠江流域，经过漫长岁月的人工选择而从野生稻种中培育出粳稻。后向北向南传播，其中，传入东南亚、南亚的一支，再与当地野生稻种杂交，再经过漫长的人工选择，形成籼稻。而壮侗语民族为珠江流域的原住民族，因此，该报告间接支持壮侗语民族说。

而"那"文化研究，发轫于"那"地名学研究。20 世纪 30 年代，徐松石首先发现"那"地名在两广分布的广泛性，并注意到"那"地名与中南半岛民族的关系。后游修龄、曾雄生、覃乃昌、潘其旭、顾有识、王明富等进行了广泛的"那"地名文化考察，并提出"那文化圈"概念。研究表明，中国的壮侗语民族，越南的岱、侬、拉基、布标、山斋，老挝的老龙族、普族、泰族、泐族、润族、央族，泰国的泰族、佬族，缅甸的掸族以及印度阿萨姆邦的阿洪人等，为中国—东南亚"那"地名圈的主要原住民族。

可知，水稻与人类互动进化的史学文化学价值至今是稻文化研究的中心主题，而"那"文化为其中的原初文化，身处水稻与人类、中国与东南亚互动进化的史学文化学的中心地位。

(二)"那"为亚洲栽培稻起源地

国外文献关于亚洲栽培稻起源地最初有三种主要说法。一是印度起源说，代表有 Н. И. 瓦维洛夫、K. 雷米（Ramiah）及 R. L. M. 戈斯（Ghose）等。可庞乾林等认为，印度说的根源是因为稻起源于中国后是经印度传播到亚洲西南部及以外地区和欧洲、美洲的缘故；而玄松南则对这一过程进行了描述：约公元前 2000 年，雅利安人从欧洲长途跋涉来到印度次大陆的恒河流域，成为最早看到水稻这一亚洲特有粮食作物的欧洲人。而后，公元前 327 年至前325年，马其顿亚历山大远征军又来到印度河流域。这两次的雅利安人到访，加快了起源于西亚的小麦等作物的向东传播和起源于亚洲的水稻向北非以及欧洲的传播。而1928年日本学者加藤茂苞把栽培稻的两个亚种分别命名为"印度型"和"日本型"，使稻的印度起源说暂居上风。

二是东南亚起源说。1951年，苏联植物学家 H. И. 瓦维洛夫将东南亚与中国、印度并列纳入亚洲作物起源的中心；1952年，美国地理生物学家索尔的《农业的起源与传播》一书认为，全世界的农业都起源于含中国华南在内的东南亚；1963年，英国植物学家达林顿将东南亚正式定为全世界九个栽培作物的中心之一；1966年香港中文大学生物学家李惠林认为，稻等谷物以及芋、海芋、薯、地瓜、荸荠等块茎作物均起源于东南亚。与此同时，美国考古学家切斯特·戈尔曼、美国学者墨菲等从考古学角度支持稻作起源于东南亚的说法。不过，在东南亚之说盛行的美国，也夹杂有彼得·贝尔伍德在《剑桥东南亚史》对泰国神灵洞植物遗存，植物学家延（D. E. Yen）对东南亚园圃农业的质疑之声。

三是中国起源说，代表德堪多（deCondo11e）、R. J. 罗舍维兹（Roschevjez）、T. K. 沃尔夫（Wollf）等。1884年欧洲农史专家康德尔（De Camdolle）在《作物起源》一书中认为稻在中国起源，然后向东南亚、南亚传播；1935年欧洲农史专家伯兰根布（Blankenburg）认为起源于中国的稻是经桂南与越南、老挝，滇南与泰国、缅甸之间的通道向西传到印度阿萨姆邦，传到印度后再经过伊朗传入巴比伦，后传入欧洲和非洲，新大陆发现后传入南美；1944年日本宇野先生提出南洋各地稻种是公元前1000年由澳尼民族从大陆南下带到东南亚岛屿；20世纪70—80年代，纽约大学生物学家迈克尔·普鲁加南（Michael Purugganan）、华盛顿大学圣路易斯分校生物学教授芭芭拉·沙尔（Barbara A. Schaal）等水稻基因再测序提供的遗传新证据证明，亚洲栽培稻起源于中国。

据龚文同等《中国古水稻的时空分布及其启示意义》[①] 透露，目前中国共有 280 多处古稻遗存遗址，其中，8000—12000 年前的古稻遗存遗址数 16 个，其中 10 处分布于长江中下游及其以南的岭南地区，其地理范畴基本上是在百越故地。而壮侗语民族是由百越族群的西瓯骆越发展而来，因此，10 处分布长江中下游及其以南的岭南百越地区的古稻遗存遗址，多数也是在瓯骆开辟的"那"地名范畴之内，即现代学者游汝杰先生的"那"地名"分布地连成一片，北界是云南宣威的那乐冲，北纬 26°，南界是老挝沙湾省的那鲁，北纬 16°，东界是广东珠海的那洲，东经 113.5°，西界是缅甸掸邦的那龙，东经 97.5°"的时空范畴之内。由此说明，亚洲栽培稻的中国起源说是有进一步的考古学、民族学依据的，而"那"为这些依据的活形态表现。

另据法新社巴黎 2012 年 10 月 4 日在英国《自然》杂志公布的一份水稻高密度基因型图谱显示，世界上所有栽培稻均起源于中国珠江。这是中国科学家韩斌带领的课题组从全球不同生态区域中，选取 400 多份普通野生水稻进行基因组重测序和序列变异鉴定，与先前的栽培稻基因组数据一起，构建出的一张水稻全基因组遗传变异的精细图谱。图谱显示，人类祖先首先在广西的珠江流域，利用当地的野生稻种，经过漫长的人工选择，驯化出了粳稻，随后往北往南逐渐扩散。而往南扩散中的一支，进入东南亚，在当地与野生稻种杂交，经历了第二次驯化，产生了籼稻。因此，宋代由越南传入中国的占城稻属于"归国华侨"。由此证明，中国是世界稻作文明的重要发源地，珠江流域是这个发源地的核心。

而从古稻遗存看，南亚最早的古稻遗存是印度北方邦比兰流

---

① 龚文同等：《中国古水稻的时空分布及其启示意义》，《科学通讯》2007 年第 3 期。

域的科勒迪瓦遗址的炭化稻，只有约 8000 年的历史，东南亚的印度尼西亚南苏拉维西的乌鲁利恩山洞的稻遗址也只有约 6000 年，其他如泰国班清（Ban Chien）、农诺塔（Nonnok Tha）、仙人洞（Spriit Cave）等古稻遗址都只有 3000—5000 年，由此可知，中国及东南亚、南亚的古稻遗存以中国万年以上的江西万年仙人洞与吊桶环、湖南道县玉蟾岩，广东英德、牛栏洞等最早。由此可知，中国—东南亚"那"地名圈的主要原住民族壮侗语族是华南珠江流域一个有着悠久历史的土著民族，在华南及东南亚地区广泛分布的冠以"那"（壮侗语：水田）字的地名，被学界称为"那"文化现象或"那"文化圈的古老稻作文明，把壮侗语族与珠江流域的稻作文明结合在一起，把瓯骆故地广西与水稻 DNA 现代科技文明结合在一起，同时也把人类稻作文明起源的源头指向壮族先民瓯骆人。

综上可知，虽然国外文献关于亚洲栽培稻起源地有三种主要说法，但中国起源说的考古依据最为清晰，瓯骆故地为亚洲栽培稻的重要起源地最为令人信服。

（三）中国—东盟"稻米—丝绸之路"内含的学术价值和应用价值

在华南—东南亚的稻作农耕民族中，稻/米/饭是亲属的文化承载者，在生命仪礼中，由特定亲属赠送的稻/米/饭，是成功塑造人体/家、解构人体/家、重构人体/家的亲缘合力，稻/米/饭的共食或分食，是结缘认亲，建构理想社会的重要途径。且这种建构至今在华南—东南亚的壮侗语民族的礼仪文化与东南亚僧侣托钵化缘的寺庙文化中继续得到传承与创新。据初步了解，中国与东盟国家的越南、泰国等，目前都努力从现当代世界粮食安全或国家文化安全的角度，对世界性的稻作文明的传承与创新加大研究与投资的力度，并把这种研究与投资上升为国家战略。因此，从这个角度讲，中国—东盟"稻米—丝绸之路"对区域性稻作文化传承与文化创新所提供的习俗层面上的宏观思考，及在自然科学与人文科学、文化传承与文化创新相结合的稻作文明研究中，将占据中国—东盟历史文化关系研究的学科前沿和时代前列。

1. 将对"地缘—文化"建构具有重要意义

从美国学者约瑟夫·奈1990年提出"软实力"概念起，20多年来，国际政治研究出现了社会学、文化学转向。在这一过程中，以卡赞斯坦、芬尼莫尔、江忆恩等为代表的主流学派主张以国际政治体系中的文化为主要研究内容，以经验方式为主要研究方法，出现了俞新天的"国际文化"，蔡拓的"全球文化"，秦亚青的"世界文化""单位文化""文化力"，郭树勇的"国际政治文化"等概念，出现了江忆恩的战略文化理论①、勒格罗的组织文化理论（Legro，1997）、秦亚青的地缘—文化建构主义，等等。"地缘—文化"建构既在国家层面上探讨地缘文化对区域合作的影响，又在地区层面上探讨同质文化与异质文化对区域合作的影响，并提出地区跨文化认同是地区合作发展和深化的基础和潜在动力的结论。中国—东盟的民众饮食生活、国家社会政治生活等存在一个以"稻"为符号或标志的文化特质。罗香林、凌纯声、李子贤、玄松南等指出，中国与周边国家尤其是东南亚国家具有相同或相似的稻人文品格、人文风情、人文景观；日本学者渡部忠世、星川清新等认为"稻米之路"为一部亚洲文化史，东西方文明重要连接通道，比"丝绸之路"更古老、更平民化。这意味着中国—东盟的"一带一路"建设，可沿着一条地缘—文化路径参与国家"软实力"概念下的中国—东盟区域一体化实践，可为"一带一路"框架下建设更紧密的"中国—东盟命运共同体"提供一种本土化的、全新的工具

① 江忆恩：《中国传统战略文化与大战略》，普林斯顿大学出版社1995年版。

或策略。同时意味着，在中国与东南亚之间，自古存在一条福祉相关的"稻米之路"，这既是中国—东盟区域合作的历史根基，同时也是"一带一路"愿景推进的重要资源。

2. 将对中国—东盟合作推进"一带一路"文化交流具有重要的学术价值意义

"稻"为中国国家之命脉，中国传统文化的根基性符号，这其中有"那"文化的卓越贡献。中国—东南亚的稻米之路，虽然没有如丝绸之路、瓷路那样引起学术界关注，但由这条路所传播的稻作技术、农耕礼仪、生活方式、价值观念等及这条路的平民特质，使生长其中的精神与价值日益成为中国—东盟最具共性的原初文化单元，中国—东盟开展公共外交和民间交流的文化、地缘、历史和哲学根基。如东盟主题曲《升起》的英文名 RISE 取"稻米"（RICE）谐音，第十届中国—东盟博览会启幕嘉宾播撒象征十年合作成果的金色稻谷，显示了在中国—东盟社会共有观念建设中，"稻米"具有文化符号上的哲学意义。

3. 将在中国—东盟合作推进"一带一路"建设中发挥"那"文化的"主流文化"地位作用

中国—东南亚的"稻米之路"至今生生不息：一是中国稻种与技术的南传；二是东盟国家稻米的北进；三是中国与东南亚国家的"稻米换高铁"协议。而"那"是中国—东南亚稻作民族历史文化的印记，中国—东南亚"稻米之路"的原初文化要素，这就意味着本书的研究成果将可直接应用于每年在广西如期举行的中国—东盟博览会，可在中国面向东盟的外交实践、经济文化往来、民间交往中，提供以"那"文化为平台或机制的合作新思维，在中国—东盟的"一带一路"建设中，发挥"稻米之路"的神奇魅力。

4. 为 GIAHS 的中国经验走向东盟提供理论前瞻

2002 年联合国粮农组织在全球发起重要农业文化遗产（GI-

AHS）行动，把"稻米就是生命"确定为 2004 年"国际稻米年"主题，都意味着稻文化已被历史地推到了时代的前沿。目前，中国已与文莱以外的 9 个东盟国家签署了 21 个双边农业或渔业合作协议或谅解备忘录，建立了 13 个双农业或渔业合作联委会，2012 年中国对东盟国家农业投资 43 亿元，占中国农业对外直接投资的 23.9%。这些说明，农业合作是中国—东盟"一带一路"倡议布局的支点，而"全球重要农业文化遗产"的中国经验走向东盟也将指日可待。

5. 可建构中国—东盟合作推进"一带一路"愿景的"那"支点

目前，以"那"为表征的中国—东盟的社会文化实践方兴未艾。在政府的推动下，近 3 年，中国农业部先后公布三批 62 项中国重要农业文化遗产名录，广西隆安壮族"那文化"稻作文化系统、广西龙脊梯田农业系统成功入选，说明承载着中国—东南亚壮侗语民族从事稻作农耕活动智慧和记忆的"那"文化，已事实成为中国重要农业文化遗产保护概念下的农业生物多样性、乡村经济社会可持续发展的重要建设内容之一。2015 年 3—4 月，广西壮族自治区人民政府先后召开两次"那"文化专题工作会议，提出挖掘、保护和传承"那"文化的价值和意义：一是"那"文化是中华文明的重要组成部分，发扬"那"文化有利于增强少数民族的文化自信、促进民族团结；二是有利于经略周边，加强广西与东盟各国深度的文化交流与合作；三是有利于发挥农业文化传承功能，提升广西现代特色农业的文化底蕴。会议还出台两份工作纪要：一是《研究充分挖掘利用"那"文化（稻作文化）价值问题的纪要》（桂政阅〔2015〕31 号）；二是《研究挖掘保护传承"那"文化（稻作文化）工作方案有关问题纪要》（桂政阅〔2015〕53 号），会议与纪要凸显中国面向东盟的"那"文化资源潜力和优势正在显现，中国—东盟的"一带一路"建设需要"那"文化的互动与支撑。而第10届中国—东盟文化论坛首设"那"文化论坛；2015年12月中宣部开机拍摄文化纪录片《稻米之路》；2007年云南推出电视纪录片《那》；2016年广西推出《稻之道》等，都彰显了"那"在中国—东盟"一带一路"建设中的支点地位和作用。

二 中国—东盟共同的稻作文明根基与文化认同建构新思维

当今时代，文明冲突与文化认同正在解构或建构世界新秩序。基因学、考古学、文化人类学等的研究表明，瓯骆与东南亚具有共同的区域性稻作文明根基、人文品格、人文风情与人文景观等，这些共有的文明特质，既是中国—东盟文化认同建构的一个重要内容，同时也是打造中国—东盟国际新秩序的现实路径和可能选择。

（一）中国—东盟共同的稻作文明根基是培育区域性共享价值观的基础

共享价值观为国际关系学中的跨文化交流学概念，"指当今两种/多种文化或两国/多国民众间都接受的价值观""使大家在精神上都得到满足的原则和信念"①，而稻文化既是中国基层文化的重要组成部分，又是瓯骆与东南亚区域特征明显的精神与物质。因此，在中国—东盟可以共享的诸文化要素中，稻文化有望成为中国—东盟跨界新思维赖以萌生的哲学前提。

1. 稻文化与东盟的人文主义事业

有欧洲统一运动"总设计师"及"欧洲之父"美誉的区域一体化理论创始人让·莫内（Jean Monnet）曾经说过："统一并不仅仅是扫除贸易、资本、人员流动的障碍，而且更是一项人文主义的

---

① 关世杰：《对外传播中的共享性中华核心价值观》，《人民论坛·学术前沿》2012年第15期。

事业，它关系到具有不同民族文化背景的人们的融合。"而对东盟的考察发现，东盟特有的组织和决策方式——东盟方式，其本质是"①非正式性；②非对抗性；③协商一致；④思想上的多边主义与行动上的双边主义"的共同价值观，不过，由于这种价值观仅仅是东盟"国家间的政治原则而非个人生活的哲学"①，因此，它肯定不是让·莫内所说的那种人文主义事业。

这就意味着在东盟迈向一体化过程中，仅仅东盟方式远远不够，还应该有一个既与东南亚居民的个人生活哲学密切相关，同时又能够把东南亚不同民族，不同文化背景的人们融合到一起，进而推动东盟成为东盟第 12 届首脑会议所描绘的"共享与关爱的大家庭"的社会文化实践。这种社会文化实践应该就是让·莫内所说的人文主义事业。这项人文主义事业，当然包括由《东盟宪章》及其推动的东盟区域性集团法律认同的社会文化实践，同时包括诸如东盟盟歌《东盟之路》、各届东盟首脑会议的主题、文化创意等所传达的区域内人民的共同心声和愿望，等等，但一个更值得关注和期待的社会文化实践目前已在东盟初露端倪，那就是独具东盟原初文化特色和创新活力的稻文化及其提供的与个人生活哲学密切相关的价值与规范。

这一社会文化实践的清晰图景首次展现在 2007 年 11 月 20 日在新加坡举行的第 13 届东盟领导人会议上，此次峰会最值得关注的地方不仅是签署了具有里程碑意义的《东盟宪章》，如果仅从庆祝东盟成立 40 周年来看，它的确是东盟凡事都协商寻求共识和达成共识的东盟方式的一部分，但此次峰会的文化创意却非同寻常，其中的会徽被设计成金色的、丰硕成熟的，姿态昂扬向上的，用红色丝带系在一起的 10 穗稻子，纪念东盟成立 40 周年的英文主题曲

---

① 简军波：《民族国家的社会化——区域一体化对东南亚和中东欧国家的影响之比较》，中国社会科学网（http//www.cssn.cn/news/157420.htm）。

《升起》则因取自英文名 RISE "稻米"（RICE）的谐音，及第一句歌词"我们来自 10 块不同的土地"很容易让人联想到东南亚那超过 450 万平方公里的处处稻花飘香的金色田野而充满着《稻米颂》的韵味。因此，与其说第 13 届东盟峰会关于东盟 40 周年，东盟同为一体的大家庭，东盟宪章等的文化创意或讲述为东盟方式的讲述的话，还不如说这是东盟寻求与个人生活哲学密切相关的价值与规范的讲述。

2. 稻文化与东盟的自我认同

东盟是一个最具差异性的国家集团，各成员国不仅存在地理面积大小、种族构成、社会文化传统与认同、殖民经历和殖民后政策等方面的差异性，同时存在因当前的南中国海领土主权争端而"在东盟内部出现分别依附中国和美国的两个阵营"[1]，但由于东盟十国大多为稻作农业国，因此，相同相似的稻文化正日益成为其独具号召力的，对内可能成为强化政治认同与共识，对外成为展示"自我"文化、传统与价值观的一面旗帜，并有望成为东盟一项开发前景广阔的人文主义事业。

这缘由首先与东盟的生存方式有关，历史上的东南亚国家都属于传统的稻作农业国，当前的东盟居民有 82% 以稻米为主食，位居世界主食大米人口比重之首；其次，在当前的全球稻米贸易中，东盟区域的大米指数和商品交换可左右或影响全球大米的价格指数，为此，阿德里亚诺指出，"东盟可以发挥关键作用，率先发展区域大米价格指数，标准化大米等级"。这些表明，东盟人扎根稻文化土壤而向世界传递的一种深奥独到的政治智慧，就是实现稻文化背景下的不同民族文化背景的人们的融合，并在这一过程中，努力使稻成为东盟认同与共识的一个重要来源，使稻成为东盟的政治精英

---

[1] 《东南亚："两个阵营"初现之年》，《参考消息》2012 年 12 月 10 日第 6 版。

们努力寻找并着力提炼的既与个人的生活哲学密切相关，又与东盟凡事都协商寻求共识和达成共识的传统分不开的，并独具东盟原初文化特色和创新活力的文化创新。

（二）建立以"稻"为哲学根基的"中国—东盟命运共同体"

历史上，瓯骆与东南亚都共同演绎相同或相似的"饭稻羹鱼""田中有稻，水中有鱼""有稻才有道"的生产生活图景。因此，建立以"稻"为哲学根基的"中国—东盟命运共同体"为当前中国—东盟"一带一路"人文实践，实现人心相通的重要内容。

1. "一带一路"增进"那"人文共享

中国壮学界的研究发现，东起中国的广东珠江三角洲，连接广西壮族自治区、云南省南部，西沿东南亚的越南北部、老挝、泰国、缅甸掸邦延至印度阿萨姆邦的一个绵延数千公里的弧形地带，分布大量冠以"那"字的地名和冠以"峒""弄""陇"及"板""版""班""曼"的地名，这些地名分布的地区为操壮侗语地区，其中的"那"表达的意思为"水田"，"峒"指的是周围有山岭环抱的大片田地，"弄""陇"指的都是四周有山环抱的旱地，"板""版""班""曼"指的都是以稻作为生计来源的生活聚居区，在壮侗语民族的语言中指的是"村落"。壮学者认为，"那"字及与之相关的自成体系的相关稻作词汇，是地域性和历史性的文化共同体的鲜明印记，是中国及东南亚民族及先民创造亚洲稻作文明的历史印记，并把这一文明类型归纳为"那"文化圈。

如果说东盟共同体的建构与他们相似性的"和睦"的乡村精神有关，与他们在语言文化、生产方式、生活模式上的许多共同性和相似性有关，那么，"那"文化圈便是这种共同性和相似性的杰出代表。因为，在"那"文化圈的系统文化内部，由耕犁文化所带动的村落文化的发展，及在此基础上形成的土地制度、水利管理制度、森林保护制度、邻里关系、家族制度、社会组织及风俗、道德、宗教等，至今在以传统农业为主的东南亚国家仍具有普遍的意义，这种意义当然会使东盟成员国在国土资源面积、人口、文化和语言及政治体制等方面都存在很大差异的前提下，在这些差异与地区主义的现代指标都格格不入的前提下，仍然能够通过文化社会化的途径来进行东盟的社会化、规范性发展以及自觉地进行认同建构，而在东盟各种因素互动过程中，由共同的"那"文化而产生的与中国的互动，与中国壮侗语民族的认同，则无疑成为拉近彼此间文化距离的深层动力。

这种深层动力突出表现在，与东盟对接的广西南宁国际民歌艺术节主要文化活动之一"东南亚风情夜"，其人文精神的四大主题"生命、家园、庆典、风情"，就是广西本土原创文化与东南亚本土原创文化的神奇组合，是广西壮侗语民族与东南亚民族在语言文化、生产方式、生活模式上的许多共同性和相似性的神奇组合，其中所体现的人文精神与价值便集中在"那"与乡村的神奇组合之上，并通过这种乡村精神的张扬，把中国与东盟之间的文化心理距离通过舞台的时空超越而得到交融，这既是艺术舞台的成功，也是中国与东盟在文化上对接的成功，而其中壮侗语民族的乡村精神意境占据主导的地位，"生命、家园、庆典、风情"，不仅把舞台艺术托载到以"那"为核心的精神世界之中，同时也把中国与东盟的精神心理托载到以"那"为核心的古老传统精神与现代商业价值的共同演绎之中。

也就是说，作为东南亚的杰出文化代表之一的"那"文化，不仅可以共同缔造以"东盟方式"为基本原则的中国—东盟的"社会世界"，同时可以在传统文化的内在精神价值中肩负起中国—东盟自由贸易区兴盛崛起的文化"驱动者"角色，并最终促进地区的认同与交融。

2. 借助壮侗语民族，可以增进中国与东盟之间的地区和谐、稳定与繁荣

由于语同源，族同根，地理上又连成一片，历史上的中国壮侗语民族与东南亚的泰、老、掸、岱、侬等民族不仅文化血脉息息相通，而且曾在历史上成为中国与东南亚经贸往来的重要使者或桥梁。

如据史书记载，广西壮侗语民族的先民百越人自古"陆事寡而水事众"，人民以善舟楫而著称，其经济活动很早便与东南亚发生联系，也很早便成为中国产品走向东南亚或东南亚产品走向中国的桥梁或通道。如早在公元前 11 世纪的西周时期，岭南越人便已经从合浦或北部湾沿岸利用海流航海到今越南一带，到汉代，岭南越人不仅以合浦珍珠及其他奇珍异宝闻名中原，同时以合浦港为始发港成为中国联结东南亚海上朝贡的重要通道。依托这一通道，东南亚各国的白雉、生犀、大象等才可以源源不断地在中国南海岸登陆，再通过内陆的水路、陆路运送到中原，进贡给历朝历代的皇帝。[①] 同时，大量的考古证明，古代越人政治经济文化的腹心地带合浦、徐闻是两汉海上丝路的始发港，合浦、梧州、贵港等为当时中国海上丝路的重要商品集散地。

以上说明，事实上开始于中华帝国与东南亚"朝贡体系"的建构，是中华帝国与东南亚朝贡贸易的纽带，而连接这条纽带的中间环节就是壮侗语民族的先民，他们既是这条通道的开拓者，同时也是中华帝国与东南亚友好往来的重要使者。

而历史进入 21 世纪后，地处祖国南疆边陲的中国壮侗语民族传统的经济社会发展模式——边陲与中心、国家主体民族与少数民族之间的互动发展关系模式正在悄然发生着变化，并日益朝着边陲

---

① 参见刘明贤《"古代海上丝绸之路"的探索开通和发展》，载潘琦主编《广西环北部湾文化研究》，广西人民出版社 2002 年版。

与中心，边陲与东南亚的三向互动发展方向拓展。如边贸的发展，边民社会文化的进步，具有亲缘关系的跨国民族之间的合作、交流，等等，都标志着这种转型的发生和发展，并为壮侗语民族走上中国与东盟交流合作的前台提供了前提和条件。其中，东盟博览会永久落户南宁以及广西举全区之力对东盟博览会的承办，广西政界、商界、企业界频繁组团赴东南亚各国进行友好访问及进行各种商品推介会，广西渐渐融入珠三角经济区，广西正在积极推进"两廊一圈"建设等，都事实上在传递着中国对东盟的善意与诚意，是中国与邻为善，以邻为友的外交政治的体现，不仅拉近了广西与中央的政治距离，同时，还拉近了广西与东盟、东盟与中国的政治距离。

以上说明，中国政府有必要立足于壮侗语民族与东南亚民族的地缘、亲缘优势而加强与东南亚各国的政治、经济和文化往来，有必要继续打造具有鲜明地域民族特色的中国—东盟经贸文化交流平台，并依托这一平台，继续促进中国与东南亚各国的物流、人流，继续促进中国与东盟在教育、旅游、科技、文化产品等领域的交流与合作。

3. 借助壮侗语连接中国与东盟

按照潘克·基默威特的说法，如果其他情况完全相同，有着共同语言的两国之间的贸易量，将是语言不同国家之间的 3 倍。而中国与东南亚有将近 1 亿的人口操壮侗语，东南亚的泰国、老挝主体民族所操的泰语、老挝语，约有 70% 的基本生活词汇与中国的壮语相通。另外，东南亚有大量的华人、华侨，他们一般操汉语普通话和中国的南部方言如广东话、桂柳话等，而这些语言也是中国壮侗语民族重要的交际语或官方语。因此，壮侗语民族无论使用本民族语言与东南亚交流，还是用官方汉语或交际语与东南亚的相关国家与民族交流，都不存在语言沟通上大的障碍，因此，从理论上有助于拉近中国与东南亚的文化距离，进而促进中国与东南亚，特别是广西与东南亚民族的经贸往来，增加中国或广西在东盟市场上的商品吸引力。

而事实的情况正是如此，如东南亚的越南与中国之间的陆地边境线长达 2449 公里，居住越南一侧的操壮侗语民族的傣族、侬族、岱侬族约占越南少数民族人口的一半，与居住中国一侧的壮族、傣族、布依族等为跨境民族，这些民族不仅语言相通，同时，文化特性相近。因此，近年来成为推动中越边贸发展的一支不可忽视的力量。而中越边贸的开展为维护边境地区稳定，促进中越双边贸易，推动中国—东盟自由贸易区的建设与繁荣具有重要意义，因此，由壮侗语民族直接打开的这一贸易通道无疑也是通往中国—东盟自由贸易区这一巨大市场的最直接门户。

但由于中国的壮侗语只是一种乡间语，因此，在东盟国际贸易市场上的语言联结功能还相当有限，在某种程度上它只能成为英语及其他一些强势语言的补助工具，但即使这样，壮侗语在东南亚贸易市场上的优势地位已日益显现，这就要求中国政府在努力培育和拓展东盟市场的同时，把与东盟各国语言相近、文化相通、习俗相似、历史上就存在着源远流长的深厚情谊的壮侗语民族，作为中国走向东盟的人才基地，打造一支既精通英语，又懂得汉语及东南亚小语种的外交内联的人才队伍非常重要。而挖掘壮侗语民族与东南亚民族在文化上的相近或相类的文化基因，使具有不同的宗教、种族、社会规范和语言文化背景的中国与东盟能够在文化上进一步接近，并在潜移默化中使彼此的文化距离进一步缩短，则成为商家在产品生产、营销上的重要策略。

参考文献

1. 何翠萍：《米饭与亲缘——中国西南高地与低地族群的食物

与社会》，载张玉欣主编《第六届中国饮食文化学术研讨会论文集》，台北：中国饮食文化基金会 2000 年版。

2. 何翠萍：《人与家屋：从中国西南几个族群的例子谈起》，载《仪式、亲属与社群小型研讨会论文集》，台北：汉学研究中心出版社 2000 年版。

3. ［法］莫斯：《礼物》，汪珍宜、何翠萍译，台北：远流出版公司 1989 年版。

4. 覃乃昌：《壮族稻作农业史》，广西民族出版社 1997 年版。

5. 广西壮族自治区文物工作队编：《广西文物考古报告集》（1950—1990），广西人民出版社 1993 年版。

6. 广西壮族自治区博物馆编：《广西贵县罗泊湾汉墓》，文物出版社 1988 年版。

7. 张声震主编：《壮族通史》，民族出版社 1997 年版。

8. 黄现璠、黄增庆、张一民编著：《壮族通史》，广西民族出版社 1988 年版。

9. 谢启晃、郭在忠、莫俊卿、陆红妹编：《岭外壮族汇考》，广西民族出版社 1999 年版。

10. （清）屈大均：《广东新语》（全二册），中华书局 1985 年版。

11. 明清时期的《广西通志》及民国时期的《贵县志》。

12. 吴妙燊：《从广西野生稻试谈稻种起源》，载《野生稻资源研究论文集》，中国科学技术出版社 1990 年版。

13. 李炳东：《广西农业经济史稿》，广西民族出版社 1985 年版。

14. 潘琦主编：《广西环北部湾文化研究》，广西人民出版社 2002 年版。

15. 李威宜：《新加坡华人游移变异的我群观：语群、国家社群与族群》，载《清华人类学丛刊一》，台北：唐山出版社 1999年版。

16. 王明珂：《羌在汉藏之间：一个华夏边缘的历史人类学研究》，载《联经学术丛书》，联经出版事业股份有限公司 2003 年版。

17. 李区：《上缅甸诸政治体制：克钦社会结构之研究》，张恭启、黄道琳译，台北：唐山出版社 1999 年版。